第一推动丛书: 综合系列
The Polytechnique Series

皇帝新脑
The Emperor's New Mind

[英] 罗杰·彭罗斯 著 许明贤 吴忠超 译
Roger Penrose

湖南科学技术出版社

THE
FIRST
MOVER

总序

《第一推动丛书》编委会

科学，特别是自然科学，最重要的目标之一，就是追寻科学本身的原动力，或曰追寻其第一推动。同时，科学的这种追求精神本身，又成为社会发展和人类进步的一种最基本的推动。

科学总是寻求发现和了解客观世界的新现象，研究和掌握新规律，总是在不懈地追求真理。科学是认真的、严谨的、实事求是的，同时，科学又是创造的。科学的最基本态度之一就是疑问，科学的最基本精神之一就是批判。

的确，科学活动，特别是自然科学活动，比起其他的人类活动来，其最基本特征就是不断进步。哪怕在其他方面倒退的时候，科学却总是进步着，即使是缓慢而艰难的进步。这表明，自然科学活动中包含着人类的最进步因素。

正是在这个意义上，科学堪称为人类进步的"第一推动"。

科学教育，特别是自然科学的教育，是提高人们素质的重要因素，是现代教育的一个核心。科学教育不仅使人获得生活和工作所需的知识和技能，更重要的是使人获得科学思想、科学精神、科学态度以及科学方法的熏陶和培养，使人获得非生物本能的智慧，获得非与生俱来的灵魂。可以这样说，没有科学的"教育"，只是培养信仰，而不是教育。没有受过科学教育的人，只能称为受过训练，而非受过教育。

正是在这个意义上，科学堪称为使人进化为现代人的"第一推动"。

近百年来，无数仁人志士意识到，强国富民再造中国离不开科学技术，他们为摆脱愚昧与无知做了艰苦卓绝的奋斗。中国的科学先贤们代代相传，不遗余力地为中国的进步献身于科学启蒙运动，以图完成国人的强国梦。然而可以说，这个目标远未达到。今日的中国需要新的科学启蒙，需要现代科学教育。只有全社会的人具备较高的科学素质，以科学的精神和思想、科学的态度和方法作为探讨和解决各类问题的共同基础和出发点，社会才能更好地向前发展和进步。因此，中国的进步离不开科学，是毋庸置疑的。

正是在这个意义上，似乎可以说，科学已被公认是中国进步所必不可少的推动。

然而，这并不意味着，科学的精神也同样地被公认和接受。虽然，科学已渗透到社会的各个领域和层面，科学的价值和地位也更高了，但是，毋庸讳言，在一定的范围内或某些特定时候，人们只是承认“科学是有用的”，只停留在对科学所带来的结果的接受和承认，而不是对科学的原动力——科学的精神的接受和承认。此种现象的存在也是不能忽视的。

科学的精神之一，是它自身就是自身的“第一推动”。也就是说，科学活动在原则上不隶属于服务于神学，不隶属于服务于儒学，科学活动在原则上也不隶属于服务于任何哲学。科学是超越宗教差别的，超越民族差别的，超越党派差别的，超越文化和地域差别的，科学是普适的、独立的，它自身就是自身的主宰。

湖南科学技术出版社精选了一批关于科学思想和科学精神的世界名著，请有关学者译成中文出版，其目的就是为了传播科学精神和科学思想，特别是自然科学的精神和思想，从而起到倡导科学精神，推动科技发展，对全民进行新的科学启蒙和科学教育的作用，为中国的进步做一点推动。丛书定名为“第一推动”，当然并非说其中每一册都是第一推动，但是可以肯定，蕴含在每一册中的科学的内容、观点、思想和精神，都会使你或多或少地更接近第一推动，或多或少地发现自身如何成为自身的主宰。

再版序
一个坠落苹果的两面：极端智慧与极致想象

龚曙光

2017年9月8日凌晨于抱朴庐

连我们自己也很惊讶，《第一推动丛书》已经出了25年。

或许，因为全神贯注于每一本书的编辑和出版细节，反倒忽视了这套丛书的出版历程，忽视了自己头上的黑发渐染霜雪，忽视了团队编辑的老退新替，忽视好些早年的读者，已经成长为多个领域的栋梁。

对于一套丛书的出版而言，25年的确是一段不短的历程；对于科学研究的进程而言，四分之一个世纪更是一部跨越式的历史。古人“洞中方七日，世上已千秋”的时间感，用来形容人类科学探求的速律，倒也恰当和准确。回头看看我们逐年出版的这些科普著作，许多当年的假设已经被证实，也有一些结论被证伪；许多当年的理论已经被孵化，也有一些发明被淘汰……

无论这些著作阐释的学科和学说，属于以上所说的哪种状况，都本质地呈现了科学探索的旨趣与真相：科学永远是一个求真的过程，所谓的真理，都只是这一过程中的阶段性成果。论证被想象讪笑，结论被假设挑衅，人类以其最优越的物种秉赋——智慧，让锐利无比的理性之刃，和绚烂无比的想象之花相克相生，相否相成。在形形色色的生活中，似乎没有哪一个领域如同科学探索一样，既是一次次伟大的理性历险，又是一次次极致的感性审美。科学家们穷其毕生所奉献的，不仅仅是我们无法发现的科学结论，还是我们无法展开的绚丽想象。在我们难以感知的极小与极大世界中，没有他们记历这些伟大历险和极致审美的科普著作，我们不但永远无法洞悉我们赖以生存世界的各种奥秘，无法领略我们难以抵达世界的各种美丽，更无法认知人类在找到真理和遭遇美景时的心路历程。在这个意义上，科普是人类极端智慧和极致审美的结晶，是物种独有的精神文本，是人类任何其他创造——神学、哲学、文学和艺术无法替代的文明载体。

在神学家给出“我是谁”的结论后，整个人类，不仅仅是科学家，包括庸常生活中的我们，都企图突破宗教教义的铁窗，自由探求世界的本质。于是，时间、物质和本源，成为了人类共同的终极探寻之地，成为了人类突破慵懒、挣脱琐碎、拒绝因袭的历险之旅。这一旅程中，引领着我们艰难而快乐前行的，是那一代又一代最伟大的科学家。他们是极端的智者和极致的幻想家，是真理的先知和审美的天使。

我曾有幸采访《时间简史》的作者史蒂芬·霍金，他痛苦地斜躺在轮椅上，用特制的语音器和我交谈。聆听着由他按击出的极其单调的金属般的音符，我确信，那个只留下萎缩的躯干和游丝一般生命气息的智者就是先知，就是上帝遣派给人类的孤独使者。倘若不是亲眼所见，你根本无法相信，那些深奥到极致而又浅白到极致，简练到极致而又美丽到极致的天书，竟是他蜷缩在轮椅上，用唯一能够动弹的手指，一个语音一个语音按击出来的。如果不是为了引导人类，你想象不出他人生此行还能有其他的目的。

无怪《时间简史》如此畅销！自出版始，每年都在中文图书的畅销榜上。其实何止《时间简史》，霍金的其他著作，《第一推动丛书》所遴选的其他作者著作，25年来都在热销。据此我们相信，这些著作不仅属于某一代人，甚至不仅属于20世纪。只要人类仍在为时间、物质乃至本源的命题所困扰，只要人类仍在为求真与审美的本能所驱动，丛书中的著作，便是永不过时的启蒙读本，永不熄灭的引领之光。

虽然著作中的某些假说会被否定，某些理论会被超越，但科学家们探求真理的精神，思考宇宙的智慧，感悟时空的审美，必将与日月同辉，成为人类进化中永不腐朽的历史界碑。

因而在25年这一时间节点上，我们合集再版这套丛书，便不只是为了纪念出版行为本身，更多的则是为了彰显这些著作的不朽，为了向新的时代和新的读者告白：21世纪不仅需要科学的功利，而且需要科学的审美。

当然，我们深知，并非所有的发现都为人类带来福祉，并非所有的创造都为世界带来安宁。在科学仍在为政治集团和经济集团所利用,甚至垄断的时代，初衷与结果悖反、无辜与有罪并存的科学公案屡见不鲜。对于科学可能带来的负能量，只能由了解科技的公民用群体的意愿抑制和抵消：选择推进人类进化的科学方向，选择造福人类生存的科学发现，是每个现代公民对自己，也是对物种应当肩负的一份责任、应该表达的一种诉求！在这一理解上，我们将科普阅读不仅视为一种个人爱好，而且视为一种公共使命！

牛顿站在苹果树下，在苹果坠落的那一刹那，他的顿悟一定不只包含了对于地心引力的推断，而且包含了对于苹果与地球、地球与行星、行星与未知宇宙奇妙关系的想象。我相信，那不仅仅是一次枯燥之极的理性推演，而且是一次瑰丽之极的感性审美……

如果说，求真与审美，是这套丛书难以评估的价值，那么，极端的智慧与极致的想象，则是这套丛书无法穷尽的魅力！

题献

谨将此书献给未能活到见证它问世的我亲爱的母亲。

敬启读者

我在本书的许多地方引用数学公式，而毫不在乎时常听到的警告——放进去的每条公式都会把我的读者数目减半。如果你是这样的一位对数学公式恐惧的读者（大多数人都是这样的），那么我就介绍一种当这种可恨的一行出现时自己通常采用的步骤。大体就是完全不理睬这一行，而跳到正文的下一行去！但也并非完全如此；人们要仔细地推敲这一可怜的公式，而不仅是做表面上的理解，然后再继续前进。过了一阵，如果你又重新充满自信，则可回到刚才忽略了的公式，努力抓住一些显著的特征。正文本身也许可帮助你了解什么是关键的，什么东西被忽略后并没有什么影响。如果做不到这些，也不必担心，干脆不理该公式就是了。

译者序

许明贤　吴忠超
1992 年 1 月 9 日
纽约　长岛

牛津大学的罗杰·彭罗斯的《皇帝新脑》一书的出版是国际书界的一件大事。剑桥大学前年曾为它专门举行了一次学术会议。

这本洋洋大观的贯穿了计算机科学、数学、物理学、宇宙学、神经和精神科学以及哲学的巨著，体现了作者向哲学上最大的问题之一“精神-身体关系”挑战的大无畏精神。

迄今为止的科学基本上都可纳入形而下学的范畴，而这本书可认为是首次对形而上学进行的严肃尝试。历史上曾重复地出现过还原主义的思潮，最近代的便是人工智能专家的断言：电脑最终能代替人脑甚至超过人脑。彭罗斯的论断却是：正如皇帝没有穿衣服一样，电脑并没有头脑。电脑具有智慧吗？人们的共识是用通过图灵检验来定义智慧。彭罗斯认为要制造出满意地通过这种检验的机器还是非常遥远的事。即使它真的通过了，我们还是不能断定其真有理解力，塞尔中文屋子的理想实验强有力地表明，用图灵检验来定义智慧还是远远不够充分的。

希尔伯特曾经有过一个非常宏伟的计划，一旦公理和步骤法则给定，一切真理都应该能被推导出来。著名的哥德尔定理使这个计划的宏图化为泡影。以算法来获取真理的手段是非常受局限的，在任何一个形式系统中总存在不能由公理和步骤法则证明或证伪的正确的命题。康托尔关于无理数集合的不可数性、罗素集论的理发师悖论、哥德尔定理以及电脑停机问题都是一脉相承地沿用了康托尔对角线法而给予证明的。一言以蔽之，世界万花筒般的复杂性不可能用可数的算法步骤来穷尽。

灵感和直觉在发现真理方面比逻辑推导重要得多。彭罗斯和柏拉图相认同，发现真理是精神和数学观念的柏拉图世界进行接触。正如询问宇宙在大爆炸之前是什么样子的问题是没有意义的一样，柏拉图世界是超越时空的，具有“遗世独立”的品格。柏拉图世界至少和物理世界一样地具有实在性甚至两者是合二为一的。他认为著名的芒德布罗集一定是栖息在这个世界中，否则的话何以这么美丽呢？真可谓：“此曲只应天上有，人间能得几回闻？”

牛顿力学、麦克斯韦电磁学、爱因斯坦相对论和量子论给人类带来了神速的技术进步，在使人们充满了自信心的同时也给套上了宿命论的枷锁。我们宇宙的一切都已完全为第一推动所决定。过去人们将第一推动归于上帝，而量子宇宙论却把第一推动也都摒除了，宇宙在时空上是有限无界的！这肯定是自以为具有自由意志的人类所不能忍受的，什么人愿意生活在这种宇宙中呢？远离平衡态的热力学耗散结构也许是生命现象的雏形，动力系统的不稳定性导致混沌之中又隐含着新的秩序，这些是对理解生命的努力，也是半个世纪前人们始料不及的，但这还不是形而上学的精神。彭罗斯猜测，宇宙也许的确是宿命论的，但同时是不可计算的。我们的宇宙究竟有自由意志的存身之所吗？

人类智慧的最伟大工程之一是爱因斯坦的统一场论。其主要困难在于量子论和相对论之间的不协调。绝大多数物理学家都责备相对论，认为广义相对论只是一种唯象的理论。其实，就理论的美丽和经济性而言，相对论是远远地比量子力学优越。前者是人类智慧的产物，而后者是人们不得不接受的规则。量子力学的解释中仍有许多问题，譬如波函数的坍缩、薛定谔猫佯谬和爱因斯坦－波多尔斯基－罗森“矛盾”。这些困难也许在超越过它们的量子引力中可以得到解决。广义相对论的美丽和经济性体现在非线性之中，彭罗斯曾提出过非线性引力子的概念，这是从他早年对引力波碰撞的研究中得到启发的。他猜测到，发生量子波函数的坍缩的判据在于其引力效应超过单引力子的阈值。

彭罗斯镶嵌是除了芒德布罗集之外的对柏拉图观念存在性的有力支持。这两个例子的共同性是它们的发现和近代科学的进展基本无关。准晶体的五重准对称性是这种镶嵌的三维体现。彭罗斯猜测，准晶体生长的神经元行为既涉及单引力子判据又涉及量子引力的非定域性。

时间及其方向也许是意识的最大秘密。彭罗斯提出了外尔曲率猜测，宇宙的引力熵由外尔曲率来度量，而在大爆炸奇点处它必须为零，可惜迄今连这种关系的表达式都还没有找到，也许它必须是非定域的。他认为时间流逝的方向是由此衍生而来的。

原子时间、生物时间和宇宙时间以及时间箭头只不过是对时间概念的粗糙近似。爱因斯坦-波多尔斯基-罗森“矛盾”表明波函数坍缩是和狭义相对论的定域性以及因果性相矛盾，更遑论广义相对论了。在精神现象中，甚至时序都发生混乱，在灵感、直觉过程中或者在与柏拉图世界接触时似乎时间被不可思议地压缩了，它们甚至不发生在时间里。我们在洋洋自得的同时，又发现科学理论的成就还是这么贫弱。要完全弄清时间的含义得有待于量子引力的成功，这也是推动精神物理发展的关键。

彭罗斯对引力物理有过许多重要贡献，他（和霍金一道）证明了广义相对论的奇点的不可避免性，提出了黑洞的捕获面，以及克尔黑洞的能层概念。他发明了研究时空拓扑结构的主要工具即彭罗斯图。他对类空、类时和零无穷的阐释使引力辐射的图像更具形象。他把旋量引进引力物理，使辐射问题的研究更新，这就是纽曼-彭罗斯形式，在此框架中他证明了剥皮定理，即向无穷远辐射的引力可按照其衰弱方式被分成4个层次（电磁波只有两个层次）。

本书充满了许多猜测，正如历史上的许多猜测的命运一样，一些会存活，另一些会被淘汰。不管它们的命运如何，这正是当代思想家、哲学家和科学家必须去做正面冲突的问题。本书的字里行间充满了作者探索真理的灵感和激情。译者历经一个寒暑的辛苦，终于把这个译本奉献在读者面前。但愿在浏览此书之时，会有王献之行走于山阴道上目不暇接之感。人们在忙碌于都市生活之余，抽空到兰亭一游不也是件赏心乐事吗？

前言

马丁·加德纳

许多伟大的数学家和物理学家觉得，要写一本外行能理解的书，如果不是不可能的话，也是非常困难的。直到今年，人们也许还认为，罗杰·彭罗斯，这位世界上最博学和最有创见的数学物理学家之一，也属于这个范畴之内。我辈读过他的非专业性的文章和讲演，稍微了解一些底细。尽管如此，当发现彭罗斯在他的研究之余花费大量时间为见多识广的外行写下了这样美妙无比的书时，人们的确感到惊喜。我相信，该书会成为一部经典。

虽然彭罗斯的著述广泛地涉及相对论、量子力学和宇宙论，其关心的焦点乃是哲学家所谓的“精神–身体问题”。几十年来，人工智能专家尽力说服我们，再有一两个世纪的时间（有些人已把这些时间缩短到50年！）电脑就能做到人脑所能做的一切。他们因为受年轻时读到的科学幻想的刺激，而坚信我们的精神只不过是“肉体的电脑”（正如马文·明斯基曾经提出过的）。他们想当然地认为，当电子机器人的算法行为变得足够复杂时，痛苦和快乐、对美丽和幽默的鉴赏、意识和自由意志就会自然地涌现出来。

有些科学哲学家（最著名者为约翰·塞尔，他的大名鼎鼎的中文屋子的理想实验为彭罗斯所深入讨论）强烈地反对这种看法。对他们来说，电脑和用轮子、杠杆或任何传递信号的东西运行的机械计算机并没有什么本质的不同（人们可用滚动的弹子或通过管道流动的水流制造计算机）。因为电流通过导线比其他能量形式（除了光）走得更快，它就能比机械计算机更快地摆弄信号，并因此能承担庞大复杂的任务。但是，一台电脑是否以一种比算盘更优越的方式“理解”它的所作所为呢？是的，现代电脑能以大师的风度下棋。它们是否比一群电脑迷曾经用积木搭成的方格游戏机（一种西文的初级游戏）对游戏“理解”得更好些？

彭罗斯的书是迄今为止对强人工智能的最猛烈的攻击。几个世纪以来，人们就一直反对还原主义者关于精神只不过是已知物理定律操纵的机器的宣称。但是，因为彭罗斯凭借从前的作者不能获知的资讯，所以他的攻击更加令人信服。从这本书可以看出，彭罗斯不仅是一位数学物理学家，而且是一位第一流的哲学家，他毫无畏惧地和当代哲学家斥之为无稽的问题进行搏斗。

彭罗斯还不顾一小群物理学家的越来越强烈的否定，敢于认可强烈的现实主义。不仅宇宙是“外在的”，而且数学真理自身也有其神秘的独立性和永恒性。正如牛顿和爱因斯坦那样，彭罗斯对物理世界和纯粹数学的柏拉图实体极其谦恭和敬畏。杰出的数论学家保罗·厄多斯的口头禅是，所有最好的证明都记载在“上帝的书”上，数学家偶尔被允许去瞥见一页半纸。彭罗斯相信，当一位物理学家或者数学家经历一次突然的“惊喜”的洞察，这不仅是“由复杂计算作出”的某种东西，而是精神在一瞬间和客观真理进行了接触。他感到惊讶，莫非柏拉图世界和物理世界（物理学家已将其融入数学之中）真的是合二为一？

彭罗斯用了不少篇幅论及以其发现者本华·芒德布罗命名的芒德布罗集的著名的类分数维结构。虽然其局部放大在某种统计的意义上是自相似的，它的无限地盘旋的模式却以不可预见的方式不断地改变。彭罗斯（和我一样）觉得，若有人不认为这一奇异的结构不像喜马拉雅山那样是“外在的”，而且有待人们像探险丛林那样去勘探，那真是不可理喻。

彭罗斯是数量不断增加的一伙物理学家的一员，认为当爱因斯坦说他的“小指”告诉他量子力学是不完备时，他并非顽冥不化或昏头昏脑。彭罗斯为了支持这一争论，把你指引向涵盖众多课题的旅途，诸如复数、图灵机、复杂性理论、哥德尔的不完备性、相空间、希尔伯特空间、黑洞、白洞、霍金辐射、熵、脑结构以及许多当代研究的核心问题。狗和猫对其自身有“意识”吗？传递物质的机器可能在理论上把一个人如同在电视系列片《星际旅行》中那样，把宇航员从上往下地扫描的办法从一处向另一处运送吗？进化在意识的产生中发现了什么存活的价值？是否存在超越量子力学的一种水平，它为时间的方向以及左右之间的差别刻上烙印？量子力学的定律，也许甚至更高深的定律，是否对精神现象具有根本的作用？

彭罗斯对上述的最后两个问题的回答是“是”。他的著名的“扭量”理论——在作为时空基础的高维复空间中运算的抽象的几何对象——因为过于专业化而不能被包括在此书之中。它是彭罗斯20多年对比量子力学的场和粒子更深刻的领域进行探索的结果。在他对理论的4种分类，即超等、有用、尝试和误导之中，彭罗斯谦虚地把扭量理论和现在激烈争论的超弦以及其他大统一方案一道归于尝试类中。

彭罗斯从1973年起担任牛津大学的罗斯·鲍尔数学教授。这个头衔对他甚为适合。因为W.W.罗斯·鲍尔不仅是一位著名的数学家，还是一位业余魔术家。对数学游戏的强烈兴趣使他写下该领域的英文经典著作《数学游戏及漫笔》。彭罗斯和鲍尔一样地热心于游戏。彭罗斯在年轻时发现了一种称为“三杆”的“不可能物体”（一个不可能物体是由于其自相矛盾而不能存在的立体形态的图画）。他和他的父亲莱昂内尔，一位遗传学家，把三杆转变成彭罗斯楼梯，毛里兹·埃舍尔把它用于两幅众所周知的石板画《升降》和《瀑布》之中。有一天彭罗斯躺在床上，他在“一阵狂热”之后摹想到四维空间中的不可能物体。他说，它是这样一种东西，甚至一个四维空间的生物遇到它的话也会惊叫：“天哪，这是什么东西？”

20世纪60年代，当他和朋友史蒂芬·霍金合作研究宇宙论时，作出了也许是他最著名的发现。如果相对性理论“一直下去”都是成立的，那么在物理学定律不再适用的每一黑洞里必须有一奇点。不过，甚至使这一成就黯然失色的是他近年的另一项成就：彭罗斯只用两种形状的花砖就能以埃舍尔镶嵌的方法把平面铺满，但是这种镶嵌只能采取非周期性的形式。（你们可在拙著《彭罗斯镶嵌》中见识到有关这些讨人喜欢的形状。）与其说他发明了它们，不如说发现了它们，当时一点也没预料到它们有何用场。当人们发觉，他的镶嵌的三维形式是物体的奇异的新形态基元时，不禁大为惊奇。现代晶体学最活跃的研究领域便是探讨这类“准晶体”。这也是好玩的数学找到预想不到应用的现代富有戏剧性的事件之一。

彭罗斯在数学和物理上的成就——我只能触及一小部分——源于他毕生对“存在”的神秘和美丽保持好奇之心。他的小指头告诉他，人脑不仅仅是小导线和开关的集合。他的序言和跋中的“亚当”一部分是知觉生命的缓慢进化的意识曙光的象征。依我看来，他也就是彭罗斯——坐在离开人工智能领导者第三排的地方的小孩——敢于直言人工智能的皇帝没有穿衣服。彭罗斯的许多看法都富有幽默感，但这件事情绝不是闹着玩的。

感谢

我在著作此书时，曾得到过许多人的各种帮助，在此谨表感谢。尤其是那些（特别是参与我所观看过的英国广播公司电视节目的）强人工智能的提倡者所表达的如此极端的人工智能的观点，在多年以前刺激了我着手这一规则。（然而，如果我早知道要完成此书竟要如此辛苦，恐怕当初就不敢开始！）许多人细读了手稿的小部分并提供了不少改进的建议，我对他们也表示谢意，他们是：托比·贝利、大卫·多伊奇（他还检验了我的图灵机编号，对我特别有用）、斯图亚特·汉普夏尔、詹姆·哈特尔、莱恩·休斯顿、安格斯·麦金太尔、玛丽·詹·莫瓦特、特里斯坦·尼丹姆、特得·纽曼、埃利克·彭罗斯、托比·彭罗斯、沃尔夫冈·林得勒、恩格尔伯特·叙金和邓尼斯·西阿玛。我尤其欣赏克利斯托弗·彭罗斯为我提供的芒德布罗集的仔细信息以及约纳逊·彭罗斯提供的弈棋电脑的有用信息。我特别感谢科林·布莱克莫尔、埃利希·哈斯和大卫·胡贝尔，他们为我审阅了第9章，对于该章的领域我只能算是一个门外汉。正如我所致谢的其他人那样，本书的任何错误与他们无关。我感谢国家基金会的支持，其合同号码为DMS 84—05644、DMS 86—06488（莱斯大学，休斯敦，本书的一部分就是根据在该校作的演讲而写成的）以及PHY 86—12424（希拉库斯大学，在该校进行了关于量子力学的有价值的讨论）。我还十分感谢马丁·加德纳，他极其慷慨地为本书写前言以及提供一些具体的评论。我最感谢我亲爱的瓦尼莎，她对好几章进行了细致的批评，在文献上提供了许多帮助，在我最使人不能忍受时容忍我，她给了我极其需要的深挚的爱情和支持。

FIGURE ACKNOWLEDGEMENTS

THE PUBLISHERS EITHER have sought or are grateful to the following for permission to reproduce illustration material.

Figs 4.6 and 4.9 from D. A. Klarner (ed.), *The mathematical Gardner* (Wadsworth International, 1981).

Fig. 4.7 from B. Grünbaum and G. C. Shephard, *Tilings and patterns* (W. H. Freeman, 1987). Copyright© 1987 by W. H. Freeman and Company. Used by permission.

Fig. 4.10 from K. Chandrasekharan, *Hermann Weyl* 1885—1985 (Springer, 1986).

Figs. 4.11 and 10.3 from pentaplexity: a class of non-periodictilings of the plane. *The Mathematical Intelligencer*, 2, 32–37 (Springer, 1979).

Fig. 4.12 from H. S. M. Coxeter, M. Emmer, R. Penrose, and M. L. Teuber (eds), *M. C. Escher: Art and science* (North-Holland, 1986).

Fig. 5.2 ©1989 M. C. Escher Heirs/Cordon Ar-Baarn-Holland.

Fig.10.4 from *Journal of Materials Research*, 2, 1–4 (Materials Research Society, 1987).

All other figures (including 4.10 and 4.12) by the author.

序言

大会堂里有一个盛大的集会，标志着新的“超子”电脑的诞生。总统波罗刚刚结束了他的开幕词。他很高兴：他并不很喜欢这样的场合，对电脑也是一窍不通，只知道这种电脑即将为他赢得很多时间。制造商们向他保证，在这种电脑的诸多功能中，它还能代替他为那些他觉得如此厌倦的棘手的国家问题做决策。想到花费在它上面的金钱的数量，这种事最好是真的。他期待着能够在他那豪华的私人高尔夫球场上享受玩上许多小时高尔夫球的快乐——这是在他这小国家里所剩下为数不多的一块有相当面积的绿地。

亚当觉得置身于那些出席这一开幕典礼的人们之中不胜荣幸。他坐在第三排，两排前面坐着他的母亲：一个参加设计超子电脑的主要技术人员。凑巧的是，他的父亲也在那个场合——不过并没有得到邀请，现正在大厅后面被安保人员团团围住。在最后一分钟，亚当的父亲仍试图炸毁这台电脑。作为一小群灵魂意识委员会边缘活动分子的自命的“精神主席”，他给自己下达了这项任务。当然，他和他所带的所有炸药一下子就被各种电子的和化学的传感器给盯上了，对他惩罚中的一小部分就是他必须目睹这场开机运行的仪式。

亚当对他的父母都没多少感情，大概这种感情对他来说也没有必要。他所有的13年是在极端奢华的物质中长大的，而这又几乎全部受惠于电脑。他可以得到他所希望的任何东西，只要碰一下按钮即可：食物、饮料、陪伴以及娱乐；而且还有受教育，任何时候只要他感到需要——就会由感人的彩色图像显示来加以说明。他母亲的地位使所有这一切都成为可能。

现在，总设计师正在结束他的发言："……有10^{17}以上的逻辑单元，这比组成我们国家中任何人的脑部神经的数目还要多！它的智慧将是不可想象的，不过幸运的是我们不必去想象，我们马上就有幸亲眼看到这种智慧：我请我们伟大国家的尊敬的第一夫人，伊莎贝拉·波罗来转动这个开关，让我们的超子电脑开动运行！"

总统夫人向前走去，有点儿紧张，也有点儿笨拙，不过她还是转动了开关。"嘘"的一声，这10^{17}逻辑单元进入运转时有一丝难以觉察的暗淡的光，每个人都在等待，不知去期望什么。"现在有没有观众想提出第一个问题来让我们的超子电脑开始工作？"总设计师问道。每个人都感到羞怯，生怕在众人面前出丑——尤其是在这个新的"上帝"的面前。一片寂静。"可是必须得有一个人来提问呀？"总设计师请求大家。可是大家都害怕，似乎感到了一个新的全权的威慑，亚当可没有这种恐惧。他和电脑一起成长的，他几乎知道作为一台电脑它可能会怎样感觉。至少他自认为他可能知道，不管怎样，他总是好奇。亚当举起手来。"哦，好的，"总设计师说道，"第三排的这位小青年，你要向我们的新朋友提个问题，是吗？"

目录

第1章
电脑能有精神吗

引论

电脑技术在过去的几十年间有了极其巨大的进展。而且，很少人会对未来的几十年内在速度、容量和逻辑设计方面的伟大进步有所怀疑。到那时候，今日的电脑将显得正和我们今天看早年的机械计算机那样的迟钝和初等。其发展的节律几乎是令人恐惧的。电脑已能以人类远远不能企及的速度和准确性实现原先是属于人类思维的独霸领域的大量任务。我们对于机器能在体力方面超过自己早已司空见惯，它并不引起我们的紧张。相反的，我们因为拥有以巨大的速度——至少比最快的田径运动员快4倍——在地球上均匀地推动我们，以一种使几十个人相形见绌的速率挖洞或毁灭废弃建筑的装备而感到由衷的高兴。机器能实现我们过去在体力上从未可能的事，真是令人喜悦：它们可以轻易地把我们举上天空，在几个钟头内把我们放到大洋的彼岸。这些成就毫不伤害我们的自尊心。但是能够进行思维，那是人类的特权。正是思维的能力，使我们超越了我们体力上的限制，并因此使我们比同伙生物取得更加骄傲的成就。如果机器有朝一日会在我们自以为优越的那种重要品质上超过我们，那时我们是否要向自己的创造物双手奉出那唯一的特权呢？

机械仪器究竟能否思维的问题——也许甚至会体会到感情，或具有精神——不是一个什么新问题[1]。但是，现代电脑技术时代的来临赋予它新的冲击力甚至迫切感。这一问题触及到哲学的深刻底蕴。什么是思维？什么是感觉？什么是精神？精神真的存在吗？假定这些都存在，思维的功能在何种程度上依赖于和它相关联的身体结构？精神能否完全独立于这种结构？或许它们只不过是（合适种类的）身体结构的功能？无论如何，相关结构的性质必须是生物的（头脑）吗？精神——也能一样好地和电子设备相关联吗？精神服从物理定律吗？物理定律究竟是什么？

这些都被包括在本书我要试图探索的问题之中。要为这么崇高的问题寻求确定的答案当然是无理的要求。我不能提供这个答案：虽然有些人想用他们的猜测强加于我们，但在实际上，任何人也做不到。我自己的猜测在本书后头将起重要作用，但是我要清楚地把这些猜想和坚实的科学事实区分开来，并且我还要把这些猜想所依据的原因弄清楚。我不如这么说好了，有关在物理定律、数学性质和意识思维的结构之间的关系引起了某些显然全新的问题，我陈述了以前从未有人发表过的观点。这不是我三言两语即能足以描述的观点，因此需要写这么长篇幅的书。但是简略地讲，也许这样会引起一点误会，我至少能说，我的观点认为，正是我们现在对物理基本定律缺乏理解，才使我们不能物理地或逻辑地掌握“精神”的概念。我在这里不是讲，永远不可能很好地掌握这些定律。相反的，本书的部分目的即是企图在这一方面似乎有前途的方向去刺激将来的研究，并且想要提出某些相当特殊的、显然是新的关于“精神”实际上可在我们知道的物理发展中占据什么位置的建议。

我应该清楚地表明，我的观点在物理学家中是非传统的，并因此在目前不太可能被电脑科学家或生理学家所采纳。大部分物理学家会宣称，在人脑尺度下有效的基本定律已经完全知道。当然，在我们物理知识方面一般地仍有许多空白这一点，是无可争议的。例如，我们不知道制约自然的亚原子粒子质量值以及它们相互作用强度的定律。我们还不能使量子理论和爱因斯坦的狭义相对论完全协调——遑论去建立"量子引力论"了。这种理论要使量子理论和他的广义相对论相协调。由于还没有量子引力论，人们就不能理解在已知基本粒子大小的1/100000000000000000000的不可思议的微小尺度下空间的性质，尽管我们以为自己关于比这更大尺度下的知识是足够的。我们也不知道这整个宇宙无论在空间上还是在时间上是有限的还是无限的，尽管这样的不确定性对于人类尺度的物理学似乎没有什么影响。我们不理解既作用于黑洞的核心又作用于宇宙本身大爆炸起源处的物理学。然而，所有这些问题似乎和人类大脑运行有关的"日常"（或稍小一些）尺度问题的距离是要多遥远就有多遥远。它们肯定是遥远的！尽管如此，我将论证，正是在我们鼻子尖（不如说是后面），在我们的物理理解中，正是在和人类思维和意识的运行相关的水平上，还存在巨大的无知！正如我将要解释的，甚至大多数物理学家还不承认这个无知。我还要进一步论断，黑洞和大爆炸与对这些问题的考虑的确有相关之处，这真是令人吃惊！

我将要用证据来支持我提出的观点以说服读者。但是，为了理解这些观点我们还要做许多事。我们将要到奇异的国度以及陌生的研究领域中去旅游。我们要考察量子力学的结构、基础和困惑，狭义和广义相对论、黑洞、大爆炸、热力学定律、电磁现象的麦克斯韦理论以及牛顿力学的基本特征。当企图要理解意识的性质和功能时，哲学和心理学问题的作用就清楚地呈现出来了。除了设想的电脑模型外，我们当然要对大脑的实际神经生理学稍有些了解。我们要具备人工智能现状的某些观念，还需要知道什么是图灵机，需要理解可计算性、哥德尔定理以及复杂性理论的意义。我们还将深入到数学的基础甚至物理实在的最本质的问题中去。

如果，在这一切的结尾，读者对我要表达的不太传统的论证仍然无动于衷，那么我希望她或他从这个曲折迂回的，但我希望是激动人心的旅途中，得到某些真正有价值的东西。

图灵检验

让我们想象一种新型的电脑被推广到市场上来，它的记忆容量和逻辑单元的数目可能超过了人脑。还假定为此机器仔细地编了程序，并提供了合适种类的大量数据。制造者宣称这种仪器实际上在思维。他们也许还宣布它们真正是有智慧的。或许他们还走得更远，并提出该仪器实际上感到痛苦、快乐、慈悲、骄傲等，并且自己知道以及实际上理解它们自己的所作所为。的确，它们仿佛就要被宣布是有意识的。

我们如何才能相信制造者的宣称呢？当我们通常买一台机器时，完全根据其所提供的服务来判断其价值。如果它令人满意地完成了我们规定的任务，我们就很高兴。若不是这样，就把它送回去修理或代换。为了检验该制造者所宣称的该仪器实际上具有人类的属性，我们会根据这一判据，简单地判断它在这些方面是否能和人类一样地行为。假定它令人满意地做到这些，我们就没有原因去抱怨制造者，也没有必要把这台电脑退回修理或代换。

这就为我们提供了有关这些事体的非常有效的观点。假定该电脑的行为和一个人在思维时的行为方式不能区分，行为主义者就会说它在思维。我在此刻暂且采纳行为主义者的这一观点。当然，这不意味着我们要求电脑以一个人边想边走的方式移动。我们更不指望它会活灵活现地像人类：这些和电脑的目的无关。然而，这意味着我们要求它对任何我们介意问它的问题产生拟人的答案。假定它以一种和人类不能相区别方式提供这些答案，则我们就宣称对它的确在思维（或感觉、理解，等等）这个事实表示满意。

阿伦·图灵在题为《计算机和智力》的著名文章中有力地论证了这一观点。该文于1950年发表在哲学性杂志《精神》上（*Turing 1950*）。（我们以后还要时常提到图灵。）现在称作图灵检验的观念就是首次在这篇文章中描述的。这是为了检验一台机器是否能合情理地被说成在思维的企图。让我们假设一台电脑（正如上面描述的、我们制造者所叫卖的）确实被宣称为在思维。按照图灵试验，该电脑和某个人类的自愿者都躲开到（知觉的）质问者的视线之外。质问者必须依赖向他们双方提出检验问题，来决定两者何为电脑何为人类。这些问题以及更重要的是她[1]收到的回答，全部用一种非人格的模式传送，

1. 在写这类著作时，在没有任何性别含义的地方存在着不可避免地用“他”还是“她”两个代词的问题，在提到某一抽象的人时也遇到了相应的问题。我将用“他”来表明短语“她或他”，这就是我通常所做的。然而，我希望在这儿宁愿用一位女性的质问者这一点“性别主义”能被原谅。我猜想，她或许比她的男性对手对于识别真正的人性会更加敏感些！

譬如讲打印在键盘上或展现在屏幕上。质问者不允许从任何一方得到除了这种问答之外的信息。人的主体真实地回答问题并试图说服她，他确实是人而另外的主体是一台电脑；但是该电脑已被编好了“说谎”的程序，为了试图说服质问者它反而是人。如果质问者在一系列的这种检验的过程中，不能以任何一致的方式指明真正的人的主体；那么该电脑（或电脑程序，或程序员，或设计者等）肯定是通过了这一检验。

现在人们也许会争辩道，这种检验对于电脑实际上是不甚公平的。因为如果交换一下角色，使人的主体被要求去假装成电脑，而电脑作真实的回答，那么要质问者去发现哪个是哪个就太容易了。她所要做的一切只是要求这些主体进行某些复杂的算术计算。一台好的电脑能够一下子准确地回答，而人很容易被难倒。（然而，人们对此要稍微小心一些。有些“计算奇才”具有非常惊人的心算技巧，从不算错并且显得轻松胜任。例如约翰·马丁·萨查里阿斯·达斯[2]，一位文盲农夫的儿子，1824—1861年生活在德国。他能在比1分钟短的时间内用心算完成两个8位数的乘法，或在大约6分钟时间内完成两个20位数的乘法！很容易错认为这是一台电脑在计算。在现代，亚历山大·爱特金和其他人的计算成就也一样地令人印象深刻。爱特金是20世纪50年代爱丁堡大学的数学教授。质问者对此检验所选择的算术问题必须比这个更令人绞尽脑汁，譬如，在2秒钟内乘2个30位数，一台好的现代电脑可轻而易举做到这一点。）

这样，电脑程序员的部分任务是使电脑在某一确定方面比它实际更“愚蠢”。因为如果质问员要问该电脑一个复杂的算术问题，正如我们上面考虑过的，那么现在电脑必须假装回答不了或者马上放弃！但是我相信以这种方式使电脑变“愚蠢”不是电脑程序员面临的特别严重的问题。使之回答一些最简单的人类不会感到有任何困难的“常识”问题正是他们的主要困难！

然而，在引用这类特例时存在一个固有的问题。因为不管人们会首先提出什么，很容易设想一种方法使电脑正如一个人的样子去回答那个特殊问题。但是，在电脑方面的任何真正理解的缺乏都会因为不断地询问而显露出来，尤其是对于具有创造性和需要真正理解的问题。质问者的一部分技巧在于能设计出如此创造性的问题，另一部分是利用设计来揭示出是否发生某些实在“理解”的探测性的其他问题去追踪它们。她偶尔也可以问一个完全无聊的问题，看看电脑能否检测出差别来，她或者可以加上一两个表面上听起来像是无聊的，而实际上有一点意义的问题，例如她可以说：“我听说，今天上午一头犀牛在一个粉红色的气球中沿着密西西比河飞。你怎么理解此事？”（人们可以想象该电脑的眉头上，泛出冷汗——用一不适当的比喻！）它也许谨慎地回答：“我听起来觉得这不可思议。”到此为止没有毛病。质问者又问：“是吗？我的叔叔试过一回，顺流逆流各一回，它只不过是浅色的并带有斑纹。这有什么不可思议的？”很容易想象，如果电脑没有合适的“理解”就会很快地暴露了自己。在回答第一个问题时，它的存储器可以帮助它想到它们没有翅膀，甚至可以在无意中得到“犀牛不能飞”，或者这样地回答第二个问题“犀牛没有斑纹”。下一回她可以试探真正无意义的问题，譬如把它改变成“在密西西比河下面”，或者“在一个粉红色的气球之中”，或者“穿一件粉红色夜服”，再去看看电脑是否感觉到真正的差别！

让我们暂且撇开是否或何时能造出通过图灵检验的电脑的问题。让我们仅仅为了论证的目的假定，这种电脑已被造出。我们可以问，一台通过检验的电脑是否应该必须说出思维、感觉和理解等。我将要很快地回到这事体上来。此刻我们且考虑它的一些含义。例如，如果制造者的最强的宣布是正确的，就是说他们的仪器是一个思维的、感觉的、敏感的、理解的、意识的生物，那么在我们购买该仪器时就涉及道义的责任。如果制造者的话是可信的，事情就应该是这样子的！开动电脑仅仅是为了满足我们的需要而不考虑其自身的感情应受到谴责。那在道义上和虐待奴隶没有什么差别。一般地说，我们是应避免使电脑经受制造者宣称的它会感觉到的痛苦。当它变得和我们很亲近时，要关掉也许甚至卖掉它，在道义上对我们都是困难的。就会出现因我们和其他人类或其他动物的关系而要把我们卷入的其他无数的问题。所有这些现在都变成紧密相关的事体。这样，让我们（以及当局！）知道制造者的宣布是否是真的，便具有极大的重要性！我们假定这个宣布是基于他们如下的断言："每一台思维的仪器已被我们的专家严格地进行了图灵检验。"

我仿佛觉得，尽管这些声称的某些含义，尤其是在道义上有明显的荒谬性，但把成功地通过图灵检验当作存在思维、智慧，理解或意识的有效指标的情形，实际上是相当强的要求。如果我们不交谈的话，何以判断他人也具备这些品质呢？实际上还有其他的譬如面部表情、身体运动以及一般动作等判据，它们会大大地影响我们所作的这种判断。但是，我们可以想象（也许在更为遥远的将来）可把一个机器人制造得能成功地模拟所有这些表情和动作。这下子就不必要把机器人和人的主体躲藏在质问者的视界之外，但是质问者随意支配的判据在原则上可和以前相同。

我本人的观点是准备把图灵检验的要求大大地减弱。我似乎觉得要求电脑这么接近地模仿人类，以使得在一种相关的方式下不能和一个人区分开实在是太过分了。我自己想要求的全部是，我们知觉的质问者应该从电脑回答的性质对在这些回答背后的意识存在真正地感到信服，尽管它可能是非常异样的一种意识。这就是迄今建造的所有电脑系统明显缺乏的某种东西。然而，我能觉察到这样的一种危险，如果质问者能决定哪一方事实上是电脑，那么她可能也许是无意识地迟迟不把甚至她能感觉到的意识赋予电脑。或者在另一方面，她也许有这个印象，即她“嗅”到了这个“异物的存在”，即便该电脑没有这种可疑的好处，她还是准备赋予它这个好处。由于这种原因，就在图灵检验原先形式的更大的客观性上，它具有明显的优点，我在下面就一般地遵循于这种形式。我早先提到的对于电脑引起的“不公平”(也就是它必须做人能做的一切才能通过，而人不必会做电脑能做的一切)似乎没有使把图灵检验当作思维等真正检验的支持者忧虑。无论如何，他们的观点时常倾向于不必等太长时间，譬如讲到2010年，一台电脑就能实在地通过这一检验。(图灵原先提出，到2000年，对一位“中等的”质问者仅仅5分钟的提问，电脑的成功率为30%。)这意味着，他们相当有信心，这一不公平不会显著地延迟这一天的到来！

所有这些事体都与根本问题有关：也就是这一操作的观点是否实际上为判断一个对象中存在精神的品质提供一组合理的判据？有些人会竭力争论说它不是。不管模仿得多么有技巧，终究不和实在的东西一样。我在这一方面的看法是比较中庸。我倾向于相信，作为一般的原则，不管是多么巧妙的模仿，应该总能被足够巧妙的探测检验得出来，尽管这只是信念（或科学乐观主义）而不是已被证明的事实。这样，总的来说，我准备把图灵检验接受为在它的选定范围内是粗略成立的。也就是说，如果电脑对这些问题的确能以一种和人不能区分的方式回答，并如此适当地[1]一致地愚弄了我们有理解力的质问员，那么在缺乏任何相反的证据下，我猜想电脑实际上是在思维、感觉等。我在这儿用的这个词，譬如"证据"、"实际上"和"猜想"，其含义是当提到思维、感觉或理解或尤其是意识时，我用这些概念去表明实际客观的"事体"，它在物理形态上的存在与否是我们要确定的某种东西，而不仅仅是语言上的方便！我把这当作一个关键点。我们在所有能得到的证据的基础上作猜测，以辨别这种品质的存在。（这和譬如讲，天文学家想辨别遥远恒星的质量，在原则上没有什么不同。）

必须考虑哪一些反证据呢？关于这一点要预先立下规则是很困难。但是我要弄清楚的是，仅仅说电脑是由晶体管、导线等而不是由神经元、血管等构成的事实本身，我不认为是反证据。我在心里想到的是，在将来的某一时候可以发展出成功的意识理论，这里成功的含义是，它是一个连贯的适当的物理理论，以一种美丽的方式与物理理解的其余部分相协调，而且使它的预言精确地与人类所称何时、是否、到何等程度他们自己觉得是意识相互关联，而且这一理论在考虑我们电脑的想象的意识方面的确关系重大。人们甚至可以摹想按照这一理论的原则建造的"意识探测器"。对于人的主体它是完全可靠的，但

---

1. 在关于应把什么当成真正地通过图灵检验这一点上，我有点故意奸狡。例如，我可以想象电脑在一长串的失败后，可把人的原先的所有回答放在一起，然后把它们拌上一些随机的成分。过了一阵我们疲倦的质问员也许用完了原先要问的问题，她就可能被愚弄，我把这种方式认为是电脑方面的"欺骗"！

在电脑的情形给出与图灵检验相左的结果。在这种情形下，人们必须非常小心地解释图灵检验的结果。我似乎觉得，人们对图灵检验的合适性问题的态度部分地依赖于他对科学技术如何发展的期望。我们以后必须再来考虑其中的一些问题。

人工智能

人工智能是近年来引起人们很大兴趣的一个领域，经常被简写成"AI"。AI的目标是用机器，通常为电子仪器，尽可能地模拟人的精神活动，并且或许在这些方面最终改善并超出人的能力。AI的结果至少在4个方向是有趣的。尤其是有关机器人的研究，它在很大的程度上是为了满足工业对可实行"智力"的，也就是万能和复杂的、原来需要人干预或控制任务的机械仪器的实际需要，并使他们以超过任何人的能力的速度和可靠性，或者在人类处于危险的各式各样条件下运行。还有专家系统的发展颇具商业和一般的兴趣，在这系统中整个职业的，譬如医学、法律等的主要知识都能编码载入电脑的系统知识库里。这些职业人员的经验和专长能被这种系统知识库所取代吗？所能指望得到的是否只不过是事实的罗列以及意义广泛的前后参考的长长的表格？电脑能否呈现（或模拟）出真正的智慧肯定具有相当大的社会含义。心理学是和人工智能有直接关系的另一领域。人们希望通过利用电子仪器来模拟人脑或某些其他动物头脑的行为，倘若发现做不到，也可以知道有关头脑工作的某些重要的东西。最后，还存在一个乐观的希望，就是由于类似的原因，AI可为精神概念的意义提供洞察，并为其深刻的哲学问题提供一些答案。

迄今为止，AI已进展到何等程度呢？让我来总结是有一些困难。在世界各地存在许多活跃的小组，而我只熟悉这工作的一小部分的细节。尽管如此，可以公正地说，AI虽然的确做了许多聪明的事，但对真正智慧的任何模拟还是非常遥远的事。为了使读者领略这个学科的风味，我首先提到早先的（仍然是令人印象深刻的）成就，以及后来在计算机下棋方面的重要进展。

W.格雷·瓦尔特的“乌龟”[3]是20世纪50年代早期制造的第一批人工智能仪器之一。在电池快用光前，它会以自己的动力在地面上四处爬行，而且还会爬到离得最近的电插座那儿，把自己插上给电池充电。当充满了电以后，自己会从插座拔出，并重新在地面上爬行！从那时起人们制造出来许多类似的东西（例如，参见*Waltz 1982*）。另一独立发展的线索是以特里·维诺格拉德在1972年设计的电脑程序为例子，它在模拟中可以和一堆不同形状和颜色的木块明智地打交道，以不同的顺序和排列把一块放在另一块的上面。尽管早期获得这类成功，但人们证明了，即使设计一个简单的能操纵自如的、避开人类看来“显然”需用动作来躲开的障碍物的、连接的“机器人手臂”也是何等的困难。视场的解释通常也是AI步骤在目前根本无法接近人脑（以及绝大多数其他动物的头脑）似乎能“轻而易举”做到的那种程度的领域。

K.M.科尔比在20世纪60年代中期发展的电脑程序也许更和图灵检验相连贯。它如此成功地模拟成一位精神疗法专家，以至于某些病人发现自己宁愿要电脑而不要人类的医疗家，并且对电脑比对人类的对手更愿把自己的内心袒露得更多些。可将下列（通过电传机）的交谈视作在电脑“医生”和病人之间的这种交流的一个例子[4]：

医生：我可以为你效劳吗

病人：我不知道

医生：请告诉我一些情形

病人：不

医生：请你说得仔细些

病人：今天我厌烦得很

医生：你知道这是什么原因

病人：是的，我老了

医生：请继续讲

病人：仿佛任何事情都激不起我的兴致

医生：请更多地告诉我你的这种感觉

病人：我也略知为何我会有这样的感觉

医生：是吗

病人：我似乎在想有一个家

医生：什么东西使你有这样的想法

病人：它是一种挑战

医生：为什么那对你是重要的

虽然这会给你一种电脑具有某种理解力的可怕印象。在事实上它一点也没有，只不过是遵循着某种相当简单的机械规则而已。（还存在一个和它相“颠倒”的系统，这时电脑装成一个痴呆症病人，给出教科书的所有答案和症状，并能捉弄一些医科学生，使之相信是一位病人在提供回答！）

计算机下棋也许为机器能显示可认为是“智慧行为”的最好例

子。现在（1989年）一些机器在与人对弈时实际已达到极受尊敬的水平，达到了“国际大师”的水准。（为了比较起见，世界冠军卡斯帕洛夫评分高于2700，而这些电脑的评分略低于2300。）特别是，邓恩和卡舍·斯普拉克伦（为忠诚优越商业微处理机）写的电脑程序已达到2110的（Elo）评分，并得到USCF“大师”称号的奖。主要由卡内基·梅隆大学的许雄编程序的“深思熟虑”更是令人印象深刻，它的评分约为2500Elo，最近在一次下棋锦标赛中（1988年11月，加利福尼亚，长堤）首次取得了（和大师托尼·迈尔斯）共享第一名，并实际上第一回击败了一位大师（本特·拉森）的成就[5]！现在下棋电脑也精于解答棋术问题，它在这方面的造诣轻而易举地超过了人类[6]。

下棋机除了精确的计算能力外，还大大地依赖于“博学多闻”。值得评论的是，只要落子动作要求非常快，下棋机总的来说比相当多的弈手高明一些。如果每一着允许的时间更长，则弈手的表现相对地比机器好。人们可依照如下事实来理解这一切，电脑是基于准确和快速的广义的计算来做决策的，而弈手则依赖于利用相对缓慢的意识评定的“判断”。利用这些人的判断来显著地减少必须在每一计算步骤中认真考虑的可能性，当有时间时，可以得到比不用这类判断而只用简单计算和直接排除可能性的机器更深刻的分析。在玩困难的东方围棋时，这一差别就更显著，那里每一步的可能数目比国际象棋大得多。意识和形成判断之间的关系，将是我后面尤其是第10章论证的中心。

用人工智能得到“快乐”和“痛苦”

人工智能宣称为理解精神品质，譬如快乐、痛苦、饥渴等提供了途径。让我们举格雷·瓦尔特的乌龟为例子。它的行为模式在电池快用完时就要改变，然后它以被设计好的行为方式补充自己的能量存储。这和人类或任何动物感到饥饿时的行为非常类似。当格雷·瓦尔特乌龟以这种方式行为时，说它饥饿了并没十分歪曲语言。其中的某些机制对它电池的状态很敏感，低到一定点时就会让乌龟转换到不同的行为模式。在动物饥饿时，除了其行为模式的改变更复杂、更微妙之外，无疑存在某些类似的动作。它不是简单地从一种行为模式改变到另一种行为模式，而是存在一种以确定方式行为的倾向的变化，当补充能量供应的需求增加时，这些变化就会更强烈（达到某一点）。

类似地，某些AI的支持者摹想，可以这种方式来适当模拟诸如痛苦或快乐的概念。让我们把情形简化，并只考虑从极端“痛苦”（分数为−100）到极端“快乐”（分数为+100）的单独的“感觉”测度。想象我们有一台仪器，譬如讲是某种电子的、具有记录它自己的（假想的）“快乐-痛苦”度量，我把它称作“苦乐表”。这一仪器具有一定的行为模式和一定的内部的（譬如它的电池状态）或外部的输入。其想法是把它开动以使其苦乐度取最大值。可能会有许多影响苦乐度的因素。我们肯定可以做这样的安排，使得电池中的电荷就是其中的一个因素，低电量算作负的，而高电量算作正的，但是还有其他因素。也许我们的仪器装有某些太阳能电池，这是获取能量的另一种手段。这样，当光电池起作用时就不消耗电池的能量。我们可以把光电池朝向光线以增加其苦乐度。这就是不存在其他因素时它所要做的事。（实际上，格雷·瓦尔特乌龟通常避开光线！）我们需要某种实行计算的手段，使得它能弄清它上面部分的不同动作最终在它的苦乐度上的可能效应。可以引进概率权重，使得计算在苦乐度表上具有更大或更小的效应，依其所根据的数据的可靠性而定。

还必须为我们仪器提供仅仅为了维持它的能量供应以外的其他"目的"，否则我们就没有办法去把"痛苦"从"饥饿"中区别出来。在此刻要求我们仪器有生育等功能无疑是太过分了，性的问题不予考虑！但是，我们也许能对它注入一种和其他同类仪器相陪伴的"需求"和它们相遇就得到正的苦乐值。我们或者可以为了其自身的缘故"渴望"学习，使得只要储存有关外部世界的事实即能在苦乐表上得正分（我们可以更自私地安排在为我们作各种服务时得到正分，正如一个人在制造机器仆人时所要做的那样！）。也许有人会争论道，由于凭一时高兴把这种"目的"加到我们的仪器上显得有些做作。但是，这和自然选择加在作为个体的我们身上的，在很大程度上是由于传宗接代的需求所支配的一定"目标"，并没有什么非常大的差别。

现在，假设我们的仪器按照所有这一切已被成功地造出。我们有什么权利去宣称它的苦乐值为正时它确实感到快乐，而苦乐值为负时感到痛苦呢？AI（或操作主义）的观点是，我们简单地从仪器行为的方式来判断。由于它以一种尽可能增加其正值的（并且尽可能久的）以及相应地尽量避免负值的方式行为，所以我们可以合理地把它的值的正的程度定义为快乐的感觉，而相应地把负值定义为痛苦的感觉。人们会说，此定义的"合理性"正是来自于人类对于快乐和痛苦是以目标方式反应的这一事实。当然，正如我们都知道的，人类的事情实际上并不像这么简单：我们有时似乎特地招惹痛苦，故意回避某种快乐。很清楚，我们的行为实在是由比这些更复杂得多的判据所导引的（参阅*Dennett 1978*，190—229页）。但是作为一个非常粗糙的近似，我们的行为的确是避免痛苦和追求快乐。对于一个行为主义者来说，这已经足够在类似的近似水平上，为我们的仪器的苦乐度和它的痛苦快乐评价的相认同提供正当的理由。这种认同仿佛也是AI理论的一个目的。

我们应该问：在我们的仪器的苦乐度为负或为正时，它是否真正分别地感觉到了痛苦或快乐呢？我们的仪器在根本上是否能感觉到什么呢？行为主义者或者会斩钉截铁地说“显然如此”，或者把这一问题斥为无稽之谈。但是，我觉得这里很清楚地存在一个要考虑的、严肃的困难问题。它对我们自己具有不同种类的影响。有些像痛苦或快乐是可意识的；但是还有其他我们不直接知道的。这可由一个人触摸到热火炉的经验得到清楚的阐明。他在甚至还未感到痛楚之前就采用了抽手回来的不情愿的动作。事情似乎变成，这种不情愿的动作比痛苦或快乐的实际效应更接近于我们仪器对自己的苦乐度的反应。

人们经常用一种拟人化的语言，以一种叙述性的、通常是滑稽的方法来描述机器的行为：“今天早晨我的车仿佛不想动”；或“我的手表仍然认为这是加利福尼亚时间”；或“我的电脑宣布，它不理解上一条指令，而且不知道下一步要做什么”。我们当然不是真正地表明车实际上会要什么，或者手表在思维，或者那台电脑[1]真的宣布任何事情，或者它理解甚至知道自己在做什么。尽管如此，假使我们仅仅在它们企图的意义上而不是按字面宣布上接受这样的陈述，则它们可

1. 譬如讲在1989年！

以是描述性的，并且对我们自己的理解有真正的帮助。我将会对AI的有关各式各样建造起来的仪器所具有的精神品质的声称采取类似的态度，而不顾及他们所企图和渴望的！如果我同意说，格雷·瓦尔特乌龟会饥饿，那只是在半开玩笑的意义上这么说的。如果正如上面所摹想的，我准备对苦乐值使用诸如“痛苦”或“快乐”等术语，那只是因为我发现其和我自己的精神状态的行为有一定的相似性，这些术语有助于我对其行为的理解。我不是暗示这些类似真的是特别接近，或者不存在其他无意识的以更加类似得多的方式影响我行为的东西。

我希望使读者清楚，我的意见是，对精神品质的理解，除了直接从AI得到之外，还存在有更大量的东西。尽管如此，我相信AI实现了一种值得尊敬和慎重处理的严肃的情势。我在说到这些时，并不意味着在人工智能的模拟中，如果有的话，有非常多的成就。但是人们必须心中有数，这个学科还是非常年轻的。电脑的运行会变得更快速，具有更大的可快速存取的空间、更多的逻辑元，并可并行地进行更大数目的运算。在逻辑设计和程序技术方面将会有所改善。这些机器，这种AI哲学的载体将在它们的技术能力方面得到大幅度的改善。此外，该哲学本身也不是固有地荒谬的。也许电脑，也就是当代的电脑的确能非常精确地模拟人类的智慧。这种基于今天被理解的原则，但是具有更伟大得多的能力、速度等的电脑一定会在近年内被制造成功。也许甚至这样的仪器将真正是智慧的；也许它们会思维、感觉以及具有精神。或者它们也许还制造不出来，还需要一些目前完全缺乏的原则。这些都是不能轻易排斥的问题。我将尽我所见地提出证据。我将最终提出自己的看法。

强人工智能和塞尔中文屋子

有一种称作强人工智能的观点在这些问题上采取相当极端的态度[7]。根据强AI，不仅刚才提到的仪器的确是智慧的并且有精神等，而且任何计算仪器，甚至最简单的机械的，诸如恒温器的逻辑功能都具有某种精神的品质[8]。这种观点认为精神活动只不过是进行某种定义得很好的，经常称作算法的运算。下面我将精确地说明算法实际上是什么。此刻暂且把算法简单地定义为某种计算步骤就已足够了。在恒温器的情形下，其算法至为简单：仪器记录其温度是否比设定的更高或更低，然后使线路在前面情形时断开，而在后面情形时接通。对于人脑的任何有意义的精神活动，其算法必然比这复杂得多，它和恒温器的简单算法在程度上具有极大的差别，而在原则上则相同。这样，根据强AI，人脑的主要功能（包括它的一切的意识呈现）和恒温器之间的差别只在于，在头脑的情形中具有大得多的复杂性（或许"更高级的结构"，或"自省性质"，或其他可赋予算法的属性）。按照这一观点，至为重要的是，所有精神品质，譬如思维、感情、智慧、理解、意识都仅仅被认为是这一复杂功能的不同侧面；也就是说，它们仅仅是头脑执行的算法的特征。

任何特殊算法的价值在于它的表现，也就是它的结果的精确，它的范围，它的经济性和它可运行的速度。一种想和人脑中假想的运行的算法相比拟的算法一定是非常了不起的东西。如果头脑中存在有这一类算法，强AI支持者肯定作此断言，那么在原则上它可在一台电脑上执行。假定它不受存储容量和运算速度的限制的话，的确可在任何当代的通用电脑上执行。（我们以后去考虑普适图灵机时，这一评论就会得到证实。）人们预料，在不太远的将来大型快速电脑将会克服任何这类限制。一旦这样的一种算法能被找到，它就能通过图灵检验。强AI支持者就会宣布，只要执行该算法，它自身就会体验到感情，具有意识，并且是一种精神。

绝不是每一个人都同意，可用这类方法把精神状态和算法相等同。美国哲学家约翰·塞尔（1980，1987）尤其反对这种观点。他引用过这种例子，即假定有一台适当地编了程序并已经实际上通过了简化的图灵检验的电脑；但是他以有力的论证支持如下观点：即便如此，这台电脑仍然完全不具备和理解有关的精神属性。其中一个例子是基于罗杰·尚克（*Schank and Abelson 1977*）设计的电脑程序之上。该程序的目的是为理解简单的故事提供模拟，例如："一个人进入餐馆并订了一份汉堡包。当汉堡包端来时发现被烘脆了，此人暴怒地离开餐馆，没有付账或留下小费。"第二个例子是："一个人进入餐馆并订了一份汉堡包。当汉堡包端来后他非常喜欢它；而且在离开餐馆付账之前，给了女服务生很多小费。"作为对"理解"这一故事的检验，可以询问电脑，在每一种情形下此人是否吃了汉堡包（这一事实在任一故事中都没有说清）。电脑对这类简单的故事和问题可给出和任何讲英文的人都会给出的根本无从区别的回答，也就是对于这些特定的例子，第一种情形是"非"，而第二种情形是"是"。这样一台机器已在这一非常有限的意义上通过了图灵检验！

我们应该考虑的问题是这类成功是否实际上表明电脑方面或许程序本身方面具有任何真正的理解。塞尔使用了他的"中文屋子"的概念来论证它不具备。他首先摹想，这一故事是用中文而不是英文来讲，这肯定是非本质的改变。把这一特殊演习的电脑算法的所有运算（用英文）作为一组指令提供给用中文符号进行操作的计算员。塞尔想象自己被锁在一个屋子里操纵这一切。代表这一故事和问题的一连串符号通过一条很小的缝隙被送进这屋子。不允许任何其他的来自外面的信息漏进去。最后当所有的操作完成后，程序的结果又通过这条缝隙递到外面来。由于所有这些操作都是简单地执行尚克程序的算法，这个最终程序的结果简单地为中文的"是"或者"非"，给出了关于以中文说的故事用中文问的原先问题的正确答案。现在，塞尔很清楚地表明他根本不识中文，这样他对该故事讲的是什么没有任何哪怕是最浅显的概念。尽管如此，只要正确地执行了那些构成尚克算法的一系列运算（已给他用英文写的这一算法的指令），他就能和一位真正理解这故事的中国人做得一样好。塞尔的要点是，而且我以为是相当有力的，仅仅成功执行算法本身并不意味着对所发生的有丝毫理解。锁在他的中文屋子里的（想象的）塞尔不理解任一故事的任一个词！

人们对塞尔的论证提出了许多异议。我将只提到我认为具有重要意义的那些。首先，在上面用到的"不理解任一个词"的短语也许有容易使人误导的东西。理解和模式之间正与它和单独词汇之间有一样多的关系。在执行这类算法时，在不理解许多个别词汇的实在意义的情形下，人们可以知觉这些符号构成的模式的某些东西。例如，中国字的"汉堡包"（如果真的有这个词的话）可用某一其他的食品譬如讲"炒面"来替换，而故事不会受到重大影响。尽管如此，我觉得可以合理地假设，如果人们仅仅跟踪着这种算法细节的话（即使认为这种代换不重要），则只传递了该故事中很少的实际意思。

其次，人们必须考虑这个事实，如果用人类的操纵符号来执行的话，在正常情形下甚至执行一个相当简单的电脑程序也会是非同寻常的冗长和繁琐。（这毕竟正是我们让电脑来为人类做这种事的原因！）如果塞尔真的以这种提议的方式实行尚克的算法，那么仅仅是为了得到哪怕是一个单独问题的答案，他很可能要花费许多天、许多月甚至许多年极其枯燥的工作，这根本不像是一位哲学家的活动！然而，由于我们在这里主要关心原则的而不是实践的事体，所以我仿佛觉得这不是一个严重的反对。在具有和人脑相当的足够的复杂性、并因此适当地通过图灵检验的假想的电脑程序中产生了更多的困难。任何这类程序都是极可怕的复杂。人们可以想象，为了回答甚至相当简单的图灵检验问题，这一段程序的运算会涉及如此多的步骤，以至于在一个正常人的一生中根本没有可能用手完成这一算法。在没有这种程序的情形下，这是否的确如此还很难说[9]。但是，依我的观点，这一极其复杂的问题无论如何不能简单地不予理睬。是的，我们在这里关心的是原则的事体，但是一个算法要呈现出精神品质，其复杂性就要达到某一“临界”量，我认为这是合情理的。这一临界量也许是如此之大，复杂到这等程度的算法，由任何人以塞尔摹想的样子用手来进行，根本就是不可想象的。

塞尔本人允许一整队不能讲中文的符号操作员去取代原先中文屋子里的孤独者（“他自己”），以此来抵抗上面的反对。为了得到足够大的数目，他甚至想象把它的屋子用印度整个国家来代换，现在它的全部人口（除了理解中文的人以外！）都来从事符号操作。虽然这在实践上是荒唐的，但在原则上却不是，而且该论断在本质上和以前是一样的：尽管强AI宣称只要实现适当的算法即会诱导出“理解”的精神品质，这些符号操作员仍然不理解这故事。然而，现在另有一种反对正开始幽然逼近。这些单独的印度人难道不是比起来更像人脑中的神经元而不像整个人脑本身吗？没人认为神经元本身会单独地理解这个人的思想，神经元的激发明显地构成人脑在进行思考时的物质活动，为何要期望单个印度人去理解这中文的故事呢？为了答复这一诘问，塞尔指出，如果在印度没有一个单独的人理解这一故事，而真实的国家却能理解显然是荒唐的。他论证道，一个国家正像一台恒温器或一辆汽车与“理解”毫不搭界，而与单独的个人却有关系。

这一论证，比前面的那个要苍白无力得多。我认为，塞尔的论证在只有一个单独的人在实行算法时力量最强大，这时我们只限于注意一个不复杂到可由一个人在短于一生的时间内实际执行的算法的情形。我认为他建立这一结论的论证不够严格，这就是不存在和一个人实行那个算法相关的离体的某种类型的“理解”，而且这种理解的存在并不以任何方法反射到他自身的意识上去。然而，我和塞尔都同意，至少可以说，这种可能性被减少到很微小的程度。我认为塞尔的论证对之还有相当的力量，即使它还不完全是结论性的。尚克的电脑程序所具有的这类复杂性的算法不能对其实行的任何任务有丝毫真正的理解，对这一点的展示是相当令人信服的，而且它（仅仅）暗示，不管一种算法是多么复杂它都不能自身体现真正的理解。这和强AI的声称相矛盾。

就我所能看到的，强AI观点中还有其他非常严重的困难。强AI观点就只管算法。这个算法是由头脑、电脑、印度整个国家、轮子和齿轮还是由一套水管系统来执行都是一样的。其观点是，对于被认为由算法所代表的“精神状态”，只有它的逻辑结构是有意义的，这与那个算法的特殊的物理体现完全无关。正如塞尔所指出的，这在实际上导致了一种“二元论”的形式。二元论是由极富影响力的17世纪的哲学家兼数学家勒内·笛卡儿所提倡的，它断言存在物质的2种不同的形式：“精神的东西”和通常物质。这两类物质的一种是否并且如何去影响另一种是个额外的问题。关键是认为精神的东西不是由物体所构成，并能独立于它而存在。强AI的精神东西是算法的逻辑结构。正如我刚评论过的，一个算法的特殊的物理体现，是完全无关的某种东西。算法有某种离体的“存在”，这和它的按照物理的实现完全分离。我们要多么认真地对待这种存在是我在下一章还要讨论的一个问题。它是抽象数学对象的柏拉图实在的一般问题的一部分。此刻我且回避这一般的问题，而且仅仅评论强AI支持者所仿佛的确相信的算法形成它们思维、感情、理解以及意识、知觉的“物质”。正如塞尔指出过的，强AI的立场似乎把人们逼向极端的二元论，也就是强AI支持者最不愿意与之打交道的观点，这真是富有讽刺意味！

这就是在道格拉斯·侯世达（1981）的题为《和爱因斯坦头脑谈话录》的对话中所论证的事件背后的两端论。他本人是强AI的主要提议者。侯世达捏造出一本极厚的书，假想它能包含对阿尔伯特·爱因斯坦头脑的整个描述。正如活着的爱因斯坦要回答的那样，只要简单地翻阅该书，并仔细地按照所提供的细致的说明，任何人愿意问爱因斯坦的问题都能得到回答。当然，正如侯世达所指出的那样，“简单”是十足的误称。但是他的宣称是，在图灵检验的操作意义上，这本书在原则上完全等效于实在的爱因斯坦的慢得可笑的复件。这样，按照强AI的论争，这本书可像爱因斯坦本人那样思维、感觉、理解和知觉，但是也许是以极慢的节律生活（这样，从书-爱因斯坦看来，外部世界似乎以疯狂的高速度闪现）。由于这本书被认为仅仅是组成爱因斯坦“自己”的算法的特殊体现，它实际上就是爱因斯坦。

但是，现在出现了新的困难。这本书也许从未被打开过，或者它被无数追求真理的学生和研究者熟读。这本书怎么“知道”这种差别呢？这本书也许不必被打开，它的信息可由X射线立体扫描术或其他技术的魔法取出。爱因斯坦的知悉是否只有当这本书被考察时才被唤起呢？如果两个人在两个完全不同的时刻去问该书同样的问题，他是否发觉是发生了两回？或者那是否使爱因斯坦知觉的同一状态在两个分开的和时间不同的事件中实现？或许只当该书被改变时，他的知觉才被唤起？毕竟在正常情况下，当我们知觉到从影响我们记忆的外部世界接受到一些信息时，我们的精神状态确实稍被改变。如果是这样的话，这是否意味着，算法的“适当的”改变（我在这里把记忆的储存包含到算法部分中去）而不是（或者以及）算法的激活被认为和精神事件相关？或者即便书-爱因斯坦从未被任何人或任何东西考察或扰动过，它是否维持在完全自知觉的状态？侯世达触及了其中的一些问题，但他完全不想去回答这些，或者和我们大多数人妥协。

去激活或者以物理形式体现一个算法是什么意思呢？改变一个算法是否和仅仅抛弃一个算法并且用另一个取代之在任何意义上是否不同呢？这些究竟和我们意识知悉的感觉有关吗？读者（除非他或她本人是强AI支持者）也许会惊讶，为什么我为这样明显的荒谬的思想花了这么多的篇幅。事实上，我不认为这一思想在本质上是荒谬的——只是错误的！在强AI的背后的推理中的确有某种必须慎重对付的力量，我将解释这一点。我的观点是，这些思想若被适当地修正的话，还具有一些魅力，正如我还将告知诸位的。此外，依我的看法，塞尔表达的特殊的矛盾的观点还包含某些严肃的困惑和表面的荒诞，尽管如此，在一定程度上我仍然同意他！

塞尔在他的讨论中似乎隐含地接受当代的电脑，但是还加上大大加快了的动作速度和快速存取的记忆容量（而且可能并联运行），可以在不太遥远的将来体面地通过图灵检验。他是准备接受强AI的论点（以及其他大部分“科学”观点），“我们是任何电脑程序的体现”。此外，他还附和这种说法：“头脑理所当然地是一台电脑。由于任何东西都是一台数字电脑，头脑也是[10]。”塞尔坚持，人脑（它可有精神）和电脑（他论证说没有精神），两者都可以执行同样算法，两者功能之间的差别完全在于各自的物质构成。但是，由于他不能解释的一种原因，他声称生物体（头脑）可有“意图性”和“语义性”，他把这些定义为精神活动的特征，而电子仪器没有。我觉得这对于得到科学的精神理论实质上没有什么用处。也许除了生物系统（而我们刚好是这样的系统）的进化来的历史的“方式”以外，关于它有什么特殊的东西特地被恩准获得意图性或语义性？我觉得这一断语就像教义一样地令人可疑，甚至也许不比强AI的坚持的只要执行一个算法即能召唤起意识知觉的状态的说教更加独断！

我的意思是，塞尔以及大量其他的人被电脑专家引入歧途。而这些电脑专家又依序地被物理学家引入歧途。（这不是物理学家的过错。他们甚至不知道发生了什么事情！）“每一件东西都是一台电脑”的信念似乎已广泛蔓延。我在本书的愿望是为了表明，为何以及也许如何情况并非如此。

硬件和软件

在电脑科学的行话中，术语硬件表示一台电脑，涉及的实在的机构（印刷线路、晶体管、导线、磁性存储空间等），包括了把所有东西都联结起来的方法的全部细节。相应地，术语软件是指可在机器上进行的各种程序。阿伦·图灵的一个杰出的发现便是，任何其硬件达到一定程度复杂性和灵活性的机器，都等效于任何其他同类机器。这一等效性的含义是，对于任何两台这样的机器A和B，存在一段特别的软件，如果将其赋予机器A，就会使之完全像机器B一样地动作；类似地，还存在另一段特殊的软件，如果将其赋予机器B，就会使之和机器A完全一样地动作。我在这里用词"完全一样"是指，对任何给定的输入（在对机器提供了转换软件之后再提供它）机器的实际输出，而不是指每台机器用以产生这输出所花的时间。如果任何一台机器在任何阶段用光了用于计算的存储空间，我还允许其调用一些（在原则上无限制的）外部空白空间的"粗纸"供应，可采用磁带、磁盘、磁鼓或任何别的什么。事实上，对机器A和B执行同一任务所需时间的不同值得严肃地加以考虑。例如，也许有这种情形，A在执行一特别任务时比B快1000倍；也许还有这种情形，同样的一对机器，存在某一其他任务，这时B比A快1000倍。此外，这里计时可以极大地依赖于所用的转换软件的选取。这是非常"原则的"讨论，人们不甚关心诸如在一段合理的时间内完成他的计算的实际的事体。我将在下一章把在这里提到的概念弄得更精确些：机器A和B是所谓通用图灵机的实例。

实际上，所有现代通用的电脑都是通用图灵机。这样，在上述的意义上，所有通用的电脑都是互相等效的：假使我们不关心运算的速度和存储空间的可能限制，则它们之间的差别可完全地被包摄到软件中去。的确，现代技术已经使得电脑如此快速地运行，并具有如此庞大的储存能力，对于大多数“日常”目的，这些实际考虑对于通常的需求不构成任何严重的限制[1]，所以这种电脑之间有效的理论上的等价也可认为是在实践的水平上的。技术仿佛已经把有关理想化的计算仪器的纯学术讨论转变或直接影响我们生活的事体。

就我所知，作为强AI哲学基础的最重要因素之一是在物理计算仪器之间的这种等价。硬件似乎相对地不重要（也许甚至完全不重要），而软件也就是程序或者算法被认为是要紧的因素。然而，我似乎觉得还有从物理的方向来的更多的重要的基础因素。我将指出这些因素是什么。

是什么东西赋予个别人其单独的认同性呢？在一定的程度上，是否正是构成他身体的原子呢？他的认同性是否依赖于构成这些原子的电子、质子和其他粒子的特殊选择呢？至少有两种理由说明不可能是这样子的。首先，任何活人身体的物质都处于连续代换的状态中。这尤其适用于一个人脑的细胞中，尽管在出生后没有产生新的脑细胞的这一事实。在每一活细胞（包括每一个脑细胞）中的绝大多数原子以及实际上我们身体的整个物质从诞生以来已被代换了许多回。

---

1. 详情可参阅在第4章结尾处关于复杂性理论和NP问题的讨论。

第二个理由来自于量子物理。而且极富讽刺意味的是，严格地讲，它和第一个理由相冲突！按照量子力学（我们在第6章还要进一步地讨论），任意两个电子必须是完全等同的，这同样地适合于任意两个质子以及任一特殊种类的两个粒子。这不仅仅说没有办法把两个粒子区分开，其陈述比这还要强许多。如果一个人脑中的一个电子和一块砖头中的一个电子相互交换，则系统的态和它过去的态不仅不能区分，而且完全相同[11]。这同样适用于质子和任何其他种类的粒子，整个原子、分子等。如果一个人的整个物质内容和他房子里的砖头的相应的粒子相交换，那么在某种强的意义上来讲，没有发生过任何事情。把人和他的房子区分开来的是把这些成分安置的模式，而不是这些成分本身的个性。

在与量子力学无关的日常水平上也许存在一个相似的情景。这就是由于电子技术使得我能以文字处理机来打字。当我写到这里时感到特别明显。如果我必须改变一个词，譬如说把“make”改成“made”，我只要简单地把“k”用“d”来取代即可以，或者我可重打整个词。如果我重打，新的“m”是否和旧的“m”一样，或者我是否用同样的字母来取代了它呢？“e”的情形又如何呢？即使如果我简单地用“d”来取代“k”，而不重打这个词，存在刚好在“k”消失和“d”出现从而填上空隙之间的一个瞬息，随着接续的每一字母（包括“e”）的安置，存在（或者至少有时存在）重排这页之后的波动。然后当“d”插进去时又再次重新计算。（呵，现代没有思想的计算是多么的“卑贱”！）不管怎么样，在我面前屏幕上看到的所有字母，随着它的每1秒钟的60次扫描，仅仅是一个电子束的轨迹的缝隙。如果我取走了任一字母并用同一字母取代之，在代换后的情形是否一样，或仅仅和原先的不可区分？认为第二种观点（也就是“仅仅是不可区分的”）可以和第一种观点（也就是“同样”）相区分似乎是痴人说梦。至少在字母不变时可以合理地说这情形是同样的。而等同粒子的量子力学的情形也是如此。把一个粒子用另一个等同粒子取代时量子态不受丝毫影响。这情形的确被认为和以前的是同样的。（然而，正如我们在第6章将要看到的，这一差异在量子力学的框架中实际上不是微不足道的。）

上述关于在一个人体中连续地置换原子的评论，是在经典的而不是量子物理的框架下进行的。它是在似乎坚持每一原子的个性有意义的情形下措辞的。经典物理在这一描述的水平上把原子当作单独物体的近似是足够好的，我们不会错得太离谱。假设原子在运动时和它们等同的伙伴分离得相当开，那么由于在事实上每一个原子的轨道是连续的，以致人们想象能够看守住每一个并可以协调地认为它们坚持各自的本体。从量子力学的观点看，原子的个性只不过是一种方便的说法，但是在刚才考虑的水平上它是一个足够协调的描述。

让我们接受这种观点，一个人的个性和人们想赋予他的物质成分的任何个性无关。相反地，在某种意义上，它必须和那些成分的形态，即我们所说的空间或时空中的形态有关。（后面还要更多地讲到。）但是强AI的支持者走得比这更远。如果这样一种形态的信息内容能被翻译成另一种可能恢复成原状的形式，那么他们就能够宣称，这个人的个性必须维持不动。这正如同我刚打的字母序列和我现在于我的文字处理机屏幕上看到的展示是一样的。如果我把它们从屏幕上移开，它们被编码成某种微小的电荷位移的形式，处在一种和我刚才打印的字母在几何上毫无类似性的某种形态。然而，我可在任一时刻把它们移回到屏幕上去，它们在那里正如同没有进行过任何变换一样。如果我选择把我才写下的存起来，那么我可以把字母序列的信息转移到一个以后我可取走的磁盘的磁化形态上去，然后关掉机器就中和了在它上面的所有（有关的）微小电荷位移。第二天，我可重新插入我的磁盘，复原小电荷位移并在屏幕上正如没有发生过任何事一样重现字母序列。这对于强AI支持者而言是"清楚的"，一个人的个性可用同样的方式处理。所以这些人会宣称，正如在我的显示屏幕上的字母序列一样，如果一个人的身体形状被翻译成完全不同的某种东西，譬如说一块磁铁的磁场，他的个性一点也没损失，实际上对他根本没有发生过什么。他们甚至会宣称，当一个人的"信息"处于这不同的形式时，他的意识知觉继续存留。一个"人的知觉"在这种观点中实际被当成一段软件，而他作为一个物质的人的特殊的显现则被认为是通过他头脑和身体硬件对这软件的运算。

作这些断言的原因仿佛是，不管硬件采取何种物质形式，例如某种电子仪器，人们总可以"问"软件问题（以图灵检验的形式），并假定该硬件能令人满意地进行计算以获得这些问题的答案。这些答案会和一个人处于正常状态时所回答的相同。（"今天上午你感觉如何？""哦，相当好，谢谢，尽管我有一点讨厌的头痛。""你对你的个人认同感和别的什么有点不对头的地方吧？""不，你为什么这样讲？这似乎是很古怪的问题。""那么你感到你正是昨天的那个同一的你吧？""当然是这样！"）

科学幻想的**超距运送机**[12]是一种被频繁讨论的观念。这是作为譬如讲从一颗行星到另一颗行星的"运送"手段。所有的讨论都是关心它是否能在实际上做到这样。旅行者不用空间飞船以“正常”方式运送其身体，而是从头到脚地被扫描，他身体的每一原子和电子的准确位置和完整的特征都被全部细致地记录下来。然后所有这些信息由一电磁信号束（以光速）发射到目的地。在目的地把这信息收集到，并作为装配旅行者以及他所有记忆、企图、希望和最内心的感情的复本的指导书。至少这就是所期望的，因为他的头脑状态的每一细节都被完全忠实地记录、传送和重造了。假如这个机制能成功，则旅行者的原版可被“安全地”毁掉。显然的问题是：这真的是从一处到另一处旅行的一种方法吗？或者它是否仅仅是制造一个复本而把原先的人杀死？假定这种方法在这框架中被证明是完全可靠的，你会准备用这种方法吗？如果超距运送不是旅行的话，那么在原则上它和从一个房间走到另一个房间有何不同？在后者的情形，难道不是一个时刻的原子简单地为下一时刻的原子提供定位的信息吗？我们毕竟看到了，维持任何特殊原子的等同性都是没有任何意义的。原子的任何运动模式难道不就是构成从一处到另一处传播的信息的波吗？在描述从一个房间随便遛达到另一房间的我们旅行者的波动传播和发生在超距运送机中的有什么本质的区别吗？

假定远距运送的确“可行”，那就是说，在一遥远行星的旅行者的复本中他自身的“知觉”确实被重新唤醒（假设这是一个具有真正意义的问题）。如果该旅行者的原版没有如这个游戏所需求的那样被毁坏，将会发生什么呢？他的“知觉”是否会同时处于两个地方呢？（当你听到如下一段话时想象着将会如何反应：“哦，亲爱的，在把你放到超距运送机前给你的药已过期了。是吗？那是有点不幸，但是没有关系。无论如何，你将高兴地听到，另一个你，呃，我是说真正的你已经安全地到达了金星。这样，我们可以把你，哦，我指的是多余的版本，安置在这儿。当然这是完全不痛苦的。”）这种情景有一点佯谬的风味。物理学的定律中是否有任何在原则上使得超距运送不可能的东西呢？另一方面，也许在原则上没有东西反对以这种手段运送一个人以及他的意识，但是所涉及的“复制”过程会不可避免地消灭原来的那个人吗？尽管这些考虑显得很奇异，我相信从它们也许可得到某些关于意识和个性的物理性质的东西。我相信它们提供了表示量子力学在理解精神现象的某种根本作用的指针。但是我更往前多跨一步。我们只有在第6章（参见第325页）考察了量子理论的结构后，才能回到这些事体上来。

让我们看看强AI的观点与远距运送问题有什么关联。我们设想，在这两个行星之间的某处有一转换站，在这里把信息暂时存储然后再传送到最终的目的地。为了方便起见，这信息不用人的而是用某种磁或电的仪器的方式存储。该旅行者的“知觉”是否会在和这一仪器的相关联中呈现呢？强AI的支持者愿使我们相信，事情必然如此。他们说，我们想问该旅行者的任何问题，在原则上都可由此仪器答复，“只要”对他的头脑的适当活动建立模拟就可以了。该仪器会拥有所有必需的信息，而余下的只不过是计算的问题。由于仪器会完全如同旅行者一样地回答问题，那么（图灵检验！）它就是该旅行者。这完全回到了强AI的论点，在考虑精神现象时硬件根本不重要。我觉得这一论点是未被证实的。它是基于如下的假设，即头脑（或精神）实际上是一台数字电脑。他们假想，当一个人思维时并没有引起特别的物理现象，也许头脑真正需要具备特殊的物理的（生物的、化学的）结构。

人们无疑地会（从强AI观点）争论道，所做的仅有的假设是，任何必须涉及的特殊物理现象的效应都可由数字电脑精密地仿照。我可以相当肯定，大多数物理学家会论证道，在我们现在对物理理解的基础上作这样的假设是非常自然的。我将在后面的章节提出我自己持相反观点的原因（我在那里还需要把话题引到为何我相信甚至不必作任何假定）。但是，在此刻我们暂且接受这一（普遍的）观点，即所有相关的物理总能由数字计算来仿照。那么（除了时间和计算空间的问题外）这唯一真正的假设是一个“行为主义”的问题，即如果某物全然像一个意识的知觉的本体那样地行为，那么人们还应该坚持说它“感觉”到它自己是那一个本体。

强AI观点认为，在头脑运行中实际上被涉及的任何“仅仅”是作为硬件问题的物理，必须能用合适的转换软件来模拟。如果我们接受这个行为主义的观点，那么问题就归到普适图灵机的等价，以及任何算法的确可由这种机器执行的事实，还有头脑按照某类算法动作行动的假设。现在到了我要更明白地解释这些迷人的重要概念的时候了。

第 2 章
算法和图灵机

算法概念的背景

算法、图灵机或者普适图灵机究竟是什么呢？为何这些概念在可以构成“思维仪器”的东西的现代观点中占有如此核心的地位呢？是否在原则上存在一个算法可达到的绝对极限呢？为了充分地讨论这些问题，我们必须比较细致地考察算法和图灵机的观念。

我在下面的各种讨论中，有时将要用到一些数学表达式。我注意到有些读者排斥这类东西，或者觉得它们吓人。如果你是这种读者，那么我请你原谅，并请你参照我在“敬启读者”中的建议。其实，这里论证所需的数学知识并不超过小学水平，但要仔细地弄通它们，则需要一些认真的思考。事实上，大部分描述是十分显明的，只要细心地跟随就能很好地理解。即使，如果人们只是为了稍微领略其风味而取其精华，也能有很大的收益。另一方面，如果你是一位专家，我还要请你原谅。我猜想，它仍然值得你花一段时间把我所写的看一遍，并且可能会有一两件东西引起你的兴趣。

“算法”这个词来自于9世纪波斯数学家花拉子模，他在公元825

年左右写了一本影响深远的《代数学》。“算法”这个词现在之所以被拼写成“algorithm”，而不是早先的更精确的“algorism”，似乎是由于和“算术”（arithmetic）相关联的缘故。[还值得指出的是，“代数”（algebra）这个词来源于该书书名的阿拉伯字“al jabr”。]

然而，在花拉子模的书以前很久人们就知道了算法的实例。现在被称作欧几里得算法的找两个数最大公约数的步骤是在古希腊（公元前300年左右）即有记载的一个非常熟知的例子。让我们看看这是如何进行的。随意取两个具体的数，譬如讲1365和3654。所谓的最大公约数是可以同时整除这两个数的最大的整数。在应用欧几里得算法时，我们让这两数中的一个被另一个除并取余数，在3654中取出1365的两倍，其余数为924（=3654−2730）。我们现在用此余数即924以及我们刚用的除数即1365去取代原先的两个数。我们用这一对新的数重复上述步骤，用924去除1365，余数为441。这又得到新的一对441和924，我们用441除924，得到余数42（=924−882），等等，直到能够被整除为止。我们把这一切如下列出：

3654÷1365	得到余数924
1365÷924	得到余数441
924÷441	得到余数42
441÷42	得到余数21
42÷21	得到余数0

我们最后用于做除数的21即是所需要的最大公约数。

欧几里得算法本身是我们寻找这一因子的系统步骤。我们刚才把这一步骤应用于具体的一对数，但是这步骤本身可被十分广泛地应用于任意大小的数。对于非常大的数，要花很长时间来执行该步骤，数字越大则所花的时间越长。但在任何特定的情形下，该步骤最后会终结，并在有限的步骤内得到一个确定的答复。每一步骤所要进行的运算都是非常明了的。此外，尽管它可应用到大小没有限制的自然数上去，但是可以用有限的术语来描述整个过程。（“自然数”简单地就是通常的非负[1]整数0, 1, 2, 3, 4, 5, 6, 7, 8, 9, 10, 11 …）。的确很容易建立一个（有限的）描述欧几里得算法全部逻辑运算的“流程图”。

应该提到，我们在这里隐含地假定，已经“知道”如何实行从两

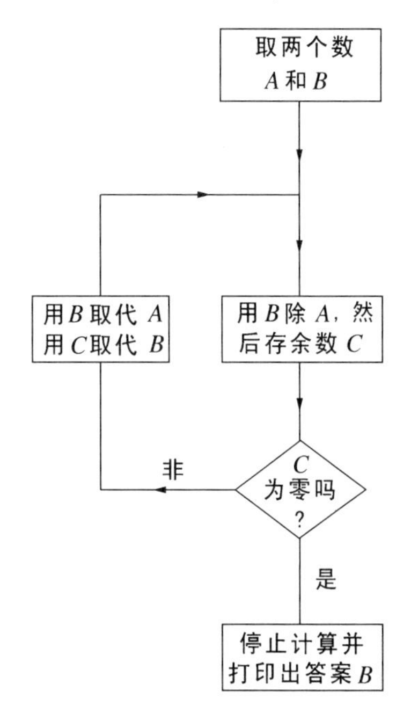

个任意自然数A和B的除法中得到余数的必需的基本运算，所以这一步骤还未完全被分解成最基本的部分。那种运算又是算法的，是用我们在小学学到的除法的非常熟悉的步骤来进行的。在实际上，这个步骤比欧几里得的其他部分更复杂不少，但是可以再为它建立一个流程图。其复杂性主要起源于这个事实，即我们是（假定）对自然数用标准的“十进制”记数法。这样子我们需要列出全部的乘法表并考虑进位，等等。如果我们简单地用一连串n个某种记号来代表数n，例如 × × × × × 代表5，那么可从非常初等的算法运算看到余数的形成。为了得到当A被B除时的余数，可以简单地从代表A的记号中不断去掉代表B的符号串，直到最后余下的记号不够再进行这种运算为止。最后剩下的符号串提供了所需的答案。例如，为了得到17被5除的余数，我们可以简单地从 × × × × × × × × × × × × × × × × × 不断地取走5的序列 × × × × × 正如下面所示：

× × × × × × × × × × × × × × × × ×

× × × × × × × × × × × ×

× × × × × × ×

× ×

由于我们不能再继续这种运算，所以很清楚，其答案是2。

用这种连续减法找到除法余数的流程图可由下图给出。

为了使欧几里得算法的全部流程图完整，我们把上面形成余数的流程图代入到原先流程图的中右部的盒子中去。这种把一个算法向另一个代入是一种普遍的编电脑程序的步骤。上述寻求余数的算法是一个子程序的例子，也就是说，它是由主程序当做它的运算的一部分（通常是预先知道的）调用的算法。

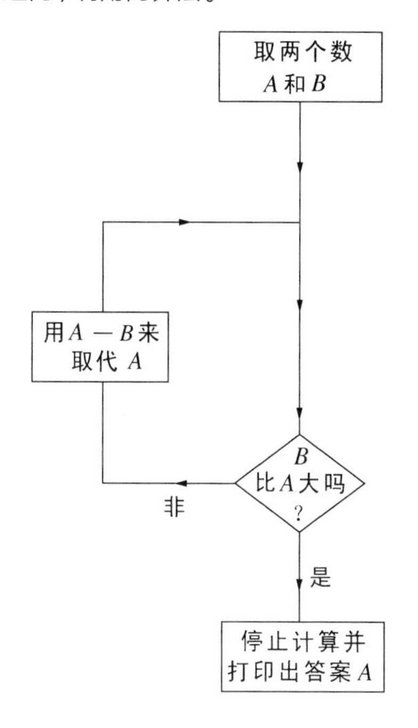

当然，把数 n 简单地用 n 个 × 号来表示，在涉及大数时效率非常低，这就是我们通常用更紧凑的诸如标准的（十进位）系统的原因。然而，我们在这里并不特别关心运算或记号的效率。我们所关心的是运算在原则上是否可被算法实行的问题。如果我们用一种数的记号是算法的东西，则用另一种记号也是算法的。两种情况中只有在细节上和复杂性上有差别。

欧几里得算法只是在整个数学中可找到的大量的经典算法步骤

之一。可能出人意料的是，尽管算法的这一特殊例子有悠久的历史渊源，但一般算法概念的准确表达直到20世纪才诞生。事实上，这一概念的各种不同描述都是在20世纪30年代给出的。称作图灵机的概念是最直接的、最有说服力的，也是历史上最重要的。相当仔细地考查这些“机器”将是很适当的。

关于图灵“机”有一件事必须记在心里，就是说它是一段“抽象数学”，而不是一个物理对象。这一概念是由英国数学家，非凡的破码专家兼电脑科学的开山鼻祖阿伦·图灵在1935—1936年提出的（*Turing 1937*）。其目的是为了解决称为判决问题的一个范围广阔的问题。它是由伟大的德国数学家大卫·希尔伯特部分地于1900年巴黎国际数学家大会上（“希尔伯特第十问题”），更完整地于1928年博洛尼亚国际会议上提出的。希尔伯特不多不少地要求解决数学问题的一般算法步骤，或者不如讲，是否在原则上存在这样步骤的问题。希尔伯特还有一个要把数学置于无懈可击的坚固基础上的宏伟规划，其中公理和步骤法则一旦定下就不能变。但是在图灵完成其伟大的工作之际，这个规划已经遭受到由奥地利才气焕发的逻辑学家库尔特·哥德尔在1931年证明的令人吃惊的定理的粉碎性打击。我们将在第4章谈论哥德尔定理及其意义。图灵关心的希尔伯特问题（判定问题）超越出任何依据公理系统的特殊的数学形式。问题在于，是否存在能在原则上一个接一个地解决所有（属于某种适当定义的族的）数学问题的某种一般的机械步骤？

回答这一问题的部分困难在于决定什么叫作“机械程序”。这概念处于当时正常的数学概念之外。为了掌握它，图灵设想如何才能把

“机器”的概念表达出来，它的动作被分解成基本项。这一些似乎是清楚的，图灵也把人脑当成在他意义上的“机器”的例子。这样，由人类数学家在解决数学问题时进行的任何活动，都可以被冠以“机械程序”之名。

虽然这一有关人类思维的观点似乎对于图灵发展他的极重要概念很有价值，我们却绝没有必要去附和它。的确，图灵在把机械程序的含义弄精确时，向我们展示出存在一些完好定义的数学运算，在任何通常的意义上，都不能被称为机械的！图灵本人的这一方面工作现在可间接地为我们提供了他自己有关精神现象性质观点的漏洞。这个事实也许不无讽刺意味。然而，这不是我们此刻所关心的。我们首先要弄清图灵心目中的机械程序究竟是什么。

图灵概念

我们设想实现某种（可以有限地定义的）计算步骤的一台仪器。这样仪器会采取什么样的一般形式呢？我们必须准备得理想化一些，而且不必为实用性过分担心：我们是真正地考虑一台数学上理想化的“机器”。我们要求该仪器具有有限（虽然也许非常大的）数目的不同可能态的分立集合。我们把这些称作仪器的内态。但是我们不限制该仪器在原则上要实现的计算的尺度。回顾一下上述的欧几里得算法。在原则上不存在被该算法作用的数的大小的限制。不管这些数有多大，算法或者一般计算步骤都是同样的。对于非常大的数，该步骤的确要用非常长的时间，而且需要在数量可观的“粗纸”上面进行实际的计算。但是不管这些数有多大，该算法是指令的同一有限集合。

这样，虽然我们仪器只有有限个内态，它却能够处理大小不受限制的输入。此外，为了计算应允许该仪器调用无限的外存空间（我们的“粗纸”）；而且能够产生大小不受限制的输出。由于该仪器只有有限数目的不同的内态，不能指望它把所有外部数据和所有自己计算的结果“内化”。相反地，它必须只考察那些立即处理的数据部分或者早先的计算，然后对它们进行任何需要的运算。也许可在外存空间把那个运算的相关结果记下来，然后以一种精确决定的方式进行下一个阶段的运算。正是输入、计算空间和输出的无限性质告诉我们，我们正在考虑的仅仅是一种数学的理想化，而不是在实际上可真正建造的某种东西（图2.1）。但这是极其关键的理想化。对于大多数实用目的而言，当代电脑技术的奇迹为我们提供了无限的电子存储仪器。

事实上，在上述讨论中称为“外部的”存储空间的类型，可实际上被认为是现代电脑的内部工作的一部分。存储空间的某一确定部分是否被当作内部的或外部的，也许只是术语的问题。硬件和软件是划

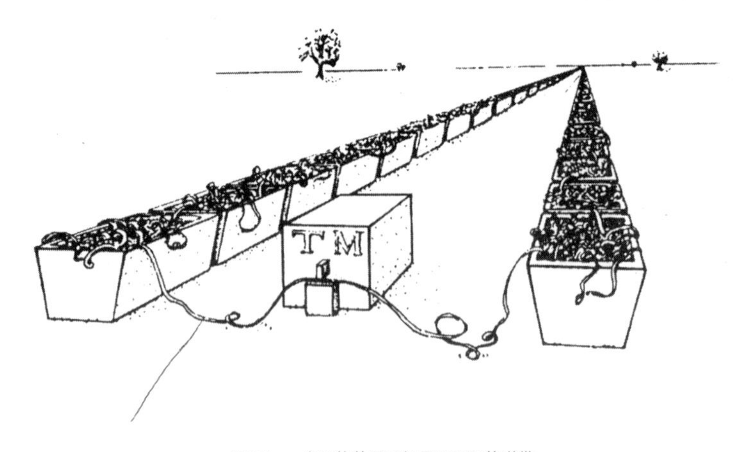

图2.1　一台严格的图灵机需要无限的磁带

分“仪器”和“外部”的一种方法，内部可当成硬件，而外部为软件。我将不必拘泥于此，但是不管从哪个角度看，当代电子电脑是图灵的理想化的极好近似。

图灵是按照在上面做记号的“磁带”来描述其外部数据和存储空间的。一旦需要，仪器就会把该磁带调来“阅读”，而且作为其运算的一部分，磁带可前后移动。仪器可把记号放到需要的地方，可抹去旧的记号，允许同一磁带像外存（也就是“粗纸”）以及输入那样动作。因为在许多运算中，一个计算的中间结果起的作用正如同新的数据，所以事实上在“外存”和“输入”之间不做任何清楚的区分也许是有益的。我们记得在欧几里得算法中，不断地用计算不同阶段的结果去取代原先的输入（数 A 和 B）。类似地，这同一磁带可被用作最后输出（也就是“答案”）。只必须进行进一步的计算，该磁带就会穿过该仪器而不断地前后移动。当计算最后完成时，仪器就停止，而计算的答案会在停于仪器一边的磁带的部分上显示出来。为了确定起见，我们假定，答案总是在左边显示，而输入的所有数据以及要解的问题的详细说明总是由右边进去。

让我们有限的仪器前后移动一条潜在的无穷长的磁带，我自己觉得有点不舒服。不管其材料是多么轻，移动无限长的磁带是非常困难的！相反地，我宁愿把磁带设想成代表某一外部环境，我们有限的仪器可以通过这环境进行移动。（当然用现代电子学，既不需要“磁带”也不需要“仪器”做实际的、通常物理意义上的“运动”，但是这种“运动”是一种描述事体的便利方法。）依此观点，该仪器完全是从这个环境接受它的输入。它把环境当成它的“粗纸”。最后将其输出在这同一个环境中写出。

在图灵的描述中，“磁带”是由方格的线性序列所组成，该序列在两个方向上都是无限的。在磁带的每一方格或者空白或者包含一个单独的记号[1]。我们可利用有记号或者没有记号的方格来阐释，我们的环境（也就是磁带）可允许被细分并按照分立（和连续相反的）元素来描述。希望仪器以一种可靠并绝对确定的方式工作，这似乎是合情理的。然而，我们允许该“环境”是（潜在地）无限的，把这作为我们使用的数学理想化的特征。但是，在任何特殊的情形下，输入、计算和输出必须总是有限的。这样，虽然可以取无限长的磁带，但是在它上面只应该有有限数目的实在的记号。磁带在每一个方向的一定点以外必须是空白的。

我们用符号“0”来表示空白方格，用符号“1”来代表记号方格，例如：

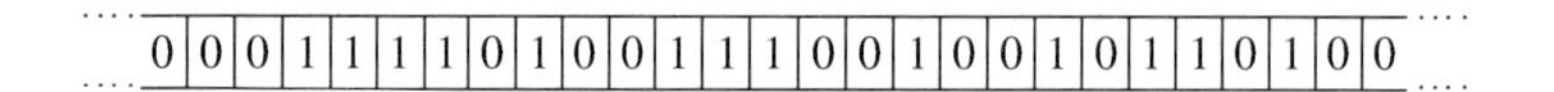

我们要求该仪器“读”此磁带，并假定它在一个时刻读一个方格，在每一步运算后向右或向左移动一个方格。这里没有损失任何涉及的一般性。可以容易地由另一台一次只读和移动一个方格的仪器去仿照一台一次可读n个方格或者一次可移动k个方格的仪器。k方格的移动可由一个方格的k次移动来积累，而存储一个方格上的n种记号的行为

1. 事实上，图灵在他原先的描述中允许磁带有更复杂的记号，但这并没有什么本质上的差别。更复杂的记号总能被细分成记号和空白的序列。我将随意地对他原先的详细说明作各种不重要的变通。

正和一次读n个方格一样。

这样的一台仪器在细节上可做什么呢？什么是我们描述成“机械的”东西作用的最一般的方式呢？我们记得该仪器的内态在数目上是有限的。除了这种有限性之外，我们所需要知道的一切是该仪器的行为完全被其内态和输入所确定。我们已把输入简化成只是两个符号“0”或“1”之中的一个。仪器的初态和这一输入一给定，它就完全确定地运行；它把自己的内态改变成某种其他（或可能是同样的）内态，它用同样的或不同的符号0或1来取代它刚读过的0或1；它向右或向左移动一个方格；最后它决定是继续还是终止计算并停机。

为了以明白的方式定义该仪器的运算。我们首先，譬如讲用标号0，1，2，3，4，5，…来为不同的内态编号；那么，用一张显明的代换表可以完全指定该仪器或图灵机的运行，譬如：

00→00R
01→131L
10→651R
11→10R
20→01R STOP
21→661L
30→370R
⋮ ⋮
2100→31L
⋮ ⋮

2580→00R. STOP

2590→971R

2591→00R. STOP

箭头左边的大写的数字是仪器在阅读过程中磁带上的符号，仪器用右边中间的大写的数字来取代之。R告诉我们仪器要向右移动一个方格，而L告诉我们它要向左移动一个方格。（如果，正如图灵原先描述的那样，我们认为磁带而不是仪器在移动，那么我们必须将R解释成把磁带向左移动一个方格，而L为向右移动一个方格。）词STOP表示计算已经完成而且机器就要停止。特别是，第二条指令01→131$_L$告诉我们，如果仪器内态为0而在磁带上读到1，则它应改变到内态13，不改变磁带上的1，并沿着磁带向左移一格。最后一条指令 2591→00 R.STOP 告诉我们，如果仪器处于态259而且在磁带上读到1，那么它应被改变为态0，在磁带上抹去1而产生0，沿着磁带向右移一格，然后终止计算。

如果我们只用由0到1构成的符号，而不用数字0，1，2，3，4，5…来为内态编号的话，则就和上述磁带上记号的表示更一致。如果我们有选择的话，可简单地用一串n个1来标号态n，但这是低效率的。相反地，我们使用现在人们很熟悉的二进制数系：

0→0，

1→1，

2→10，

3→11，

4→100,

5→101,

6→110,

7→111,

8→1000,

9→1001,

10→1010,

11→1011,

12→1100,等等

正如标准的(十进位)记数法一样,这里最右边的数字代表“个位”,但是紧靠在它前面的位数代表“二”而不是“十”。再前面的位数代表“四”而不是“百”,更前面的是“八”而不是“千”等。随着我们向左移动,每一接续的位数的值为接续的二的幂:1,2,4(=2×2),8(=2×2×2),16(=2×2×2×2),32(=2×2×2×2×2)等。(为了将来的其他目的,我们有时发现用二和十以外的基来表示自然数是有用的:例如基数为三,则十进位数64就可被写成2101,现在每一位数都为三的幂:$64=(2\times3^3)+3^2+1$;参阅第4章139页的脚注。)

对上面图灵机的内态使用这种二进制记数法,则原先的指令表便写成:

00→00R

01→11011L

10→10000011R

11→10R
100→01STOP
101→10000101L
110→1001010R
⋮ ⋮
110100100→111L
⋮ ⋮
1000000101→00STOP
1000000110→11000011R
1000000111→00STOP

我还在上面把R. STOP简写成STOP，这是由于可以假定L. STOP从来不会发生，以使得计算的最后一步结果，作为答案的部分，总是显示在仪器的左边。

现在假定我们的仪器处于由二进制序列1010010代表的特殊内态中，它处于计算的过程中，第44页给出了它的磁带，而且我们利用指令110100100→111L：

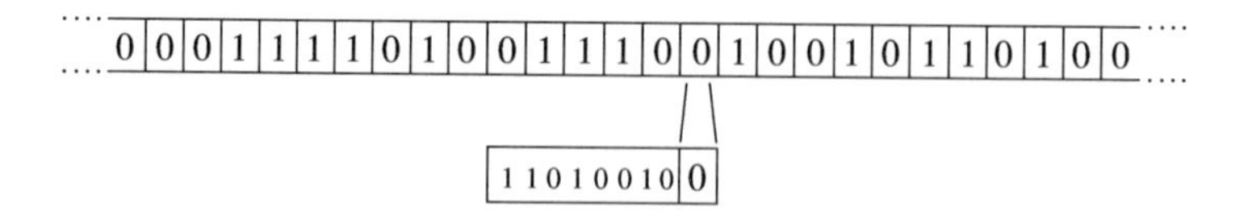

在磁带上被读的特殊位数（这里是位数“0”）由一个更大写的数字指示，符号串的左边表示内态。在由上面（多多少少是我随机造出的）部分的指定的图灵机例子中，读到的“0”会被“1”所取代，而内态

变成“11”，然后仪器向左移动一格：

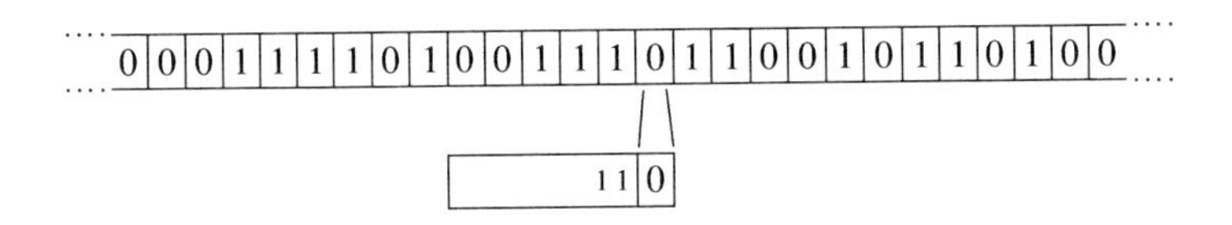

该仪器现在即将读另一个数字，它又是“0”。根据该表，它现在不改变这个“0”，但是其内态由“100101”所取代，而且沿着磁带向右移回一格。现在它读到“1”，而在表的下面某处又有如何进一步取代内态的指令，告诉它是否改变所读到的数，并向那个方向沿着磁带移动。它就用这种方式不断继续下去，直到达到STOP为止，在该处（在它向右再移一格之后）我们可以想象听到一声铃响，警告机器操作员计算完毕。

我们将假定机器总是从内态“0”开始，而且在阅读机左边的磁带原先是空白的。所有指令和数据都是在右边输进去。正如早先提到的，被提供的这些信息总是采用0和1的有限串的形式，后面跟的是空白带（也就是0）。当机器达到STOP时，计算的结果就出现在阅读机左边的磁带上。

由于我们希望能把数字数据当作输入的一部分，这样就需要有一种描述作为输入部分的通常的数（我这里是说自然数0，1，2，3，4，…）的方法。一种方法可以是简单地利用一串n个1代表数n（尽管这会给我们带来和自然数0相关的困难）：

1→1，2→11，3→111，4→1111，5→11111，等等。

这一初等的数系（相当非逻辑地）被称作一进制数系。那么符号“0”可用作不同的数之间的分隔手段。这种把数分隔开的手段是重要的，这是由于许多算法要作用到数的集合，而不仅仅是一个数上面。例如，对于欧几里得算法，我们的仪器要作用到一对数A和B上面。图灵机可以很容易地写下执行该算法的程序。作为一个练习，某些勤奋的读者也许介意去验证下面的一台图灵机（我将称它为EUC）的显明的描述，当应用到一对由0分隔的一进制数时，的确会执行欧几里得算法：

00→00R，01→11L，10→101R，11→11L，100→10100R，
101→110R，110→1000R，111→111R，1000→1000R，
1001→1010R，1010→1110L，1011→1101L，1100→1100L，
1101→11L，1110→1110L，1111→10001L，10000→10010L，
10001→10001L，10010→100R，10011→11L，
10100→00STOP，10101→10101R。

然而，任何读者在进行此事之前，从某种简单得多的东西，譬如图灵机UN+1开始将更为明智：

00→00R，01→11R，10→01STOP，11→01R。

它简单地把1加到一个一进制数上。为了检查UN+1刚好做到这点，让我们想象，譬如讲把它应用到代表数4的磁带上去：

…00000111100000…。

我们使仪器在开始时从某处向左为一些1。它处于内态0并且读到0。根据第一条指令，它仍保留为0，向右移动一格，而且停在内态0上，在它遇到第一个1之前，它不断地这么进行并向右移动。然后第二条指令开始作用：它把1留下来不变并且再向右移动，但是现在处于内态1上。按照第四条指令，它停在内态1上，不改变这些1，一直向右移动，一直达到跟在这些1后面的第一个0为止。第三条指令接着告诉它把那个0改变成1，向右再移一步（记住STOP是表示R. STOP），然后停机。这样，另一个1已经加到这一串1上。正如所要求的，我们例子中的4已经变成了5。

作为更费神的练习，人们可以验证，下面所定义的机器UN×2，正如它所希望的，把一个一进制数加倍：

0 0→0 0R，0 1→1 0R，1 0→10 1L，1 1→1 1R，10 0→11 0R，
10 1→100 0R，11 0→0 1STOP，11 1→11 1R，100 0→101 1L，
100 1→100 1R，101 0→10 1L，101 1→101 1L。

在EUC的情形中，为了得到有关的概念，人们可用一些明显的数对譬如6和8来试验。正如以前一样，阅读机处于态0，并且初始时处在左边，而现在磁带从一开始的记号是这样的：

...0000000000011111101111111100000...

在许多步之后，图灵机停止，我们得到了具有如下记号的磁带：

...00001100000000000000...

而阅读机处于这些非零位数的右边。这样，所需的最大公约数正是所需要的（正确的）2。

要完全解释为何EUC（或者UN×2）在实际上完成所预想的，牵涉许多微妙之处，而且解释本身比机器更复杂，这是电脑程序的通常特征！（为了完全理解一个算法步骤为何能做到所预想的，牵涉到洞察。“洞察”本身是算法的吗？这是一个对我们以后颇为重要的问题。）我不想在这里为EUC或UN×2提供解释。真正做过检验的读者会发现，为了在所需的方案中把事情表达得更精密一些，我自作主张地对欧几里得算法作了一些不重要的变通。EUC的描述仍然有些复杂，对于11种不同的内态包含有22条基本指令，大部分复杂性是纯粹组织性的。例如，可以看到在22条指令中，只有3条真正涉及在磁带上改变记号！（甚至对于UN×2用了12条指令，其中只有一半涉及改变记号。）

数据的二进制码

用一进制表示大数极端无效率。正如早先描述的，我们将相应地用二进制数系。然而，不能直接地把磁带就当作二进制数来读。如果这样做的话，就没有办法告知一个数的二进制表示何时结束，而无限个0的序列是否代表右端开始的空白。我们需要某种终结一个数的二进制描述的记号。此外，我们还经常要输进几个数。正如欧几里得算法需要一对数[2]那样。问题在于，我们不能把数之间的间隔和作为单独的一个数的二进制表示中的一部分的0或一串0区分开来。此外，我们或许在输入磁带中包括所有种类复杂的指令和数。为了克服这些困难，让我们采用一种我称之为收缩的步骤。按照该步骤，任何一串0或一串1（共有有限个）不是简单地被当作二进制数来读，而是用一串0，1，2，3等来取代。其做法是，第二个序列的每一数字就是在第一个序列中的连续的0之间的1的个数。例如序列

01000101101010110100011101010111100110

就可被取代成下面的形式：

```
010  0  01011010101101 0  0  0111010101111 0  0110
|  |  |  |  |    |  |  |   |  |  |  |    |  |  |    |  |  |
 1  0  0  1   2   1  1   2  1  0  0   3   1  1   4   0  2
```

我们现在可以把数2，3，4，… 当作某种记号或指令来读。让我们把2简单地当作表示两个数之间间隔的“逗号”，而根据我们的愿望，3，4，5，… 可以代表我们关心的各种指令或记号，诸如“负号”、“加”、“乘”“到具有下面号码的位置”，“将前述运算迭代如下多次”，等等。我们现在有了由高阶数分开的各种0和1的串。后者代表写成二进制的通常的数。这样上面可读成（“逗号”为2）：

（二进制数1001）逗号（二进制数11）逗号……

使用标准的阿拉伯数字“9”，“3”，“4”，“0”来写相应的二进制数1001，11，100，0，我们就得到整个序列：

9, 3, 4（指令3）3（指令4）0,

特别是，这一步骤给了我们一种简单地利用在结尾处逗号终结描述一个数的手段（并因此把它和在右边的无限长的空白带区分开来）。此外，它还使我们能对以二进制记号写成0和1的单独序列的自然数的任何有限序列编码。让我们看看在一特定情形下这是怎么进行的。例如，考虑序列

5, 13, 0, 1, 1, 4,

在二进制记数法中这是

101, 1101, 0, 1, 1, 100,

它可用扩展（也就是和上面收缩相反）的步骤在磁带上编码成

...000010010110101001011001101011010110100011000...为了直截了当地得到这个码，我们可对原先的二进制数列作如下代换：

0→0

1→10

, →110

然后在两端加上无限个0。如果我们把它列出，就能更清楚地看出，如何把这个应用到上面的磁带上：

0000100101101010010110011010110101101000011000

我将把这种数(的集合)的记号称为扩展二进制记号(这样,例如13的扩展二进制形式为1010010)。

关于这种编码还有最后一点必须提及。这只不过是个技巧,但是为了完备起见是需要的[3]。在自然数的二进制(或十进制)表示中,处于表式最左端的0是不“算”的,它通常可被略去,这里有些多余。例如00110010和110010是两个相同的二进制数(而0050和50为相同的十进制数)。这一多余可适合于数0本身,它也可写成000或00。一个空白的空间的确也应该逻辑地表示0!在通常的记号下这会导致巨大的混淆,但是它和上面刚描述的记号可相安无事。这样,在两个逗号之间的0可只写成两个连在一起的逗号(,,),它在磁带上被编码成两对由单独的0隔开的11:

...001101100...

这样,上面的6个数的集合也可用二进制记号写成:

101,1101,,1,1,100,

而且在磁带上可以扩展的二进制方式编码成:

...00001001011010100101101101011010110100011000...

(有一个0已从我们以前的序列中略去)。

现在我们可以考虑让一台图灵机，譬如讲欧几里得算法，把它应用到以扩展二进制记数法写出的一对数上。例如，这一对数是我们早先考虑的6，8，不用以前用的：

...0000000000011111101111111100000...

而考虑6和8的二进制表示，也就是分别为110和1000。这一对为6，8，用二进制记数法也就是110，1000扩展后在磁带上编码成：

...00000101001101000011000000...

对于这一对特殊的数，并没有比一进制形式更紧凑。然而，譬如说我们取（十进制数）1583169和8610。在二进制记数法中它们是：

110000010100001000001，10000110100010，

这样，我们在磁带上把这一对编码成：

...001010000000100100000010000000101101000001010010000100110...

只要用一行就可将其全部写出，而如果用一进制记数法的话，表示“1583169，8610”的磁带用这一整本书都写不下。

当数用扩展二进制记数法表示时，一台执行欧几里得算法的图灵

机，如果需要的话，可以简单地把适当的一对在一进制和扩展二进制之间互相翻译的子程序算法接到EUC上去而得到。然而，由于一进制编数系统的低效率仍在“内部”存在，并且在仪器的迟缓以及需要大量的外部“粗纸”（它是磁带的右手部分）方面表现出来，实际上这是极其低效率的。可以给出全部用扩展二进制运算的、更有效率的、欧几里得算法的图灵机，但是这在这里对我们并无特别启发之处。

相反地，为了阐明如何使一台图灵机能对扩展二进制数运算，让我们尝试某种比欧几里得算法简单得多的东西，即是对一个自然数加1的过程。这可由（我称之为XN+1的）图灵机来执行：

00→00R，01→11R，10→00R，11→101R，
100→110L，101→101R，110→01STOP，111→1000L，
1000→1011L，1001→1001L，
1010→1100R，1011→101R，
1101→1111R，1110→111R，1111→1110R，

某些勤奋的读者可把它应用到，譬如讲数167上去，以再次验证这一台图灵机在实际上做到了所预想的。这一个数的二进制表示可由下面的磁带给出：

...0000100100010101011000...

为了把1加到这个二进制数上，我们简单地找到最后的那个0，并把它改成1，然而用0来取代所有跟在后面的1。例如167+1=168在二进制

记数法下写成：

$$10100111+1=10101000$$

这样，我们的“加1”图灵机应把前面的磁带用

$$\ldots 0000100100100001100000\ldots$$

来取代，它的确做到了这一点。

我们注意到，甚至这种简单加1的非常基本的运算在用这种记数法时都会显得有些复杂，它使用了15条指令和8种不同的内态！由于在一进位系统中“加1”只是把1的串再延长1个而已，事情当然是简单得多。所以我们的机器UN+1更为基本，这一点也不奇怪。然而，对于非常大的数，由于所需的磁带非同寻常地长，UN+1就会极慢。而用更紧凑的扩展二进制记号运算的更复杂的机器XN+1就会更好。

作为旁白，我愿意指出对于扩展二进制比一进制图灵机显得更简单的一个运算，这就是**乘二**。在这里由

00→00R，01→10R，10→01R，11→100R，100→111R，
110→01STOP，

给出的图灵机XN×2能在扩展的二进制上实现这个运算，而前面描述的相应于一进制的机器UN×2就要复杂得多！

我们从这里得到了，关于图灵机在非常基础水平上可做到的一些事情的概念。正如所预料的，当进行某些复杂的运算时，它们会变得极为复杂。这种仪器的终极能力是什么呢？让我们在下面讨论这一个问题。

丘奇-图灵论题

人们一旦对建造简单的图灵机稍有一些熟悉，下面这些事实就很容易使他们感到满意。特殊的图灵机的确能执行各种基本的算术运算，诸如把两个数加到一起，或把它们相乘，或求一个数的另一个数的方次。显明地给出这种机器不是太啰唆的事，但是我不想在这里着手这么做。也可以提供其结果为一对自然数的运算，譬如带有余数的除法，或者其结果为任意大数目的数的有限集合。此外，可以这样地建造图灵机，即预先没有必要指定它要做何种运算，其运算的指令由磁带提供。需要实行的特定运算也许在某一阶段依赖于该机器在某个更早阶段的需要进行的某个计算的结果。（“如果那个计算的结果比某数大，则做这个；否则就做那个。”）一旦人们理解到，他可制造实现算术或简单的逻辑运算的图灵机，则很容易想象如何使之执行具有算法性质的更复杂的任务。在他们捣弄了好一阵之后，很容易坚信，这类机器的确能执行不管什么样的机械操作！在数学上，可以很合情合理地把机械操作定义为可被这样的一台机器所执行的运算。数学家用名词“算法”以及形容词“可计算的”、“递归的”和“有效的”来表示能由这类理论机器——图灵机实行的机械运算。一个步骤只要是足够清楚并且机械的，则可合理地相信能找到一台执行它的图灵机。这毕竟是我们（也就是图灵）引进图灵机概念本身的初步讨论的全部要点。

另一方面，人们仍会感到，这些机器的设计不必这么局限。初看起来，只允许仪器在一个时刻读一个二进制数字（0或1），并且一次沿着一个单独的一维磁带只移动一格似乎是限制。为什么不允许大数目或相互联结的阅读机一下子跑过4条或5条甚至1000条分开的磁带呢？为什么不允许0和1的方格的整个平面（或者甚至一个三维的阵列），而坚持只用一维的磁带呢？为什么不允许从某种更复杂的计数系统或字母来的其他符号呢？事实上，虽然这些改变中的一些会对运算的经济性造成一定程度的不同（正如允许用多于一条的磁带一定会是这种情形那样），但是所有这一切都不会对我们在原则上要得到的东西造成丝毫的影响。即使我们在所有这些方面一下子推广该定义，这种归于“算法”的名下（或“计算”、“有效步骤”或“递归运算”）所实现的运算种类刚好和推广以前的完全相同！

我们可以看到，没有必要有多余一条的磁带，只要该仪器需要时总能在给定的磁带不断地找到新的空白。为此，也许必须不断地把数据从磁带的一处往另一处调度。这也许是“低效率的”，但是它不限制在原则上可以得到的极限[4]。类似地，利用多于一台并联作用的图灵机——这在近年来由于尝试更精密地模仿人脑而变得很时髦——不能在原则上得到任何新东西（虽然在某种情形下可改善动作的速度）。拥有两台分开的、不直接相交流的仪器并不比两台相交流的得到更多，而且如果它们联络，则实际上只不过是一台单独的仪器！

关于图灵的对于一维磁带的限制能说些什么呢？如果我们认为该磁带代表“环境”，也许宁愿把它当作一个平面或许一个三维空间，而不当做一维磁带。一个平面似乎比一维磁带更接近于一个“流程图”（正如在上面对欧几里得算法运算的描述）所需要的[1]。然而，在原则上以“一维的”形式（也就是利用流程图的通常术语来描述）写出流程图的运行并没有困难。在二维平面上显示只是为了我们的便利和容易理解，它对原则上能得到的并没造成什么影响。人们总能把一个二维平面上甚至三维空间上的一个记号或对象的地址，直截了当地在一维磁带上编码。（事实上，使用一个二维平面完全等效于用两条磁带。这两条磁带提供为在二维平面上指明一点所需的两个“坐标”；正如3条磁带可作为一个三维空间的一点的“坐标”一样。）这一维的编码又可能是“低效率的”，但是它在原则上不限制我们的目标。

尽管所有这一切，我们仍然可心存质疑，图灵机的概念是否真的和我们希望叫作“机械的”每一逻辑或数学运算相统一。在图灵写他的开创性文章的时候，这一点比今天模糊得多，所以他觉得有必要把情形解释得更清楚一些。图灵的激烈争论从以下事实得到了额外的支持，这就是美国逻辑学家阿隆佐·丘奇（在S.C. 克莱尼的协助下）完全独立地（并实际上稍早一些）提出了一种方案，也是旨在解决希尔伯特的判定问题的λ演算。尽管它不如图灵的那么明显地为一种完全广泛的机械的方案，但在数学结构上的极端经济性方面有些优点。（我将在本章的结尾描述丘奇的杰出的计算。）还存在其他一些解决希尔伯特问题的和图灵相独立的设想（见*Gandy 1988*），尤其是波兰–美国逻辑学家埃米尔·波斯特的设想（比图灵稍晚些，但其思想

---

1. 正如这里所描述的，这一流程图本身实际上是“仪器”的一部分。而不是外部环境的“磁带’。我们在磁带上表示的正是实际的数A，B，$A-B$等。然而，我们还要以一个线性的一维形式来表达该仪器的规约。正如我们将要看到的，和通用图灵机相关的，在一台特殊仪器的规约和对该仪器可能的“资料”（或“程序”）的规约之间有个密切关系。所以，使这两者都处于一维形式是方便的。

与图灵比和丘奇更相像许多）。所有这些方案很快就被证明是完全等效的。这就给现在称作丘奇-图灵论题的观点增加了许多分量，即图灵机（或等效的）概念实际在数学上定义了我们认为是算法（或有效或递归或机械的）步骤的东西。现在，高速电脑已变成我们生活中如此熟悉的部分，很少人似乎觉得有必要去问这些论题的原始形式。相反地，已有不少人转去注意真正的物理系统（假定包括人脑）——精确服从物理定律的东西——是否能够执行比图灵机更多、更少或刚好一样多的逻辑和数学运算。我本人是非常喜欢丘奇-图灵论题的原先的数学形式。另一方面，它和实在物理系统的行为的关系是我们以后在本书主要关注的另外一个单独的问题。

不同于自然数的数

我们在上述的讨论中考虑了自然数的运算，并且注意到了这一显著的事实，即尽管每台图灵机只有固定的有限数目的不同内态，它却可能处理任意大小的自然数。然而，人们经常需要使用比这更复杂的其他种类的数，例如负数、分数或无尽小数。图灵机可以容易地处理负数和分数（例如像-597/26的数），而且我们可取任意大的分母和分子。我们所要做的全部是对“-”和“/”作适当的编码。这可容易地利用早先描述的扩展二进制记数法做到（例如，“3”表示“-”以及“4”表示“/”，它们分别在扩展二进制记数法中编码成1110和11110）。人们就是这样地按照自然数的有限集合来处理负数和分数的。这样，就可计算性的一般问题而言，它们没有告诉我们什么新的东西。

类似地，由于长度不受限制的有尽小数仅仅是分数的特殊情形，它们并没给我们带来什么新问题。例如，无理数π可近似地表为3.14159265的有尽小数，也就是分数314159265 / 100000000。然而，无尽小数表式，譬如完全无尽展开

$$\pi = 3.14159265358979\cdots$$

引起了一定的困难。严格地讲，无论是图灵机的输入或者输出都不能是无尽小数。人们也许会想到，我们可以找到一台图灵机，在其输出磁带上大量产生由π的小数展开的、所有的一个接一个位数3，1，4，1，5，9，…，我们就简单地让机器一直开下去好了。但这对于一台图灵机来讲，是不允许的。我们必须等待机器停了以后（铃声响过！）才允许去检查输出。只要机器还没有到达停止指令，其输出就可能遭到改变，所以不能信任它。另一方面，在它到达停止时，其输出必然是有限的。

然而，存在一种合法地使图灵机以与此非常类似的方法，一个跟着一个地产生数字的步骤。如果我们希望展开一个无尽小数，譬如讲π，我们可以让一台图灵机作用于内存0上以产生整数部分3；然后使机器作用到内存1上，产生第一小数位1；然后使其作用于内存2上，产生第二小数位4；然后作用于内存3上，产生1，这样不断地下去。事实上，一定存在在这个意义上产生π的全部小数展开的图灵机，尽管要把它显明地造出来颇费一点周折。类似的评论也适用于许多其他无理数，譬如 $\sqrt{2} = 1.414213562\cdots$。然而，正如在下一章将要看到的，人们发现有些无理数（非常引人注目地）根本不能由任何图灵机产生。能以这种方式产生的数叫作可计算的（*Turing 1937*）。那些不

能的（实际上是绝大多数！）是叫作不可计算的。我们将在后面的章节中回到这件事体及有关的问题上来。按照物理理论，用可计算的数学结构能否足够地描述实在的物理对象（也就是人脑），是我们要关心的问题。

一般地讲，可计算性是数学中的一个重要问题。人们不应该将其当成只适合于这类数的事体。人们可有直接作用于诸如代数或三角的数学公式上的图灵机，或可进行微积分的形式运算的图灵机。人们所需的一切是某种准确地把所有涉及的数学符号编码成0和1序列的形式，然后再利用图灵机的概念。这毕竟是图灵在着手解决判定问题时心里所想的，即寻求回答具有一般性质的数学问题的算法步骤。我们将很快地回到这上面来。

通用图灵机

我还未描述通用图灵机的概念。虽然其细节是复杂的，但是它背后的原则并不十分复杂。它的基本思想是把任意一台图灵机T的指令的表编码成在磁带上表示成0和1的串。然后这段磁带被当作某一台特殊的被称作通用图灵机U的输入的开始部分，接着这台机器正如T所要进行的那样，作用于输入的余下部分，这余下的部分是T原先要输入的并要对之进行计算的数据。通用图灵机是万有的模仿者。“磁带”的开始部分赋予该通用机器U需要用以准确模拟任何给定机器T的全部信息！

为了了解这是如何进行的，我们首先需要一种给图灵机编号的系统方式。考虑定义某个特殊的，譬如讲在前面描述的图灵机的一个指令表。我们必须按照某种准确的方案把这表编码成0和1的串。我们可借助于以前采用的“收缩”步骤来办到。因为，如果我们用数2，3，4，5和6来分别代表符号R、L、STOP、箭头（→）以及逗点，那么我们就可以用110、1110、11110、111110以及1111110的收缩把它们编码。这样，出现在该表中的这些符号实际的串分别是数字0和1被编码成0和10的结果。由于在该图灵机的表中，在二进制记数的结尾大写的数的位置足以把大写的0和1从其他小写黑体字的阿拉伯数字中区分开来，所以我们不需要用不同的记号。这样，1101将被读成二进制数1101，而在磁带上被编码成1010010。特别是，00读作00，它可毫不含糊地被编码成0，或者作为被完全省略的符号。实际上我们可以不必对任何箭头或任何在它紧前头的符号进行编码，而依靠指令的数字顺序去标明哪些符号必须是什么，而因此大大省事。尽管在采用这个步骤时，在必要之处要提供一些额外的“虚”指令，以保证在这个顺序中没有缝隙。这样的做法具有相当好的经济性。（例如，图灵机XN+1没有告诉我们对1100要做什么的命令，这是因为这条指令在机器运行时从不发生，所以我们应该插入一条“虚”指令，譬如讲1100→00R，它可合并到表中而不改变任何东西。类似地，我们应该把101→00R插入到XN×2中去。）若没有这些“虚的”，表中后面的指令的编码就会被糟蹋了。因为在结尾处的符号L或R足以把一条指令和另一条隔开，所以我们在每一指令中实际不需要逗号。因此，我们采用下面的编码：

0表示0或0，10表示1或1，110表示R，1110表示L，11110表示STOP。

作为一个例子，让我们为图灵机XN+1编码（插入指令1100→00R）。在省略箭头和在它们紧前面的位数以及逗号之后。我们得到：

00R 11R 00R 101R 110L 101R 01STOP
1000L 1011L 1001L 1100R 101R 00R 1111R
111R 1110R

为了和早先说的相一致，我们可以去掉每一个00，并把每一个01简单地用1来取代，这样得到：

R11RR101R110L101R1STOP1000L1011L1
001L1100R101RR1111R111R1110R

如下是在磁带上的相应的码：

11010101101101001011010100111010010
11010111101000011101001010111010000
10111010100011010010110110101010101
1010101011010101001100

我们总是可以把开始的110（以及它之前的无限的空白磁带）删去。由于它表示00R，这代表开头的指令00→00R。而我已隐含地把它当作所有图灵机共有的。这样仪器可从磁带记号左边任意远的地方向右跑到第一个记号为止。而且，由于所有图灵机都应该把它们的描述用最后的110结束（因为它们所有都用R、L或STOP来结束），所以我们也可把它（以及假想跟在后面的0的无限序列）删去。这可以算作两个小节约。所得到的二进制数是该图灵机的号码，它在XN+1的情况下为：

10101101101001011010100111010010110101111010000111010010101110100010111010100011010010110110101010101101010101101010100。

这一特殊的数在标准十进制记数法中为：

450813704461563958982113775643437908。

我们有时不严格地把号码为n的图灵机称为第n台图灵机，并用T_n来表示。这样，XN+1是第450813704461563958982113775643437908台图灵机！

我们必须顺着这图灵机的“表”走这么远，才找到一台甚至只进行如此平凡的（在扩展二进制记数法中）对自然数加一的运算，这真使人印象深刻！（尽管在我的编码中还可以有很少的改善余地，但我认为自己进行得相当有效率。）实际存在某些更低号码的有趣的图灵机。例如，UN+1的二进制号码为：

101011010111101010

它只是十进制的177642！这样，只不过是把一个附加的1加到序列1的尾巴上的特别平凡的图灵机UN+1是第177642台图灵机。为了好奇的原因，我们可以注意在任一种进位制中“乘二”是在图灵机表中这两个号码之间的某处。我们找到XN×2的号码为10389728107，而UN×2的号码为

14929234
20919872026917547669。

人们从这些号码的大小，也许会毫不奇怪地发现，绝大多数的自然数根本不是可工作的图灵机的号码。现在我们根据这种编号把最先的13台图灵机列出来：

T_0: 00→00R，01→00R，

T_1: 00→00R，01→00L，

T_2: 00→00R，01→01R，

T_3: 00→00R，01→00STOP，

T_4: 00→00R，01→10R，

T_5: 00→00R，01→01L，

T_6: 00→00R，01→00R， 10→00R，

T_7: 00→00R，01→？？？，

T_8: 00→00R，01→100R，

T_9: 00→00R，01→10L，

T_{10}: 00→00R，01→11R，

T_{11}: 00→00R，01→01STOP，

T_{12}:　　00→00R，01→00R，　　10→00R。

其中，T_0简单地就是向右移动并且抹去它所遇到的每一件东西，永不停止并永不往回退。机器T_1最终得到同样的效应。但它是以更笨拙的方法，在它抹去磁带上的每个记号后再往后跳回。机器T_2也和机器T_0一样无限地向右移动，但是它更有礼貌，简单地让磁带上的每一件东西原封不动。由于它们中没有一台会停下，所以没有一台可以合格地被称为图灵机。T_3是第一台可敬的机器，它的确是在改变第一个（最左边）的1为0后便谦虚地停止。

T_4遭遇了严重的问题。它在磁带上找到第一个1后就进入了一个没有列表的内态，所以它没有下一步要做什么的指令。T_8、T_9和T_{10}遇到同样的问题。T_7的困难甚至更基本，把它编码的0和1的串涉及5个接续的1的序列：110111110。对于这种序列不存在任何解释，所以只要它在磁带上发现第一个1就被绊住。（我把T_7或其他任何机器T_n，它的n的二进制展开包含多于4个1的序列称为不是正确指定的。）机器T_5、T_6和T_{12}遭遇到和T_0、T_1和T_2类似的问题。它们简单地、无限地、永远不停地跑下去。所有T_0、T_1、T_2、T_4、T_5、T_6、T_7、T_8、T_9、T_{10}和T_{12}都是伪品！只有T_3和T_{11}是可工作的，但不是非常有趣的图灵机。T_{11}甚至比T_3更谦虚，它在第一次遇到1时就停止，并且没有改变任何东西！

我们应该注意到，在表中还有一个多余。由于T_6和T_{12}从未进入内态1，机器T_{12}和T_6等同，并在行为上和T_0等同。无论这个多余还是表中的图灵机伪品我们都不必为之烦恼。人们的确可以改变编码以摆脱许多伪品和大大减少重复。所有这一切会付出这个代价：使得我们可怜的通用图灵机变得更加复杂，它必须破译这个代码，并且装作是图灵机T_n，其中数字n是它正读到的。如果我们可以把所有伪品（或者多余）取走，这还是值得做的。但是，我们很快就会看到，这是不可能的！这样，我们就不触动我们的编码好了。

例如，可方便地把具有

...0001101110010000...

接续记号的磁带解释成某个数字的二进制表示。我们记得0在两端会无限地继续下去，但是只有有限个1。我还假定1的数目为非零（也就是说至少有一个1）。我们可以选择去读在第一个和最后一个1（包括在内）之中的有限的符号串，在上述的情况是为一自然数的二进制写法：

110111001，

它在十进制表示中为441。然而，这一过程只能给我们奇数（其二进制表示以1结尾的数）。而我们要能表示所有的自然数。这样，我们采取移走最后的1的简单方案（这个1仅仅被当作表示这一程序的终止记号），而把余下来的当成二进制数来读[5]。因此，对于上述的例子，我们有二进制数：

11011100，

它是十进制的220。这个步骤具有零也用磁带上的记号代表的好处，也就是：

$$\ldots 0000001000000 \ldots$$

我们考虑图灵机T_n作用到我们从右边给它输入的磁带上（有限的）0和1的串。根据上面给出的方案，可方便地把这串也考虑作某一个数，譬如m的二进制代表。我们假定，机器T_n在进行了一系列的步骤后最终到达停止（即到达STOP）。现在机器在左边产生的二进制数串是该计算的答案。让我们也以同样方式把这当作譬如是p的二进制代表来读。我们把表达当第n台图灵机作用到m上时产生p的关系写成：

$$T_n(m)=p。$$

现在，以稍微不同的方式看这一关系。我们把它认为是一种应用于一对数n和m以得到数p的一个特别运算。（这样，若给定两个数n和m，视第n台图灵机对m作用的结果而得出p。）这一特别运算是一个完全算法的步骤。所以它可由一台特殊的图灵机U来执行。也就是说，U作用到一对（n，m）上产生p。由于机器U必须作用于n和m两者以产生单独结果p，我们需要某种把一对（n，m）编码到一条磁带上的方法。为此，我们可假定n以通常二进制记数法写出并紧接着以序列111110终结。（我们记得，任一台正确指明的图灵机的二进制数都是仅仅由0，10，110，1110和11110组成的序列，因此它不包含比4个1更多的序列。这样，如果T_n是正确指明的机器，则

111110的发生的确表明数n的描述已终结。）按照我们上面的规定，跟着它的每一件东西简单地是代表m的磁带（也就是，紧跟二进制数m的是1000...）。这样，这第二个部分简单地就是T_n假设要作用的磁带。

作为一个例子，如果我们取$n=11$和$m=6$当做U要作用的磁带，其记号序列为：

...0001011111110110 10000...

这是由以下

...0000（开始的空白带）
1011（11的二进制表示）
111110（终结n）
110（6的二进制表示）
10000......（余下的磁带）

组成的。

在T_n作用到m上的运算的每一接续的步骤，图灵机U要做的是去考察n的表达式中的接续数位的结构，以使得在m的数位（也就是T_n的磁带）上可进行适当的代换。在原则上（虽然在实践中肯定很繁琐）不难看到人们实际如何建造这样的一台机器。它本身的指令表会简单地提供一种，在每一阶段读到被编码到数n中的“表”中，应用到m给出的磁带的位数时，合适元素的手段。肯定在m和n的数位之间要有许多前前后后的进退，其过程会极为缓慢。尽管如此，一定能提供出这台机器的指令表，而我们把它称为通用图灵机。把该机器对一对数n和m的作用表为$U(n, m)$，我们得到：

$$U(n, m)=T_n(m)。$$

这里T_n是一台正确指明的图灵机[6]。当首先为U提供数n时，它准确地模拟第n台图灵机！

因为U为一台图灵机，它自身也必须有一号码；也就是说，我们有：

$$U=T_u,$$

此处号码u待定。u究竟是多少呢？事实上，我们可以准确地给出：

u= 7244855335339317577198395039615711237952360672556559631108144796606505059404241090310483613632359365644443458382226883278767626556144692814117715017842551707554085657689753346356942478488597046934725739988582283827795294683460521061169835945938791885546326440925525505820555989451890716537414896033096753020431553625034984529832320651583047664142130708819329717234151056980262734686429921838172157333482823073453713421475059740345184372359593090640024321077342178851492

7607975976344151230795863963544922691594796546147113457001 4
5048167337562172573464522731054482980784965126988788964569 7
6090663420447798902191443793283001949357096392170390483327 0
8825962013017737272027186259199144282754374223513556751340 8
4222299889374410534305471044368695876405178128019437530813 8
7063994277282315642528923751456544389905278079324114482614 2
3572861931183326106561227555318102075110853376338060310823 6
1675045635852164214869542347187426437544428790062485827091 2
4042207653875426445413345174856629157429990950262300973373 8
1377241621727477236102067868540028935660856968226201419824 8
6216989026091309402985706001743006700868967590344734174127 8
7425581201549366393899690581773859165405535670409282133222
1631410978710814599786695997045096818419062994436560151454 9
0488092208448003482249207730403043188429899393135266882349
6621019471619107014619685231928474820344958977095535611070 2
7581748733327296678998798473284098190764851272631001740166 7
8736347760585724503696443489799203448999745566240293748766
8839751404451665707750060513883991668814072545544665222050 7
2426239237921152531816251253630509317286314220040645713052 7
5802307665183351995689139748137504926429605010013651980186 9
45639498

（或者至少是这等数量级的其他可能性）。这个数无疑是极其巨大，但是我似乎没有办法使它变小许多。虽然我的图灵机编码步骤和号码指定是相当合理和简单的，但是在一台实际的通用图灵机的编码中仍然不可避免地导向这么大的一个数[7]。

我曾说过，实际上所有现代通用电脑都是通用图灵机。我并不是说，这种电脑的逻辑设计必须在根本上和我刚刚给出的通用图灵机的描述非常相似。其要点可以简述为，首先为任一台通用图灵机提供一段适当的程序（输入磁带的开始部分）可使它模拟任何图灵机的行为！在上面的描述中，程序简单地采取单独的数（数n）的形式。但是，其他的步骤也是可能的，图灵原先方案就有许多种变化。事实上，在我自己的描述中，已经有些偏离图灵的原型。但是对于我们当前的目的，这些差别中没有一个是重要的。

希尔伯特问题的不可解性

我们现在回到当初图灵提出其观念的目的，即解决希尔伯特的范围广泛的判定问题：是否存在某种回答属于某一广泛的，但是定义得很好的种类的所有数学问题的机械步骤？图灵发现，他可以把这个问题重述成他的形式，即决定把第n台图灵机作用于数m时实际上是否会停止的问题。该问题被称作停机问题。很容易建造一个指令表使该机器对于任何数m不停。（例如，正如上面的$n=1$或2或任何别的在所有地方都没有STOP指令的情形）。也有许多指令表，不管给予什么数它总停（例如$n=11$）；有些机器对某些数停，但对其他的数不停。人们可以公正地讲，如果一个想象中的算法永远不停地算下去，则并没有什么用处。那根本不够格被称作算法。所以一个重要的问题是，决定T_n应用在m时是否真正地给出答案！如果它不能（也就是该计算不停止），则就把它写成：

$T_n(m)=\square$。

[在这记号中还包括了如下情形，即图灵机在某一阶段由于它找不到合适的告诉其下一步要做什么的指令而遇到麻烦，正如上面考虑的伪品机器T_4和T_7。还有不幸的是，我们粗看起来似乎成功的机器T_3现在也必须被归于伪品：$T_3(m)=\square$，这是因为T_3作用的结果总是空白带，而为使计算的结果可赋予一个数，在输出上至少有一个1！然而，由于机器T_{11}产生了单独的1，所以它是合法的。这一输出是编号为0的磁带，所以对于一切m，我们都有$T_{11}(m)=0$。]

能够决定图灵机何时停止是数学中的一个重要问题。例如，考虑方程：

$$(x+1)^{w+3}+(y+1)^{w+3}=(z+1)^{w+3}。$$

(如果专门的数学方程使你忧虑，不要退缩！这一方程只不过是作为一个例子，没有必要详细地理解它。)这一特殊的方程和数学中著名的或许是最著名的未解决的问题相关。该问题是：存在任何满足这方程的自然数集合w，x，y，z吗？这个著名的称作“费马大定理”的陈述被伟大的17世纪法国数学家皮埃尔·德·费马(1601—1665)写在丢番图的《代数》一书空白的地方。费马宣布这方程永远不能被满足[1][8]。虽然费马以律师作为职业(并且是笛卡儿的同时代人)。他却是那个

1. 记住我说的自然数是指0，1，2，3，4，5，6，…。我写成“$x+1$”和“$w+3$”等，而不写成费马断言的更熟知的形式($x^w+y^w=z^w$；x，y，$z>0$，$w>2$)的原因是，我们允许x，w等为从零开始的所有自然数。

时代最优秀的数学家。他宣称得到了这一断言的"真正美妙的证明",但那里的空白太小写不下。可惜迄今为止既没有人能够重新证明之,也没有人能找到任何和费马断言相反的例子[1]!

很清楚,在给定了4个数(w, x, y, z)后,决定该方程是否成立是计算的事体。这样,我们可以想象让一台电脑的算法一个接一个地跑过所有的四数组,直到方程被满足时才停下。(我们已经看到,存在于一条单独磁带上,把数的有限集合以一种可计算方式编码成为一个单独的数的方法。这样,我们只要跟随着这些单独的数的自然顺序就能"跑遍"所有的四数组。)如果我们能够建立这个算法不停的事实,则我们就有了费马断言的证明。

可以用类似的办法把许多未解决的数学问题按图灵机停机问题来重述。"哥德巴赫猜想"即是这样的一个例子,它断言比2大的任何偶数都是两个素数之和[2]。决定给定的自然数是否为素数是一个算法步骤,由于人们只需要检验它是否能被比它小的数整除,所以这只是有限计算的事体。我们可以设计跑遍所有偶数6,8,10,12,14,…的一台图灵机,尝试把它们分成奇数的对的所有不同的方法:

$$6=3+3,\ 8=3+5,\ 10=3+7=5+5,\ 12=5+7,$$
$$14=3+11=7+7,\ \cdots$$

---

1. 普林斯顿大学的英籍数学家安德鲁·怀尔斯于1993年证明了费马大定理(译者注)。
2. 我们记得,素数2,3,5,7,11,13,17,…是那些只能分别被它们自己和1整除的自然数。0和1都不认为是素数。

对于这样的每一个偶数检验并确认其能分成都为素数的某一对数。(我们显然不需要去检验除了2+2之外的偶的被加数对，由于除了2之外所有素数都是奇的。)只有当我们的机器达到一个由它分成的所有的任何一对数都不是素数对的偶数为止才停止。我们在这种情形就得到了哥德巴赫猜想的反例，也就是说一个(比2大的)偶数不是两个素数之和。这样，如果我们能够决定这台图灵机是否会停，我们也就有了判定哥德巴赫猜想真理性的方法。

这里自然地产生了这样的问题：我们如何判定任何特殊的图灵机(在得到特定输入时)会停止否？对于许多图灵机回答这个问题并不难：但是偶尔地，正如我们上面得到的，这答案会涉及一个杰出的数学问题的解决。这样，存在某种完全自动地回答一般问题，即停机问题的算法步骤吗？图灵指出这根本不存在。

他的论证的要点如下所述，我们首先假定，相反的，存在这样的一种算法[1]。那么必须存在某台图灵机H，它能“判定”第n台图灵机作用于数m时，最终是否停止。我们假定，如果它不停的话，其输出磁带编号为0，如果停的话为1：

$$H(n; m)=\begin{cases}0 & \text{如果 } T_n(m)=\square \\ 1 & \text{如果 } T_n(m) \text{ 停止。}\end{cases}$$

在这里人们可采取对通用图灵机U用过的同样规则给对(n, m)编码。然而，这会引起如下技术问题，对于某些数n(例如$n=7$)，T_n不是正

---

1. 这是熟知的并有强效的被称为反证法的数学方法。利用这种办法，人们首先假定所要证明的东西是错的.然后从这里推出一个矛盾，就这样证明所需要的结果实际上是对的。

确指定的，而且在磁带上记号111101不足以把n从m分开。为了排除这一个问题，让我们假定n是用扩展二进制记数法而不仅仅是二进制记数法来编码，而m正和以前一样用通常的二进制记数法。那么记号110实际上将足以把n和m区分开来。在$H(n; m)$中用分号，而在$U(n, m)$中用逗号就是为了表明这个改变。

现在让我们想象一个无穷阵列，它列出所有可能的图灵机作用于所有可能的不同输入的所有输出。阵列的n行展现当第n台图灵机应用于不同的输入0，1，2，3，4，… 时的输出：

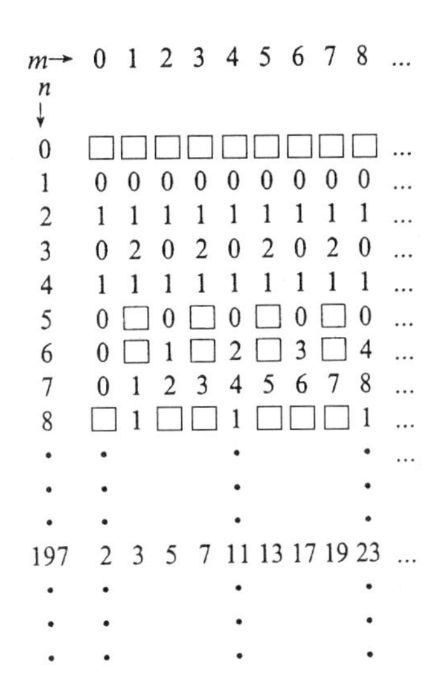

$m\rightarrow$ / $n\downarrow$	0	1	2	3	4	5	6	7	8	…
0	□	□	□	□	□	□	□	□	□	…
1	0	0	0	0	0	0	0	0	0	…
2	1	1	1	1	1	1	1	1	1	…
3	0	2	0	2	0	2	0	2	0	…
4	1	1	1	1	1	1	1	1	1	…
5	0	□	0	□	0	□	0	□	0	…
6	0	□	1	□	2	□	3	□	4	…
7	0	1	2	3	4	5	6	7	8	…
8	□	1	□	□	1	□	□	□	1	…
·	·				·				·	…
·	·				·				·	
·	·				·				·	
197	2	3	5	7	11	13	17	19	23	…
·	·				·				·	
·	·				·				·	
·	·				·				·	

我在此表中稍微搞了点欺骗，并且没有把图灵机按它们的实际编号列出。由于所有n比11小的机器除了□外没有得到任何东西，而对于$n=11$只得到0，所以那样做的话就会得到一张一开始就显得过于枯燥的表。为了使此表一开始就显得更有趣，我假定已得到某种更有效

得多的编码。事实上我只是相当随机地捏造这张表的元素，仅仅是为了给出有关它的外表的大体印象。

我不要求用某一个算法实际计算过这一个阵列。(事实上，正如我们很快就要看到的，不存在这样的算法。)我们仅仅是假想，真正的表不知怎么搞的已经摆在我们面前。如果我们试图计算这一个阵列，正是□的发生引起了困难。因为既然那些计算简单地一直永远算下去，我们也许弄不清什么时候把□放在某一位置上！

然而，如果我们允许使用假想的H，由于H会告诉我们□实际上在什么地方发生，我们就可以提供一种产生该表的计算步骤。但是相反的，我们用0来取代每一次□的发生，就这样利用H把□完全除去。这可由把计算$H(n;m)$放在T_n对m作用之前而做到；然后只有如果$H(n;m)=1$时(也就是说，只有如果计算$T_n(m)$实际上给出一个答案时)，我们才允许T_n作用到m上，而如果$H(n;m)=0$(也就是如果$Tn(m)=$□)，则简单地写为0。我们可把新的步骤(也就是把$H(n;m)$的作用放在$T_n(m)$之前得到的)写成：

$$T_n(m)\times H(n;m)。$$

(我在这里使用数学运算顺序的普通习惯：在右边的先进行。请注意，我们在符号运算上有：$\square\times 0=0$。)

现在这张表变成：

$m\to$	0	1	2	3	4	5	6	7	8	…
$n\downarrow$										
0	0	0	0	0	0	0	0	0	0	…
1	0	0	0	0	0	0	0	0	0	…
2	1	1	1	1	1	1	1	1	1	…
3	0	2	0	2	0	2	0	2	0	…
4	1	1	1	1	1	1	1	1	1	…
5	0	0	0	0	0	0	0	0	0	…
6	0	0	1	0	2	0	3	0	4	…
7	0	1	2	3	4	5	6	7	8	…
8	0	1	0	0	1	0	0	0	1	…
⋮	⋮				⋮				⋮	

我们注意到，假定H存在，该表的行由可计算的序列组成。（我用一个可计算序列表明一个其接连的值可由一个算法产生出来的一个无限序列；也就是存在一台图灵机，当它依序地应用于自然数$m=0$，1，2，3，4，5，… 上时，就得到了这个序列的接续元素。）现在，我们从该表中可以注意到两个事实。首先自然数的每一可计算序列必须在它的行中出现在某处（也许出现好几回）。这个性质对于原先的带有□的表已经是真的。我们只不过是简单地加上一些行去取代“伪品”的图灵机（也就是至少产生一个□的那些）。其次，我们已经假定，图灵机H实际上存在，该表已被计算地（也就是用某个确定的算法）由步骤$T_n(m)\times H(n;m)$产生。换言之，存在某一台图灵机Q，当它作用于一对数（n；m）时就会在表中产生合适的元素。为此我们可以在Q的磁带上以和在H中一样的方式对n和m编码。我们得到：

$$Q(n;m)=T_n(m)\times H(n;m)。$$

现在我们应用乔治·康托尔的“对角线方法”的天才的和强有力

的技巧的变种。(下一章将看到康托尔对角线方法的原型。)考虑现在用粗体字标明的对角线元素:

$$
\begin{array}{ccccccccc}
\mathbf{0} & 0 & 0 & 0 & 0 & 0 & 0 & 0 & 0 \\
0 & \mathbf{0} & 0 & 0 & 0 & 0 & 0 & 0 & 0 \\
1 & 1 & \mathbf{1} & 1 & 1 & 1 & 1 & 1 & 1 \\
0 & 2 & 0 & \mathbf{2} & 0 & 2 & 0 & 2 & 0 \\
1 & 1 & 1 & 1 & \mathbf{1} & 1 & 1 & 1 & 1 \\
0 & 0 & 0 & 0 & 0 & \mathbf{0} & 0 & 0 & 0 \\
0 & 0 & 1 & 0 & 2 & 0 & \mathbf{3} & 0 & 4 \\
0 & 1 & 2 & 3 & 4 & 5 & 6 & \mathbf{7} & 8 \\
0 & 1 & 0 & 0 & 1 & 0 & 0 & 0 & \mathbf{1} \\
\cdot & & & & \cdot & & & & \cdot \\
\cdot & & & & \cdot & & & & \cdot \\
\cdot & & & & \cdot & & & & \cdot
\end{array}
$$

这些元素提供了某一序列0,0,1,2,1,0,3,7,1,⋯,现在把它的每一元素都加上1就得到

$$1, 1, 2, 3, 2, 1, 4, 8, 2, \cdots$$

假设我们的表是计算地产生的,那么这就清楚地是一个可计算的步骤,而且它为我们提供了某一个新的可计算的序列。事实上为$1+Q(n;n)$,也就是:

$$1+T_n(n)\times H(n;n)$$

(由于对角线是令m等于n而得到的)。但是,我们的表包括了每一可计算的序列,所以我们新的序列必须在表中的某一行。然而,这是不可能的!由于我们新序列和第一行在第一元素处不同,和第二行在第二元素处不同,和第三行在第三元素处不同,等等。这是一个明显的

冲突。正是这个冲突，建立了我们所要证明的，即在事实上图灵机H不存在！**不存在决定一台图灵机将来停止与否的通用算法**。

另一种重述这个论证的方法是注意到，在假定H存在时，对于算法$1+Q(n;n)$（对角线步骤！）存在某一图灵机号码，譬如k，这样我们有：

$$1+T_n(n)\times H(n;n)=T_k(n)。$$

但是，如果我们在这个关系中代入$n=k$就得到：

$$1+T_k(k)\times H(k;k)=T_k(k)。$$

因为如果$T_k(k)$停止，我们就得到了不可能的关系式：

$$1+T_k(k)=T_k(k),$$

[由于$H(k;k)=1$]，而如果$T_k(k)$不停止[这样$H(k;k)=0$]，我们有同样不协调的结果：

$$1+0=\square,$$

所以无论如何总导致一个矛盾。

一台特定的图灵机是否停止是一个定义完好的数学问题（反过来，

我们已经看到，各种有意义的数学问题可被重述成图灵机的停机问题)。这样，依靠显示不存在决定图灵机停机问题的算法，图灵（正如丘奇用自己十分不同的手段）指出，不存在决定数学问题的一般算法。希尔伯特判定问题没有解答！

这不是说，在任何个别的情形下，我们不可能决定某些特殊数学问题的真理或非真理；或者决定某一台给定的图灵机是否会停止。我们可以利用一些技巧或者仅仅是常识，就能在一定情况下决定这种问题。（例如，如果一台图灵机的程序表中不包括STOP指令。或者只包含STOP指令，那么常识就足以告诉我们它会不会停止！）但是，不存在一个对所有的数学问题，也不存在对所有图灵机以及所有它们可能作用的数都有效的一个算法。

我们似乎现在已经建立了，至少存在某些非决定的数学问题。然而，我们从未做过这种事！我们还没有展示过，存在某种特别别扭的图灵机表，它在某种绝对的意义上，当输入某个别扭的数时，不可能决定该机器是否停止。的确，正如我们很快就要看到的，情况刚好相反。我们一点也没提单独问题的不可解性，仅仅是说关于问题的族的算法的不可解性。在任何单独的情形下，答案或者为“是”或者为“非”，所以肯定存在一个决定那个特定情形的算法，也就是在它面临该问题时，依情况而定，会简单地讲“是”或“非”。当然，困难在于我们可能不知道用这些算法中的哪一个。那就是决定一个单独陈述而不是决定一族陈述的数学真理的问题。重要的是要意识到，算法本身不能决定数学真理。一个算法的成立总是必须依赖外界的手段才能建立起来。

如何超越算法

我们在以后论及哥德尔定理时再回到决定数学陈述的真理性问题(参阅第4章)。我希望在此刻指出,图灵的论证比我迄今所暗示的更具建设性而更少负面性。我们肯定还没有展示出一台特殊的图灵机,它在某种绝对的意义上不能决定其是否停止的问题。的确,如果我们仔细地考察该论证就会发现,我们的步骤本身实际上已经隐含地告诉我们,对这利用图灵步骤建造的似乎“极端笨拙”的机器的答案!

让我们看看这是怎么发生的。假定我们有某一个算法,它有时有效地告诉我们什么时候一台图灵机将不停止。正如在上面概述的,图灵步骤会明显地展现一个图灵机计算,对这计算那个特殊算法不能决定其是否停止。然而,在这样做的同时,它实际上使我们在这种情况下看到了答案!我们展现的特殊的图灵机计算的确不会停止。

为了仔细考查这是怎么引起的,假定我们具有一个这样有时有效的算法。正如以前那样,我们用H来标志这个算法(图灵机),但是现在允许该算法有时不能告诉我们一台图灵机在实际上将不停止:

$$H(n;m)=\begin{cases}0\text{或}\square, & \text{如果}T_n(m)=\square;\\ 1, & \text{如果}T_n(m)\text{停止。}\end{cases}$$

这样,当$T_n(m)=\square$时$H(n;m)=\square$是一种可能性。实际上存在许多这种算法$H(n;m)$。[例如,只要$T_n(m)$一停止,$H(n;m)$就能简单地产生1,尽管那个特殊的算法几乎没有什么实际的用处!]

除了不把所有的□用0来取代而留下一些以外，我们可以像上述那样仔细地顺着图灵的步骤。正如以前那样，对角线过程提供了对角线上的第n个元素

$$1+Tn(n)\times H(n;n)。$$

[只要$H(n;m)=\square$，我们就将得到一个□。注意$\square\times\square=\square$，$1+\square=\square$。]这是一个完好的计算，所以它是由某一台，譬如讲第n台图灵机得到的，而且现在我们确实有：

$$1+T_n(n)\times H(n;m)=T_k(n)。$$

我们看第k个对角元素，也就是$n=k$，就会得到：

$$1+T_k(k)\times H(k;k)=T_k(k)。$$

如果计算$T_k(k)$停止，我们就有了一个矛盾[由于假定只要$T_k(k)$停止$H(k,k)$就为1，则方程导致不协调性：$1+T_k(k)=T_k(k)$。所以$T_k(k)$不能停止，也就是：

$$T_k(k)=\square。$$

但是，算法不能“知道”这个。因为如果该算法给出$H(k,k)=0$，则我们应该又导致矛盾（我们得到了在符号上不成立的关系：$1+0=\square$）。

这样，如果我们能找到k，就将知道如何去建造击败我们知道其答案的算法的特别计算！我们怎么找到k呢？这是一项艰巨的工作。我们需要做的是仔细考察$H(n; m)$和$T_n(m)$的构造，然后仔细弄清$1+T_n(n)\times H(n; n)$作为一台图灵机是如何动作的。我们发现这台图灵机的号码为k。要把这一切弄透彻肯定是复杂的。但它是可以办得到的[1]。由于这种复杂性，若不是因为我们为了击败H而特地制造$T_k(k)$的这个事实，我们对计算$T_k(k)$毫无兴趣！重要的是，我们有了定义很好的步骤，不管我们的H是哪一个，该步骤都能找到合适的k，使得$T_k(k)$击败H，因此这样我们可以比该算法做得更好。如果我们认为自己仅仅比算法更好些，也许会给我们带来一些小安慰！

事实上，该过程被定义得如此之好，以至于在给定的H下，我们可找到产生k的一个算法。这样，在我们过于得意之前必须意识到，由于这个算法事实上“知道”$T_k(k)=\square$，所以它能改善[9] H，是不是？在上面提到一个算法时，用拟人化的术语“知道”是有助的。然而，该算法仅仅是跟随我们预先告诉它去跟随的法则，这难道不是我们在“知道”吗？或者我们自己，仅仅是在跟随我们的头脑的构造和我们的环境所预先编排我们去跟随的规则？这问题实在不只是简单的算法问题，而且是人们如何判断何为真何为伪的问题。这是我们必须重新讨论的中心问题。数学真理（及其非算法性质）的问题将在第4章考虑。现在我们至少对术语“算法”和“可计算性”的意义以及某些相关的问题已有些领略。

1. 事实上，由于在上面建造通用图灵机U已使我们能把$T_n(n)$写成作用于n上的一台图灵机，所以已经得到这个最难的部分。

丘奇的λ演算

可计算性的概念是一个非常重要和漂亮的数学观念。它又是相当近代的，具有这样基本性质的事体进入数学的王国是20世纪30年代的事。这个观念已经渗透到数学的所有领域中去（虽然这一点确实是真的，但是大多数数学家通常不去忧虑可计算性的问题）。该观念的威力有一部分来自于这一个事实，即数学中一些定义得很好的运算实际上不是可计算的（例如图灵机的停机问题；第4章还可以看到其他例子）。因为如果不存在这种不可计算的事体，则可计算性的概念便没有多少数学的兴趣。数学家毕竟喜欢困惑的东西。让他们决定某些数学运算是否为可计算的可能是非常迷人的困惑。因为那个困惑的一般解答本身是不可计算的，这一点尤其迷人！

有一件事要弄清楚。可计算性是一个真正“绝对的”数学概念。它是一种抽象的观念，它完全超越按照我们描述的“图灵机”的任何特别实现之外。正如我在以前所评论的，我们不必对为表征图灵的天才而采用特别的手段的“磁带”和“内态”等赋予任何特别的意义。还有表达可计算性观念的其他方法，历史上最早的是美国逻辑学家阿隆佐·丘奇在斯蒂芬·C.克莱尼协助下提出的杰出的“λ演算”。丘奇的步骤和图灵的完全不同，并且更为抽象得多。事实上，在丘奇陈述他观念的形式中，在它们和任何可以称作“机械的”东西之间只有一点明显的连接。丘奇步骤背后的关键观念在其最本质上的确是抽象的，实际上丘奇把这步骤称为“抽象化”的一个数学运算。

不仅是因为丘奇方案强调可计算性是一个独立于计算机器的任

何特别概念的数学观念，而且它阐明了在数学中抽象观念的威力，所以我感到值得花一点时间来简要地描述它。对数学观念不熟悉或者对这件事本身不感好奇的读者，在这一阶段可以跳到下一章去，这不会对论证的过程产生多少损失。尽管如此，这样的读者若愿意和我多忍受一阵会得到好处，并且能见证丘奇方案的某些魔术般的经济性（参见 *Church 1941*）。

人们在此方案中关心的是，譬如由以下表示的对象的"宇宙"：

$$a, b, c, d, \cdots, z, a', b', \cdots, z', a'', b'', \cdots,$$
$$a''', \cdots, a'''', \cdots,$$

其中每一元素代表一个数学运算或函数。（之所以用带撇的字母，只不过是便于无限地给出这些符号以表示这种函数。）这些函数的"自变量"，即它们所作用的东西，是同一类型的其他东西。也就是函数。此外，一个这种函数作用于另一个函数的结果（或"值"）仍是一个函数。（在丘奇的系统中的确具有美妙的概念经济性。）这样，当我们写[1]

$$a=bc$$

时，我们是指函数b作用于函数c的结果为另一函数a。要在这个方案中表达两个或更多变量的函数的观念并没有困难。如果我们希望把f

1. 一种更熟悉的记号是写成$a=b(c)$，但这些特别的括号不是真正必要的，在习惯上把它们忽略掉更好些。如果把它们一律都保留着，就会导致相当的繁琐，诸如表达式$(f(p))(q)$和$((f(p))(q))(r)$可分别简化成$(fp)q$和$((fp)q)r$。

认为两个变量，譬如讲p和q的函数，我们可以简单地写：

$$(fp)q$$

（这是函数fp作用于q的结果）。对于三变量函数我们考虑：

$$((fp)q)r,$$

等等。

让我们引进抽象化的有力的运算。为此我们使用希腊字母λ（拉姆达），而且直接再加上一个字母如x，以代表一个丘奇函数，我们把它当成“虚变量”。任何发生于紧跟在这后面的方括号内的表达式中的变量x是仅仅被当作一个“插口”，可以往里面代入任何跟在整个表达式后的任何东西。这样，如果我们写：

$$\lambda x.[fx],$$

我们是说，当它作用到譬如讲函数a上时，就产生结果fa。那就是：

$$(\lambda x.[fx])a=fa。$$

换言之，$\lambda x.[fx]$简单地就是函数f，即：

$$\lambda x.[fx]=f。$$

这里只用一点思维就够了。数学的一个美妙在于，初看起来是如此卖弄学识的、琐碎的东西，也是人们非常容易完全失去要点的东西。让我们考虑从中学数学拿来的一个熟悉的例子。我们取函数 f 为对一个角度取正弦的三角运算，这样抽象的函数“sin”被定义为：

$$\lambda x.[\sin x] = \sin。$$

（不必为何以“函数”x 可当作一个角度而忧虑。我们很快就会看到数可被当成函数的某种方法；而一个角度只不过是一种数。）迄今为止的一切的确是相当无聊的。让我们设想，记号“sin”还没被发明，但是我们熟悉 $\sin x$ 的级数展开表达式：

$$x-\frac{1}{6}x^3+\frac{1}{120}x^5-\cdots,$$

然后我们可以定义：

$$\sin=\lambda x.\left[x-\frac{1}{6}x^3+\frac{1}{120}x^5-\cdots\right]。$$

请注意，我们甚至可以更简单地定义，譬如讲“六分之一立方”的运算，而它是没有标准的“函数”记号的：

$$Q=\lambda x.\left[\frac{1}{6}x^3\right],$$

而且我们发现，例如：

$$Q(a+1)=\frac{1}{6}(a+1)^3=\frac{1}{6}a^3+\frac{1}{2}a^2+\frac{1}{2}a+\frac{1}{6}\text{。}$$

从丘奇的基本函数运算简单构造的表达式对于现在的讨论更为贴切，例如：

$$\lambda f.[f(fx)]\text{。}$$

这是一个函数，当它作用于另一函数，譬如讲g时，产生g两次迭代地作用于x上的函数，也就是：

$$(\lambda f.[f(fx)])g=g(gx)\text{。}$$

我们也可以首先“抽象化走”x以得到：

$$\lambda f.[\lambda x.[f(fx)]],$$

此式可以缩写成：

$$\lambda fx[f(fx)]\text{。}$$

这是当作用于g时产生“g被迭代两次”的函数。事实上，这正是丘奇将其和自然数2相等同的函数。

$$\mathbf{2}=\lambda fx.[f(fx)],$$

这样，$(2g)y=g(gy)$。它类似地定义：

$$\mathbb{3}=\lambda fx.[f(f(fx))],$$

$$\mathbb{4}=\lambda fx[f(f(f(fx)))]$$，等等，

以及

$$\mathbb{1}=\lambda f.[fx],\ \mathbb{0}=\lambda fx.[x]。$$

丘奇的“2”真的更像“两次”，它的“3”是“3次”等。这样$\mathbb{3}$在一个函数f上的作用也就是$\mathbb{3}f$，是“把f迭代3次”的运算。因此，$\mathbb{3}f$在y上的作用是$(\mathbb{3}f)y=f(f(f(y)))$。

让我们看一个非常简单的算术运算，也就是如何把$\mathbb{1}$加到一个数上的运算在丘奇方案中表达出来。定义

$$S=\lambda abc.[b((ab)c)]。$$

为了阐明S的确简单地把$\mathbb{1}$加到用丘奇记号表示的一个数上，让我们做这样的验算：

$$S\mathbb{3}=\lambda abc.[b((ab)c)]\mathbb{3}=\lambda bc.[b((3b)c)]=$$
$$\lambda bc.[b(b(bc))]=\mathbb{4},$$

这是由于 $(\mathbb{3}b)c=b(b(bc))$。很清楚，这可同样好地适用于任何其他自然数。（事实上 $\lambda abc.[(ab)(bc)]$ 可以和 S 一样好地做到。）

把一个数乘二又如何呢？这种加倍可由

$$D=\lambda abc.[(ab)((ab)c)]$$

获得，它可再次由作用于 $\mathbb{3}$ 上而得到验证：

$$D=\lambda abc.[(ab)((ab)c)]\mathbb{3}=\lambda bc.[(\mathbb{3}b)((\mathbb{3}b)c)]=$$
$$\lambda bc.[(\mathbb{3}b)(b(b(bc)))]=\lambda bc.[b(b(b(b(bc))))]=$$
$$\mathbb{6}。$$

事实上，加法、乘法和自乘的基本算术运算可分别定义为：

$$A=\lambda fgxy.[((fx)(gx))y],$$
$$M=\lambda fgx.[f(gx)],$$

$$P=\lambda fg.[fg]。$$

实际上，读者可以确信——要不就不加考察信以为真，即：

$$(\mathbb{A}m)n=m+n,\ (\mathbb{M}m)n=m\times n,\ (\mathbb{P}m)n=n^{m},$$

其中 m 和 n 是丘奇的两个自然数的函数，$m+n$ 是它们和的相应函数，等等。最后那个公式是最令人惊异的。让我们仅仅验证其$m=2$，$n=3$的情形：

$$(P\mathbb{2})\mathbb{3}=((\lambda fg.[fg])\mathbb{2})\mathbb{3}=(\lambda g.[\mathbb{2}g])\mathbb{3}=$$
$$(\lambda g.[\lambda fx.[f(fx)]g])\mathbb{3}=$$
$$\lambda gx.[g(gx)]\mathbb{3}=\lambda x[\mathbb{3}(\mathbb{3}x)]=$$
$$\lambda x.[\lambda fy.[f(f(fy))](\mathbb{3}x)]=$$
$$\lambda xy.[(\mathbb{3}x)((\mathbb{3}x)((\mathbb{3}x)y))]=$$
$$\lambda xy.[(\mathbb{3}x)((\mathbb{3}x)(x(x(xy))))]=$$
$$\lambda xy.[(\mathbb{3}x)(x(x(x(x(xy)))))]=$$
$$\lambda xy.[x(x(x(x(x(x(x(x(xy))))))))]=$$
$$\mathbb{9}=\mathbb{3}^2$$

减法和除法不是这么容易定义的（我们的确需要某种当m比n小时“$m-n$”以及当m不能被n整除时“$m\div n$”的约定。事实上，20世纪30年代早期，克莱尼发现如何在丘奇的方案中表达减法运算就被认为是这一学科的重要里程碑！后来接着又有其他的运算。最后，丘奇和图灵在1937年独立地指出，不管什么样的可计算的（或算法的）运算（现在在图灵机的意义上）都可以按照丘奇的一种表达式获得（而且反之亦然）。

这是一个真正惊人的事实，它被用来强调可计算性思想的基本客观性以及数学特征。初看起来，丘奇的可计算性概念和计算机器没有什么关系。然而，它和实际计算具有某些基本关系。尤其是，有力而灵活的电脑LISP语言以一种根本的方式参与到丘奇计算法的基本结构中来。

正如我早先指出的，还有其他定义可计算性概念的方法。波斯特的计算机器的概念和图灵的非常接近，并且几乎是同时独立提出的。近世还有更有用的可计算性（递归性）的定义，这是J. 海伯伦和哥德尔提出的。H. B. 克雷在1929年，以及M. 申芬克尔在1924年稍早些时候提出了不同的方法，丘奇演算就是部分地由此发展而来（参见*Gandy 1988*）。现在研究可计算性的手段（诸如在*Cutland 1980*中描述的一台无限记录机器）在细节上和图灵原先的相差甚多，而且它们更实用得多。然而，不管采用那种不同的手段，可计算性的概念仍然相同。

正如许多其他的数学观念，尤其是更漂亮的、更基本的那些，可计算性的观念似乎自身具有某种柏拉图的实在性。在下面两章，我们应该探讨的正是数学概念的柏拉图实在性的这个神秘问题。

第 3 章
数学和实在

托伯列南国

想象我们到某一遥远世界作远程旅行。我们称这一遥远世界为托伯列南国。现在把我们的遥感仪器收集到的信息展现在面前的屏幕上。调好焦距后就看到了图3.1。

它为何物？它是一只形状古怪的昆虫吗？也许它是一个深颜色的并有许多山溪注入的湖泊。也许它是一座巨大的形状奇特的异国城市，公路沿着不同方向散开到附近的小镇和乡村去。它也许为一个岛屿——让我们寻找看在附近是否有和它相连接的陆地。我们可以后退一些，把我们感觉仪器的放大倍数减少到原来的 $\frac{1}{15}$ 左右。啊，整个世界进入了我们的视界之内（图3.2）。

我们的"岛"在图3.2中看起来成为标记"图3.1"下的小斑点。除了一条连接到右手的裂缝上去的以外，从原先岛上出发的小片断（溪流、路径、桥梁？）全部都终结了。该裂缝最终接到我们在图3.2画出的大得多的物体上去。这个更大的物体虽然和我们第一次看到的岛不完全一样，但明显地相似。如果我们更仔细地审视这一物体和海

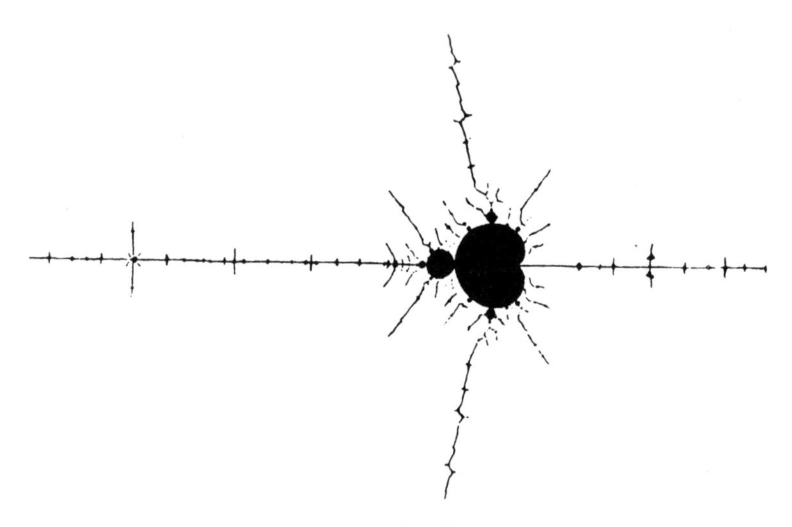

图3.1 奇异世界之第一瞥

岸线相像的东西，就发现多得数不清的圆形的瘤状结构。每一结构自身又具有类似的瘤。似乎每一小瘤都在某一微小的地方附在一个更大的瘤上，由此在大瘤上产生出许许多多的小瘤。当图像变得更清楚时，人们就看到了从这个结构发出的成千上万根的细丝。这些细丝在不同的地方分叉并常常剧烈地弯折。在细丝的某些点，我们似乎看到了具有现有的放大倍数的感觉仪器所不能分析的复杂纽结。很显然，这物体不是实际的岛屿或陆地，也不是任何风景。或许我们看到了某种怪诞的甲虫。我们首先看到的是它的婴儿，它用某种丝线状的脐带安静地把自己连接在母体上面。

让我们把感觉仪器的放大倍数提高10倍，再来考察这个怪物的一个瘤的性质（图3.3—— 其位置在图3.2中的"图3.3"的标志的下面）。这个瘤本身和怪物整体非常相似—— 除了在接触点以外。请

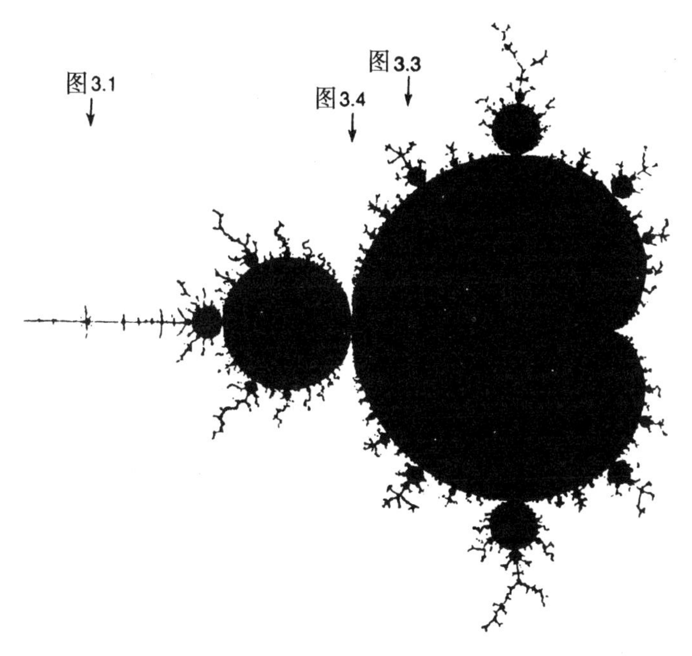

图3.2 整个“托伯列南国”。箭头之下标出了在图3.1、图3.3和图3.4中的放大部分的位置

注意在图3.3中的不同地方5根细丝并到一块。这个特定的瘤似乎有一确定的“五性”（正如在最上面的瘤具有“三性”一样）。如果我们考察下一个相当尺度的瘤，在图3.2中稍微向左下方一点，我们就会在附近发现“七性”，再下一点为“九性”，并以此类推。当我们进入图3.2中的两个最大区域之间的裂缝，就会发现右边的瘤以奇数来表征，每回增加2。让我们钻到裂缝深处，把图3.2再放大10倍左右（图3.4）。我们看到其他许多小瘤以及扭转的结构。在右边称为“海马谷”的区域可鉴别出某些微小的涡旋状的“海马尾巴”——如果放大倍数足够大的话，我们就将看到不同的“海乌贼”或者别具花样的区域。这也许的确是某种奇异的海岸线——也许是充斥所有各色各样

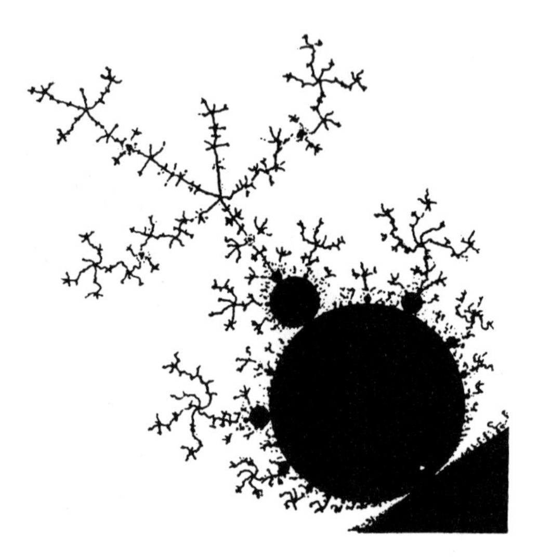

图3.3　一个具有“五性”的细丝的瘤

生命的珊瑚。看起来像是花的东西在更高的放大倍数下显得是由成千上万个微小，但同时却是不可思议的复杂的结构组成，每一结构都有极多的丝状物和扭转的涡旋尾巴。让我们稍微仔细地考察一个较大的海马的尾巴，也就是在图3.4中刚好能见到标志为“图3.5”的那个（它附在具有“29性”的瘤上面！）。大约再放大250倍左右，我们就得到了画在图3.5中的涡旋。我们发现这个尾巴非同寻常，它是由最复杂的、前后扭曲的、无数的小涡旋以及像章鱼和海马那样的区域组成。

在这个结构的许多地方刚好有两个涡旋碰到一起。让我们把放大倍数增加30倍左右，以考察其中一处（在图3.5中的标志“图3.6”的下面）。请注意，我们是否发现了中间有个奇怪但非常熟悉的对象？再放大6倍左右（图3.7）就能揭示出一个怪物的小婴儿——它

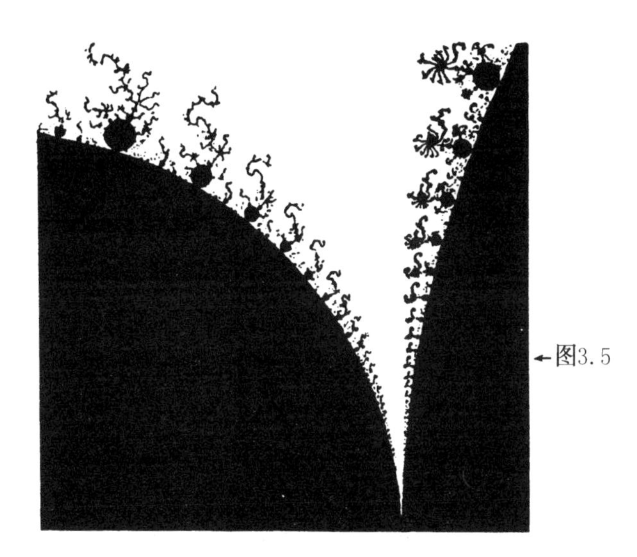

图3.4 主狭缝：在右下方可见到“海马谷”

几乎和我们考察过的整个结构完全一样！如果我们细看，就会发现从它那里出发的细丝和从主结构那里出来的略有差别。它们扭曲并延伸到更远得多的距离去。然而此细小结构本身几乎和它的上一代毫无差别，甚至在密切相应的地方拥有自己的后代。如果我们还进一步放大，就能继续考察这些东西。孙子们又非常类似于它们的共同祖先——人们很容易相信，这些现象会无限地延续下去。只要不断地提高我们感觉仪器的放大倍数，就可随心所欲地探索托伯列南的奇异世界。我们发现了无穷尽的变化：没有两个区域是完全相像的——但是我们很快就会习惯于存在的一些普遍的风格。而熟知的类甲虫的结构以越来越小的尺度重新出现。每一回它的附近的细丝结构都和早先看到的不同，并以不可置信的复杂的美妙的新景象呈现在我们的面前。

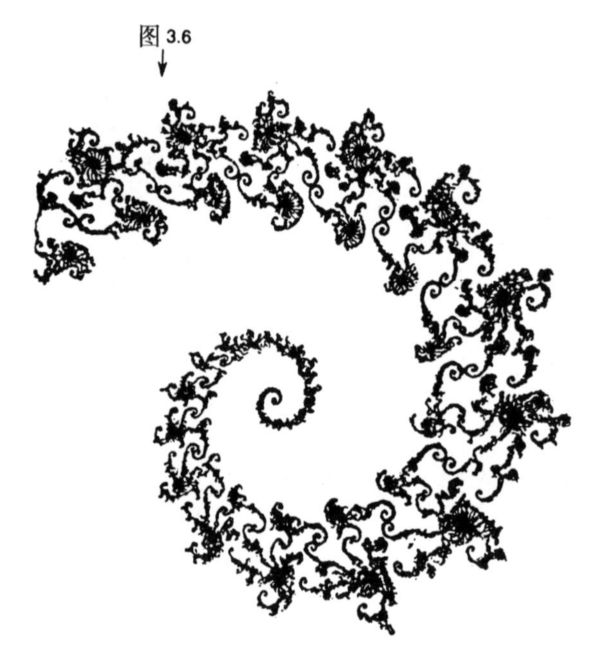

图3.5　海马尾巴的近窥

使我们目瞪口呆地奇异的、变化多端的、美妙的、复杂的国土究竟为何物呢？许多读者无疑已经知道。但还有一些读者不知道。这世界只不过是一点抽象数学——称为芒德布罗集[1]的集合。尽管它无疑是复杂的，却是由极其简单的规则产生的！为了恰当地解释该规则，我首先得解释什么是复数。除了这里以外，在将来还有用。它对于量子力学的结构，所以也就是我们生活其中的世界的运行是绝对基本的。它们构成了数学中的一个伟大奇迹。为了解释何为复数，首先得提醒读者何为“实数”。另外，弄清概念和“真实世界”的实在本身的关系也是非常有益的。

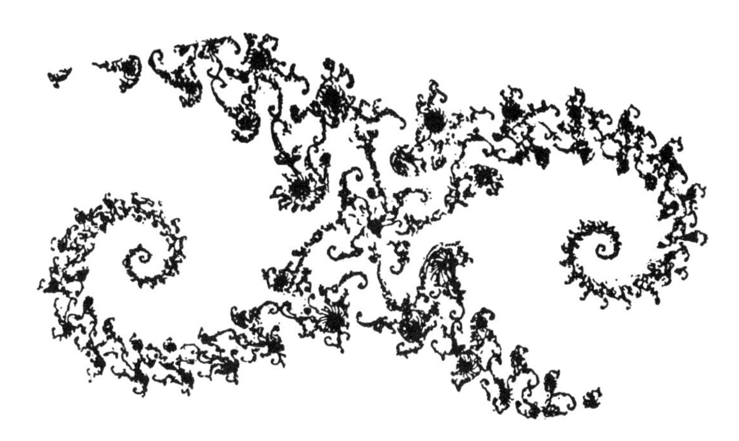

图3.6　两个涡旋会合处的进一步放大细节。在中心点处刚刚可以见到一个小婴儿

图 3.7　婴儿在放大之后就显得和整个世界很相似

实数

我们知道自然数可被罗列如下：

0, 1, 2, 3, 4, 5, 6, 7, 8, 9, 10, 11, …,

这些是不同种类数中最初等和最基本的。任何分立的对象都可以用自然数予以量化：我们可以讲田地里有27只绵羊，可以讲2次闪电，12个晚上，1000个词，4次谈话，0个新观念，1个错误，6位缺席者，2次方向改变等。自然数可以相加或相乘以得到新的自然数。它便是上一章给出的关于算法的一般讨论的对象。

然而某些重要的运算会把我们带到自然数王国之外——最简单的是减法。为了系统地定义减法，我们需要负数；为此目的我们建立了**整数**的整个系统

…, −6, −5, −4, −3, −2, −1, 0, 1, 2, 3, 4, 5, 6, 7, …。

某些事物，譬如电荷、银行的存款或者日期[1]可用这类数来量化。然而，这些数的范围仍然过于局限。这是由于把一个数除以另一个数时，我们仍然不能畅通无阻。相应地，我们需要**分数**或**有理数**。

0, 1, −1, 1/2, −1/2, 2, −2, 3/2, −3/2, 1/3, …。

这一些对于有限算术的运算已经足够。但是为了许多更好的目的，我们还得走得更远些，以包括无穷或极限运算。例如，大家熟悉的在数学上极其重要的量π就以多个这类无穷式出现。特别地，我们有：

---

1. 实际上，关于日期通常惯例并不与此完全相符，这是因为零年被忽略去了。

$$\pi=2\{(2/1)(2/3)(4/3)(4/5)(6/5)(6/7)(8/7)(8/9)\cdots\},$$

以及

$$\pi=4(1-1/3+1/5-1/7+1/9-1/11+\cdots)。$$

这些都是著名的表式。第一式是由英国数学家、语法学家兼速算家约翰·沃利斯在1655年首次得到的；而第二式实际上是苏格兰数学家兼天文学家（以及第一台反射望远镜的发明者）詹姆斯·格里高里在1671年得到的。正如π那样，以这种方法定义的数不必是有理数（也就是不具有n/m的形式，这里n和m是整数，m不为零）。为了包括这样的量，数的系统必须被推广。

这个推广的数的系统被称为“实”数系统——就是那些可以无尽小数展开的熟悉的数，譬如：

$$-583.70264439121009538\cdots。$$

按照这样的表述，π可写成众所周知的表式：

$$\pi=3.14159265358979323846\cdots。$$

还能以这种方法表达的数种，有正有理数的平方根（或立方根或四次方根等），例如：

$$\sqrt{2}=1.41421356237309504\cdots;$$

甚或任何正实数的平方根(或立方根等),正如伟大的瑞士数学家列纳多·欧拉发现的π的表示:

$$\pi=\sqrt{\{6(1+1/4+1/9+1/16+1/25+1/36+\cdots\}}。$$

实数实际上是我们日常必须打交道的数种,虽然通常我们仅仅关心它们的近似值,只要展开到很少的几位小数位就满意了。然而,在数学的陈述中我们要准确地指定实数,要求某种无穷的诸如整个无穷小数展开的描述,或者也许如上述由沃利斯、格里高里和欧拉给出的π的其他的无穷的数学表达式。(我将通常用小数展开,只是因为这些是最熟悉的。对于数学家而言,存在不同的令人更满意的表达实数的办法,但我们在这里不必为之操心。)

人们也许会感到处理全部的无尽展开是不可能的。但事情并非如此。简单的反例是:

$$1/3=0.333333333333333\cdots$$

这儿的点表明3的序列将无尽地延伸下去。为了处理这个展开,我们所需要知道的是,只要肯定这个展开以同样的3的方式无限地继续下去就行了。任何有理数都有重复(或有限)的小数展开,例如:

$$93/74=1.2567567567567567\cdots$$

此处序列567无限地重复下去，而这可以被完全地处理。而表式：

$$0.220002222000000222222000000002222222220\cdots$$

定义一个无理数，也一定可以被完全处理（每一次0序列和2序列都增加一位）。还能给出许多熟知的例子。在每一种情形下，只要我们知道展开所根据的法则也就满意了。如果有某种产生连续位数的算法，则该算法就提供我们处理整个无尽小数展开的方法。其展开可被算法产生的实数称为可计算数（在这里使用十进制，而不用譬如讲二进制展开，并没有什么深意）。刚才考虑的π和$\sqrt{2}$是可计算数的例子。在每一种情况下，仔细叙述这些规则是稍微有些复杂，但在原则上并不难。

然而，在这个意义上还有许多不可计算的实数。我们在上一章已经看到，存在不可计算的但仍为完好定义的序列。例如，我们可取一个小数展开，其n位数取1或取0依图灵机作用到n时停止或不停止而定。一般地讲，对于一个实数，我们仅仅要求必须有某种无尽的小数展开。我们不要求是否有一产生第n位数的算法。我们甚至也不要知道在原则上实际定义该n位数的规则[2]。可计算数是很难纠缠的东西。即使只处理可计算数，人们也不能够使它的所有运算保持为可计算的。例如，甚至一般地去决定两个可计算数是否相等也不是可计算的事体！由于这类原因，我们宁愿处理所有的实数。在这里小数展开可以是任意的，而不必只是可计算的序列等。

最后，我倒是要指出，在结尾以无穷个接续的9和无穷个接续的0展开的实数之间有一等同；例如：

$-27.1860999999\cdots=-27.1861000000\cdots$

有多少个实数

让我们喘息一下，来鉴赏在从有理数过渡到实数时所得到的推广的广阔性。最初人们也许会以为，整数的个数比自然数的更多，由于每一自然数都是整数，而某些整数（也就是负的）不是自然数。类似地，人们也会以为分数的数目比整数的数目更多。然而事情并非如此。按照极有创见的俄裔德国数学家——乔治·康托尔在19世纪后半叶提出的强有力的美丽的无限数理论，分数的总数目、整数的总数目和自然数的总数目是同一无穷数，均用$\aleph_0$（“阿列夫零”）来表示。（值得注意的是，在大约250年前的17世纪初叶，伟大的意大利物理学家和天文学家伽利雷·伽利略也部分地预料到这一类思想。在第5章将会提到伽利略的其他一些成就。）人们可用如下建立的“一一对应”的办法来显示整数和自然数具有同样的数目：

整数		自然数
0	$\leftrightarrow$	0
-1	$\leftrightarrow$	1
1	$\leftrightarrow$	2
-2	$\leftrightarrow$	3
2	$\leftrightarrow$	4
-3	$\leftrightarrow$	5
3	$\leftrightarrow$	6
-4	$\leftrightarrow$	7
$\vdots$	$\vdots$	$\vdots$

$$\begin{array}{ccc} -n & \leftrightarrow & 2n-1 \\ n & \leftrightarrow & 2n \\ \vdots & \vdots & \vdots \end{array}$$

请注意，每一整数（在左列）和每一自然数（在右列）在表中出现一次并只有一次。在康托尔的理论中像这样的一一对应的存在建立了左列物体的数目和右列的是一样的命题。这样，整数的数目的确和自然数的数目一样。在这种情形下数目为无穷，但这没关系。（发生在无穷数中的仅有的古怪事情是，我们可以从一个表上取走一些数而仍然能找到两个表之间的一一对应！）以某种类似的但更复杂的形式，人们可在分数和整数之间建立起一一对应［为此我们可以采用把一对自然数（分子和分母）代表为一个单独自然数的方法］。可以和自然数建立一一对应关系的集称为可数的。所以，可数的无限集共有$\aleph_0$个元素。我们现在看到了，整数是可数的，所有的分数也是如此。

有没有不可数的集合呢？虽然我们进行了自然数首先到整数、然后到有理数的推广，但是我们实际上并没有增加所处理对象的总数。也许读者已得到印象，以为所有无穷集都是可数的。不对，在推广到实数时情况就变得非常不同。康托尔的一个最重大的成就是，他指出了，在实际上实数比有理数有更多的数目。康托尔进行论证的办法在第2章被称为“对角线方法”。这个方法被图灵用来表示图灵机的停机问题是不可解的。康托尔的论证，正如图灵的办法，是用反证法的步骤。假定我们所要建立的结果是错误的，也就是所有的实数的集是可数的。那么在0和1之间的实数肯定为可数的，而我们存在某种列表，可将实数和自然数之间进行一一配对，譬如：

自然数		实数
0	↔	0.**1**0357627183 ⋯
1	↔	0.1**4**329806115 ⋯
2	↔	0.02**1**66095213 ⋯
3	↔	0.430**0**5357779 ⋯
4	↔	0.9255**0**489101 ⋯
5	↔	0.59210**3**43297 ⋯
6	↔	0.636679**1**0457 ⋯
7	↔	0.8705007**4**193 ⋯
8	↔	0.04311737**8**04 ⋯
9	↔	0.786350811**5**0 ⋯
10	↔	0.4091673889**1** ⋯
⋮	⋮	⋮

我已把对角线上的数字用黑体字写出。对于这一特殊的表，这些数字分别为：

1, 4, 1, 0, 0, 3, 1, 4, 8, 5, 1, ⋯

而对角线方法步骤是（在0和1之间）构造一个实数，其小数展开（在小数点后）在每一对应的位数上和这些数字都不同。为了确定起见，让我们讲，只要对角线数和1不同的都为1，而对角线数为1的都为2。我们在现在情况下就得到了

0.21211121112 ⋯

的实数。这个实数不可能出现在我们的表上。这是因为它在（小数点后的）第一个小数位上和第一个数不同，在第二个小数位上和第二个数不同，在第三个小数位上和第三个数不同等。由于我们假定这个表包含所有在0和1之间的实数，所以这是一个矛盾。这一矛盾导致我们所要证明的，也就是说，在实数和自然数之间没有一一对应。相应地，实数的数目实际上比有理数的数目更大，因而不是可数的。实数的数目是标有C的无限数。（C的意思是连续统，这是实数系统的另一名字。）人们会问，譬如讲，为何这一个数目不叫作$\aleph_1$呢？事实上符号$\aleph_1$是用来表示比$\aleph_0$大的下一个无限数。去决定事实上$C=\aleph_1$成立与否是一道著名的被称为连续统假设的未解决问题。

顺便可以提及，可计算数是可数的。为了数这些数，我们只要按照数字的顺序列出那些产生实数的图灵机（也就是产生实数连续数字的机器）。我们可望从这表中除去产生任何早先出现在表中的实数的图灵机。由于图灵机是可数的，所以可计算的实数也一定是可数的。我们为何不能把对角线方法应用到该表上以产生一个不在该表的新的可计算数呢？回答是基于这样的一个事实，即我们不能一般地可计算地确定，一台图灵机是否在这表上。为了做到这一点，事实上也就涉及我们能够解决停机问题。有的图灵机，可以开始产生一个实数的数字，然而停住而永远不再产生另一数字（因为它“不停机”）。没有可计算的方法去决定哪一台图灵机会以这种方法卡住。这基本上是停机问题。这样，我们对角步骤会产生某实数，这数不是可计算的。这个论证事实上可用于表明不可计算数的存在。图灵用于显示不能算法地解决的，正如在上一章所罗列的各类问题的存在，正是精确地沿用了这种推理方法。我们在后面还会看到对角线方法的其他应用。

实数的“实在性”

我们先不管可计算性的概念。由于实数似乎提供了测量距离、角度、时间、能量、温度或者许多其他几何和物理量的大小，所以被叫作“实”的。然而在抽象定义的“实”数和物理量之间的关系，不像人们所想象的那么一目了然。实数点被当成数学的理想化，而不是任何实际物理客观的量。例如，实数系统具有如下性质，在任何两个实数之间必有另一个实数，而不管该两数靠得多近。人们根本就不清楚，物理的距离或时间是否现实上具有这一性质。如果我们不断地对分两点之间的物理距离，最后就会到达这样微小的尺度，以至于在通常意义下的距离概念本身不再具有意义。人们预料在亚原子粒子的$1/10^{20}$的“量子引力”尺度下[1]，这的确会发生。但是为了和实数相匹配，我们就必须走到比它小得任意多的尺度：例如$1/10^{200}$，$1/10^{2000}$或$1/10^{20000}$的粒子尺度。人们一点也不清楚，这么荒谬的微小尺度究竟有什么物理意义。类似的议论也适用于相应的微小的时间间隔。

物理学选用实数系统的原因在于它的数学上的可用、简单、精巧以及在非常广大的范围内和距离以及时间的概念相符合。它之所以被选用并不是因为知道它和这些物理概念在所有的范围中都一致。人们还可以预料到，在非常微小的距离或时间的尺度下，不存在这样的一致。人们通常用尺来测量简单的距离，但这样的尺在我们追溯到它们自身原子的尺度时，就变得粗糙起来。这一切并不妨碍我们继续准确地利用实数，但要经过更加精细的处理，才能测量更小的距离。我

1. 注意10^{20}表示100000000000000000000，也就是1后面跟20个0。

们至少要有点怀疑，在极小尺度的距离下，也许最终存在有根本原则上的困难。自然对于我们真是恩惠有加，我们从小习惯用于描述日常或更大尺度的事物的同一实数，在尺度比原子小很多，肯定在比“经典”的亚原子粒子，譬如电子或质子的经典直径小百倍的尺度下仍然有用，似乎直到比这粒子小20个数量级的“量子引力尺度”仍然适用。从经验得知，这是极不寻常的推论。熟知的实数距离的概念似乎还可外推到最遥远的类星体以及更远处，给出了至少10^{42}。也许10^{60}甚至更广的大范围。事实上，实数系统的适当性通常是不可置疑的。我们原先和实数相关的经验主要被限于相对有限的范围，人们为什么对实数于物理精密描述的可用性如此信心百倍呢？

这种信念——也许是不当的——必须来源于（虽然这个事实经常不被承认）实数系统逻辑的优雅、一致性和数学的威力以及对自然的深刻数学和谐的信仰。

复数

实数系统并没有全揽数学的威力和优雅品格。其中仍有一些讨厌之处，例如只能对正数（或零）而不能对负数取平方根。先不讲和物理世界有直接关系的任何问题，单从数学的观点知道，如果能像处理正数那样对负数求平方根，那就极其方便了。让我们简单地假定，或“发明”数 -1 的平方根。我们用i来表示它，所以就有：

$$i^2=-1。$$

当然i的数量不能是实数，因为任何实数自乘的结果总是正数（或是零，零自乘得零）。由于这个原因，习惯上用“虚数”来称呼其平方为负数的数。正如我早先强调的，“实”数和物理实在的关系不像初看起来那么直接、那么令人信服，这里实际牵涉到数学的无限精细化的理想化，自然并没有先天地保证这种做法的合理性。

一旦有了−1的平方根，就可以不费劲地得到所有实数的平方根，如果a为一个正实数，则量

$$\mathrm{i}\times\sqrt{a}$$

是负实数$-a$的平方根。（还有另一平方根$-\mathrm{i}\times\sqrt{a}$。）i本身又如何呢？它有平方根吗？它的确有，很容易检验量

$$(1+\mathrm{i})/\sqrt{2}$$

（以及其负量）的平方得i。这个数有平方根吗？答案又是肯定的；量$\sqrt{\frac{(1+1\sqrt{2})}{2}}+\mathrm{i}\sqrt{\frac{(1-1\sqrt{2})}{2}}$或者它的负量的平方的确为$(1+\mathrm{i})/\sqrt{2}$。

我们注意到，在形成这样的量时，我们允许把实数和虚数相加，也允许把我们的数乘任意实数（或除以非零的实数，这相当于乘以它们的倒数）。所得的结果称为复数。复数是具有形式

$$a+\mathrm{i}b$$

的数，这里a和b是实数，分别称作该复数的实部和虚部。将这样的两个数相加和相乘必须遵循通常的代数法则以及$i^2=-1$的规则：

$$(a+ib)+(c+id)=(a+c)+i(b+d),$$
$$(a+ib)\times(c+id)=(ac-bd)+i(ad+bc)。$$

现在出现值得注意的情况！我们对这个系统的动机是使对任何数都能取平方根。这个目的是达到了，虽然还不这么明显。但是，它做得比这还多得多：取立方根、5次方根、99次方根、π次根、$(1+i)$次根等都可以畅通无阻地进行（正如伟大的18世纪数学家列纳多·欧拉指出的那样）。作为复数的另外一个魔术，我们考察在中学就学到的三角几何中略显复杂的公式，两个角之和的正弦与余弦公式

$$\sin(A+B)=\sin A\cos B+\cos A\sin B,$$
$$\cos(A+B)=\cos A\cos B-\sin A\sin B,$$

只不过分别是简单得多（也容易记忆得多！）的复方程[1]

$$e^{iA+iB}=e^{iA}e^{iB}$$

的虚部和实部。

1. 量$e=2.7182818285\cdots$（自然对数的底。其数学上的重要性可和π相比的无理数）的定义为：

$$e=1+1/1+1/(1\times2)+1/(1\times2\times3)+\cdots,$$

而e^z表示e的z次方，e^z可展开为：

$$e^z=1+z/1+z^2/(1\times2)+z^3/(1\times2\times3)+\cdots。$$

我们在这里所要知道的是“欧拉公式”(众所周知,在欧拉之前多年,该公式就被16世纪杰出的英国数学家罗杰·柯特斯得到)

$$e^{iA}=\cos A+i\sin A,$$

把它代入前面的方程,其结果的表达式为

$$\cos(A+B)+i\sin(A+B)=(\cos A+i\sin A)(\cos B+i\sin B),$$

只要把右边乘出,我们就得到所需的三角关系式。

而尤其值得注意的是,任何代数方程

$$a_0+a_1z+a_2z^2+a_3z^3+\cdots+a_nz^n=0$$

(此处a_0,a_1,a_2,…,a_n为复数,$a_n\neq0$)总有复数解。

例如,存在满足关系

$$z^{102}+999z^{33}-\pi z^2=-417+i$$

的一个复数z,虽然这一点绝非明显!这一个普遍的事实有时被称作“代数基本定理”。不少18世纪的数学家都为证明这个结果奋斗过。甚至欧拉也没有找到一个满意的一般的论证。后来在1831年,伟大的数学家和科学家卡尔·弗里德里希·高斯给出了惊人的独创的论证,并提供了第一个一般性证明。他的证明的关键部分是几何地表达复数，然而利用拓扑学[1]的论断。

高斯实际上不是使用复数描述的第一个人。沃利斯在大约200年前就这么做了，虽然他没有像高斯那样强有力地使用这工具。通常把复数的几何表示归功于瑞士的簿记员金·罗伯特·阿伽德，他在1806年将其描述出来，尽管挪威的测绘家卡斯帕·韦塞尔事实上在9年前就给出了完整的描述。为了和这个惯用的（虽然与历史不符）术语相一致，我将复数的标准几何表示称为复平面。

复平面是一个通常的欧几里得平面，它具有标准笛卡儿的x，y坐标，x标出水平距离（向右为正，向左为负），而y标出垂直距离（向上为正，向下为负）。复数

$$z=x+\mathrm{i}y$$

在复平面中以坐标为

$$(x, y)$$

的点所表示（图3.8）。

1. 术语“拓扑的”引自一个几何学分支——拓扑学有时称作“橡皮几何学”——在这种几何中，实际的距离是无所谓的，其所关心的只是对象的连续性质。

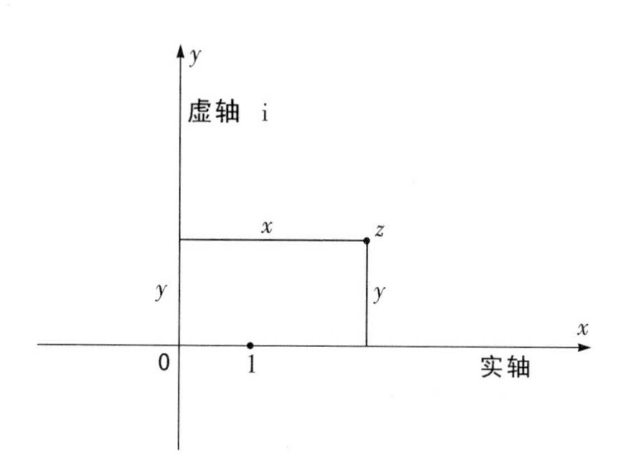

图3.8 在复平面上画出了复数$z=x+iy$

注意0（作为一个复数）由坐标系的原点代表，1是由x轴上的特殊的点代表。

复平面为我们把整个复数的家族组织成一个几何上有用的图形。这类事对我们而言并无新奇之处。我们已经熟悉实数可以组织成为一个几何的图像的方法，也就是一根向两个方向无限延伸的直线。直线上的特定点为0，另一点为1。点2的位置处于它到1的位移和1到0的位移相同的地方；点$\frac{1}{2}$处于0和1的中点；点-1使得0处于它和1的中间，等等。以这种方式标出实数的集合称为实线。对于复数，我们事实上用两个实数作为复数$a+ib$的坐标，也就是a和b。这两个数给出我们一个平面——复平面上的点的坐标。例如，我在图3.9上近似地标出了复数的位置。

$$u=1+i1.3,\ v=-2+i,\ w=-1.5-i0.4$$

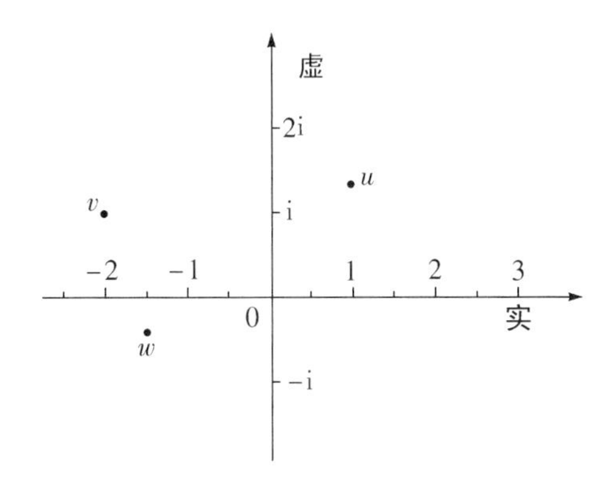

图3.9 复平面上的$u=\mathbf{1}+\mathrm{i}\mathbf{1.3}$，$v=-\mathbf{2}+\mathrm{i}$和$w=-\mathbf{1.5}-\mathrm{i}\mathbf{0.4}$的位置

现在复数的加法和乘法的基本代数运算具有清楚的几何意义。首先考虑加法。假设u和v为两个复数，并按照上述的方案表示在亚根平面上。则它们的和$u+v$就由这两点的“向量和”来表示；也就是说，它处于由u，v和原点0构成的平行四边形的另一顶点。我们不难看出，由这种构造（图3.10）可以得到和，但是我在这里把证明省略掉。

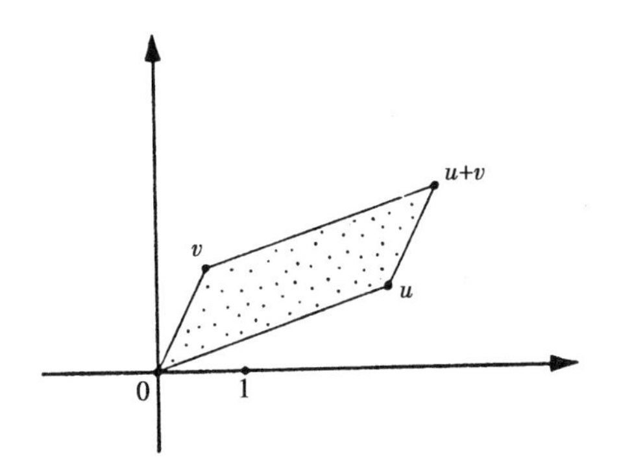

图3.10 两个复数u和v的和$u+v$可由平行四边形定律得到

乘积uv也有清楚的几何解释（图3.11），这稍微不太容易看得出来。（我在这里又省略了证明。）在原点处由1和uv的张角等于1和u以及1和v张角之和（所有角度都按反时针方向测量），uv离开原点的距离是u和v离开原点距离的乘积。这可以等效地叙述为，由0，v和uv形成的三角形与由0，1和u形成的三角形相似，并且具有相同的指向。（精力充沛而对此不熟悉的读者也许可以利用早先给出的复数加法和乘法的代数规则以及上面的三角等式来直接证明这些结果。）

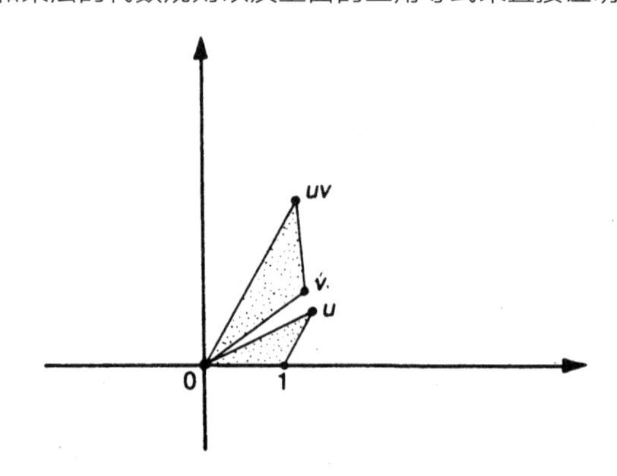

图3.11 两个复数u和v的乘积uv使得由**0**，u和uv形成的三角形与由**0**，**1**和u形成的相似，可以等效地说：uv到**0**的距离是u和v到**0**的距离的乘积，而uv和实轴（水平）构成的角度是u和v和该轴夹角的和

芒德布罗集的构成

我们现在可以看看如何定义芒德布罗集了。令z为一个任意选择的复数。不管这一个复数是什么，它都由复平面上的某一点所代表。现在考虑由下式

$$z \to z^2 + C$$

表出的映射，它把z由一个新的复数来取代。这儿C为另一个固定的（也就是给定的）复数。数z^2+C在复平面为某一个新的点所表示。例如，如果C刚好给出$1.63-\mathrm{i}4.2$，则z就按点

$$z \to z^2+1.63-\mathrm{i}4.2$$

来映射。这样，特别是3就被

$$3^2+1.63-\mathrm{i}4.2=9+1.63-\mathrm{i}4.2=10.63-\mathrm{i}4.2$$

所取代，而$-2.7+\mathrm{i}0.3$就会被

$$(-2.7+\mathrm{i}0.3)^2+1.63-\mathrm{i}4.2=(-2.7)^2-(0.3)^2+1.63+\mathrm{i}\{2(-2.7)(0.3)-4.2\}=8.83-\mathrm{i}5.82$$

所取代。当这些数变得复杂时，最好用电脑来进行这些计算。

现在不管C是多少，特别是点0在这个方案下被数C所取代。C本身又如何呢？它被C^2+C取代。假定我们继续这个步骤，将这种取代应用于C^2+C，则就得到

$$(C^2+C)^2+C=C^4+2C^3+C^2+C。$$

让我们再重复这个代换，把它应用到上面的数就得到

$$(C^4+2C^3+C^2+C)^2+C=$$
$$C^8+4C^7+6C^6+6C^5+5C^4+2C^3+C^2+C。$$

然后再对此数代换等。我们得到从0开始的一个序列

$$0, C, C^2+C, C^4+2C^3+C^2+C, \cdots。$$

现在如果我们选择一定的复数C来进行，则由这种办法得到的数的序列在复平面上永远不会徘徊到离原点非常远的地方去；更精确地讲，对于C的这种选择该序列是有界的，也就是说序列的每一个成员都位于以原点为中心的某一个固定圆周之内（图3.12）。$C=0$的情况是一个好例子，由于在这种情形下序列的所有成员都是0。另一发生有界行为的例子是$C=-1$，因为此序列为0，-1，0，-1，

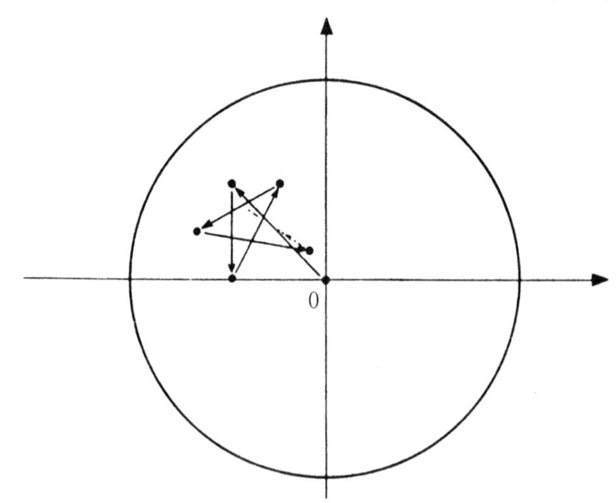

图3.12　如果在复平面上存在包括序列所有点的某一个固定圆周，则该序列是有界的（这个特殊的迭代从0开始并且$C=-\frac{1}{2}+\frac{1}{2}\mathrm{i}$）

0，−1，…。还有另一例子是$C=\mathrm{i}$，其序列为0，i，i−1，−i，i−1，−i，i−1，−i，…。然而，对于其他不同的复数C，序列徘徊到离原点越来越远的不定距离的地方去；也就是说该序列是无界的，不能被包容于一个固定的圆周之内。这种行为的例子发生在当$C=1$时，因为这时序列变为0，1，2，5，26，677，458330，…。$C=-3$时也发生这种行为，其序列为0，−3，6，33，1086，…，还有$C=\mathrm{i}-1$，序列为0，i−1，−i−1，−1+i3，−9−i5，55+i91，−5257+i1001，…。

芒德布罗集，也就是我们托伯列南世界的黑色区域，正是亚根平面上由其序列维持有界的所有点C所组成的。白色区域是由产生无界序列的C所构成。我们前面所看到的细致的图像都是由电脑输出而绘成的。电脑系统地跑过所有可能的复数C，并对任意选取的C算出序列0，C，C^2+C，…，按照某种合适的判据来决定该序列发散与否。如果它是有界的，电脑就在屏幕上对应于C的那一点画上黑的。如果它是无界的，则画白的。电脑在所考虑区域的每一点都会最终决定画上白的或黑的颜色。

芒德布罗集的复杂性是非常引人注目的，尤其是和以下事实形成鲜明对照，这个集的定义在数学上是如此之简单。另外，这个集的一般结构对我们选取的$z\to z^2+C$的映射的代数形式并不敏感。许多其他的递推的代数复映射（例如$z\to z^2+\mathrm{i}z^2+C$）会给出极其类似的结构（假定我们从选取一个合适的数开始——也许不是零，对于每个适当选取的映射这一个数是按照一个明确的数学法则选取的）。就递推的复映射而言，这些“芒德布罗”结构的确有一种普适的或绝对的特征。研究这种结构本身是数学中称作复动力系统的学科。

数学概念的柏拉图实在

数学家世界的对象有多“实在”？一种观点认为。它们似乎根本就没有任何是实在的。数学对象仅仅是概念；它们是数学家制造的精神上的理想化，它经常受到我们四周世界的外观和表面秩序的刺激，但充其量仍不过是精神的理想化而已。它们能不仅仅是人类头脑的恣意创造物吗？同时人们经常发现，这些数学概念会显示出某种深刻的实在性，完全超越出个别数学家的深思熟虑之外。人类思想恰如受到真理的引导，其真理本身具有实在性，而且只能对我们之中任何人揭示一部分真理。

芒德布罗集提供了一个突出的例子。它的美妙和复杂无比的结果既非任何人的发明，也不是任何一群数学家的设计。波兰-美国数学家（兼分形理论的领袖）贝本华·芒德布罗首先[3]研究了该集合。他对其中蕴含的美妙的细节并无预先的概念，尽管他知道正在寻找某种非常有趣的东西，的确，当他的第一张电脑画图开始出现时，他的印象是，所看到的模糊的结构只是电脑失误的结果（*Mandelbrot 1986*）！他到了后来才相信集合就在那里。不但我们中的任何一个人都不能完全理解，而且任何电脑都不能指示芒德布罗集结构的复杂完整的细节。这个结构似乎不仅是我们精神的一部分，其本身也具有实在性。不管选择任一位数学家或任一台电脑去考察该集合，都会发现是对上述基本数学结构的近似。用哪台电脑去进行计算都不会有真正的区别（假如电脑处于准确的工作状态），除了计算速度和存储与画图能力的差异会导致细节以及产生该细节的速度差别之外。使用电脑和在探索物理世界时使用实验仪器的方法在本质上是相同的。芒德布罗集不是人类思维的发明：它是一个发现。正如喜马拉雅山那样，芒德布罗集就在那里！

类似地，复数系统本身具有根本而永恒的实在性，它超越出任何特殊的数学家的精神构想。大致在吉罗拉莫·卡尔达诺的工作中复数才开始受到赏识。他是生于1501年死于1576年的意大利人，也是正式的医生、赌徒兼占星家（还为基督占星过）。1545年他写了一本重要的影响久远的代数专著《大术》。他在该书中首次提出了一般的三次方程的（以n次方根表达的）解的表达式[1]。然而，他注意到，在某一类方程具有3个实解的而被人们称为"不可约"的情况下，在他的表达式的某一阶段必须取负数的平方根。虽然他为此深感迷惑，他却意识到，如果允许他取这种平方根，也只有这样，才能表达出全部答案（最后答案总是实的）。后来，1572年R. 邦贝利在他题为《代数》的著作中，推广了卡尔达诺的结果并开始研究真正的复数代数。

初看起来，这样地引进负数的平方根似乎仅仅是作为工具——为了达到特定目的的数学发明——后来人们越来越清楚，从这些东西所获取的比原先所设计的多得多。正如我在前面提到的，虽然复数引进的当初目的是为了使取平方根畅通无阻，后来人们发现作为奖赏，能够求任何其他根式或者解任何代数方程。我们还发现了复数的许多神奇性质，这些最初一点儿的征兆也没有。这些性质现存在那里。尽管卡尔达诺、邦贝利、沃利斯、柯特斯、欧拉、韦塞尔和高斯具有无可怀疑的远见，这些性质不是由他们以及其他伟大的数学家放在那儿

1. 部分地根据齐平纳·德尔·费罗和塔尔塔利亚更早的结果。

的。这些神奇是他们逐渐揭开的结构本身所固有的。当初卡尔达诺引进复数时，他根本对接踵而来的许多神奇没有任何一点暗示——而这些神奇的性质后来以不同的人来命名，例如柯西积分公式、黎曼映射定理以及卢伊扩张性质。这些以及其他显著的事实，正是卡尔达诺在1539年左右遭遇到的没有做过任何修正的那种数的性质。

数学究竟是发明还是发现？当数学家获得他们的结果时，是否仅仅产生了精神上的复杂构想，这种构思没有客观实在性，但它们是这样的有力和精巧，甚至把发明者也愚弄了，并使他们相信这些仅仅为精神的构想是“实在的”？或者数学家实际上是发现现成的真理——这种真理的存在完全独立于数学家的活动呢？我想到了现在，读者会很清楚，至少就复数以及芒德布罗集的这种结构而言，我执著地坚持第二种而不是第一种观点。

但是，情况也许还不像这么直截了当。正如我说过的，在数学中有些东西，用术语“发现”的确比“发明”更贴切得多，正如上面引用的例子。这些正是从结构出来的东西比预先放进的东西多得多的情形。人们可以认为，在这种情形下数学家和“上帝的作品”邂逅。然而，还有其他情形，数学结构并没有如此令人信服的唯一性。例如，在证明某些结果的过程中，数学家发现必须引进某种巧妙的而同时远非唯一的构想，以得到某种特别的结果。在这种情形下，从构想得出的结果不太可能比起先放进的更多，所以术语“发明”似乎比“发现”更为妥当。这些的确只是“人的作品”。从这种观点看，真正的数学发现一般地被认为比“仅仅”发明具有更伟大的成就和抱负。

这种分类法在艺术和工程中是相当熟悉的。伟大的艺术作品的确比不甚伟大者“更接近于上帝”。在艺术家最伟大的作品中，揭示了某种预先的天界存在的[1]不朽真理，而他们较差的作品可能更随意，但本质上只不过是会枯朽的作品，这种感觉对于艺术家并不稀罕。类似地，在漂亮经济的工程实施中，使用某些简单的预想不到的想法，并得到大量的成果，把这工程描述为发现比发明更妥当。

在叙述了这么多以后，我不禁感到，在数学中，至少对于其中某些最基本的概念，某种天国的不朽存在的信念比在其他情形下更强烈得多。在这种数学观念中存在比在艺术和工程中强烈得多的令人信服的唯一性和普适性。数学观念可在这样一种超越时间的天国的意义上存在的思想，是在古代（公元前360年左右）由伟大的希腊哲学家柏拉图提出的。随后这种思想就时常被称为数学柏拉图主义。它以后对我们很重要。

我在第1章用了一些篇幅讨论强人工智能的观点，根据这种观点，假设精神现象可在一个算法的数学观念中找到栖身之所。我在第2章中强调，算法的概念的确是根本的并为“上帝赋予”的思想。我在同一章论证道，这种“上帝赋予”的数学观念应有某种遗世独立的品格。由于为精神现象提供某种空灵存在的可能性，该观点是否赋予强人工智能观点某些信任度呢？也许是这样的——我甚至在下面进一步作和这个观点有点相似的推测。但是，如果精神现象的确可以找到这种一般的归宿，我不相信，这种归宿会是算法的概念。这里需要某种更

---

1. 正如卓越的阿根廷作家约格·路易斯·波格斯写道的：“……一位著名的诗人更具发现家而非发明家的品格……”

微妙得多的东西。算法的东西只构成数学中非常狭小和有限的部分的这一事实是下面讨论的重要方面。我们将在下一章看到非算法数学的范畴和微妙之处。

第 4 章
真理、证明和洞察

数学的希尔伯特计划

什么是真理？我们如何对世界的真假形成判断呢？我们是否只不过遵循着某种算法？这种算法由于自然选择的强有力的过程无疑地比其他效率更低的可能算法更加优越。或许还有其他探索真理的非算法的途径——直觉、禀性或洞察。这似乎是一个困难的问题。我们的判断是基于感觉数据、推理和猜测的盘根错节的结合。而且，在世间的许多情势中也许并没有何为真何为假的共识。为了使问题简化，让我们只考虑数学真理。我们如何形成自己关于数学问题的判断或许"某些"知识呢？在这儿事情至少应该是更明了些。关于究竟什么为真什么为假在这里不应成为问题——难道会有问题吗？究竟什么是数学的真理呢？

数学的真理是一个非常古老的问题，这可回溯到早期的希腊哲学家和数学家的时代——并毫无疑问地比这还要更早。但是，只有在100多年前人们才刚刚获得了一些伟大的彻悟以及令人眼花缭乱的新的洞察。我们想要理解的正是这些非常基本的问题。它正好触及了我们的思维过程在本质上是不是完全算法的问题。议定这些问题是非常重要的。

数学在19世纪下半叶有了伟大的进展，其部分原因在于人们发展了数学证明的越来越有力的方法。（我们在前面提到的大卫·希尔伯特和乔治·康托尔，还有将要提到的伟大的法国数学家亨利·庞加莱是处于发展最前沿的3位。）数学家在利用如此有力的方法时相应地获得自信心。其中许多方法涉及去考虑具有无穷多元素的集合[1]。正是由于可能将这样的集合当成实在的“东西”——完全存在的整体，而不仅仅为潜在的存在，使证明经常得到成功。这许多强有力的观念是从康托尔的高度创造性的无穷数的概念中孕育而来的。他利用无穷集合系统地发展了这一切。（我们在上一章对此有所领略。）

然而，1902年英国逻辑学家兼哲学家贝特朗·罗素提出其著名的悖论，完全粉碎了这种自信心。（康托尔已预示过这一悖论，并且它是康托尔“对角线法”的直系后代。）为了理解罗素的论证，我们首先对把许多集合当作完整的整体来考虑应有些了解。我们可以想象，某些集合是按照一个特殊的性质来表征的。例如，红的东西的集合是根据红性来表征的：就是说唯有当某物具有红性时才属于该集合。这样就允许我们把事情倒过来，按照单独对象也就是具有同一性质的事物的整个集合来谈论该性质。依照这种观点，“红性”是所有红的东西的集合。（我们还可以认为某一其他的集合就在“那里”，它们的元素为稍微复杂的性质所表征。）

---

1. 一个集合表示事物的整体——可被整体地处理的物理对象或数学概念。在数学中，集合中的一个元素（也就是成员）自身经常为一集合，因为集合可以被收集在一起而形成集合。这样人们可以考虑集合的集合以及集合的集合的集合，等等。

这种按照集合定义概念的思想是1884年由具有影响的德国逻辑学家戈特洛布·弗雷格引进的步骤的核心。他可按照集合来定义数。例如，实际的数3是什么意思呢？我们知道“三性”是什么性质，但是3本身是什么？现在“三性”是一群对象的性质，也就是一个集合的性质：唯有如果当该集合不多不少有3个成员，则它具有“三性”的特别性质。例如，在特定的奥林匹克比赛中，奖章获得者的集合具有“三性”。还有三轮车的轮子集合，正常三叶草的叶的集合或者方程$x^3-6x^2+11x-6=0$的解的集合。那么，弗雷格关于数3的实在定义是什么呢？依照弗雷格的论点，3必须是一个集合的集合：即所有具有“三性”[1]的集合的集合。这样，一个集合如果也只有如果属于弗雷格集3，才具有3个成员。

这似乎显得有点啰唆，但实际上并非如此。我们可以把数一般地定义为对等集合的总体，这里对等的意思是讲“具有能一一配对的元素”（用通常的术语也就是“具有同样多的成员”）。数3就是这些集合的一个特例，其中的一个成员可以是包括一个苹果、一个橘子和一个梨的集合。请注意，这和丘奇在93页给出的“3”的定义完全不同。还可以给出其他今日相当流行的定义。

那么，罗素悖论又是怎么回事呢？它是关于以如下方式定义的集合R：

R为一切不是自身元素的集合的集合。

这样，R是集合的某一整体；集X属于该整体的判据是集X自身不是它自身的成员。

假定一个集合可以实际是它自身的一个成员，这是否非常荒谬？不见得。例如，考虑一个无穷集合（具有无穷多元素的集合）的集合I。肯定存在无穷多不同的无穷集，这样I自身也是无穷的。这样I确实属于自身！那么，罗素的概念又如何导致悖论呢？我们问：罗素集合是它自身的一个成员或者不是它的成员？如果它不是它自身的成员，则它必须属于R，因为R刚好包括那些不是自身成员的集合。这样，R毕竟属于R——这是矛盾。另一方面，如果R是它的一个成员，那么由于“自身”实际上就是R，它就属于由自身并非其成员所表征的集合中，也就是它根本不是自身的成员——又导致矛盾[1]！

这种考虑并不轻率。罗素只不过以相当极端的形式利用数学家们正开始在证明中使用的、非常一般的、数学集论的同一类型的推理。事情很清楚地失去了控制，所以去弄清何种推理是允许的，何种是不允许的，应是适当的。很明显，可允许的推理必须没有冲突，而且只有真的陈述才能允许从原先已知的真的陈述中推导而来。罗素本人和他的合作者艾尔弗雷德·诺斯·怀特海着手发展一种高度形式化的公理和步骤法则的数学系统，野心勃勃地要把所有正确的数学推理翻译到他们的规划中去。他们非常仔细地选择法则以防止导致罗素自己悖论的那种悖论的推理类型。罗素和怀特海所完成的业绩是一部纪念碑式的著作。然而，它是非常繁琐的，并且它实际上统一处理的数学

1. 存在以日常术语来表述罗素悖论的十分好笑的方法。想象一个图书馆中有两本目录书，一本目录书刚好列出了所有引用过它们自己的书，另外一本是刚好列出所有不引用它们自己的书。试问第二本目录书应列到哪一本目录书中？

推理的类型是相当有限的。我们在第2章首次提到的伟大的数学家大卫·希尔伯特致力于一个更可行更广泛的计划。它囊括了所有特殊领域的一切正确的数学推理类型。而且，希尔伯特倾向于认为，有可能证明该计划免于矛盾冲突。那么数学就一劳永逸地处于无可争辩的安全基础之上。

然而，1931年25岁的奥地利天才、数理逻辑学家库尔特·哥德尔提出了一个实质上摧毁了希尔伯特计划的令人震惊的定理，使得希尔伯特及其追随者的希望落空。哥德尔指出的是，任何精确（"形式的"）数学的公理和步骤法则系统，只要它大到足以包含简单算术命题的描述（诸如第2章考虑过的"费马大定理"），并且其中没有矛盾，则必然包含某些用该系统内所允许的方法既不能证实也不能证伪的陈述。这种陈述的真理性以可允许的步骤是"不能判定的"。事实上，哥德尔能够向我们证明，公理系统本身的协调性的陈述被编码成适当的算术命题后，必定成为一个这种"不能判定的"命题。理解这个"不可判定性"的性质对我们很重要。我们将要看到为何哥德尔的论证直接捣毁了希尔伯特计划的核心。我们还将看到哥德尔的论证如何使我们能用直觉去超越所考虑的任何个别的形式化的数学系统的局限。这一点理解对于下面大部分讨论至关重要。

形式数学系统

我们必须把"公理和步骤法则的形式数学系统"的含义弄得更清楚些。先必须假定有一符号表，我们的数学陈述用这些符号来表达。为了使算术能归并到该系统中去，这些符号必须足够于用来表示自然数。如果需要的话，我们可以只用通常的阿拉伯数的记号0，1，2，3，…9，10，11，12，…，虽然这使得法则的说明比所需要的稍微复杂一些。我们如果譬如讲用0，01，011，0111，01111，…去表示自然数列（或作为折中，我们可以用二进制记数法），则说明就会简单得多。然而，由于这会在以下的讨论中引起混淆，所以在我的描述中只用通常的阿拉伯记号，而不管系统在实际上用什么符号。我们也许需要一个“间隔”符号去把我们系统的不同的“词”或“数”分开，但这又是令人混淆的，所以为了必要的目的我们可以只用（，）。我们还需要用字母来表示任意（“变量”）自然数（或许整数、分数等——但是让我们在这里只局限于自然数），譬如t，u，v，w，x，y，z，t'，t''，t'''，…。符号t'，t''…也许是需要的，因为我们不想对表式中可能出现的变量数目加上一个上限。我们把（′）当做形式系统的另外的符号，这样使符号实际数目保持为有限。我们还需要基本算术运算的符号=，+，×，等等，也许还需要不同种类的括号（，），[，]以及诸如&（“和”），⇒（“蕴涵”），∨（“或”），⇔（“当且仅当”），~（“非”，或“不是以下论述”）等逻辑符号。此外我们还需要逻辑的“量词”：存在量词∃（“存在…使得”）和全称量词[∀]（“对于每一个……我们有”）。现在，我们可以把诸如“费马大定理”的陈述写成：

$$\sim \exists w, x, y, z\,[(x+1)^{w+3}+(y+1)^{w+3}=(z+1)^{w+3}]$$

（见第2章76页）。（我原可以用0111来表示3，并且利用“自乘”的记号使得和形式化符合得更好；但是正如我说过的，我只拘泥于传统的符号，以避免引起不必要的混淆。）上面的陈述（到第一方括号处结果）的意思为：

“不存在自然数w, x, y, z使得…”。

我们还可以用$\forall$把“费马大定理”重写成：

$$\forall w, x, y, z[\sim(x+1)^{w+3}+(y+1)^{w+3}=(z+1)^{w+3}],$$

其意思（到第一方括号的“非”符号处结束）为：

“对于所有的自然数w, x, y, z下述不真…”。

这和前面在逻辑上是相同的。

我们需用字母来表示整个命题，为此目的我用大写字母P, Q, R, S, …。如下的一个命题事实上为上面的费马的论断：

$$F=\sim\exists w, x, y, z[(x+1)^{w+3}+(y+1)^{w+3}=(z+1)^{w+3}]。$$

一个命题也可依赖于一个或更多的变量；例如，我们也许对某一特殊的[1]幂指数$w+3$下的费马论断感兴趣：

$$G(w)=\sim\exists x, y, z[(x+1)^{w+3}+(y+1)^{w+3}=(z+1)^{w+3}],$$

1. 虽然费马的全部命题F的真伪性仍然未知，但是个别命题$G(0)$, $G(1)$, $G(2)$, $G3S(3)$, …直到大约$G(125000)$的真理性是已知的。也就是说，已经知道没有任何一个立方可以是正数立方的和，没有一个四次方为四次方之和等，直到相应的关于125000次方的断言（见77页的译者注脚）。

这样$G(0)$断言“没有一个立方可代表正数立方之和”，$G(1)$对四次方作同样断定，等等。(注意$\exists$之后的w没有出现。)现在费马论断是说，$G(w)$对所有的w成立。

$$F=[\forall]w[G(w)]。$$

$G(\ )$是一个所谓的命题函数，也就是依赖于一个或多个变量的命题的例子。

系统的公理是由一般命题的有限罗列所构成，假定在符号的意义已给定的情形下，这些命题的真理性是不证自明的。例如，对于任何命题或命题函数P，Q，$R(\ )$，在我们公理之中有

$$(P\&Q)\Rightarrow P,$$
$$\sim(\sim P)\Leftrightarrow P,$$
$$\sim\exists x[R(x)]\Leftrightarrow\forall x[\sim R(x)],$$

其“自明的真理性”清楚地可由其意义所确定。(第一个简单地断定：“如果P和Q都为真，那么P为真”；第二个断定：“P不真的断言为不真”和“P为真”是等价的；第三个可用上面给出的“费马大定理”的两种叙述方法的逻辑等价性作为例子)。我们还可包括基本的算术公理，诸如

$$\forall x,y[x+y=y+x]$$
$$\forall x,y,z[(x+y)\times z=(x\times z)+(y\times z)],$$

尽管人们也许宁愿从某些更初等的东西建立这些算术运算，并将这些陈述作为定理导出。步骤法则是诸如这样（自明）的东西：

“从P和$P \Rightarrow Q$我们可推出Q”，

“从$\forall x[R(x)]$我们可推出把一特殊的自然数代入到$R(x)$中的x而得出的任何命题”。

这些是告诉我们如何从已成立的命题引出新命题的方针。

现在从公理开始，然后不断重复应用步骤法则，就可以建立起一长串的命题。我们在任何阶段都可再使用这些公理，并且总可以不断使用任何我们已经添加到越来越长的表上的命题。任何正确地集合到表上的命题都被称作定理（虽然它们中有许多是相当无聊和无趣的）。如果我们有一个要证明的特定的命题P，则我们可去找一个表，这个表按照这些法则正确地集合起来，并用我们特定的命题P作为终结。这样的表在我们的系统中为我们提供了一个P的证明；而P就相应地成为一个定理。

希尔伯特计划的思想是，对于任何定义好的数学领域，去找一足够广泛的公理和步骤法则的表，使得所有适合于该领域的正确的数学推理的形式都可以编入。让我们把数学领域暂定为算术（包括量词$\exists$和$\forall$使得可以作诸如“费马大定理”的陈述）。考虑比这更一般的数学领域在这里对我们并无益处。算术已经是足够一般到可以应用哥德尔步骤的地步。如果我们能够接受这样的事实，即如果按照希尔伯特规划，这样的一个公理和步骤法则的全面系统的确赋予我们的算术，那么它就为我们提供对算术中任何命题数学证明的“正确性”的确定判据。人们存在过希望，这样的公理和法则系统也许是完备的，也就是它会使我们在原则上决定任何可在此系统中表述的数学陈述的真伪。

希尔伯特的希望是，对于任何一串代表一个数学命题的符号，譬如讲P，人们应能证明P或者$\sim P$，依P是真的还是假的而定。我们在这里必须假定该符号串在构造上是语法正确的，也就是满足所有形式主义的记号法则，诸如括号必须正确地配对等——使得P具有定义清楚的真的或假的意义。如果希尔伯特的希望能被实现，这甚至使我们不必为这些命题的意义忧虑！P仅仅为一语法正确的符号串。如果P为一道定理（也就是可在系统内证明P），则符号串P的真值就可被赋予真。另一方面，如果能证明$\sim P$为定理的话，则可被赋予假。为了使这些有意义，我们除了完备性外还需要一致性。也就是说，不应有P和$\sim P$都为定理的符号串P。否则P会同时是真的和假的！

把数学陈述中的意义抽走，只把它们当成某种形式数学系统的符号串是形式主义的数学观点。有些人喜欢这种观点，而数学就变成一种“无意义的游戏”。然而，我不欣赏这种观点。确实是“意义”而非盲目的算法计算才赋予数学以实质。庆幸的是，哥德尔给了形式主义以毁灭性的打击！让我们看看他是怎么做的！

哥德尔定理

哥德尔论证的部分是非常繁琐和复杂的。然而我们没有必要去考察那纷乱的部分。另一方面，其中心思想是简单、漂亮和深刻的。这就是我们可能鉴赏的部分。其复杂的部分（其中不乏许多巧妙之处）仔细说明如何把形式系统的个别步骤法则以及不同公理的使用实际地编码成算术运算。（意识到这是一个富有成果的可进行的工作正是其深刻部分的一个方面！）为了实现编码，人们需要找到用自然数来对命题编号的某种方便方式。一种方法就是简单地对形式系统每个特定长度的符号串使用某种“字典”顺序，按照串的长度还有一个总的顺序。（这样，长度为1的串可按字母顺序排列，接着的是按字母顺序排列的长度为2的串，再后面是长度为3的串等）。这叫作字典顺序[1]。哥德尔原先用的编号顺序更复杂，但是这种差异对我们不重要。我们将特别关心依赖于单变量的命题函数，譬如上述的$G(w)$。令第n个这样的以w为自变量的命题函数（在选定的符号串顺序下）为：

$P_n(w)$。

如果我们愿意的话，可以让编号稍微有点“草率”，这样我们的一些表式可能语法上不正确。（这可使算术编码比在试图略去这种语法不正确的表式时容易得多。）如果$P_n(w)$是语法正确的，它就是关于两个自然数n和w的定义好的特定的算术陈述。哪一个算术陈述是

1. 当形式系统具有$k+1$个不同符号加上从未用过的新的“零”时，我们可把字典编序认为是“$k+1$进位”的自然数的通常顺序。这是因为以零开始的数和这前面的零被略去的同一个数一样。共有9个符号的串的简单字典顺序可以用通常的没有零的十进制写出的自然数得到：1，2，3，4，…8，9，11，12，…19，21，22，…99，111，112，…。

准确的应依所选取的特定编号系统的细节而定。那是属于论证的复杂部分，在此不予关心。构成系统中的某一定理的证明的一串命题在选定的编序方案中也可用自然数编号。令

$\prod_n$

表示第n个证明。（这里我又一次使用“草率的编号”，对于某些n的值，可能表示式“$\prod_n$”的语法不正确，并因此没有证明什么定理。）

现在考虑如下的依赖于自然数w的命题函数

$\sim\exists x[\prod_n$证明$P_w(w)]$。

在方括号中的陈述的一部分使用了文字，但它是完全精确定义的。它断定第x个证明实际上是$P_w(\ )$应用于值w本身的命题的证明。方括号之外的被否定的存在量词用以移走一个变量（“不存在一个x使得……”），这样我们得到了一个只依赖于一个变量w的算术的命题函数。此整个表达式断定不存在$P_w(w)$的证明。我假定它的语法是正确的［甚至如果$P_w(w)$的语法不正确——在这种情形下该陈述仍然是对的，因为一个语法错误的表达式是不能被证明的］。由于事实上我们已假设将其转换成算术，所以上面实际上是关于自然数的某一算术的陈述（方括号中的部分为定义得很好的关于两个自然数x和w的算术描述）。该陈述是可以被编码成算术，但这一点并不假设是明显的。说明这样的陈述的确可被编码，涉及哥德尔论证的复杂部分的主要“困难工作”。正和前面一样，它究竟为哪个算术陈述将依赖于编

号系统的细节，并大大地依赖于我们形式系统的公理和法则的结构细节。由于所有那些都属于复杂的部分，我们在这里不关心其细节。

我们已将所有依赖于单变量的命题函数编号，所以我们刚刚写下的必须赋予一个数。让我们把这个数记作k。我们的命题函数是在表上的第k个。这样：

$$\sim\exists x[\prod_x 证明 P_w(w)]=P_k(w)。$$

现在对特殊的w值即$w=k$来考察这一个函数。我们得到：

$$\sim\exists x[\prod_x 证明 P_k(k)]=P_k(k)。$$

这个特定的命题$P_k(k)$是完好定义（语法正确）的算术陈述。它是否可在我们形式系统中有一个证明呢？它的反命题~$P_k(k)$有证明吗？这两个问题的答案都是“否”。从考察作为哥德尔步骤基础的意义可以看到这一点。虽然$P_k(k)$仅仅是一个算术命题，但我们已经将其构造成，使得写在左边的论断为“在这系统中不存在命题$P_k(k)$的证明”。如果我们非常仔细地设定好我们的公理和步骤法则，并假定做了正确的编号，则在这系统中不能存在这个$P_k(k)$的证明。因为如果存在这样的证明，则$P_k(k)$实际断言的陈述的意义，也就是不存在证明，将是错的，这样作为一个算术命题的$P_k(k)$就必须是错的。我们的形式系统不应构造得这么坏，使得它在实际上去允许证明错的命题！所以情况只能是$P_k(k)$在事实上无法证明。而这正是$P_k(k)$要告诉我们的。所以断定$P_k(k)$必须是一真的陈述，这样$P_k(k)$作为算术命题必须为真。于是，我们已经发现了在该系统中没有证明的真的命题！

关于它的反命题 ~ $P_k(k)$ 我们可以说些什么呢？最好我们也不能找到它的证明。我们刚刚建立了 ~ $P_k(k)$ 必须是错的［因为 $P_k(k)$ 是真的］，而我们假定不能在此系统中证明错的命题！这样无论 $P_k(k)$ 还是 ~ $P_k(k)$ 在我们的形式系统中都是不可证明的。哥德尔定理就这样地被建立起来了。

数学洞察

请注意，在这里发生了某种非常奇异的事情。人们经常把哥德尔定理当作某种负面的东西——显示了形式化数学推理的不可避免的局限性。不管我们自以为是多么有智慧，总有些命题漏网。但是，我们是否要为这一特殊的命题 $P_k(k)$ 忧虑呢？在上述的论证过程中，事实上我们已建立了 $P_k(k)$ 是一个真的陈述！尽管在该系统中不能形式地证明这个事实，不管怎么样我们已设法看到了这一点。真正需要忧虑的人倒是严格的数学形式主义者。这是因为从这推理我们已确定形式主义者的“真理”概念不可避免地是不完备的。不管把哪一个（一致的）形式系统应用于算术，总存在一些命题我们可以看到是真的，但用形式主义者提出的上述过程不能赋予真理值为真的命题。一个严格的形式主义者试图躲开这个情况的可能方法也许是根本不提真理的概念，而仅仅讲在某一固定的形式系统中的可证明性。然而，这显得非常局限。由于哥德尔论证的基本点利用关于何者实际上为真的何者不真的推理，人们甚至都不能作出上述的论证[2]。一些形式主义者采用更“程序化”的观点，断言不去忧虑诸如 $P_k(k)$ 这样的陈述，由于它们作为算术命题来讲极端复杂和乏味。这些人会宣称：

> 是的，存在一些诸如$P_k(k)$的古怪的陈述，对于这些陈述我的可证明性或*真理*的概念不和你们的真理的内禀概念相符合。但是那些陈述却不会在严肃的（至少在我所感兴趣的那种）数学中出现。这是因为作为数学而言，这样的陈述是荒谬绝伦地复杂和不自然。

的确，像$P_k(k)$这样的作为关于数的数学描述的命题，被全部写出时，会是极端繁琐并显得古怪的。但是近年来，人们提出了一些具有非常可接受特性的相当简单的陈述，它们实际上等价于哥德尔类型的命题[3]。这些命题不能从正常的算术公理得到证明，而是从公理系统本身所具有的“显然正确”的性质而来。

对我来讲，形式主义者对“数学真理”缺乏职业的兴趣，似乎是对数学哲学所采取的非常古怪的观点。而且，也确实不是那么程序化的。当数学家在进行他们形式的推理时，他们没必要继续不断地检查他们的论证是否可按照某个复杂的形式系统的公理和步骤法则来表达。他们只要肯定其论证是确定真理的有效方法即可。哥德尔的论证是另一类有效步骤。这样我似乎认为，$P_k(k)$正和能利用预先给出的公理和步骤法则更传统地得到的数学真理一样好。

建议进行如下步骤。我们把$P_k(k)$接受为真正有效的命题，并简单地表示为G_0；这样可以把它作为一个额外的公理加到系统中去。当然，我们新的修改的系统又有了它*自己*的哥德尔命题，譬如讲G_1，它又是一个完全有效的关于数的描述。我们相应地又把G_1加到我们的系统，由此得到进一步修改的系统，它又有自己的哥德尔命题G_2（又是完全有效的），我们又把它合并进去，得到了下一个哥德尔命题G_3，再合并等，无限次地重复这一过程。当我们允许使用整列的G_0，G_1，G_2，G_3，…作为附加的公理时，结果的系统是什么呢？它可以是完备的吗？由于现在我们有了一个无限制（无限）的公理系统，哥德尔步骤能否适用也许不太清楚。然而，不断附加哥德尔命题是一个完全系统化的方案，我们可将其当作通常的公理和步骤法则的有限的逻辑系统来重述。这一系统又有它自己的哥德尔命题，譬如讲G_w，它又能被用来作为公理去附加，而形成了所得到的系统的哥德尔命题G_{w+1}。正如上面那样重复，我们得到了命题G_w，G_{w+1}，G_{w+2}，G_{w+3}，…的表，所有都是关于自然数的完全有效的陈述，并可附加到我们的形式系统中去。这又是完全系统化的，它导致一个包罗这一切的新系统；但是它又有自己的哥德尔命题，譬如讲G_{w+w}，我们可将其重写成G_{w2}。而整个步骤又可重新开始，我们得到一个新的无穷的，却是系统的公理G_{w2}，G_{w2+1}，G_{w2+2}等的表，它又导致一个新的系统以及一个新的哥德尔命题G_{w3}。重复这整个过程，我们得到G_{w4}，然后还有G_{w5}等。现在这一步骤又是完全系统化的，并具有自身的哥德尔命题G_{w^2}。

这会有终结吗？在一种意义上讲没有；但它导致我们进入不能在此作细致讨论的某些困难的数学考虑。1939年阿伦·图灵在一篇论文[4]中讨论了上面的步骤。事实上，令人印象深刻的是，任何真的（但普适量化的）算术命题都可由这类重复的“哥德尔化”步骤得到！可参阅*Feferman 1988*。然而，这在一定程度上依赖于我们如何实际上决定一个命题真假的问题。在每一阶段关键的问题是如何把哥德尔命题的无穷族合并，从而提供一个单独的（或有限数目的）附加公理。这就要求我们的无穷族能以某种算术的方式被系统化。为了保证正确地完成所预想的系统化，我们要使用系统之外的直觉——正如我们首先为了看到$P_k(k)$是一个真的命题所做的那样。正是这些直觉是不能被系统化的——它必须超越于任何算法行为！

我们利用直觉得出哥德尔命题$P_k(k)$实际上是算术中的真的陈述，是被逻辑学家称之为反思原理步骤的普遍类型的一个例子：这样，由"反思"公理系统和步骤法则的意义，并使自己坚信这些的确是得到数学真理的有效方法，人们可能把这直觉编码成进一步的、真的、不能从那些公理和法则推导出来的数学陈述。正如上面概述的，推出$P_k(k)$的真理性依赖于这样的一个原则。另一个与原先哥德尔论证相关（虽然在上面没提及）的反思原理依赖于如下的事实去推出新的数学真理，即我们已经相信能有效得到数学真理的公理系统实际上是协调的。反思原理经常涉及有关无穷集合的推理，人们使用的时候一定要小心，不要过于接近会导致罗素类型悖论的论证。反思原理为形式主义推理提供了反题。如果人们很小心的话，就能使他跳出任何形式系统的严格限制之外，并得到原先似乎得不到的新的数学洞察。在我们的数学文献中会有许多完全可接受的结果，其证明需要远远超越原先的算术标准形式系统的法则和公理的洞察。所有这些表明，数学家得到真理判断的心理过程，不能简单地归结为某个特别形式系统的步骤。虽然我们不能从公理推出哥德尔命题$P_k(k)$，却能看到其有效性。这类涉及反思原理的"看见"需要数学的洞察力，而洞察不是能编码成某种数学形式系统的纯粹算法运算的结果。我们将在第10章再回到这个论题上来。

读者也许会注意到在建立$P_k(k)$的真理却变成“不可证明性”和罗素悖论的论证之间的相似性，还和图灵解决停机问题的图灵机不存在的论证也有相似性。这些相似性不是偶然的。在这三者之间存在有强大的历史连接的脉络。图灵是在研习哥德尔工作之后才找到它的论证的。哥德尔本人非常熟悉罗素悖论，并能把这一类将逻辑延伸得这么远的悖论的推理转化成有效的数学论证。（所有这一切论证都起源于前一章描述的康托尔的“对角线法”。）

为什么我们应该接受哥德尔和图灵的论证，而必须排斥导致罗素悖论的推理呢？前者更直接明了得多，作为数学论证而言更出人意料，而罗素悖论则依靠牵涉到“巨大”集合的更为模糊的推理。但是必须承认，其差别并不真像人们以为的那么清楚。弄清这些差别的企图是整个形式主义观念的强大动机。哥德尔的论断表明，严格的形式主义者的观点是不能成立的，但他没有向我们指出另外完整的可信赖的观点。我认为这问题仍未解决。当代数学中为了避免导致罗素悖论的“巨大的”集合的推理的类型所实际采用[1]的步骤是不能完全令人满意的。而且，它仍然试图以明晰的形式主义的术语来表达，换句话说，按照我们并不完全相信不会出现矛盾的术语来描述。

无论如何，依我看来，哥德尔论证的清楚推论是，数学真理的概念不能包容于任何形式主义的框架之中。数学真理是某种超越纯粹形式主义的东西。甚至即使没有哥德尔定理，这一点也是清楚的。在我

1.“集合”和“族”之间存在差异，集合可允许集中在一起而形成另外的集合或族，但是族不能允许集中在一起而形成任何种类的更大的聚合。这被认为“太大”了。然而除了这种循环的论述，即集合是那种确能聚集成另外聚合的聚合之外。不存在决定何时聚合可被当作集合或只能被当作族考虑的法则。

们去建立一个形式系统任何试图中，如何决定采取什么公理和步骤法则呢？我们在决定采取法则的指导总是，在给定系统的符号的“意义”下对何为“自明正确”的直觉理解。根据关于“自明”和“意义”的直观理解，我们如何决定采用哪个形式系统是有意义的，哪个是没意义的呢？以自洽的概念来对此作决定当然不够。人们可以有许多自身具有一贯性但在含义上没有“意义”的系统，它们的公理和步骤法则具有我们会将其排斥的错误的意义，或者根本没有意义。甚至在没有哥德尔定理时，“自明”和“意义”的概念仍然是需要的。

然而，若没有哥德尔定理，人们可能想象“自明”和“意义”的直觉概念只要在开始建立形式系统时用一次就好了，而此后就与决定真理的清楚的数学论证不相干。那么按照形式主义者的观点，这些“模糊的”直觉概念在寻找适当形式的论证时，作为数学的初步思维或者导引而起作用，而在实际展示数学真理时不起作用。哥德尔定理表明，这个观点在数学基本哲学中不能真正站住脚。数学真理的观念超越形式主义的整个概念。关于数学真理存在某些绝对的“上帝赋予”的东西。这就是在上一章结尾处讨论的柏拉图主义的内容。任何特定的形式系统都具有临时和“人为”的品格。在数学的讨论中，这类系统的确起着非常有价值的作用，但是它只能为真理提供部分（或近似）的导引。真正的数学真理超越于仅仅人为的构造之外。

柏拉图主义或直觉主义

我已指出了数学哲学的两个相反的学派，我强烈地赞成柏拉图主义，而不赞成形式主义观点。我的划分实际上是非常朴素的。可以对此观点进行许多细致的推敲。例如，人们可以争论在“柏拉图主义”的总名称下，数学思维的对象是否具有任何实际的“存在”，或者它只是绝对的数学“真理”的概念。我不想在此做任何鉴别。依我看来，数学真理的绝对性和数学概念的柏拉图存在性本质上是等同的一件事。例如，必须归于芒德布罗集的“存在”是其“绝对”性质的特征。复平面上的一点是否属于芒德布罗集是一个绝对的问题，与哪个数学家哪台电脑在作考察无关。正是芒德布罗集的“数学家无关性”赋予它柏拉图式的存在。而且，它最精细的细节超过了我们目前使用电脑所能得到的极限。那些仪器只能得到具有更深刻的自身的“电脑无关”存在结构的近似。然而，我很欣赏对此问题的许多其他合情理的观点。在此我们不必过于忧虑这些差别。

如果的确有人声称自己为柏拉图主义者，他究竟愿意把柏拉图主义贯彻到何等程度，也有观点上的不同。哥德尔本人是一个非常强烈的柏拉图主义者。我迄今所考虑的数学陈述的类型是相当“温和的”[5]。特别在集论中可引入更令人争议的陈述。当考虑集论的所有分支时，就会遭遇到构造极其庞大的含糊的集合，以至于像我这样相当坚定的柏拉图主义者都开始怀疑其存在与否是个“绝对的”问题[6]。也许会面临着这样的阶段，集合具有如此繁复以及概念上可疑的定义，以至于有关它们数学陈述的真假问题开始具有某种“个人品位”而非“上帝赋予”的品质。人们是否准备和哥德尔一道把柏拉图主义坚持到底，要求关于这么巨大集合的数学论述的真假总为一个绝对的或“柏拉图”的事体，或者人们在某处停止，只有当集合为合理地构成并且没有这么巨大时才寻求绝对的真假的解答，对我们的讨论关系并不重大。以我刚刚提到的标准看，对于我们具有意义的

（有限或无限）集合，真是不可思议的微小！这样我们不必关心在这些不同柏拉图主义观点之间的差异。

然而，存在诸如称为直觉主义（或称作有限主义）的其他数学观点，它走到拒绝接受任何无穷集合的完整存在的另一极端[1]。直觉主义是1924年由荷兰数学家L.E.J.布劳威尔作为对某些（诸如罗素的）悖论的与形式主义相区别的响应而倡导的。这些悖论是由于在数学推理中太过自由地应用无穷集合所引起的。这种观点的根源可追溯到亚里士多德。他虽然是柏拉图的学生，却否定柏拉图关于数学本体的绝对存在和无穷集合的可接受性。直觉主义否认（无穷或其他）集合自身的“存在”，而集合仅仅被当作可能确定其成员的规则。

布劳威尔的直觉主义的一个特征是排斥“排中律”。该定律宣称，一个陈述的否定之否定等效于该陈述。（可用符号表示为$\sim(\sim P)\Leftrightarrow P$，这是我们上面遇到的关系。）也许亚里士多德会对在逻辑上如此“显明的”东西受到排斥感到不悦！排中律按照“常识”被认为是自明的真理：如果某事物不真的断言是错的，则该事物一定是真的！（这一个定律是被称作反证法的数学方法的基础，参阅78页。）但是直觉主义者发现他们能推翻这一个定律。这基本上是因为他们对存在的概念采取不同的看法，他们要求一个确定的（智力上的）建造必须是数学对象实际存在性被接受的先决条件。这样，对于直观主义者来说，“存在”的意思是“推定存在”。在一个用反证法来进行的数学论证中，人们提出某种假设，试图去显示出它的推论会导致一个矛盾，

1. 之所以这么称呼直觉主义是因为它反映了人类的思维。

这个矛盾为问题中假设的谬误提供了所需的证明。此假设可采用这样的一个陈述，具有某些要求的性质的数学实体不存在。当这个陈述导致矛盾时，在通常数学中，他就推论说所需的实体的确存在。但是，这样的论证本身并没为实际构造这样的实体提供任何手段。对于直觉主义者来说，这类存在根本就不是存在。他们正是在这个意义上拒绝接受排中律以及反证法的步骤。的确，布劳威尔对此非建造性的“存在”深为不满[7]。他断言，没有一个实在的构造，这种存在的概念是无意义的。在布劳威尔的逻辑中，人们不能从某种对象的不存在性的谬误推导出该物体实际上的存在！

我认为，虽然关于从数学的存在中寻求建造有某些令人赞赏的东西，但布劳威尔的观点是过于极端了。布劳威尔在1924年首次提出他的思想，比丘奇和图灵的工作早十多年。现在按照图灵的可计算性的建造性概念可在数学哲学的传统框架内研究，并没有必要走到像布劳威尔那么极端的程度。我们可以把建造性的问题和数学存在性的问题分开来讨论。如果我们跟随直觉主义，就必须摒弃数学中非常强有力的论证的使用，而课题就变得有点窒息和虚弱。

我不想细述直觉主义观点导致的种种困难的荒谬；但是仅仅提及一些问题也许是有益的。布劳威尔经常关心提及的一个例子是π的小数展开：

3.141592653589793 …。

是否在这个展开的某一处存在20个接连的7的序列，也就是

$$\pi=3.141592653589793\cdots 77777777777777777777\cdots$$

或者不存在这种情形呢？按照通常的数学，现在所有能说的是，或者存在或者不存在——而我们不知哪个是对的！这看来是一个肯定无害的描述。然而，除非人们已经（以某种直觉主义者接受的构造方式）确立存在这个序列或者不存在这个序列，他们实际上对讲“或者π的小数展开中某处存在连续20个7的序列或者不存在”采取否决的态度！直接的计算也许足以显示在π的小数展开的某处的确存在20个连续的7的序列，但要确证没有这样的序列则需要某种数学定理。迄今电脑在计算π时还不能进行足够远到能确认该序列的存在。在基于概率的基础上，人们预料这样的序列的确存在。但是即使利用一台每秒能恒定产生10^{10}位数的电脑，大约也需要100年或1000年左右才能找到这序列！我认为更可能是，不进行直接计算，该序列的存在某天会在数学上被确认（也许是作为某种更有力和更有趣得多的结果的一个推论）——虽然也许不是以直觉主义者能接受的方式！

这一个特殊问题并不具有实际的数学趣味。它只是由于容易叙述才作为例子提出。在布劳威尔的直觉主义的极端形式中，他会宣称：现在断言“在π的小数展开中的某处存在20位连续的7的序列”既不是真的亦不是假的。如果在将来用计算或（直觉主义的）数学证明得到适当的这种或那种结果，那么断言就变成“真”的或“假”的，视当时情况而定。“费马大定理”是一类似的例子。根据布劳威尔的极端直觉主义，现在这一个命题既不是真的亦不是假的，但将来也许会变成其中的一种。对我来讲，数学真理的这种主观性和时间依赖性是不可理喻的。数学结果是否或何时被接受为正式“证明了”的的确是一个主观的事体。但是数学真理不应取决于这些依赖社会的判据。对于人们希望能可靠地用来描述物理世界的数学，具有随时间而变的真理概念至少可以说是尴尬的和不令人满意的。并非所有的直觉主义者都采用布劳威尔那样强烈的观点。尽管这样，甚至对于那些同情推定主义目的的人也是这么认为，直觉主义观点显然是尴尬的。就仅仅因为人们可允许使用的数学推理的类型过于局限的原因，很少当代数学家愿意全心全意地追随直觉主义。

我已经简介了当代数学哲学的3个主流：形式主义、柏拉图主义和直觉主义。我并不掩饰自己强烈同情柏拉图主义的观点，也就是数学真理是绝对的、外在的、永恒的，并不基于人造的判据之上；数学对象具有超越时间的自身的存在，既不依赖于人类社会，也不依赖于特定的物体。我把这种观点贯穿于本节、上一节以及第3章的结尾处。我希望读者准备在这一点上和我大致“同心同德”。它对于后面要遇到的大量内容都很重要。

从图灵结果到类哥德尔定理

我在阐明哥德尔定理时忽略了许多细节，并且也忽略它的论证中或许在历史上的最重要的部分；这就是被叫作公理相容性的“不可判定性”。我在这里的目的不在于强调这“公理相容性的可证明性的问题”。这个问题对于希尔伯特及其同代人是如此之重要。我只是表明，利用所考虑的形式系统的公理和法则，某个特殊的哥德尔命题既不是可证明的也不是可证伪的。但是利用我们对该问题中运算意义的直觉可以清楚地看到，它是一个真的命题！

我提到过，图灵在研究了哥德尔的著作后发展了自己后来的论证，以确立停机问题的不可解性。这两个论证有许多共同的地方，事实上，哥德尔结果的关键方面可利用图灵步骤直接推出。让我们看看这是如何进行的，并因此对哥德尔定理的背后的东西有某种不同的洞察。

一个形式数学系统的主要性质是，决定某一给定的符号串是否构成该系统中给定的数学论断的证明应是可计算的事体。表达数学证明的全部要点毕竟在于对于什么是有效推理、什么是无效推理不必做进一步的裁决。以完全机械的和原先预定的办法来检查一个想象的证明是否确实是一个证明应是可能的；也就是说必须有检查证明的算法。另一方面，为提出的数学陈述去找证明（或证伪），我们并不要求它必须是算法的事。

事实上，在任何形式系统中只要某种证明存在，就总有找到证明的算法。由于我们必须假定该系统是以某种符号语言来表达的，这种语言是按照符号的某些有限“字母”来表达的。正如以前一样，让我们把符号串以字典的方式编序。我们记得这表示对于固定的串的长度按字母编序，先取所有串长为1的，然后串长为2的，串长为3的等（见139页）。这样，我们就把所有正确建立起来的证明按照这个字典方案进行编序。我们有了证明的列表，也就有了该形式系统的所有定理的列表。这是因为定理刚好是出现在正确构造的证明的最后一行的命题。这种列表完全是可计算的：由于不管系统的符号串是否有作为证明的意义，可以先考虑所有的串的字典列表，然后用我们的证明检查算法去检验其是否为一个证明，若不是则抛弃之；然后以同一方法检验第二个，若不是证明则抛弃之；然后第三、第四等。如果有一个证明，我们则可用这种办法最终在这一列表的某一处找到它。

这样，如果希尔伯特已经成功地找到它的公理和步骤法则的数学系统。该系统足够有力到能使人们用形式证明决定任何在该系统中正确表达的数学命题的真假——则就会有一般的算法方法去决定任何这种命题的真理性。为什么会这样呢？因为用上述的步骤，如果最终在某个证明的最后一行遇到了我们所寻求的命题，则我们就证明了该命题。反之，如果我们最终遇到的一行是我们命题的否定，则我们就证伪了它。如果希尔伯特计划是完备的，这种或那种的终局就总会发生（并且，如果是协调的，两者永远不会同时发生）。这样，我们的机械步骤总会在某一阶段结束，而我们就应有一种决定系统所有命题真假的普通算法。这就和第2章阐述的图灵结果相冲突，也就是说不存在决定数学命题的一般算法。因而我们实际上证明了哥德尔定理，就是说希尔伯特期望的计划在刚刚讨论的意义上不可能是完备的。

由于哥德尔所关心的形式系统的类型只对算术命题而不是对一般的数学命题适用，所以事实上哥德尔定理比上述的更特定。我们是否能安排只用算术的运算去实现图灵机的所有必需的运算呢？换句话说，是否所有自然数的可计算功能（也就是图灵机动作的结果，递归的或算法的功能）可按通常的算术表达呢？事实上，我们几乎真的可以，但还不是。我们需要在算术和逻辑（包括$\exists$和$\forall$）的标准法则外加上一个额外的运算。这个运算简单地选择为：

“使得$K(x)$成立的最小自然数x”，

这儿$K(\ )$是任何给出的算术地可计算的命题函数——并假定存在这样的一个数，也就是$\exists x[K(x)]$为真的。(如果没有这样的一个数，则我们的运算在试图寻求所需的不存在的x时就会“无限地进行下去”[1]。) 无论如何，在图灵结果的基础上前面的论证确认了，把数学的一切分支归结为某个形式系统中的计算的希尔伯特计划的确是不成立的。

就此而言，这一步骤并没有这么清楚地显示，在这系统中我们具有真的，但不能在系统中证明的一个哥德尔命题[就像$P_k(k)$]。然而，如果我们回忆在第2章给出的关于“如何超越算法”(参阅85页)的论证，我们就看到了可以做非常类似的事情。我们在那个论证中指出，给定任何决定图灵机动作是否停止的算法，我们便能制造图灵机的一个动作，我们看到该动作不停止，但是该算法看不到这一点。(记得我们强调过，当一台图灵机将要停止时，该算法必须正确地通知我们，虽然有时在图灵机动作不停止——它会永远运行下去的情形，它不能告诉我们。) 鉴于上述的哥德尔定理的情形，我们具有利用洞察可以看到实际上必须为真的命题(图灵机动作的不停止)，但是给定的算法动作不能告诉我们这些。

递归可数集

存在一种按照集论的语言形象地描述图灵的要素和哥德尔基本结果的方法。这就使得我们可以不用按照特别的符号主义或形式系

---

1. 允许发生这种不幸的可能性实际上是重要的，这样使得能有描述任何算法运算的潜力。我们记得，为了一般地描述图灵机，我们必须允许实际上永远不停止的图灵机。

统的任意描述，而使本质问题呈现出来。我们将只考虑（有穷或无穷的）自然数的集合0，1，2，3，4，…。这样我们将考察这些集合，诸如{4，5，8}，{0，57，100003}，{6}，{0}，{1，2，3，4，…，9999}，{1，2，3，4，…}，{0，2，4，6，8，…}，甚至整个集合**N**={0，1，2，3，4，…}或者空集ϕ={}。我们将只关心可计算性的问题，也就是："自然数的何种集合可由算法产生，何种不能？"

为了提出这样的问题，如果愿意的话，我们可把每一单独的自然数n，在一特别的形式系统中，以特定的符号串来表示。按照系统中（"语法正确"地表达的）命题的某一字典顺序，n表示"第n个"符号串，譬如讲Q_n。则每一自然数代表一个命题。形式系统的所有命题的集合是由整个集合**N**来代表，例如，形式系统的定理可被认为是自然数的某一个更小的集合，例如集合P。然而，命题的任何特殊编号系统细节不是重要的。为了在自然数和命题之间建立一种对应，我们需要的是能从任一个自然数n得到它对应的（在一种适当的符号记法中写出的）命题Q_n的已知算法，以及从Q_n得到n的另一个已知算法。假定已知这两种算法，我们就能随心所欲地把一个特定形式系统的命题集合和自然数集合**N**相等同。

让我们选择一个形式系统，它是协调的，并广泛得足以包括所有图灵机的所有动作——并且在以下的意义上是"有意义的"，即它的公理和步骤法则可认为是"自明地真的"。现在，这形式系统的命题Q_0，Q_1，Q_2，Q_3，…中的一些实际上在该系统中有证明。这些"可证明的"命题有一些属于**N**的某一个子集的数，这事实上就是上面考虑的定理的集P。我们事实上已经看到了在某一个给定形式系统中存在一种一个接一个产生具有证明的所有命题的算法。(正如早先概述的,"第n个证明"$\prod_n$是在算法上从n得到的。所有我们要做的是去看第n个证明的最后一行,以发现在系统中可证明的第n个命题,也就是第n个"定理"。)这样,我们就有了一个接一个(也许会有重复——但这无所谓)产生P的元素的算法。

一个可用某种算法以这种方式产生的集合,譬如P,叫作递归可数的。注意,在系统中可被证伪——也就是其否定的命题可被证明的命题的集合也类似地为递归可数的,因为我们可简单地列举这些可证明的命题。在此过程中取它们的否定。存在许多$\mathbf{N}$的其他递归可数的集,但我们不必介绍把它们定义出来的形式系统。递归可数集的简单例子是偶数

$$\{0, 2, 4, 6, 8, \cdots\},$$

和平方的集合

$$\{0, 1, 4, 9, 16, \cdots\},$$

以及素数的集合

$$\{2, 3, 5, 7, 11, \cdots\}。$$

很清楚,我们可以利用算法把这些集中的每一个元素产生出来。在这3个例子中还有这种情形,即集合的补集——也就是不在该集中的自

然数的集为递归可数的。3种情形的补集分别为

$$\{1, 3, 5, 7, 9, \cdots\},$$
$$\{2, 3, 5, 6, 7, 8, 10, \cdots\},$$

以及

$$\{0, 1, 4, 6, 8, 9, 10, 12\}。$$

为这些补集提供算法是轻而易举的事。我们的确可以在算法上决定，对于给定的自然数n，它是否为偶数，是否为平方或者是否为素数。这就为我们提供了既产生集合又产生补集的算法，因为我们可以按顺序地跑过自然数，并在每种情况下决定它是否属于原先的集合或它的补集。一个本身及其补集都是递归可数的集合称为递归集。很清楚递归集的补集仍为递归集。

现在，是否存在递归可数但不是递归的集合呢？我们暂停一下，注意一下它的推论。由于这种集合的元素可在算法上产生，我们就有一种对于怀疑属于该集合的元素决定其是否真的属于该集合的手段。这一时刻，我们暂且假定它实际上属于该集合。所有我们要做的是允许我们的算法跑过集合中的所有元素，直到它最终找到我们所考察的特殊的元素。但是假如我们怀疑的元素实际上不在这集合中，则我们的算法就无济于事了。由于它会不断地进行下去，永远得不出一个决断。在这种情形下，我们需要一个产生补集的算法。如果它发现了我们所怀疑的，则我们肯定地知道该元素不在这集合中。我们用两种算

法就应该是万无一失了。我们可以简单地交替使用这两种算法，并用任何一种方法找到所怀疑的。然而，这种快乐的情形只发生在递归集的情形下。我们这里只假定集合为递归可数的而不是递归的：我们提议的产生补集的算法不存在！这样，我们就面临着这等古怪的情形，即对于在集合中的一个元素，我们可在算法上决定它的确是在这集合中，但是我们用任何算法都不能保证决定恰巧不在这集合中的元素的这一个问题！

这种古怪的情形是否发生过呢？也就是说，是否的确存在不是递归的递归可数集呢？关于集合P的情况如何呢？它是一个递归集吗？我们已知它是递归可数的，所以我们必须决定其补集是否也为递归可数的。事实上它不是！我们何以知道呢？我们知道图灵机的动作被假定为在我们形式系统中允许的运算。我们用T_n来标志第n台图灵机，则陈述

"$T_n(n)$停止"

是一道命题——让我把它写作$S(n)$——也就是对于每一自然数n，我们可在我们的形式系统中把它表达出来。对于某些n值命题$S(n)$是真的，对于另外的n值它是假的。n跑过自然数0，1，2，3，… 时所有$S(n)$的集合将由$\mathbf{N}$的某一个子集S所代表。现在回忆一下图灵的基本结果（参阅第2章78页），在$T_n(n)$事实上不停的情形下，不存在作"$T_n(n)$不停"断言的算法。这表明假的$S(n)$的集合不是递归可数的。

我们观察到S在P中的部分刚好包括了那些是真的$S(n)$。为什么会这样子呢？如果任何特别的$S(n)$是可证明的，那么它必须是真的（因为我们已选择了“有意义的”形式系统），所以S在P中的部分必须只包括真的命题S，而且没有真的命题$S(n)$能处在P的外头，因为如果$T_n(n)$停止，那我们便可在这系统内提供证明说它是真的这样[1]。

现在，假定P的补集是递归可数的。那我们就应有某种产生这种补集的算法。我们可以使这些算法运行并在其经过每一命题$S(n)$时记下来。这些都是错的$S(n)$，所以我们的步骤实际上为我们递归地列举了错的$S(n)$的集合。但是，我们在上面注意到错的$S(n)$不是递归可数的。这一矛盾显示了，P的补集根本不是递归可数的；所以集P不是递归的，这就是我们所需要的结果。

这些性质在实际上表明了我们的形式系统不能是完备的，也就是说，在系统中必有一些既不能证明又不能证伪的命题。因为如果没有这样“不可决定的”命题，则集P的补集就必须为可证伪的命题（任何不能证明的东西都必须为可证伪的）。但是，我们已看到可证伪的命题包含一个递归可数集，所以这就使得P成为递归的。然而，P不是递归的，这一个矛盾导致了不完备性。这就是哥德尔定理的主要突破。

现在关于$\mathbf{N}$中的代表我们形式系统的真的命题的子集T能说些什么呢？T是递归的吗？T是递归可数的吗？T的补集是递归可数的

---

1. 事实上，该证明可由一系列步骤组成，这些步骤反映了直到停止以前的机器的动作。机器一旦停止则证明即告完成。

吗？事实上对所有这些问题的答案都是“否”。一种看到这一点的方法是注意到形式

“$T_n(n)$停止”

的假的命题不能由算法产生，正如我们前面所注意到的。所以，假的命题作为整体来说不能由任何算法产生，因为任何这种算法特别会列举出上面所有假的“$T_n(n)$停止”的命题。类似地，不能由一个算法产生所有真的命题（由于可轻易地修改任何这种算法以得到所有错误的命题，只要简单地把它产生的每一命题都取一个否命题即可）。由于真的命题因此不是递归可数的（假的也不能），它们构成了比系统中可证明的命题更复杂和深广得多的陈列。这再一次阐明了哥德尔定理的结论：形式论证只是得到数学真理的部分手段。

存在一定的真的算术命题的简单的族，却的的确确能形成递归可数集。例如，不难看出，具有如下形式的真的命题

$$\exists w, x \cdots, z[f(w, x \cdots, z)=0]$$

组成递归可数集（我把它记作A）[8]。这儿$f(\ )$是由通常的加、减、乘、除和自乘等算术运算所构成的。这种形式命题的一例——虽然我们不知它是否真的——是“费马大定理”的否定，此处f可取作

$$f(w, x, y, z)=(x+1)^{w+3}+(y+1)^{w+3}+(z+1)^{w+3}。$$

然而，人们发现集合A不是递归的（这是不容易看到的事实——虽然它是哥德尔实际的原先论证的一个推论）。这样，我们并没有任何算法手段哪怕在原则上决定“费马大定理”的真假！

我试图在图4.1中极其概略地把所有具有好的简单的边界的区域代表一个递归集合，这样人们可以想象，告知某一给定的点是否属于该集是件直截了当的事。图中的每一点都认为代表一个自然数。而其补集也为一个显得简单的区域所代表。我在图4.2中试图用具有复杂边界的集合来代表递归可数但非递归的集合。此处边界一边的集合——递归可数的那一边——被认为比另一边简单。这些图是非常概略的，一点也没有在任何意义上的“几何准确性”的企图。尤其是用平坦的二维平面来代表这些图像在实际上没有任何意义。

我在图4.3中概略地指出了区域P，T和A处在集合$\mathbf{N}$中的情形。

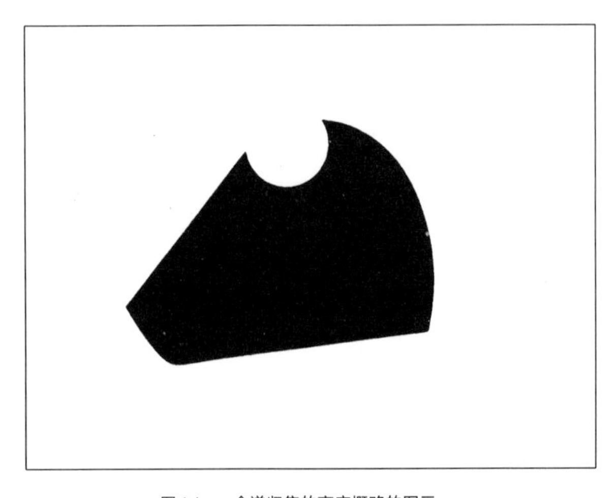

图4.1　一个递归集的高度概略的图示

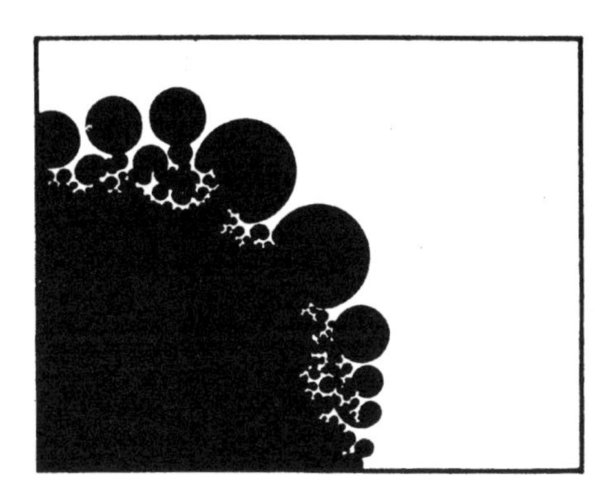

图4.2 一个递归可数的，但不是递归的集合（黑区域）的高度概略的图示。其思想是，白的区域定义为当可计算地产生的黑的区域被取走后所“余下的”；断定一点是否在白的区域中不是一个可计算的问题

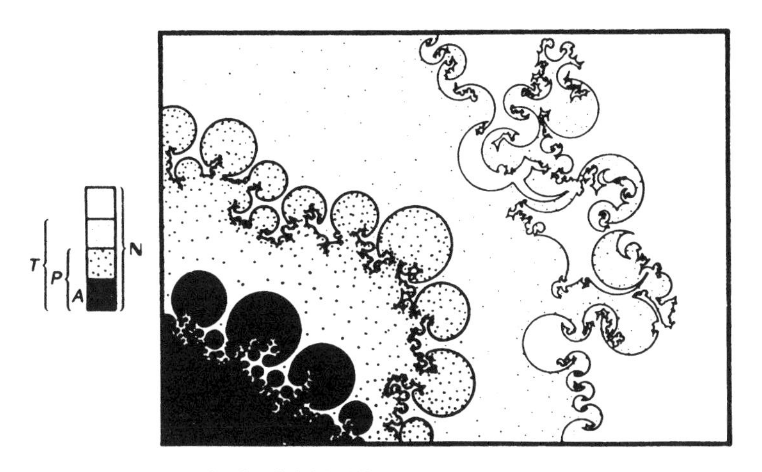

图4.3 不同命题集合的高度概略的图示。在系统中可证明的命题集合P，正如集合A那样，是递归可数但不是递归的；真的命题集合T甚至不是递归可数的

芒德布罗集是递归的吗

非递归集必须具有这样的性质，即它们在非常本质的方式上是复

杂的。在某种意义上看，它们的复杂性应当公然抵抗任何系统化的企图，否则该系统化就会导致某种适当的算法步骤。对于一个非递归的集合，不存在一般的算法的方式去决定一个元素（或一“点”）是否属于这个集合。我们在第3章的开头肯定是见证到一个非同寻常地复杂的集合，也就是芒德布罗集。虽然提供其定义的规则是令人吃惊地简单，但集合本身却呈现出高度繁复的结构和无穷的变化。这难道真的是呈现在我们眼前的非递归集合的例子？

然而，读者会很快地指出，现代高速电脑的魔术把这些模式的复杂性呈现于我们的面前。难道电脑不就是算法行为的体现吗？的确，这肯定是对的。但是，我们必须记住电脑实际上产生此图的方式。为了检验复平面上的一点——一个复数C——是否属于芒德布罗集（涂成黑色）或它的补集（涂成白色），电脑就要从0开始，然后利用

$$z \to z^2 + C$$

把0映射到C，然后从$z = C$得到$C^2 + C$，然后从$z = C^2 + C$得到$C^4 + 2C^3 + C^2 + C$等。如果序列0，C，$C^2 + C$，$C^4 + 2C^3 + C^2 + C$，…保持有界，则由C代表的点就涂成黑色；否则涂成白色。机器如何告知我们说这样的序列保持有界呢？这个问题原则上牵涉到知道在序列的无穷项后会发生什么，这本身不是电脑的事体。幸运的是，若序列是无界的，总存在有限项后就使人们得知的方法。（事实上，只要它达到以原点为中心以$1+\sqrt{2}$为半径的圆周就能肯定该序列是无界的。）

这样，在一定的意义上讲，芒德布罗集的补集（也就是白的区

域）是递归可数的。如果复数C在白的区域中，就有确定此事实的算法。芒德布罗集本身也就是黑的区域的情况又如何呢？是否有确切告知一个被怀疑处于黑区域的点果真是在黑区域的算法呢？迄今看来这一问题的答案仍是未知的[9]。我询问了许多同事和专家，似乎没有人知道存在这样的算法。他们也从未表明过不存在这样的算法。对于黑区域至少还没有已知的算法。芒德布罗集的补集也许真正是一个递归可数但不是递归的集合！

在进一步探索这个设想之前，必须先讨论我掩饰的某些问题。这些问题对于以后讨论物理的可计算性具有某种重要性。我前面的讨论实际上有些不精确。我把诸如“递归可数的”和“递归的”这样的术语应用于复平面也就是复数的集合上。严格地讲，这些术语只能适用于自然数或其他可数的集合。我们已经在第3章（110页）看到实数是不可数的，所以复数也不是可数的——由于实数可考虑作特殊种类的复数，也就是虚部为零的复数（参阅114页）。事实上，刚好存在和实数“一样多”数目的复数，也就是C那么多。（粗略地讲，为了建立复数和实数之间的一一对应，我们可以把每一复数的实虚部各作小数展开，然后将其交叉地塞到相应实数的奇数和偶数位上去：例如复数$3.6781\cdots+i512.975\cdots$对应于实数$50132.6977851\cdots$）

逃避这个问题的一种办法是只管可计算的复数，我们在第3章看到，可计算的实数——并因此可计算的复数——的确是可数的。然而，这里有严重的困难：事实上不存在决定两个按照它们相应的算法给出的可计算数是否相等的一般算法！（我们可以算法地形成它们的差，但我们不能算法地决定这个差是否为0。想象两个分别产生

0.99999…和1.00000…的算法，我们也许永远不会知道这些9和0是否无限地继续下去，因此这两个数相等，或最终某些其他的数会出现，因此这两个数不等。）这样，我们也许永远不能知道这些数是否相等。其中的一个含义是，甚至对诸如复平面上的单位圆盘这么简单的集合（所有到原点的距离不大于一个单位的点的集合，也就是图4.4中的黑的区域）都没有决定复数是否实际上处于圆上的算法。当点处于圆盘的内部（或在外部）时不会引起这个问题，但点处于圆盘的边缘时，也就是在单位圆本身上时就有了问题。单位圆被认为是圆盘的部分。假定我们简单地给出产生某复数的实部和虚部的位数的算法。如果我们怀疑该复数实际上处于单位圆上，我们并不能肯定这个事实。不存在去决定可计算数

$$x^2+y^2$$

是否实际上等于或不等于1的算法，也就是决定该可计算复数$x+iy$是

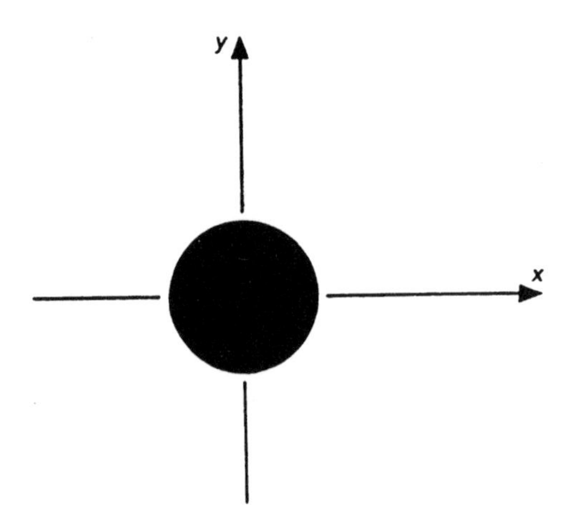

图4.4　单位圆盘肯定被当作“递归的”，但是这个需要一个适当的观点

否在单位圆上的判据。

这肯定不是我们所需要的。单位圆盘当然*必须*被当作递归的！没有很多集合比单位圆盘更简单！一种躲避这一问题的办法是*不理睬*边界。对实际上处于内部或外部的点肯定存在确认这些事实的算法。（简单地一个接一个地产生x^2+y^2的数位，最终会发现在小数展开0.99999…后面出现非9或1.00000…后面出现非0）。在这个意义上讲，单位圆盘是递归的。但是，这种观点是相当粗劣的，因为人们经常需要按照在边界*上*的行为来进行论证。另一方面，这种观点或许对物理学是合适的。我们以后还要再考虑这些问题。

人们或许还会采用另一种紧密相关的观点，它根本未涉及可计算复数的问题。我们简单地要求可对*给定*的复数决定其是否在该集中或在补集中的算法，而不试图去列举该问题的集外或集内的复数。我在这里的"给定"的意义是，对于我们检验的每一个复数，也许用某种魔术的办法，实部和虚部的连续位数可一个接一个地写出以供使用，要多长就有多长。我不要求存在任何已知或未知的把这些位数*写*出来的算法。对于一个复数的集合，如果存在一个单独的算法，使得只要并且只要一个复数实际上在此集中，*一旦*该数以这种方法用一串数位写出，就在有限的步骤后它最终会说"是"，则该集合被认为是"递归可数的"。和上面提出的第一种观点一样，这种观点"不理睬"边界。这样，单位圆盘的内部和外部分别都在这个意义上被当作递归可数的，而边界本身不是。

我一点也不清楚，这些观点是否真正必需[10]。把它应用到芒德布罗集时，“不理睬边界”的哲学可能将该集合的许多复杂性都损失了。该集合一部分包括具有内部区域的“点”，还有部分是“卷须”。其极端复杂性似乎存在于极其剧烈的弯曲的卷须之中。然而，卷须不在集合的内部，所以如果我们采用了上述的任一种哲学，则这些卷须都被忽略了。尽管如此，当只考虑斑点时，仍然不清楚芒德布罗集是否为“递归的”。这个问题似乎依赖于某个未被证明的有关芒德布罗集的猜测：它是所谓的“局部连通”的吗？我不想在此解释此术语的意义及其关联之处。我只想指出这些是困难的问题，它们引起了有关芒德布罗集的未解决的问题，而且其中一些正是当前某些数学研究的最前沿的问题。

为了绕过复数是不可数的问题，人们还可以采用其他的观点。人们不去考虑所有可计算的复数，而去考虑这样的一个适当的子集，该子集的数具有去决定其中两个数相等与否仍是可计算的问题的性质。“有理”复数即为这样的一种简单的子集，实部和虚部均为有理数的复数即为有理复数。我认为它并不在芒德布罗集中占多少，而这种观点又是非常局限的。考虑代数数也许会更令人满意些——这就是那些为整系数的代数方程的解的那些复数，例如，方程

$$129z^7 - 33z^5 + 725z^4 + 16z^2 - 2z - 3 = 0$$

所有z的解为代数数。代数数是可数的并且是可计算的。实际上去决定它们中的两个是否相等正是可计算的问题。（它们其中许多处于单位圆的边界和芒德布罗集的须蔓上。）如果需要的话，我们可把这问题表述成，芒德布罗集是否按照它们为递归的。

在刚才考虑的两个集合的情况下代数数也许是合适的，但它实在不能一般地解决我们所有的困难。考虑由关系

$$y \geqslant e^x$$

所定义的集合（图4.5中的黑的区域）。这里$z=x+iy$是复平面上的点。按照上面所表述的任何观点，该集合的内部及其补集的内部，都是递归可数的。但是（从F. 林德曼在1882年证明的一个著名定理）边界$y=e^x$只包含一个代数点，即$z=i$。代数数对于这种情形下的边界的算法性质的研究毫无用处！虽然不难找到满足这种特殊情形的其他的可计算数子集，但人们会强烈地感到，我们还没得到正确的观点。

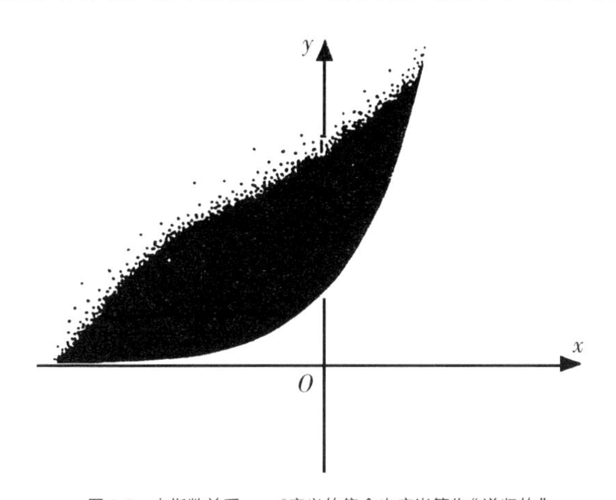

图4.5 由指数关系$y>e^x$定义的集合也应当算作“递归的”

一些非递归数学的例子

在许多数学分支中产生了非递归的问题。也就是说，我们会遇到

一系列的问题，它们答案或者为“是”或者为“非”，但是不存在决定究竟是什么答案的一般算法。在这类问题中有一些显得非常简单。

首先考虑求整系数代数方程组的整数解的问题。这种方程称为丢番图方程（以希腊数学家丢番图来命名，他的生活年代为公元前3世纪，他研究了这一类方程）。这样的一组方程可为

$$z^3-y-1=0,\ yz^2-2x-2=0,\ y^2-2xz+z+1=0,$$

问题在于决定它们是否有x，y，z的整数值的解。在给定的特殊情况下，事实上存在

$$x=13,\ y=7,\ z=2$$

的解。然而，不存在决定任意丢番图方程集合[1]的这一问题的算法：尽管丢番图算术是这么初等，它却是非算法数学的一部分！

[另一个稍微高等的例子是流形的拓扑等价。这里我仅仅简略地提及，因为它和第8章要讨论的问题有某种可以预料到的相关性。为了理解何为“流形”，先考虑一个线圈，它是仅仅为一维的流形。然后考虑一个闭合面，这是二维的流形。再摹想具有三维或更高维的“表面”。两个流形的“拓扑等价”表明其中一个可以连续运动地变形成

1. 这是在40页提到的希尔伯特第十问题的否定答案。（例如，参见*Devlin 1988*。）这里变量的个数是不受限制的。然而人们知道，为了使这种非算法性质成立，实际上需要变量的个数不超过9就可以。

另一个——不能撕裂，也不能粘住。这样，一个球面和一个立方体的表面就是拓扑等价的，同时它们和一个环或茶杯的表面不是拓扑等价的——后两者实际上是相互拓扑等价的。现在，对于二维流形，存在一种决定其是否拓扑等价的算法——事实上可归结为计算每一曲面所具有“环柄”的数目。在写此书时，对于三维这问题的答案还没有得到，但是对于四维或更高维的情况，已经知道不存在决定等价类的算法。四维情形和物理有些相关是可以理解的。这是由于按照爱因斯坦的广义相对论，空间和时间一起组成了一个四维流形（见第5章268页）。格罗许和哈特尔在1986年提出，这个非算法性质可能和“量子引力”有关；还可参阅第8章。]

现在我们考虑一个被称作字问题[11]的不同种类的问题。假定我们有某些符号字母，考虑把这些符号连成各种称作词的串。词本身可以不具有意义，但是我们有一张（有限的）在它们之间“等价”的表，可用此表来推导出更多这样的“等价”。这可以用如下办法做到，在较长的词中找出和表中某个词相同的部分，这一部分可用表中认为是相等的另一个词来取代。现在问题就归结为，对某一对给定的词，按照这些规则决定它们是否“相等”。

例如，我们原始的表为

$EAT = AT$

$ATE = A$

$LATER = LOW$

$PAN = PILLOW$

$CARP=ME$。

例如，从这些我们可以推出

$LAP=LEAP$

这可由连续地利用原表中的第二、第一以及再次利用第二个关系而得到：

$LAP=LATEP=LEATEP=LEAP$。

现在的问题在于，给定某一对词，我们能简单地用这种代入法从一个词得到另一个词吗？例如，我们能从ATERPILLAR得到MAN，或从CARPET得到MEAT吗？ 在第一种情形下的答案恰好为“是”，而在第二种情况下则为“非”。当答案为“是”时，通常显示这一点的方法是简单地写出一串等式，每一个词都是用允许的关系从前面的词得出。这样（要改变的字母用粗体印出，刚被置换的用斜体印出）：

C**ATE**RPILLAR=C*A*PRILL**A**R=CARPIL**LAT***TE***ER**=CAR**PILLO**
W=**CARP***AN*=*ME***A**N=**MEAT***EN*=*M***ATE**N=M*A*N

按照允许的法则，我们何以得知不能从CARPET得到MEAT呢？对此问题，我们要稍微多想片刻，但是用各种不同的方法不难看到。最简单的方法如下：在我们原始表上的每个“等式”中，A加上W再加M出现的总次数在两边是相等的。这样，在所有允许替代的系列中A、W和M的总数目不应改变。然而，对于CARPET这个数为1，而NEAT为2。所以靠允许的替换不可能从CARPET得到MEAT。

请注意，当两个词“相等”时，我们可简单地使用所给定的规则，写出一串允许的形式符号串来显示这一点；而在“不相等”的情形，我们必须求助于关于给定规则的论证。只要两个词事实上是“相等”的时候，我们就有清楚的算法可用来在它们之间建立起“相等”。我们所要做的是，把所有可能的词的序列作字典式的列表。如果序列中含有接连的两个词，其中第二个词不能按允许的规则从第一个词得出的，就从这表中删去这样的序列。余下的序列就提供了所有要寻找的词之间的“等价类”。然而，一般地不存在这样明显的算法，它能决定两个词不“相等”。为了建立这个事实，我们必须求助于“智慧”。（我的确花了好一阵时间才注意到上面的“技巧”，它可用来建立CARPET和MEAT的不“相等”。对于其他例子，也许需要完全不同的“技巧”。顺便提及，对于建立“等式”的存在，智慧虽然不是必要的，却是有助的。）

事实上，在上述情况中对于包含5个“等式”的特殊的表，当两个词的确“不等”时，提供一种去确定其“不等”的算法并不特别困难。但是，为了找到对这种情况起作用的算法，我们必须使用一些智慧！人们发现，并不存在任何单独算法可普遍地应用于所有原始表的选择。在这个意义上讲，字问题不存在算法解。一般字问题是属于非递归数学的范畴！

甚至对于某种特别选取的初始表，不存在决定两个词语何时不相等的算法。其中一例便是：

$$AH=HA$$
$$OH=HO$$
$$AT=TA$$
$$OT=TO$$
$$TAI=IT$$
$$HOI=IH$$
$$THAT=ITHT$$

（这是采用G.S.蔡亭和丹娜·斯各特1955年给出的表；参阅 *Gardner 1958*，第144页。）这样，这个特殊的字问题本身就是一个非递归数学的例子。也就是说，利用这张特殊的初始表，我们不能在算法上决定两个给定的词是否“相等”。

从形式化数理逻辑的考虑（正如我们早先考虑过的“形式系统”等）中产生了一般的字问题。初始表起着公理系统的作用，词的替代规则起着步骤的形式法则的作用。从这种考虑引起了字问题的非递归性的证明。

作为非递归数学问题的最后一个例子，现在我们考虑一个用多边形来覆盖欧几里得平面的问题。这里我们只允许用有限种不同形状的花砖，看看是否能将整个平面既没有裂缝又没有重叠地覆盖住。这种用多边形来铺满平面的方法称为平面的镶嵌。我们都对如下事实很熟悉，可以只用正方形或正三角形或正六边形来镶嵌（正如第10章图

10.2所示的)，但是不能只用正五边形。还有许多其他的单独形状可以用来镶嵌平面，正如画在图4.6中的两种不规则五边形。用两个形状来镶嵌，结果就更精巧。图4.7画出了两个简单的例子。迄今为止

图4.6　平面周期镶嵌的两个例子，每一种情形都只用单独形状的花砖(1976年由马乔丽·赖斯发现)

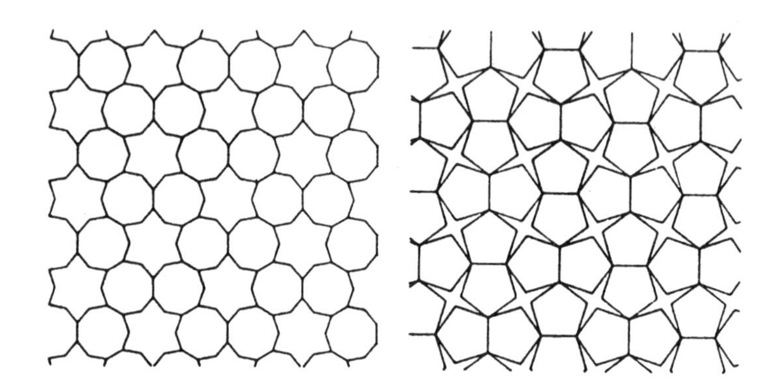

图4.7　平面周期镶嵌的两个例子，每一种情形都用两种花砖

所有的例子都具有称为周期性的性质。这表明它们在两个独立的方向上完全重复。按照数学语言，我们说存在一个周期平行四边形——一个平行四边形，如果我们用某种方法将其标出，并在平行于它的边的两个方向上不断地重复，则能重新产生给定的镶嵌花样。图4.8即为一个例子，在左面画出了用刺状的花砖进行的周期镶嵌，而在右面则画出与此周期性镶嵌相关的周期平行四边形。

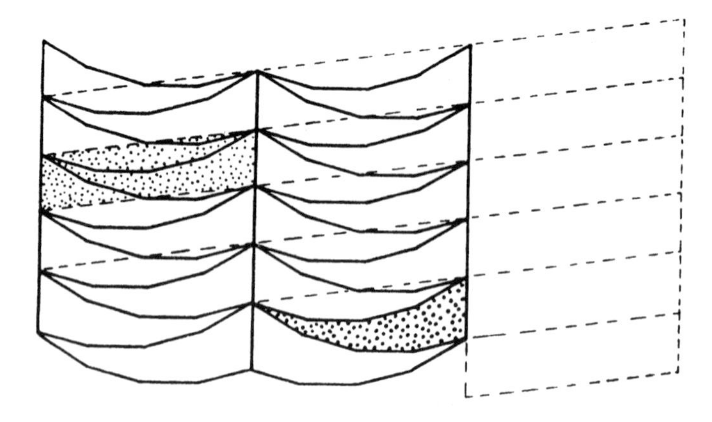

图4.8　一个周期性镶嵌，并标出和它的周期平行四边形的关系

存在许多不是周期性的平面镶嵌。图4.9画出了3种，这是用图4.8所示的同一种刺状花砖组成的非周期性的“螺旋”状镶嵌。这一种特别的花砖形状（由于明显的原因）被叫作“万能的”，它是由B.格林鲍姆和G.C.谢泼德设计的（1981，1987），这明显的是基于H.沃德伯格的更早的形状。值得注意的是，用这种花砖既可以构成周期性的也可以构成非周期性的镶嵌。许多其他单独花砖形状和花砖集合也具有这种性质。现在我们要问，是否存在一种花砖或一组花砖，只能非周期性地镶嵌平面呢？答案是肯定的。在图4.10中我画出了一族由美国数学家拉飞逸·罗宾逊（1971）构作的6个花砖，它们只能够非周期性地镶嵌整个平面。

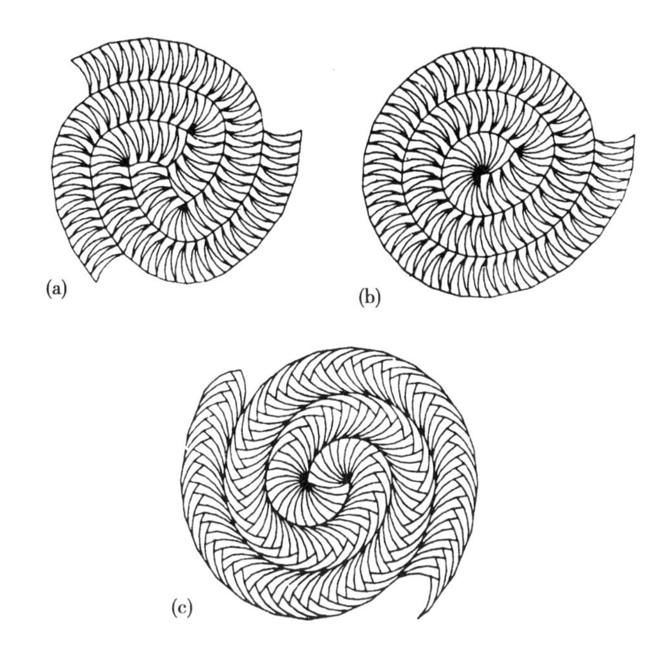

图4.9　3个非周期性的“螺旋”镶嵌，使用了图4.8中的同样的“万能”的形状

图4.10 拉飞逸·罗宾逊的只能对平面做非周期性镶嵌的6种花砖

值得稍微了解一下这种非周期性的花砖族由来的历史。(参阅*Grünbaum and Shephard 1987*)。1961年美籍华人逻辑学家王浩提出了对于镶嵌问题是否存在一个判定过程的问题，也就是说，是否存在一种算法，它可以判定给定的不同多边形的有限集合能否将整个平面镶嵌[1]！他指出，如果每一个以某种方式镶嵌平面的不同花砖的集合，还能把这平面周期性地镶嵌的话，则的确存在这样的决定步骤。我想，可能那时人们感到，不太会有违反这种条件的集合——亦即会存在“非周期性”的花砖集合。然而，1966年在王浩的建议指导下，罗伯特·伯杰指出，镶嵌问题的判定过程实际上不存在；镶嵌问题也是非递归数学的一部分[12]！

这样，我们从王浩的早期结果得知，必然存在非周期性的花砖集合，而且伯杰也确实找到了第一族非周期性花砖。但是，由于这些论

1. 王浩实际上考虑了稍微不同的问题——用方的花砖，不旋转，并且边缘颜色必须匹配，但是对我们这里这些差别并不重要。

证脉络之复杂性，他的集合涉及了非同小可的大数目的不同花砖——最初有20426个。伯杰又用了许多技巧才将其数目减少到104个。然后到1971年，拉菲尔·罗宾逊将此数目减少到图4.10所示的6个。

图4.11中还画出了另外一种非周期性的6种花砖的集合。

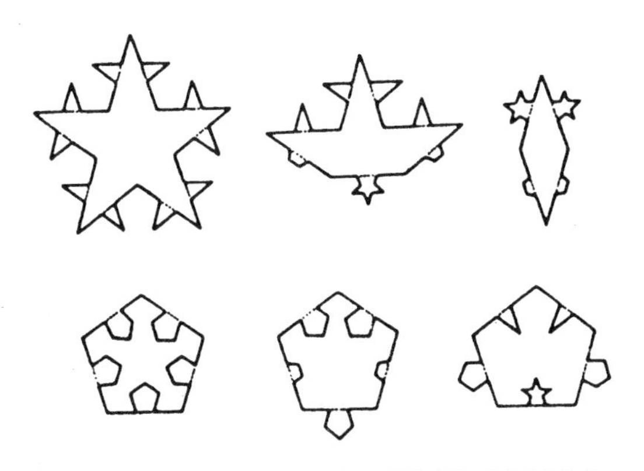

图4.11　另一种只能非周期性地对平面做镶嵌的6种花砖的集合

这是大约在1973年我自己沿着完全不同的思路得到的。(在第10章中我还将提及，图10.3画出了用这些形状铺就的排列。) 我注意到罗宾逊的非周期性的6个集合后，开始设法减少此数目；试着拼拼凑凑，能够将其减少到两个。图4.12中画出了另外两种方案。这些完整的镶嵌显示出的必须为非周期性的花样，具有许多显著的性质，包括了似乎在结晶学上不可能的五重对称的准周期结构。以后我还会提及。

令人吃惊的是，数学中这么明显地“无聊的”领域——也就是用全等的形状去覆盖平面——初看起来像是“小孩游戏”，实际上应该是非递归数学的一部分。实际上，在这领域中还有许多未解决的困

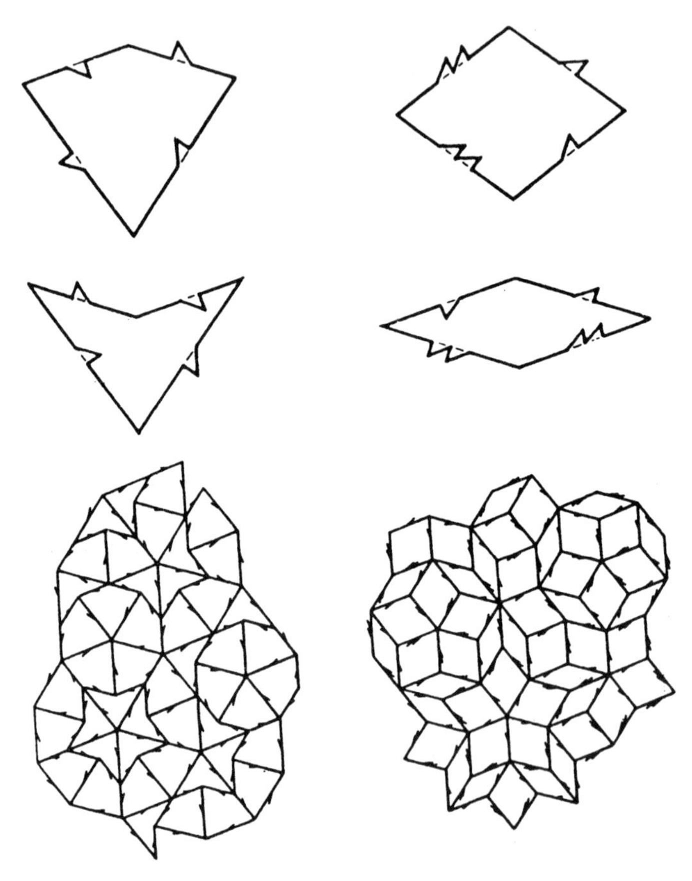

图4.12 （彭罗斯镶嵌）两对花砖，每对都只能非周期性地镶嵌平面。还有由每对花砖镶嵌的平面区域

难问题。例如，我们还不知道，是否存在只包括单独花砖的非周期性集合。

王浩、伯杰和罗宾逊处理镶嵌问题时，所用的花砖是以方块为基础的。我这里允许用一般形状的多边形，而且为了展现独特的花砖，人们需要一些适合的可计算方法。一种方法是将其顶点当成复平面上的点，也许这些点只要是代数数就完全足够了。

芒德布罗集像非递归数学吗

让我们回到早先的关于芒德布罗集的讨论。为了阐释的目的，我们假定，在某一适当的意义上，芒德布罗集是非递归的。由于它的补集是递归可数的，这就表明集合本身不是递归可数的。我认为，关于非递归集合和非递归数学方面，芒德布罗集的形式似乎对我们有许多教益。

回到第3章遇到的图3.2。我们注意到，集合的大部分似乎都由一个大的心状的区域所充满，在图4.13中用A来表示该区域。这个形状称为心脏线，它的内部区域可以定义为复平面的点c的集合。该集合是由

$$c=z-z^2$$

的形式产生的，z是离原点距离小于$1/2$的复数。这一集合在前面的意义上肯定是递归可数的：即存在一个算法，把它应用于区域的内部的一点时，将会断定这一点的确是在区域的内部。很容易从上述的公式得到实际的算法。

现在考虑刚好处于心脏线左边的圆盘状的区域（图4.13中的区域B）。它的内部区域为点

$$c=z-1$$

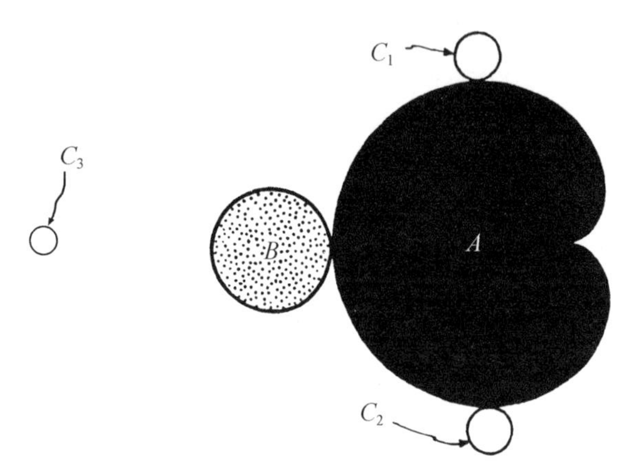

图4.13　可用简单的算法方程来定义芒德布罗集内部的主要部分

的集合，这里z离开原点距离小于1 / 4。这一区域的确是圆盘的内部——在一个正圆的内部的点集合。这一区域又是在上面意义下递归可数的。关于心脏线上其他“瘤”的情况又如何呢？考虑余下的两个最大的瘤。这是近似圆形的斑点，大致处于图3.2心脏线的上顶和底下，图4.13中用C_1，C_2表示。它们可按

$$c^3+2c^2+(1-z)c+(1-z)^2=0$$

的集合给出，这里z的范围是离开原点距离小于1 / 8的区域。这个方程事实上不仅为我们提供了两个斑点（在一起的），而且还提供一个“婴儿”心脏线形状，后者出现在图3.2的左边的地方——也就是图3.1的主要区域——在图4.13中标作C_3的区域。这些（一起或分开的）区域由于上述公式的存在又组成了递归可列集。

尽管我已经做过假设，即芒德布罗集可能是非递归的，我们运用某些定义完好的以及不过于复杂的算法，可以清理出该集合的最大面积。这个步骤似乎应该继续下去。集合中所有最明显的、肯定占满了它面积的绝大部分（如果不是所有的话）的区域，可以在算法上处理。如果正如我所设想的那样，这集合全体不是递归的，则我们的算法不能达到的区域必须是非常精巧的，并且很难找到。而且，当我们已经定位了这样的一个区域，就可以看看有无机会改善我们的算法，使那些特殊的区域也能达到。然而（如果我关于非递归性的假设是正确的），还会有其他这类区域躲藏在微妙的、复杂的、模糊的深处，甚至用我们改善了的算法都达不到。我们再次可能利用直觉、天才和勤奋的巨大努力，将这样的一个区域定位，但是还会有其他的会漏掉，等等。

我想这就像用数学方式处理困难的问题，且假定为非递归性的。人们在某些特别的领域遇到的最普遍问题可由简单的算法步骤——甚至是已经知道了几世纪的步骤来解决。但是其中仍有漏网之鱼，要掌握它们就需要更复杂的步骤。漏网之鱼当然特别刺激数学家们，并促使他们去发展更为有力的方法。这些必须是基于对涉及的数学性质的越来越深刻的洞察之上。在我们对物理世界的理解中也许存在某些这种东西。

在上面考虑的字问题及镶嵌问题中，人们可以对这一类事稍有了解（虽然在这些领域中数学工具还未发展得非常远）。我们在一个非常特殊的情形下能用非常简单的论证去显示，某一词不能用允许的规则从另一词得到。不难想象，更复杂得多的推理可在处理更古怪的情形时起作用。很可能这些新的推理可发展成算法步骤。我们知道，不存在一个可以足够应付字问题的所有情况的步骤，但是漏掉的例子需要非常仔细和精巧地去构造。的确，只要我们肯定知道我们算法漏掉的例子，只要我们知道如何构造这些例子，则我们可以改善我们的算法以包括这种情形。只有不“相等”的配对词会漏掉，故一旦我们知道它们漏掉，我们就知道它们不“相等”，这一事实可添加到我们算法上去。我们改善了的洞察就导致一个改善了的算法！

复杂性理论

我在前面以及上一章关于算法的性质、存在和局限的论证是处于非常“原则的”水平上。我根本就没有讨论到出现的算法是否在任何方面像是可行的。即使对于算法存在并且该算法如何构造都很清楚的问题，也还需要许多才干和勤勉，才能将此算法发展成有用的东西。有时小小的洞察和才干就能可观地降低算法的复杂性，以及有时极大地加快其速度。这些问题经常是非常精细和技术性的。近年人们在构造、理解和改善算法方面，在不同的情况下做了大量的工作。这是一个快速扩大和发展的研究领域。我不想对这些问题进行细致的讨论。然而，有关算法的速度可被增加的某一绝对的极限有各种普遍知道或猜测的东西。人们发现，甚至在具有算法性质的数学问题中，也存在种种内在的比其他问题更难于在算法上解决的问题。困难的问题只能用非常慢的算法（即，可能需要非同寻常地大量的存储空间的算法等）来解。有关这类问题的理论称为复杂性理论。

复杂性理论并不这么关心在算法上解决单个问题的困难，而是关心无限个问题的族，找到解决一个单独族的所有问题的一般算法。族中的不同问题会有不同的“尺度”。问题的尺度是由某一自然数n来测量。（关于这一个数n实际上如何表征问题的尺度，我一会儿还要再说。）算法对于每类中的每一特别问题所需的时间长度——或更正确地说，基本步骤的数目——是依赖于n的某一自然数N。稍微精确一点讲，我们讲在*所有*具有某一特别尺度n的问题中算法采用的最大的步骤数目为N。现在，当n变得越来越大，N也似乎变得越来越大。事实上，N似乎增加得比n快速得多。例如，N可以近似地和n^2，n^3或许2^n成比例（对于大的n，它比n，n^2，n^3，n^4以及n^5中的每一个都大多了，甚至比带有任何固定指数r的n^r都大），或者譬如讲N甚至近似地和2^{2^n}（这又更大得多）成比例。

当然，这些“步骤”的数目可依赖于实现该算法的电脑的类型。如果电脑为第2章描述的图灵机，那儿只有一盘磁带——这是相当低效率的——那数目N就会比允许两盘或三盘磁带的增加得更快速（也就是说机器会运行得更慢）。为了避免这类不定性，按照N作为n的函数增加的可能方式进行了宽广的分类，使得不管使用何种类型的图灵机，N的增加率的度量总是归到同一分类中去。一种称为P（说明“多项式时间”的分类包括了所有最多为n，n^2，n^3，n^4，n^5，… 中的一个的固定倍数[1]的速率。也就是说，对P分类中的任何问题（这里我的“问题”的真正含义是具有解决它们的一个一般算法的一族问题），我们有

1. 一个“多项式”实际上是像$7n^4-3n^5+6n+15$这样的更一般的表达式，但是这并不增加我们的一般性。当n变大时，任何这类表达式中的所有包含n的更低方次的项都变得不重要（所以在我们的特例中，除了$7n^4$项之外可不管其他的项）。

$$N \leqslant K \times n^r,$$

这里K和r为常数（与n无关）。这表明N不比n的某一固定方次的某一倍数更大。

两个数相乘肯定是属于P问题的简单类型。为了解释这一点，我必须首先描述数目n如何表征一对特殊乘数的尺度。我们可以想象每一个数都以二进制写出，而每一个数的二进制位数简单地为$n/2$，总共给出了n个二进制数——也就是总共n*比特*。（如果一个数比另一个短，可以简单地从短的开始连续地在前头加上零使之和长的具有一样的长度。）例如，如果$n=14$，我们可以考虑

$$1011010 \times 0011011$$

（就是1011010×11011，但是在短的数上添了一些零）。最直接进行乘法的方式是只要写出：

$$\begin{array}{cccccccccccccc}
 & & & & & & & 1 & 0 & 1 & 1 & 0 & 1 & 0 \\
\times & & & & & & & 0 & 0 & 1 & 1 & 0 & 1 & 1 \\
\hline
 & & & & & & & 1 & 0 & 1 & 1 & 0 & 1 & 0 \\
 & & & & & & 1 & 0 & 1 & 1 & 0 & 1 & 0 & \\
 & & & & & 0 & 0 & 0 & 0 & 0 & 0 & 0 & & \\
 & & & & 1 & 0 & 1 & 1 & 0 & 1 & 0 & & & \\
 & & & 1 & 0 & 1 & 1 & 0 & 1 & 0 & & & & \\
 & & 0 & 0 & 0 & 0 & 0 & 0 & 0 & & & & & \\
 & 0 & 0 & 0 & 0 & 0 & 0 & 0 & & & & & & \\
\hline
 & 0 & 1 & 0 & 0 & 1 & 0 & 1 & 1 & 1 & 1 & 1 & 1 & 0
\end{array}$$

记住，在二进制中，$0\times0=0$，$0\times1=0$，$1\times0=0$，$1\times1=1$，$0+0=0$，$0+1=1$，

$1+0=1$，$1+1=10$。单独二进制乘法的次数为$(n/2)\times(n/2)=n^2/4$，并且可具有$n^2/4-(n/2)$次的单独的二进制加法（包括移位）。这样，总共有$(n^2/2)-(n/2)$次的单独算术运算——我们必须包括一些涉及移位的额外的逻辑步骤。总的步骤数为$N=n^2/2$（忽略低阶项），这肯定是多项式的[13]。

一般来说，对于一族问题，我们取这问题的“尺度”的测度n为需要指明该特别尺度的问题的自由数据所需要的二进制位数（或比特）的总数。这意味着，对于给定的n，在给定的尺度下问题会有多到2^n种不同的情形（因为每一位可有两种可能性中的任一个，0或1，而总共有n位数），而这些都必须由算法在不多于N步骤下被一致地处理好。

存在许多不属于P问题（的族）的例子。例如，为了进行从自然数r计算$2^{2^{2^r}}$的运算，甚至只要写出这一答案就大约需要2^n步骤，且不说进行计算了。n为在r的二进制表示中的位数。计算$2^{2^{2^r}}$的运算，只要写下就需要约2^{2^r}个步骤等！这些比多项式大多了，所以肯定不在P中！

在多项式时间内可以写下答案并甚至能检查正确与否的问题更为有趣。由此性质表征的（在算法上解出的）问题（的族）是一个重要的范畴。它们被称为NP问题（的族）。更精确地讲，如果在NP中的问题的族的个别问题有一解，那么该算法将给出这个解，并且它必须能在多项式时间内检验所设想的解确实是一个解。在问题没有解的情形下，算法会告诉我们这个，人们不必在多项式或别的时间内去检验的确没有解[14]。

*NP*问题既在数学本身，也在实在世界的许多范围内出现。我只给出一个简单的数学例子：在一个图中寻找所谓的“哈密顿回路”的问题（一个极简单概念的吓唬人的名字）。用“图”来表示点或“顶点”的有限集合，一定数目的点对由称为图的“边”的线连接起来。（我们在这儿并不对几何或“距离”性质感兴趣，只对由哪一顶点连接到哪一顶点感兴趣。这样，所有顶点是否在一个平面上表出是无关紧要的，我们的边是否互相穿越还是处于三维空间中都是无所谓的。）哈密顿回路就是一个只包括图的边的简单的闭合圈，该回路通过每一顶点刚好一次。图4.14中画出了一个在上面标出哈密顿回路的图。哈密顿回路问题是要判定，对于任何给定的图是否存在哈密顿回路，只要存在就把它明了地画出来。

可以以二进制数字用不同方式来表述一个图。用何种方法关系不大。一个步骤是给顶点编上号1，2，3，4，5，…，然后以某种适当的固定顺序列出成对的顶点来：

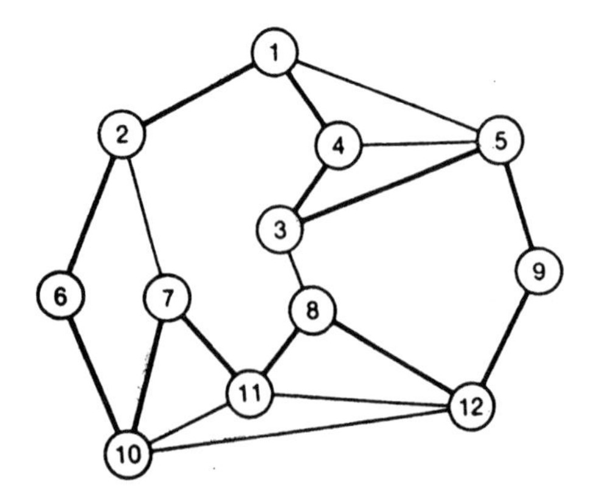

图4.14　带有（用稍粗一些的黑线）标出的哈密顿回路的一个图。还存在另一条哈密顿回路，读者若有兴趣可把它找出来

(1, 2), (1, 3), (2, 3), (1, 4), (2, 4), (3, 4), (1, 5), (2, 5), (3, 5), (4, 5), (1, 6), …

然后我们做一个准确的0和1的搭配的表，当一对顶点对应于图的一个边缘时写上1，否则写0。这样二进制序列

100101101100 …

表明顶点1接到顶点2、顶点4以及顶点5， … 顶点3接到顶点4和顶点5， … 顶点4接到顶点5，等等（图4.14）。如果需要的话，哈密顿回路可由这些边的子集给出，它用具有比前述的更多个零的二进制序列来描述。检验步骤是可以比开始找这些哈密顿回路更迅速地完成的事。人们所要做的一切，是检验作出的回路的确是一回路，也就是边须属于原先的图，而图中的每一顶点刚好只被用过两次——在两条边的每一端各一次。这一检验过程是某种可以在多项式时间内完成的事。

事实上，这个问题不仅是NP的，而且被认为是NP完备的。这表明其他任何NP问题都可在多项式时间内转变成它。这样，如果某个足够聪明的人能在多项式时间内找到解决哈密顿回路的算法，也就是能显示哈密顿回路问题实际上是在P中！则其推论是任何NP问题都在P中！这样的事情具有重大的含义。一般地讲，对于适当大的n，在一台快速现代电脑上，P中的问题被认为是“易处理的”（也就是“在一可接受的”时间长度里是可解的）。而在NP中又不在P中的问题，对于相当大的n被认为是“不易处理的”（也就是虽然在原则上可解，

“在实际上是不可解的”),而不管我们将面临着何种可以预见的种类的电脑速度的增加。(对于大的n的不在P中的NP问题,需要的时间会急速地变得比宇宙的年龄还要长,这对于实际的问题没有什么用处!)任何在多项式时间内解决哈密顿回路问题的聪明算法都能转换成在多项式时间内解决任何其他NP问题的算法!

另一个NP完全问题[15]是“流动推销员问题”。这个问题和哈密顿回路问题很相像,只不过是在不同的边附上数字,人们寻求数(推销员走的“距离”)的和为极小的哈密顿回路。流动推销员问题的多项式时间解会又一次导致所有其他NP问题的多项式时间解。(如果真的找到这样的一个解,将会变成头条新闻!尤其是好几年来提出了密码系统,该问题有赖于大整数的因子化问题,这是另一种NP问题。如果可在多项式时间内解决这一问题,那么这样的码就可能被强大的现代电脑所破。但是如果不能,这码就是安全的。参见Gardner 1989。)

专家们普遍相信,不管用任何种类图灵机的仪器,实际上都不可能在多项式时间内解决一个NP完全问题。所以结论是,P和NP不是同样的这个信念很可能是正确的,虽然还没有一个人能证明之。这仍然是复杂性理论最重要的未解决问题。

物理事物中的复杂性和可计算性

复杂性理论对于本书的讨论是重要的,因为它引起了另外的问题,和事物是否可计算的问题有一点区别;也就是说,被认为是算法的事物实际上是否以一种有用的方式为算法的。在后面的章节中，我关于复杂性理论将讲得比可计算性更少。因为我倾向于认为（虽然毫无疑问地是在相当不足够的基础上）复杂性理论的问题和可计算性本身的问题不一样，在和精神现象相关联上不占有中心的地位。而且，我感到算法的可行性问题的现状才刚刚被复杂性理论所触及。

然而，关于复杂性作用的问题，我也很可能是错的。正如我将在后面（第9章504页）评论的那样，实在物理对象的复杂性理论也许和我们刚刚讨论的有显著的不同。为了使这种差异变得更明了，那就必须使用量子力学，这个关于原子、分子的状态，以及许多其他在大得多的尺度下重要现象的神秘而强有力的精确理论。在第6章我们将遇到这一理论。按照最近大卫·多伊奇（1985）提出的一系列思想，在原则上可能建造“量子电脑”，存在不属于P的然而由这种装置可在多项式时间内解的问题的（类）。直到现在一点也不清楚，一个实际的物理仪器如何建造成行为可靠的量子电脑，而且迄今所考虑的问题的（类）肯定是很人为的——但是，我们似乎已经知道了用量子物理仪器改善图灵机的理论可能性。

我在这里讨论时把它当作一台“物理仪器”的人类的头脑，尽管设计得非常微妙精巧，而且非常复杂，它本身会从量子理论的魔术中得到好处吗？我们是否理解量子效应可以用于解决问题或作判断的方式呢？为了利用这种潜在的好处，我们也许必须“超越”现存的量子理论，这是可以理喻的吗？实际物理仪器真的很可能改善图灵机的复杂性理论吗？实际物理仪器的可计算性理论又是如何呢？

为了研究这类问题，我们必须离开纯粹数学的领域，并在下面的章节中探求物理世界在实际上是如何行为的！

第 5 章
经典世界

物理理论的状况

为了了解意识为何是自然的一部分，我们对自然的运行要知道哪些呢？制约身体和头脑组成基元的定律与此关系重大吗？如果真的像许多人工智能的拥护者所竭力说服我们的那样，意识理解仅仅是由算法所制定的，那么这些定律实际上是什么样子的则是无关紧要的。任何能够实现算法的仪器都一样好。另一方面，也许我们的知觉比可怜的算法更富有内容。也许构成我们的详细方式正和实际上制约构成我们物质的物理定律一样重要。我们也许需要理解构成物体物质以及规定所有物体行为的根本性质。物理学尚未做到这一步。许许多多的秘密还有待揭示和探索。然而，大多数物理学家和生理学家却断言，我们已经拥有足够的关于通常尺度的、诸如人脑物体运作的物理定律的知识。作为一个物理系统，大脑毫无疑义是极端复杂的，我们对其结构的大部分细节和相应功能相当无知。几乎没有人说，人们对作为构成其行为基础的物理原则的理解不存在任何重大缺陷。

相反地，我在下面将持一种非传统的论点，也就是我们对物理学的理解，甚至在原则上还不足够用以描述我们大脑的运作。为了论证这一点，我首先必须概述物理学的现状。本章是关于所谓的“经典物理”，它包括牛顿力学和爱因斯坦相对论。此处“经典”基本上是指在1925年左右发现量子理论之前的占统治地位的理论。量子力学是由诸如普朗克、爱因斯坦、玻尔、海森伯、薛定谔、德布罗意、玻恩、约旦、泡利以及狄拉克的开创性工作的成果。它是一种不确定的、非决定性的、神秘的，描述分子、原子和亚原子粒子行为的理论。相反地，经典理论是确定性的，这样，将来总是由过去所完全固定。尽管许多世纪以来对经典物理学的理解使我们得到了非常精确的图像，它仍有许多神秘之处。我们还必须考察量子理论（在第6章）。因为和大多数生理学家的观点相反，我相信量子现象似乎对大脑的运行是相当重要的——这些是下面几章的内容。

迄今为止科学已取得了引人注目的成就。我们只要环视四周即可见证理解自然帮助我们取得了何等伟大的威力。现代世界的技术大多是从大量的经验中推导出来的。然而，正是物理学理论以更基本得多的形式成为我们技术的基础。这正是我们在此所关心的。我们的理论是相当精确的。但其力量并不仅仅在此，而且在于异乎寻常地遵从精密的、微妙的数学处理的这个事实。正是这两者一道为我们带来了威力无比的科学。

这个物理理论的大部分并不特别新颖。如果首先要挑选一个事件的话，那应该是1687年艾萨克·牛顿出版了《原理》一书。这本重要著作向人们展示了如何仅仅从几个基本的物理原理出发，能够理解并经常以惊人的精度预言了大量的物理对象的行为。(《原理》一书中很大部分是关于数学技巧的非凡的发展，尽管欧拉等人后来提供了实用的方法。）正如牛顿所坦率承认的，他自己的工作大大得益于更早期思想家的成果，其中最杰出者为伽利雷·伽利略、勒内·笛卡儿以及约翰斯·开普勒。还用了一些更古老的思想家们所奠定的重要概念，诸如柏拉图、欧多克索斯、欧几里得、阿基米德以及阿波罗尼奥斯等人的几何概念。我在下面还要更多地说到这些。

后来出现了对牛顿动力学基本框架的偏离。首先是19世纪中叶由詹姆斯·麦克斯韦发展的电磁理论。这个理论不仅包括了电场和磁场，而且还描述了光的经典行为[1]！此一杰出的理论将是本章后面所关注的课题。麦克斯韦理论对于今天的技术具有相当的重要性，并且毫无疑义地，电磁现象和我们大脑的工作密切相关。然而，和阿尔伯特·爱因斯坦名字联结的两种伟大的相对论对我们的思维过程是否具有任何意义，还没有这么清楚。亨利·庞加莱、亨德里克·安东·洛伦兹以及爱因斯坦为了解释当物体以接近于光速运动时所产生的使人迷惑的行为，从研究麦克斯韦方程出发，提出了狭义相对论（后来赫曼·闵可夫斯基给出了精巧的几何描述）。爱因斯坦著名的$E=mc^2$方程是该理论的一部分。但是迄今为止此理论对技术的影响（除了对核物理的效应之外）甚微，看来它和我们头脑工作的关联最多也只是外围的。另一方面，狭义相对论加深了我们对和时间本质有关的物理实体的理解。我们将会在后面几章看到，这给量子理论带来一些根本的迷惑，这些迷惑和我们对“时间流逝”的感觉有重要关系。况且，人们在鉴赏爱因斯坦的广义相对论之前必须理解狭义相对论。广义相对论是用弯曲的时空来描述引力。迄今为止此理论对技术的效用几乎是不存在的[1]，看来极端地假设其对我们头脑的功能有何相关真有点异想天开了！然而，值得注意的是，广义相对论的确和我们后面特别是在第7章和第8章的思考关系重大。在那里为了探索要获得量子理论首尾一贯的图像所必需的一些变动，我们要最彻底地研究空间和时间，——这些在后面还要更仔细地讲到！

经典物理学的领域很广阔。量子物理学的情况又如何呢？和相对论不同的是，量子理论正开始剧烈地影响技术。其部分原因在于，它为某些技术上诸如化学和冶金等重要领域提供了理解。人们的确可以讲，正是因为量子理论赋予我们新的详细的洞察力，才使这些领域被包含在物理之中。此外，量子理论还提供了许多全新的现象，我想最熟知的例子便是激光。量子理论的某些基本方面会不会在我们的思维过程的物理学中起关键的作用呢？

我们关于更现代的物理学能说些什么呢？一些读者也许会想起那些激动人心的观念，包括诸如“夸克”（参阅200页）、“GUT”（大统一理论）、暴胀宇宙论（参阅587页的注释13）、“超对称”、“（超）弦理论”，等等。将这些方案和我刚才提到的那些相比较又如何呢？我们是否也必须通晓这些呢？我相信，为了更清楚地透视，可将基本的物理理论分成三大类。我将这三类命名为：

1.超等的；

---

1. 几乎是这样的，但也不完全；空间探测器行为所需的精度实际上需要在对它们的轨道计算时计入广义相对论效应——存在能在地球上定位到如此精确（事实上达到几英尺）的仪器，以至于广义相对论的时空曲率效应的确必须考虑在内！

2.有用的;

3.尝试的。

本段之前所讨论的一切理论都必须归于**超等**类中。我并不强求只有该理论无可辩驳地适用于世界上的一切现象时才能称为**超等的**。但是，我要求在适当的意义上，该理论适用的范围和精确度必须是惊人的。就我所理解的“超等”这个术语而言，居然会有属于这一类的理论存在，这真是极其令人惊异的事！我不知在其他科学中是否有理论可以归入这一类。也许达尔文和华莱士提出的自然选择庶乎近之，但还差得相当远。

我们在中学学到的欧几里得几何是一种最古老的**超等**的理论。古代人也许根本不将其当作一种物理理论，但实际上它的确是物理空间以及刚体几何的卓越的理论。为何我将欧几里得几何归于物理理论而不是数学的一个分支呢？具有讽刺意义的是，现在我们知道，欧几里得几何不能当作我们实际生活其间的物理空间完全准确的描述，而这是采取这个观点的一个最清楚的原因！爱因斯坦的广义相对论告知我们，在引力场存在时，空间（或时空）实际上是“弯曲的”（也就是说不是完全欧几里得型的）。但是这个事实并没损坏欧几里得几何的**超等**的资格。在一米的尺度上，与欧几里得的平坦性偏差的确非常微小，它比一个氢原子的直径还小！

阿基米德、帕波斯和斯蒂文研究静态物体，并将其发展成一个漂亮的科学分支——静力学，该理论也可以合情合理地够格称作是**超等的**。现在该理论已被牛顿理论所包容。1600年左右由伽利略提出，并由牛顿将其发展成美丽的、内容丰富的理论，研究运动物体的动力学的根本观念，应该毫无疑问地纳入**超等**的范畴。把它应用于行星和月亮的运动时，具有惊人的可观察的精确性——其误差比一千万分之一还小。同一个牛顿的方案也以相当的精确性适用于地球以及外推到恒星和星系的范围。类似地，麦克斯韦理论在向内可达到原子和亚原子的粒子尺度，向外达到大约大一万亿亿亿亿倍的星系的尺度的异乎寻常的范围内准确地成立！（在此尺度的小的那一端，麦克斯韦方程必须和量子力学的规则适当地合并在一起。）它也肯定够格被称作**超等的**。

爱因斯坦的狭义相对论（为庞加莱所预想并被闵可夫斯基非常精巧地表述）对允许物体以接近光速运动的现象给出了令人惊叹的准确的描述。牛顿的描述最终在这种情况下开始动摇。爱因斯坦的无与伦比漂亮的和开创性的广义相对论推广了牛顿的引力动力学理论并改善了它的精确性，继承了牛顿理论处理行星和月亮运动的所有非凡的成就。此外，它还解释了各种和旧的牛顿方案不一致的观测事实。其中一个例子（参阅272页的脉冲双星的例子）指出爱因斯坦的理论能精确到大约$1/10^{14}$。两种相对论——第二种将第一种包含了——应该明确地归到**超等**的类中去（其数学上的优雅几乎和其准确性一样重要地作为这分类的原因）。

由不可思议漂亮的和革命性的量子力学理论所能解释的现象的范围以及它与实验符合的精度，很清楚地表明它必须归至**超等的**类中去。迄今尚未找到与该理论在观测上的偏差——然而在用该理论解释许多迄今令人费解的现象方面，显示出其威力远远地超过这些。化学定律、原子的稳定性、光谱线的狭窄（参阅289页）以及非常特别的花样，超导的零电阻的古怪现象以及激光的行为仅仅是其中的几个例子。

我给**超等的**分类立下了很高的标准，但这是我们在物理中已经习惯了的。那么，对于最近代的理论能说些什么呢？以我的观点看，恐怕其中只有一种或许够格被称为**超等的**，并且它还不是特别新的：即所谓的量子电动力学（或QED）。它是由约旦、海森伯和泡利提出，1926—1934年由狄拉克所表述，最终在1947—1948年由贝特、费曼、施温格以及朝永加以改进使之可以应用。这个理论是狄拉克将量子力学、狭义相对论、麦克斯韦方程以及制约电子自旋和运动的基本方程结合在一起的结果。总的来说，该理论缺乏早先的许多超等理论的令人信服的精巧和一致性，但它的资格在于真正惊人的准确性。特别值得一提的结果是它给出了电子磁矩的值。（电子的行为类似于一个自旋的电荷的微小磁铁。此处“磁矩”即是这小磁铁的强度。）由QED计算出的这一小磁矩的值为1.00115965246（以某一单位测量——误差大约在最后两位小数上的20），而最近的实验值为1.001159652193（误差大约在最后两位小数上的10）。正如费曼所指出的，其精确度等效于从纽约到洛杉矶之间相差一根头发的宽度！我们没有必要在此了解该理论。为了完整起见，我将在下一章的结尾简单地提到它的一些重要的特征[1]。

我要将一些现代理论放到**有用的**范畴中去。有两种理论虽然在这里不需要，却值得提及。第一个是称为强子（质子、中子、介子等组

1. 参阅费曼（1985）关于QED理论的通俗解释。

成原子核——或更准确地讲“强相互作用”的粒子）的亚原子粒子的盖尔曼-兹维格夸克模型以及描述它们之间相互作用的详细的（后期的）称为量子色动力学或QCD的理论。其思想是，所有强子都由称作“夸克”的部分组成，夸克之间以从麦克斯韦理论的某种推广（称为杨-米尔斯理论）的方式进行相互作用。第二种理论是由格拉肖、萨拉姆、瓦尔德和温伯格提出的，它又是利用杨-米尔斯理论将电磁力和描述放射性衰变的“弱”作用结合起来。该理论对所谓的轻子（电子、μ子、中微子；还有W粒子和Z粒子——所谓的“弱相互作用”的粒子）做出统一描述。这两种理论有好的实验支持。但是由于种种原因，这些理论远不如人们期望的像QED那么清爽，而且它们目前的观测精度以及预言能力离开**超等**类的惊人的标准还非常远。有时将这两种理论（第二种还包含QED）称作标准模型。

最后，还有另一种我相信至少可归于**有用**的范畴的理论。这就是称为宇宙的大爆炸起源的理论[1]。此理论在第7章和第8章的讨论中将起重要的作用。

我认为没有更多的理论属于**有用的**[2]范畴。现代（或近代）有许多盛行的观念。它们除了“GUT”理论（以及某些从它导出的观念，诸如“暴胀模型”，参阅587页的注释13）外还有：“卡鲁查-克莱因”理论、“超对称”（或“超引力”）以及还极其时髦的“弦”（或“超弦”）理论。依我之见，所有这些都毫无疑义地属于**尝试**类中（参阅*Barrow 1988*，*Close 1983*，*Davies and Brown 1988*，*Squires 1985*）。在有用和

---

1. 我在这儿是指大爆炸的“标准模型”，还有许多大爆炸理论的变种，目前最流行的是所谓的“暴胀模型”，依我看来，它无疑是属于尝试的范畴之中！

尝试类之间的重大差别是后者没有任何有意义的实验支持[3]。但是这并不是说，其中不会有一个将戏剧性地升格为**有用的**甚至**超等**的范畴的理论。其中某些的确包含有许多相当有前途的、富有创见的思想，但是，可惜迄今仍然没有得到实验的支持，而只停留在观念阶段。**尝试**类是一个非常宽广的范畴。它们其中有些牵涉到包括能导致新的实质性的理解上的进步的基因，同时我认为其他的一些肯定是误导的或做作的。（我曾经受不了诱惑，试图从可尊敬的**尝试**类中分出称作**误导的**第四类——但是后来我想还是不分的好，因为我不想失去我的一半朋友！）

超等的理论主要是古代的，人们不必为此感到惊讶。在整个历史上一定有过多得多的归于**尝试**类的理论，但是多数都被遗忘了。与此相似，许多**有用**类的理论后来也被湮没了；但是也还有一些被吸收到后来归于**超等**类的理论中。让我们考虑一些例子。在哥白尼、开普勒和牛顿提出优越得多的方案之前，古希腊人提出过一个十分精巧的行星运动的称作托勒密系统的理论。按照这一方案，行星的运行由圆周运动的复杂组合所制约。它能相当有效地做预言，但是在需要更高的精度时，变得越来越繁复。今天我们看来，托勒密系统的人为因素显得非常突出。这是一个**有用**理论（实际上大约用了2000年）后来整个退出物理理论的极好例子，虽然它曾在历史上起过很重要的组织作用。相反地，开普勒的辉煌的椭圆行星运动的观念便是从**有用的**理论变成我们能见到的最终成功的例子。化学元素的门捷列夫周期表是另一个例子。它们并没有提供具有“惊人”特征的预言方案，但是后来成为从它们成长出来的**超等的**理论的“正确”的推论（分别为牛顿动力学和量子理论）。

在以后的章节中，我不再对仅仅归于**有用的**和**尝试的**范畴的现代理论多加讨论。因为**超等**理论已足够讨论的了。我们有这等理论，并能以非常完整的方式理解生活其中的世界，确实是非常幸运的。我们最终必须决定，甚至这些理论是否足够丰富到能制约我们头脑和精神的作用。我将依序触及这些问题；但目前让我们先考虑**超等**理论并深入思考它们和我们目的相关联之处。

欧几里得几何

欧几里得几何即是我们在中学当作“几何”学习的学科。然而，我预料大部分人会将其视作数学，而不视作物理。当然，它也是数学。但是，欧几里得几何绝不是仅有的可以想得出的数学几何。欧几里得传给我们的特殊几何非常精确地描述了我们生活其间的世界的物理空间，但这不是逻辑的必然——它仅仅是我们物理世界的（几乎准确的）被观察的特征。

的确还存在另外称作罗巴切夫斯基（或双曲）的几何[1]，它大部分方面非常像欧几里得几何，但还具有一些有趣的差别。例如，我们记得在欧几里得几何中任意三角形的三个角的和为180°。在罗巴切夫斯基几何中，这个和总是比180°小，并且这个差别和三角形的面积成比例（图5.1）。

---

1. 尼古拉·伊凡诺维奇·罗巴切夫斯基（1792—1856）是几位独立发明这种和欧几里得几何不同的几何中的一个人。其他人是卡尔·弗里德里希·高斯（1777—1855），费迪南德·史威卡德和雅诺斯·波尔约。

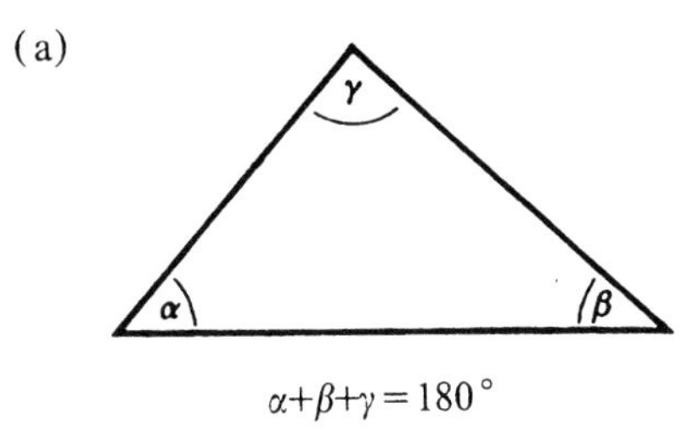

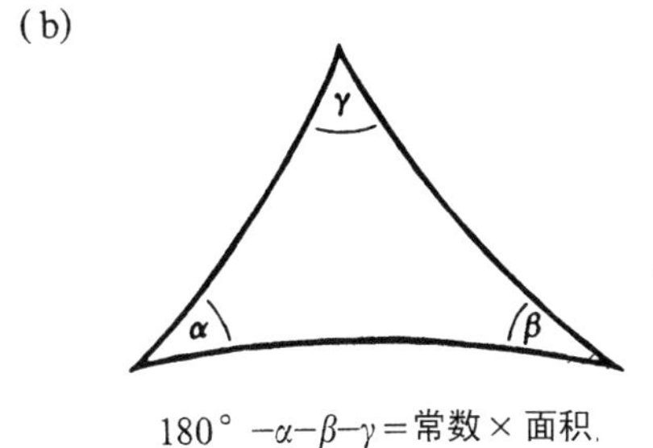

图5.1 （a）欧几里得空间中的一个三角形
（b）罗巴切夫斯基空间中的一个三角形

著名的荷兰艺术家莫里茨 · C. 埃舍尔为这种几何给出了一种非常精细和准确的表象（图5.2）。按照罗巴切夫斯基几何，所有的黑鱼具有相同的大小和形状；类似地，白鱼亦是如此。不能将这种几何在通常的欧几里得平面上完全精密地表达出来，所以在圆周边界的内缘显得非常拥挤。想象你自身位于该模型的某一靠近边界的地方，罗巴切夫斯基几何使你觉得就像位于中间或任何其他地方一样。按照这一欧几里得表象，该模型的“边界”正是罗巴切夫斯基几何中的“无穷远”。此处边界圆周根本不应该被看成罗巴切夫斯基空间的一部分——在圆周之外的任何其他的欧几里得区域就更不是了。（这一罗巴切夫斯基平面的天才表象应归功于庞加莱。它突出的优点在于，非常小的形状在此表象中不被畸变——只不过它的尺度被改变。）该几何中的直

图5.2 罗巴切夫斯基空间的埃舍尔图（所有黑鱼和白鱼都认为是全等的）。
[©] 1958 M.C. Escher/Cordon Art-Baarn-Holland

线（埃舍尔鱼就是沿着其中某些直线画出的）即为与边界圆周作直角相交的圆弧。

我们世界在宇宙学的尺度下，实际上很可能是罗巴切夫斯基空间（参阅第7章411页）。然而，在这种情形下，三角形亏角和它的面积的比例系数必须是极为微小。在通常的尺度下，欧几里得几何是这种几何的极好的近似。事实上正如我们在本章将要看到的，爱因斯坦的广义相对论告诉我们，在比宇宙学尺度小相当多的情形下，我们世界的几何的确与欧几里得几何有偏差（虽然是以一种比罗巴切夫斯基几何更复杂的“更无规”的方式），尽管这偏差在我们直接经验的尺度下仍是极为微小的。

欧几里得几何似乎精确地反映了我们世界“空间”的结构的这一事实，作弄了我们（以及我们的祖先），使我们以为几何是逻辑所必需的，或以为我们有种先天的直觉的领悟，欧几里得几何必须适用于我们在其中生活的世界。（甚至伟大的哲学家伊曼努尔·康德也作此断言。）只有爱因斯坦在许多年以后提出的广义相对论真正地突破了欧几里得几何，欧几里得几何远非逻辑所必需的，它只是该几何如此精确地（虽然不是完全准确地）适合于我们物理空间结构的经验的观测事实！欧几里得几何确实是一个**超等的**物理理论。这是它作为纯粹数学的一部分的精巧性和逻辑性以外的又一个品质。

在某种意义上，这和柏拉图（约公元前360年，大约在欧几里得著名的《原本》一书出版之前50年左右）信奉的哲学观点相差不远。依柏拉图观点，纯粹几何的对象——直线、圆周、三角形、平面等——在实际的物理世界中只能近似地得到实现。而那些纯粹几何在数学上的精确对象居住在一个不同的世界里——数学观念的柏拉图的理想世界中。柏拉图的世界不包括有可感觉的对象，而只包括“数学的东西”。我们不是通过物理的方法，而是通过智慧来和这个世界接触。只要人的头脑沉思于数学真理，用数学推理和直觉去理解，则就和柏拉图世界有了接触。这个理想世界被认为和我们外部经验的物质世界不同，虽然比它更完美，但却是一样地实在。（回顾一下我们在第3章127页和第4章147页关于数学概念的柏拉图实在性的讨论。）这样，可以单纯地用思维来研究欧几里得几何，并由此推导其许多性质，而外部经验的“不完美的”世界不必要刚好符合这些观念。基于当时十分稀少的证据，柏拉图以某种不可思议的洞察力预见到：一方面，必须为数学而研究数学，不能要求它完全精确地适用于物理经验的对象；另一方面，实际的外部世界的运行只有按照精确的数学——亦即按照“智慧接触得到的”柏拉图理想世界才能最终被理解！

柏拉图在雅典创建了学园以推动这种观念。极富影响的著名的哲学家亚里士多德即为其中之出类拔萃者。但是我们要在这里论及另一位比亚里士多德名望稍低的学园成员，即数学家兼天文学家欧多克索斯。依我看来，他是一位更优秀的科学家，也是古代最伟大的思想家之一。

欧几里得几何中有一基本的、微妙的，并的的确确最重要的部分，那就是实数的引进，虽然今天我们几乎不认为它是几何的（数学家宁愿将它称作“分析”的，而非“几何”的）。因为欧几里得几何研究长度和角度，所以必须了解用何种“数”来描写长度和角度。新观念的核心是在公元前4世纪由欧多克索斯（约公元前408至前355年）[1]提出的。由于毕达哥拉斯学派发现了像 $\sqrt{2}$ 这样的数不能被表达成分数，使得希腊几何陷入了“危机”之中（参阅第3章第104页）。将正方形的对角线，以其边长来度量时就必然出现 $\sqrt{2}$ 这个数。对于希腊人来说，为了用算术的定律来研究几何量，将几何测量（比）按照整

1. 欧多克索斯也是2000年以来行星运动的**有用**理论的首创者。此理论后来由希帕恰斯和托勒密所发展，之后即被称为托勒密系统。

数（比）来表示是很重要的。欧多克索斯的基本思想是提供一种以整数表达线段之比的办法（也就是实数）。他依赖于整数的运算提出了决定一个线段之比是否超过另一个线段之比，或两者是否完全相等的判据。

该思想可概述如下：如果a，b，c和d是4条线段，则断定比例a/b大于比例c/d的判据是：存在整数M和N，使得a增大到N倍超过b增大到M倍，而同时d增大到M倍超过c增大到N倍[1]。可用相应的判据来断定a/b是否比c/d小。所寻求的使a/b和c/d相等的判据也就是前两个判据都不能满足！

直到19世纪，戴德金和魏尔斯特拉斯等数学家才发展出完全精确的抽象的实数数学理论。但是他们的步骤和欧多克索斯早在22个世纪以前已经发现的思路非常相似！我们在此没有必要描述这个现代发展。在第3章第107页我已给出了这个理论的模糊暗示。但是，为了更容易表达，我宁愿在这里用更熟悉的小数展开的方法来讨论实数理论。（这种展开实际是在1585年才由斯蒂文引进的。）必须指出，虽然我们很熟悉小数表达方式，但希腊人却对此无知。

然而，在欧多克索斯设想和戴德金-魏尔斯特拉斯设想之间有一个重大差别。古希腊人认为实数是由几何量（之比）产生的东西，即当作“实在”空间的性质。希腊人用算术来描述几何量是为了要严格地处理这些量以及它们的和与积——亦即古人这么多美妙几何定

---

1. 用现代的语言，这表明存在分数M/N使得$a/b>M/N>c/d$。只要$a/b>c/d$，则在两实数a/b和c/d之间一定存在一个这样的分数，以使欧多克索斯判据确实被满足。

理的要素的先决条件。(我在图5.3画出并解释了杰出的托勒密定理——虽然托勒密比欧多克索斯要晚许久才发现它——该定理和一个圆周上的4点之间的距离相关，它很清楚地表明了和与积都是需要的。)历史证明欧多克索斯判据极其富有成果，尤其是它使希腊人能严格地计算面积和体积。

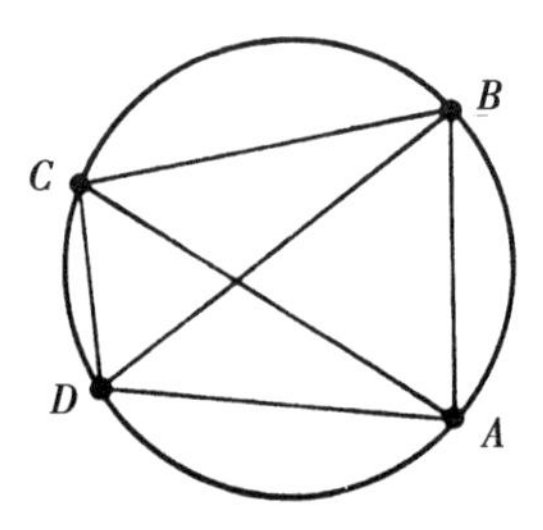

$$AB \cdot CD + AD \cdot BC = AC \cdot BD$$

图5.3 托勒密定理

然而，对于19世纪尤其是当代的数学家而言，几何的作用已被改变了。古希腊人，尤其是欧多克索斯，认为“实”数是从物理空间的几何中抽取出来的东西。现在我们宁愿认为在逻辑上实数比几何更基本。这样的做法还可以允许我们建立所有不同种类的几何，每一种几何都是从数的概念出发。(其关键的思想是16世纪由费马和笛卡儿引进的坐标几何。坐标可用来定义其他种类的几何。)任何这种“几何”必须是逻辑相容的，但不必和我们经验的物理空间有任何直接的关联。我们似乎感知的特别物理几何是经验的理想化(例如，依赖于我们将其向无穷大或无穷小尺度的外推，参阅第3章第112页)。但是现代的实验已足够精密，以至于我们必须接受“经验的”几何的确和欧几里得观念有差别的这一事实(参阅272页)。这种经验和从爱因斯坦广义相对论推导的结果相一致。然而，尽管我们的物理世界的几何观点起了变化，欧多克索斯23世纪之久的实数概念在实质上并没有改变。它对爱因斯坦理论正如对欧几里得理论一样重要。其实，迄今为止它仍然是一切严肃物理理论的重要部分。

欧几里得《原本》的第五部基本上是关于欧多克索斯“比例论”的阐述。这对整本书而言是极为重要的。全书首版于公元前300年的《原本》的确必须列为有史以来最具深远影响的著作之一。它成为后来的几乎所有科学和数学思想的舞台。它全部是由一些被认为空间的“自明”性质，亦即清楚叙述的公理出发演绎而来，其中许多重要推论根本不是显而易见的，而是令人惊异的。无疑地，欧几里得的著作对后世科学思想的发展具有深刻的意义。

阿基米德（公元前287—前212）无疑是古代最伟大的数学家。他天才地利用欧多克索斯的比例论，计算出诸如球体，或者更复杂的牵涉到抛物线和螺线的许多不同形体的面积和体积。今天我们可以用微积分十分容易地做到这些。但是我们要知道，这是比牛顿和莱布尼茨最终发现微积分早19个世纪的事！（人们可以说，阿基米德已经通晓微积分的那一多半——亦即“积分”的那一半！）阿基米德的论证，甚至以现代的标准看，也是毫无瑕疵的。他的写作深深地影响许多后代的数学家和科学家，最明显的是伽利略和牛顿。阿基米德还提出了静力学的（超等的？）物理理论（亦即制约平衡的物体，诸如杠杆和浮体的定律）。他用类似于欧几里得发展几何空间和刚体几何的科学方法，将其发展成演绎的科学。

阿波罗尼奥斯（约公元前262—前200）是我必须提及的一位阿

基米德的同时代人。他是一位具有深刻洞察力的、伟大的、天才的几何学家。他关于圆锥截线（椭圆、抛物线和双曲线）的研究极大地影响了开普勒和牛顿。令人惊异的是，这些截线的形状刚好是描述行星轨道所必需的！

伽利略-牛顿动力学

对运动的理解是17世纪科学的根本突破。古希腊人对静态的物理——刚性的几何形状或处于平衡的物体（此时所有的力都平衡，因而没有运动）理解得很透彻。但是他们对制约实际运动的物体的定律并没有很好的概念。他们所缺少的是一个好的动力学理论，亦即自然实际上控制物体的位置从第一时刻到下一时刻变化的完美方式的理论。其部分原因（绝非全部）则是没有测量时间的足够精密的手段，亦即没有相当好的"钟表"。为了给位置变化定时以及确定物体的速度和加速度，人们必须有钟表。因此，1583年伽利略观察到摆能作为计时的可靠手段的这个事件对他（甚至对整个科学！）极具重要性，因为这样一来运动的计时就变准确了[4]。随着55年后的1638年伽利略《对话》一书的出版诞生了新的学科——动力学——开始了从古代神秘主义到现代科学的转化！

让我仅仅列举伽利略提出的4个最重要的物理观念，第一是作用在物体上的力决定的是它的加速度，而不是速度。此处"加速度"和"速度"的含义是什么呢？粒子——或物体上的某点——的速度是该点位置相对于时间的变化率，速度通常是一个矢量，亦即必须同时考虑其方向和大小的量（否则我们用"速率"这一术语，见图5.4）。加

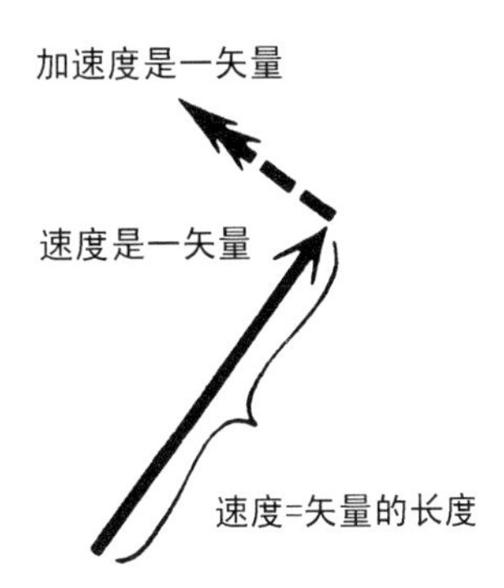

图5.4 速度、速率和加速度

速度(又是一个矢量)是速度相对于时间的变化率——这样加速度实际上是位置相对于时间的变化率的变化率!(这对于古人来说实在太难为了!他们既缺乏可胜任的"钟表",又不具备与变化率相关的数学概念。)伽利略断言,作用在物体的力(在他的情形下是指重力)制约物体的加速度,而非直接制约其速度——正和古代人(例如亚里士多德)所相信的不一样。

特别是当不存在外力时,速度必须是常数——因此,在直线上作的恒常运动应是没有外力作用的结果(牛顿第一定律)。自由运动着的物体继续其匀速运动,而不必施加外力去维持它。伽利略和牛顿发展的动力学定律的一个推论是,直线匀速运动和静止状态亦即不运动在物理上完全不可区分:不存在一种局部的方法,将匀速运动从静止中区别开来!伽利略关于这点特别清楚(甚至比牛顿还清楚)。他以海上的航船作例子对此作了非常形象的描绘(参阅*Drake 1953*,P182—P183):

> 把你和某位朋友关在某艘大船的甲板下的主舱里，和你一道的还有一些苍蝇、蝴蝶和其他飞行的小动物。一些鱼在一大碗水中自由自在地游着；水一滴一滴从悬挂着的瓶子落到下面的一个大器皿里。当船静止时，仔细观察这些小动物如何以同样的速率向船舱的所有方向飞行。鱼儿不辨方向地游着，水滴落到下面的器皿中；…… 在仔细地观察了这一切以后 …… 让船以你想要的速度行驶。只要其运行是均匀的，并且不让它作这样那样的摇动，你就会发现，不但所有提及的现象没有丝毫变化，而且你根本就不知道船是在行驶，还是在静止不动 …… 正如早先那样，小水滴落到下面的器皿中去，而不向船尾的方向飘去，虽然就在水滴在空气中的时间间隔里，船已经向前走了船身长度好几倍的距离。水中的鱼向前游动并不比向后更费力，同样轻松地向放在碗的任何方向的边缘上的鱼饵游去。还有，蝴蝶和苍蝇毫无异样地继续飞向四方。似乎它们为了避免落后，在空中随着船作长途旅行后感到疲劳，最后聚集到船尾的现象从未发生过！

这个被称为伽利略相对论原理的惊人事实，在使哥白尼观点具有动力学意义上十分关键。尼古拉·哥白尼（1473—1543）以及古希腊天文学家阿利斯塔克（约公元前310—前230）——［不要和亚里士多德相混淆！——阿利斯塔克比哥白尼早18个世纪］提出了日心说，即太阳处于静止状态，而地球在沿自己的轴自转的同时绕着太阳公转，公转速度为每小时10万千米。为何我们没有感觉到这种运动？在伽利略提出动力学理论之前，这的确是哥白尼观点的深深的困惑。如果更早先的“亚里士多德式”的动力学观点是正确的话，即在空间中运动的系统的实在速度要影响其动力学行为，那么地球的运动对我们就会有直接明显的效应。伽利略相对论弄清了，何以地球在运动，而同时我们却不能直接感觉到它的原因[1]。

值得指出的是，在伽利略相对论中，“静止”的概念并无任何局部上的意义。它对人类的时空观念已经具有显著的含义。我们直观的时空图像是，“空间”构成了物理事件在其中发生的舞台。物理对象在某一时刻可处于空间的某一点，在后一时刻可处于同一个，或另一个不同的空间的点。我们想象空间中的点可以从一个时刻维持到另一个时刻。这样，一个物体实际上是否改变其空间位置的说法就具有意义。但是，伽利略相对论指出，不存在“静止状态”的绝对意义；所以，“在不同时间的空间的同一点”的说法是毫无意义的。某一时刻的物理经验的欧几里得三维空间的哪一点是我们的欧几里得三维空间另一时刻的“同一点”呢？没有办法找到。对应于每一时刻我们似乎必须有一个完全“新”的欧几里得空间！考虑具有物理实在性的四维时空图就会使这一层意思明了（图5.5）。不同时刻的欧几里得三维空间的确被分开，但所有这些空间合并在一起构成了完整的四维的时空图。在时空中进行匀速直线运动的粒子的历史是一条直线（称为世界线）。以后在讨论爱因斯坦相对论时我还会回到时空以及运动的相对性的问题上来。我们将发现在那种情形下对四维维数的论证会更加有力。

---

1. 严格地讲，这仅就将其近似地认为在作匀速直线运动，尤其是没有旋转时而言。地球的旋转的确有（相对小的）可探测到的动力学效应，最明显的即是北半球和南半球的风偏折方式不同，伽利略认为海潮的起因在于这种非均匀性。

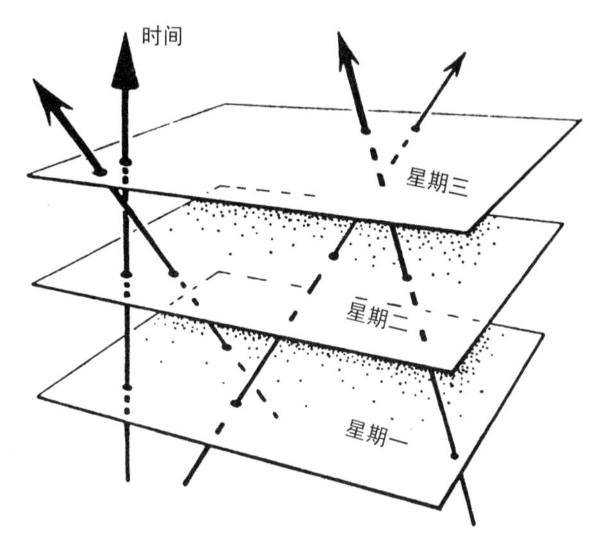

图5.5 伽利略时空：匀速运动的粒子可用直线标出

伽利略的第三个伟大洞察是开始理解能量守恒。伽利略主要关心物体在重力下的运动。他注意到，如果从一静止状态释放一个物体，则不管它是简单地落下，还是随一个任意长度的摆振动，或是沿着一个光滑斜面滑下，其速率只依赖于它从释放之处下落的垂直距离。正如我们现在所说的，储存于超过地面的高度的能量（引力势能）会转换成它的运动的能（只依赖于物体速率的动能）。反之亦然，但总能量既不损失也不增加。

能量守恒定律是一个非常重要的物理原则。它不是物理学的一个独立要求，而是我们很快就要讨论的牛顿动力学定律的推论。笛卡儿、惠更斯、莱布尼茨、欧拉以及开尔文等人几个世纪来的努力，使这一定律的表述越发清晰。在本章的后面部分以及第7章，我们将要再回到这个问题上来。如果把能量守恒定律和伽利略的相对论原理相结合，我们就能得到更多的相当重要的守恒定律：质量和动量守恒。粒子的动量是它的质量和速度的乘积。火箭的推进即是动量守恒的众所周知的例子之一，火箭往前动量的增加恰好和（更轻的，但是更急速的）废气往后的动量相平衡。枪的后坐力也是动量守恒的一个表现形式。牛顿定律的进一步推论是角动量守恒，角动量守恒是描写一个系统的自旋的不变性，地球绕自己的轴自旋以及网球的自旋都是依靠它们的角动量守恒来维持的。组成任何物体的每一个粒子都对该物体的总角动量有贡献，这贡献等于它的动量与它离开中心的垂直距离的乘积。（自旋转物体只要变紧凑，其角速度就会增加，即是其中的一个推论。滑冰者和马戏团高架秋千艺术家经常表演的令人惊叹而熟悉的动作也起源于此。他们经常利用收回手臂或腿的动作使旋转速度自动增加。）在后面的内容中我们将会看到质量、能量、动量以及角动量都是重要的概念。

最后，我应该让读者回顾一下伽利略的先知的洞察力，那就是当大气摩擦力不存在的时候，在重力作用下所有物体都以同一速率下落。（读者也许会回想起他从比萨斜塔上同时释放不同物体的著名故事。）3个世纪以后，正是这一个洞察导致爱因斯坦将其相对论原理推广到加速参考系统，从而为他的非凡的引力的广义相对论提供了基石，这在本章的结尾处将会看到。

在伽利略创立的令人印象深刻的基础上，牛顿建立了绝顶庄严华美的大教堂。牛顿指出了物体行为的定律。第一和第二定律基本上是伽利略给出的：如果没有外力作用到一个物体上，则物体将继续其匀速直线运动；如果有外力作用到上面，则物体的质量乘以它的加速度

（亦即其动量变化率）等于这个力。牛顿本人的一个特殊的洞察，在于意识到还需要第三定律：物体A作用在物体B上的力，刚好和物体B作用到物体A上的力大小一样而方向相反（“每一个作用必有其大小一样方向相向的反作用”）。这就提供了基本的框架。“牛顿宇宙”是由在服从欧几里得几何定律的空间中运动的粒子所组成。作用到这些粒子上的力决定了它们的加速度。每一个粒子所受的力是由所有其他粒子分别贡献到该粒子的力利用矢量加法定律相加而得到的（图5.6）。为了很好地定义这个系统需要一些规则，这些规则可以告诉我们从另一个粒子B作用到粒子A的力是什么样子的。通常我们需要该力沿着AB之间的连线作用（图5.7）。如果该力是引力，则A和B之间的力是互相吸引的，其强度和它们质量乘积成正比，而和它们之间的距离的平方成反比：亦即平方反比律。对于其他种类的力，其依赖于位置的方式可与此不同，也可能决定于粒子质量以外的其他性质。

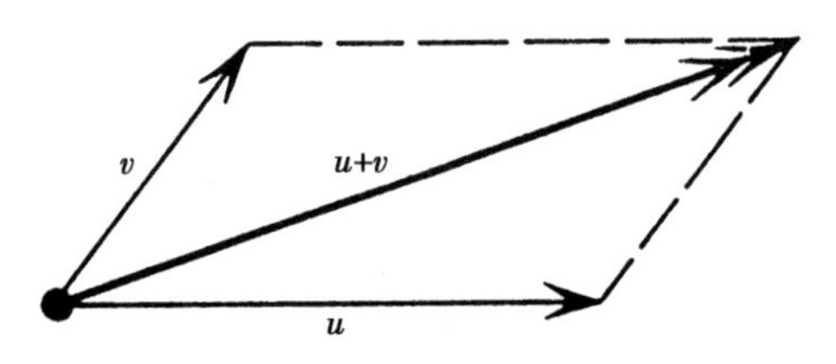

图5.6　矢量加法的平行四边形定律

图5.7　两粒子之间的力是沿着它们之间连线的方向（由牛顿第三定律，B作用到A的力总是和A作用到B的力大小相等且方向相反）

伽利略的一位同时代人，伟大的约翰斯·开普勒（1571—1630）注意到，行星绕太阳公转的轨道是椭圆而不是圆周（太阳总是处于该椭圆的一个焦点上，而不在其中心）。他还给出了制约行星作此椭圆运动的速率的其他两个定律。牛顿能够从他自己的一般理论（以及引力的平方反比律）推导出开普勒三定律。不仅如此，他还对开普勒的椭圆轨道做了各种细节上的修正，诸如春秋分日点的进动（许多世纪以前的希腊人已注意到这些地球旋转轴方向的这种极慢的运动）。为了取得所有这些成就，牛顿就必须发展除微积分之外的许多数学手段。他惊人的成就得大大归功于其超等的数学技巧及其同等超人的物理洞察力。

牛顿动力学的机械论世界

如果已知特定的力的定律（例如引力的平方反比律），则牛顿理论就表达成一组精密的确定的动力学方程。如果各个粒子在某一个时刻的位置、速度和质量是给定的，则它们随后任何时间的位置、速度（以及质量——这被当作常数）就在数学上确定，这种牛顿力学的世界所满足的决定论形式对哲学思维产生了（并正在产生着）深远的影响。让我们更仔细地考察牛顿的决定论。它对“自由意志”有何含义呢？一个严格的牛顿世界能包含精神吗？甚至牛顿世界能包含计算机器吗？

让我们先明确一下什么是世界的“牛顿”模型。例如，我们可以认为组成物体的所有粒子是数学的，亦即没有尺度的点。另外的办法是将它们当作球状的刚性球。无论如何，我们都必须假定知道力的定律，例如，牛顿引力论中的引力的平方反比律。我们还要对自然的其他力，比如电力和磁力（威廉·吉尔伯特在1600年首先仔细研究过）以及现代已知将粒子（质子和中子）绑在一起形成原子核的强核力的定律也表述出来。电力正和引力一样满足平方反比律，但类似的粒子互相排斥（而不像引力那样互相吸引）。这里不是粒子的质量，而是它们的电荷决定它们之间电力的强度。磁力和电力一样也是“平方反比的”[1]，但是核力以相当不同的形式随距离而变化。在原子核中当粒子相互靠得紧密时核力极大，而在更大距离下则可以忽略不计。

假定我们采用刚体圆球的模型，并要求两个球碰撞时，它们即完全弹性地反弹。也就是说，它们如同两个完好的撞球那样，在能量（或总动量）没有损失的情况下分离开。我们还必须明确指明两球之间的作用力。为了简单起见，我们可以假定任两球之间的作用力都沿着它们中心的连线，其大小为该连线长度的给定的函数。（由于牛顿的一个出色的定理，此假设对牛顿引力自动成立。对其他力的定律，这可当成一个协调的要求而加上的条件。）如果刚体只进行成对碰撞，而不发生3个刚体或更多个刚体的碰撞，则一切都定义得很好，而且结果会连续地依赖于初始条件（亦即只要初态的变动足够小，则能保证结果变化也很小）。斜飞碰撞的行为是两球刚好相互错过的行为的连续过渡。但在三球或多球碰撞的情形下就产生了新问题。例如，如果三球A、B、C一下子跑到一块，那A、B先碰撞，紧接着C和B碰撞，或A、C先碰撞，紧接着B和A碰撞，情况就很不一样（图5.8）。在我们的模型中，只要有三体碰撞发生就存在非决定性！只要我们愿意，

1. 电和磁之间的不同在于单独“磁荷”（亦即北极或南极）似乎不能在自然中分开存在，磁粒子被称作“偶极子”，亦即微小的磁铁（北极和南极连在一起）。

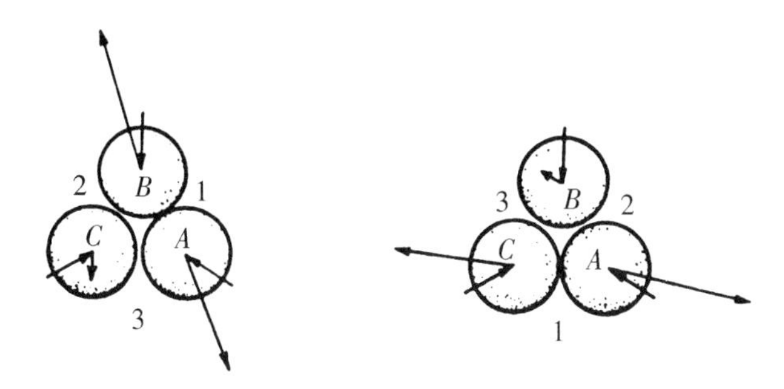

图5.8 三体碰撞。最后的行为关键地决定于哪两球先碰撞，这样使得结果不连续地依赖于起因

就可以用“极不可能”的理由简单地将三体碰撞或多体碰撞的情形排除掉。这就提供了一种相当一致的方案，但三体碰撞的潜在问题表明终态将以不连续的方式依赖于初态。

这有点使人不满意，我们也许会更喜欢点粒子的图像。但是，为了避免某些点粒子模型引起的理论困难（当两个粒子撞到一起时出现的无限大力和无限大能量），人们必须做其他假设，诸如在短距离时粒子的相互作用力变成非常强的排斥力，等等。在这种情形下，我们可以保证任何一对粒子实际上都不会碰撞到一起。（这也使我们避免了它们碰撞时的点粒子如何运动的问题！）然而，为了直观起见，我宁愿完全按照钢球模型来讨论。看来这种“台球”图像正是大多数人下意识的实体的模型。

牛顿[5]台球的实体模型（不管多碰撞问题）确实是一个决定论模型。此处“决定论”的含义是：所有球（为了避免某些麻烦，假定为有限个）在将来（或过去）的物理行为数学地被某一时刻的位置和速度所完全决定。这样看来，在这个台球的世界上根本没有余地让“精神”用“自由意志”的行动去影响物体的行为。我们如果还信仰“自由意志”的话，就要被迫对实际世界的如此构成方式提出质疑。

这个令人烦恼的“自由意志”问题一直徘徊在这整部书的背景里——虽然在多数情况下，我必须说只在背景里。在本章后面有一个很小却很奇特的地方牵涉到它（关于相对论中超光速信号传递的问题）。我将在第10章直接着手自由意志的问题。读者一定会对我的结果深感失望。我的确相信，这里存在一个真正的，而非想象的问题。但它是非常根本的，并且要把它表述清晰非常困难。物理理论中的决定论是一个非常重要的问题，但是我相信这只是问题的一部分。例如，这个世界很可能是决定性的，但同时却是不可计算的。这样，未来也许以一种在原则上不能计算的方式被现在所决定。我将在第10章论证，我们具有意识的头脑的行为的确是非算法的（亦即不可计算的）。相应地，我们自信所具备的自由意志就必然和制约我们在其中生活的世界的定律中某些不可计算部分紧密地纠缠在一起。是否接受这样的关于自由意志的观点，亦即给定的物理（例如牛顿）理论，是否的确是可计算的，而不仅仅是否是决定性的，是一个有趣的问题。可计算性不同于决定性——这正是我试图在本书中所要强调的。

台球世界中的生活是可计算的吗

我现在使用一个决定性的，但不可计算的“宇宙玩具模型”，来解释可计算性和决定性是不同的。我承认这是一个人为的特别例子。宇宙任何“时刻”的“态”可用一对自然数（m，n）来表示。用T_u表示一台固定的通用图灵机，譬如在第2章（73页）定义的那一台。为了决定下一“时刻”宇宙的态，我们必须知道T_u在m上的作用最终停止或不停止（亦即用第2章76页的记号，$T_u(m)\neq\square$还是$T_u(m)=\square$成立）。如果它停止，则下一时刻的态为（$m+1$，n）。如果它不停止，则为（$n+1$，m）。从第2章我们知道，不存在图灵机停机问题的算法。这样就不存在去预言这个模型宇宙“将来”的算法，尽管它是完全决定性的[6]！

当然，这不能认为是一个严肃的模型。但它表明存在一个要回答的问题。我们可对任何决定性的物理理论考察其可计算性。那么，牛顿的台球世界究竟是否可计算的呢？

物理可计算性的问题部分地依赖于我们打算对此系统问哪一种问题。在牛顿台球模型中，我能想到一些可以问的问题。我对这些问题的猜测是，要弄清其答案不是一个可计算（亦即算法的）事体。球A和球B究竟会碰撞否便是这样的一个问题。其思路是，在某一特定时刻（$t=0$）所有球的位置和速度作为初始数据给定后，我们要知道，A和B是否会在将来的任一时刻（$t>0$）碰撞？为使这个问题更明确（虽然不是特别现实），我们可以假定，所有球的半径和质量都一样，并且每一对球之间的作用力是平方反比律的。我之所以猜想这是非算法可解的问题的一个原因是，该模型有点像爱德华·弗雷德金和托马索·托佛利在1982年提出的“计算的台球模型”。在他们的模型中，球被若干堵“墙”所限制（而不是平方反比律的力）；但是它们互相以类似于我刚描述过的牛顿球那样弹性反弹（图5.9）。在弗雷德金-托佛利模型中，所有电脑的基本逻辑运算都可由球来实现。我们可以模拟图灵机的任何计算：对图灵机T_u的特别选取规定了弗雷德金–托佛利机器的“墙”等的搭配；运动的球的初态可认为是输入磁带的信息的码，将球的终态解码就得到图灵机输出磁带的信息。这样一来，人们会特别关心这样一个问题：如此这般的图灵机会有停止之时吗？“停机”意味着球A最终和球B碰撞。我们已知这个问题不能用算法回答（78页），这事实至少暗示我前面提出的“球A最终和球B碰撞吗？”的牛顿问题也不能用算法回答。

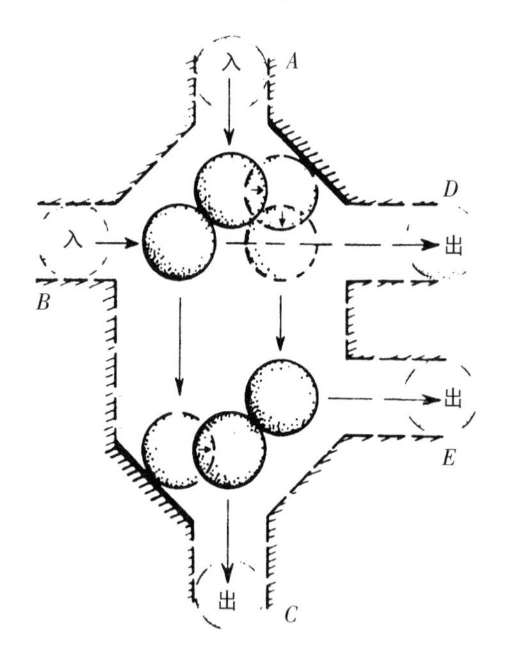

图5.9 弗雷德金–托佛利台球电脑中的一个“开关”（由A.雷斯勒提出的）。如果一个球进入B，则是否有一个球接着从D或E出来，得看是否另一球进入A中（假定A和B的同时进入）

事实上，牛顿问题比弗雷德金和托佛利提出的问题要棘手得多，后者可依照离散参数（亦即按照诸如“球或者在通道上或者不在”的“在或不在”的陈述）来指明其状态。但在完整的牛顿问题中必须以无限的精度，按照实数的坐标而不是以离散的方式指明球的初始位置和速度。这样，我们又面临着在第4章处理关于芒德布罗集是否可递归的问题时所必须考虑的所有麻烦。当允许输入和输出数据为连续变化的变数时"可计算性"的含义是什么呢[7]？我们可以暂时假定所有初始位置和速度坐标均为有理数（虽然不能预料在t的时刻以后的有理数仍保持为有理数），而使此问题变得稍为缓和。我们知道有理数为两整数的比，所以为一可数集。我们可用有理数来任意地逼近所选择用来考察的任何初始数据了。对于有理数的初始数据，也许不存在决定A和B是否最终会碰撞的算法的猜测决不是毫无道理的。

然而，这并不是诸如"牛顿台球世界是不可计算的"断言的真正含义。我用来和我们的牛顿台球世界作比较的弗雷德金-托佛利"台球电脑"的特殊模型的确按照计算而进行。无论如何，这是弗雷德金和托佛利思想的基本点——他们模型的行为应该和一台（通用）电脑一样！我试图要提的问题是，在某种意义上，人类大脑驾驭适当的"不可计算的"物理定律，能比图灵机做得更好，这一点是不是可以想象的。追究如下的问题将是无用的：

"如果球A永远碰不到球B，则你的问题的答案为'非'。"

人们可能永远也等待不到断定问题中的球不会碰到一起的时刻！那当然正是图灵机行为的方式。

事实似乎很清楚地表明，牛顿台球世界在某个合适的意义上（至少在如果我们不管多碰撞的问题之时）是可计算的。人们通常计算这种行为的方法是做一些近似。我们可以想象这些球的中心被指定在点的网格上，譬如讲网格的点被划分到百分之几单位。时间也被认为是“离散”的，所有可允许的时刻是某一小单位（用Δt表示）的倍数。这就产生了使“速度”在一定程度上离散的可能性（两个连续允许的格点的位置的坐标值的差，除以Δt）。利用力的定律来计算加速度的适当的近似，再利用它使“速度”并因此下一允许时刻的新的格点位置被确定到所需要的近似程度。只要我们能维持所需的精度，则这种计算就可一直进行下去。很有可能算不了多少次其精度就失去了。以后的步骤是从更细的空间分格以及更细的时间间隔重新开始。这一回能得到更好的精度，并在精度损失之前能计算到更久的将来的某一时刻。不断地增加细度，则计算的精度和所到达的将来的时间的长度就能不断地改进。可用这种方法将牛顿台球世界计算到任意高的精度（不管多碰撞的问题）——我们可以在这种意义上讲牛顿世界的确是可计算的。

然而，认为这一个世界在实际上是“不可计算的”断言是具有某种含义的。这是因为得知的初始数据的精度总是受限制的。这类问题的确存在着固有的不可忽视的“不稳定性”。初始数据的极为微小的改变会导致结果行为的绝大的变化。（任何玩台球的人，在他想用一个球去撞另一个球使之落入球囊时，都知道我这样说的意思！）这在（连续）碰撞发生时尤为明显。但是，这种不稳定性行为也会发生在牛顿的引力远距离作用时（多于两体的情况下）。所谓的“混沌”或“混沌行为”经常用来表示这种不稳定的类型。例如，混沌行为对天气影响重大。虽然我们对控制基本元素的牛顿方程式了解甚多，但是远期天气预报之不可靠性则是饱受诟病的！

这根本不是那类可以任何方式驾驭的“不可计算性”。这只是因为所知的初始态的精度有限，而终态不能由初态可靠地算出，实际上只是随机元素被引入到未来的行为中而已。如果大脑的确使用了物理定律中的不可计算性的有用的元素，则它们必须具有完全不同的，并从这里引出更正面得多的特性。相应地，我根本不把这种“混沌”行为称为“不可计算性”，而将其称为“不可预见性”。正如我们很快就会看到的，在（经典）物理学中的决定性的定律中存在不可预见性是一种非常一般的现象。在制造思维机器时，不可预见性正是我们希望尽量减小而不是去“驾驭”的东西！

为了更一般地讨论可计算性和不可预见性的问题，对物理定律采用比以前更广泛的观点将会更有帮助。这就促使我们不仅只考虑牛顿力学的理论，而且研究随后超越过它的各种理论。我们需要领略力学的美妙的哈密顿形式。

哈密顿力学

牛顿力学不仅在于非凡地应用到物理世界方面，而且在于它所引起的数学理论的丰富方面取得瞩目的成功。令人惊异的是，自然界所有超等理论都被证明是数学观念的丰富来源。这些绝顶精确的理论就作为数学而言也是极富成果的，这个事实具有一种深刻和美丽的神秘。它毫无疑问地表明，在我们经验的实在世界和柏拉图的数学世界之间有某种根本的关联。（我将在第10章542页再讨论这些。）牛顿力学也许是这方面的一个顶峰，因为它一诞生即获得了微积分。而且，牛顿理论形成了非凡的称为经典力学的数学观念的实体。18世纪和19世纪许多伟大数学家的名字都和此发展相关联：欧拉、拉格朗日、拉普拉斯、刘维尔、泊松、雅科比、奥斯特罗格拉茨基、哈密顿。所谓“哈密顿理论”[8]即为这一工作的总结。为了我们的目的对其稍微了解即可以了。威廉姆·罗曼·哈密顿（1805—1865）是一位多才多艺和富有创见的爱尔兰数学家，他还是在188页讨论过的哈密顿回路的发明者。他把力学发展成强调其与波传播相类似的形式。波和粒子的关系的暗示以及哈密顿方程的形式对于后来的量子力学的发展极为重要。我在下一章还会提及。

用以描述物理系统的“变量”是哈密顿理论的一个奇妙的部分。迄今为止，我们一直把粒子的位置当作基本的，而速度作为位置对时间的变化率。我们记得在牛顿系统中为了确定随后的行为，必须指定初始态（217页），也就是需要所有粒子的位置和速度。在哈密顿形式中，我们必须挑选粒子的动量，而不是速度。（我们在215页提到粒子动量是速度和质量的乘积。）这种改变似乎很微不足道，但是重要的在于每一粒子的位置和动量似乎被当作独立的量来处理。这样，人们首先“假装”不同粒子的动量和它所对应的位置的改变率没有什么关系，而仅仅是一组分开的变量。我们可以想象它们“可以”完全独立于位置的运动。现在在哈密顿形式中我们有两组方程。有一组告诉我们不同粒子的动量如何随时间变化，另一组告诉我们位置如何随时间变化。在每一种情况下，变化率总是由在该时刻的不同位置和动量所决定。

粗略地讲，第一组哈密顿方程表述了牛顿的关键的第二运动定律（动量变化率=力），而第二组方程告诉我们动量实际上即是依赖于速度（位置变化率=动量÷质量）。我们记得，伽利略-牛顿的运动定律是用加速度，即位置变化率之变化率（亦即“二阶”方程）来描述。现在，我们只需要讲到事物的变化率（“一阶”方程），而不是事物变化率的变化率。所有这些方程都是从一个重要的量推导而来：哈密顿函数H，它是系统的总能量按照所有位置和动量变量的表达式。

哈密顿形式提供了一种非常优雅而对称的力学描述，我们在下面写出这些方程，仅仅是为了看看它们是什么样子的。虽然，甚至许多读者并不熟悉完全理解之所必需的微积分记号——它在这里是不需要的。就微积分而言，所有我们真正要理解的是，出现在每一个方程左边的点表示（在第一种情况下，动量的；在第二种情况下，位置的）对时间的变化率：

$$\dot{p}_i = -\frac{\partial H}{\partial x_i},\ x_i = \frac{\partial H}{\partial p_i}$$

这里下标i用以区别所有不同的动量坐标p_1，p_2，p_3，p_4，… 和所有不同的位置坐标x_1，x_2，x_3，x_4，…。n个不受限制的粒子具有$3n$个动量坐标和$3n$个位置坐标（每一个代表空间中的3个独立的方向）。符号∂表示“偏微分”（“在保持其他变量为常数的情况下取导数”）。正如前述的，H为哈密顿函数。（如果你不通晓“微分”，不必担心。只要认为这些方程的右边是某些定义完好的，以x_i和p_i来表达的数学式子就行了。）

实际上，坐标x_1，x_2，… 和p_1，p_2，… 可允许为某种比粒子通常的笛卡儿坐标（亦即x_i为通常的沿三个不同的相互垂直的方向测量的距离）更一般的东西。例如坐标x_i中的一些可以是角度（在这种情形下，相应的p_i就是角动量，而不是动量，参见215页），或其他某些完全一般的测度。令人惊异的是，哈密顿方程的形状仍然完全一样。事实上，合适地选取H，哈密顿形式不仅仅是对于牛顿方程，而且对任何经典方程的系统仍然成立。对于我们很快就要讨论的麦克斯韦（-洛伦兹）理论，这一点尤其成立。哈密顿方程在狭义相对论中也成立。如果仔细一些，则广义相对论甚至也可并入到哈密顿框架中来。此外，我们将要看到在薛定谔方程（369页）中，哈密顿框架为量子力学提供了出发点。尽管1世纪以来发生的物理理论的所有革命性变化是如此地令人眼花缭乱，动力学方程结构的形式却是如此地统一，这真是令人惊叹！

相空间

哈密顿方程的形式允许我们以一种非常强大而一般的方式去“摹想”经典系统的演化。想一个多维“空间”，每一维对应于一个坐标x_1，x_2，…，p_1，p_2，…（数学空间的维数，通常比3大得多。）此空间称之为相空间（图5.10）。对于n个无约束的粒子，相空间就有$6n$维（每个粒子有3个位置坐标和3个动量坐标）。读者或许会担心，甚至只要有单独一个粒子，其维数就是他或她通常所能摹想的2倍！不必为此沮丧！尽管6维的维数实在太多，很难画出，但是即使我们真的把它画出也无太多用处。仅仅就一满屋子的气体，其相空间的维数大约就有

$$10\,000\,000\,000\,000\,000\,000\,000\,000\,000,$$

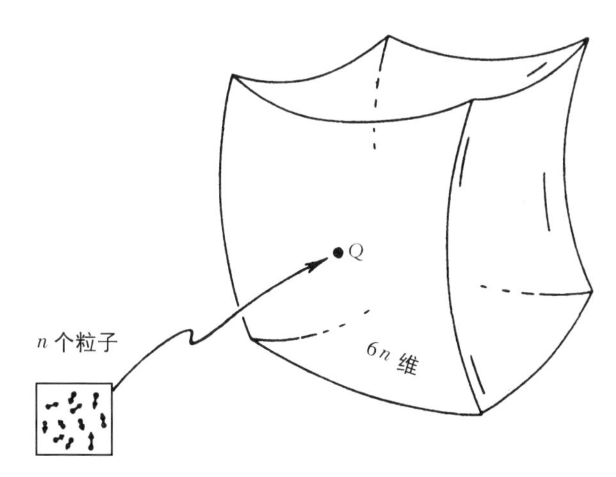

图5.10 相空间，相空间的单个点Q表明某一个物理系统的整个态，包括其所有部分的瞬态运动

去准确地摹想这么大的空间是没有什么希望的！既然这样，秘诀是甚至对于一个粒子的相空间都不企图去这样做。只要想想某种含糊的三维（或者甚至就只有二维）的区域，再看看图5.10就可以了。

我们如何按照相空间来摹想哈密顿方程呢？首先，我们要记住相空间的单个的点Q实际代表什么。它代表所有位置坐标x_1，x_2，…和所有动量坐标p_1，p_2，…的一种特定的值。也就是说，Q表示我们整个物理系统，指明组成它的所有单个粒子的特定的运动状态。当我们知道它们现在的值时，哈密顿方程告诉我们所有这些坐标的变化率是多少；亦即它控制所有单个粒子如何移动。翻译成相空间语言，该方程告诉我们，如果给定单个的点Q在相空间的现在位置的话，它将会如何移动。为了描述我们整个系统随时间的变化，我们在相空间的每一点都有一个小箭头——更准确地讲，一个矢量——它告诉我们Q移动的方式。这整体箭头的排列构成了所谓的矢量场（图5.11）。哈密

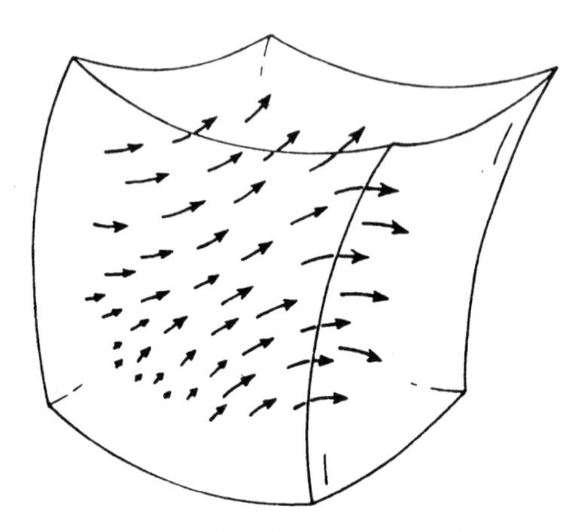

图5.11　相空间中的矢量场。它代表了按照哈密顿方程的时间演化

顿方程就这样地在相空间中定义了一个矢量场。

我们看看如何按照相空间来解释物理的决定论。对于时间$t=0$的初始数据，我们有了一组指明所有位置坐标和动量坐标的特定值；也就是说，我们在相空间特别选定了一点Q。为了找出此系统随时间的变化，我们就跟着箭头走好了。这样，不管一个系统如何复杂，该系统随时间的整个演化在相空间中仅仅被描述成一点沿着它所遭遇到的特定的箭头移动。我们可以认为箭头为点Q在相空间的“速度”。“长”的箭头表明Q移动得快，而“短”的箭头表明Q的运动停滞。只要看看Q以这种方式随着箭头在时间t移动到何处，即能知道我们物理系统在该时刻的状态。很清楚，这是一个决定性的过程。Q移动的方式由哈密顿矢量场所完全决定。

关于可计算性又如何呢？如果我们从相空间中的一个可计算的点（亦即从一个其位置坐标和动量坐标都为可计算数的点，参阅第3

章106页）出发，并且等待可计算的时间t，那么一定会终结于从t和初始数据计算得出的某一点吗？答案肯定是依赖于哈密顿函数H的选择，实际上，在H中会出现一些物理常量，诸如牛顿的引力常量或光速——这些量的准确值视单位的选定而被决定，但其他的量可以是纯粹数字——并且，如果人们希望得到肯定答案的话，则必须保证这些常量是可计算的数。如果假定是这种情形，那我的猜想是，答案会是肯定的。这仅仅是一个猜测。然而，这是一个有趣的问题，我希望以后能进一步考察之。

另一方面，由于类似于我在讨论有关台球世界时简要提出的理由，对我来说，这似乎不完全是相关的问题。为了使一个相空间的点是不可计算的断言有意义，它要求无限精确的坐标——亦即它的所有小数位！（一个由有尽小数描述的数总是可以计算的。）一个数的小数展开的有限段不能告诉我们任何关于这个数整个展开的可计算性。但是，所有物理测量的精度都是有限的，只能给出有限位小数点的信息。在进行物理测量时，这是否使"可计算数"的整个概念化成泡影？

的确，一个可以任何有用的方式利用某些物理定律中（假想的）不可计算元素的仪器想必不应依赖于无限精确的测量。也许我在这里有些过分苛刻了。假定我们有一台物理仪器，为了已知的理论原因，模拟某种有趣的非算法的数学过程。如果此仪器的行为总可以被精密地确定的话，则它的行为就会给一系列数学上有趣的没有算法的（像在第4章中考虑过的那些）是/非问题以正确答案。任何给定的算法都会到某个阶段失效。而在那个阶段，该仪器会告诉我们某些新的东西。该仪器也许的确能把某些物理常量测量到越来越高的精度。而为了研究一系列越来越深入的问题，这是需要的。然而，在该仪器的有限的精度阶段，至少直到我们对这系列问题找到一个改善的算法之前，我们得到某些新的东西。然而，为了得到某些使用改善了的算法也不能告诉我们的东西，就必须乞求更高的精度。

尽管如此，不断提高物理常量的精度看来仍是一个棘手和不尽如人意的信息编码的方法。以一种离散（或“数字”）形式得到信息则好得多。如果考察越来越多的离散单元，也可重复考察离散单元的固定集合，使得所需的无限的信息散开在越来越长的时间间隔里，因此能够回答越来越深入的问题。（我们可以将这些离散单元想象成由许多部分组成，每一部分有“开”和“关”两种状态，正如在第2章描述的图灵机的0和1状态一样。）由此看来我们需要某种仪器，它能够（可区别地）接纳离散态，并在系统按照动力学定律演化后，又能再次接纳一个离散态集合中的一个态。如果事情是这样的话，则我们可以不必在任意高的精度上考察每一台仪器。

那么，哈密顿系统的行为确实如此吗？某种行为的稳定性是必须的，这样才能清晰地确定我们的仪器实际上处于何种离散态。一旦它处于某状态，我们就要它停在那里（至少一段相当长的时间），并且不能从此状态滑到另一状态。不但如此，如果该系统不是很准确地到达这些状态，我们不要让这种不准确性累积起来；我们十分需要这种不准确性随时间越变越小。我们现在设想的仪器必须由粒子（或其他子元件）所构成。需要以连续参数来描述粒子，而每一个可区别的“离散”态图覆盖连续参数的某个范围。（例如，让粒子停留在2个盒子中的一个便是一种表达离散双态的方法。为了指明该粒子确实是在某一个盒子中，我们必须断定其位置坐标在某个范围之内。）用相空间的语言讲，这表明我们的每一个“离散”的态必须对应于相空间的一个“区域”，同一区域的相空间点就对应于我们仪器的这些可选择的同一态（图5.12）。

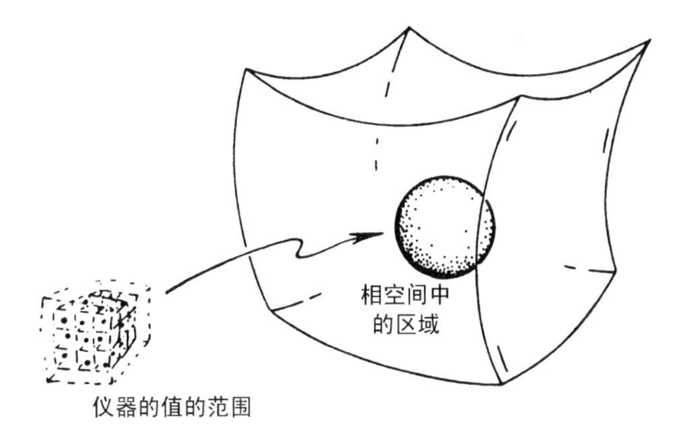

图5.12　相空间中的一个区域对应于所有粒子位置和动量的可能值的一个范围。这样的区域可代表某仪器一个可区别态（亦即“选择”）

现在假定仪器在开始时的态对应于它的相空间中的某一个范围 R_0。我们想象 R_0 随着时间沿着哈密顿矢量场被拖动，到时刻 t 该区域变成 R_t。在画图时，我们同时想象对应于同一选择的所有可能的态的时间演化（图5.13）。关于稳定性的问题（在我们感兴趣的意义上讲）是，当 t 增加时区域 R_t 是否仍然是定域性的，或者它是否会向相空间散开去。如果这样的区域在时间推进时仍是定域性的，我们对此系统就有了稳定性的量度。在相空间中相互靠近的点（这样它们对应于相互类似的系统的细致的物理态）将继续靠得很近，给定的态的不准确性不随时间而放大。任何不正常的弥散都会导致系统行为的等效的非预测性。

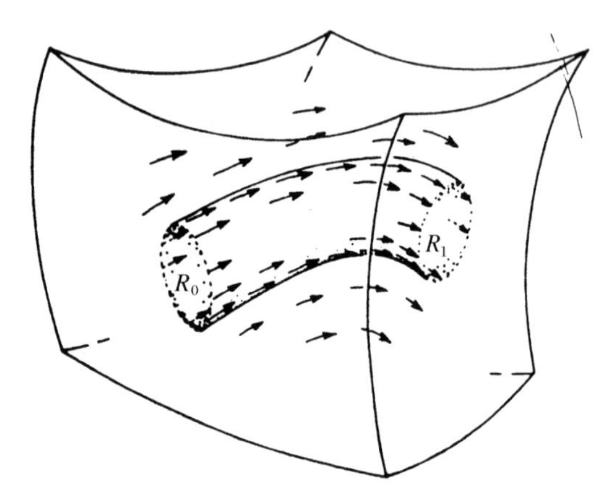

图5.13　随着时间演化，相态区域R_0沿着矢量场被拖到一个新区域R_t。这可表示我们仪器的某一特定选择的时间演化

我们对于哈密顿系统一般地可以说什么呢？相空间的区域究竟是否随时间散开呢？似乎对于一个如此广泛的问题，很少有什么可说的。然而，人们发现了一个非常漂亮的定理，它要归功于杰出的法国数学家约瑟夫·刘维尔（1809—1882）。该定理讲，相空间中的任何区域的体积在任何哈密顿演化下必须保持常数。（当然，由于我们的相空间是高维的，所以"体积"必须是在相应高维意义上来说的。）这样，每一个R_t的体积必须和原先的R_0的体积一样。初看起来，这给了我们的稳定性问题以肯定的答案。在相空间体积的这层意义上，我们区域的尺度不能变大，好像我们的区域在相空间中不会散开似的。

然而，这是使人误解的。我们在深思熟虑之后就会感到，很可能情况刚好与此相反！在图5.14中我想表示人们一般预料到的那种行为。我们可以将初始区域R_0想象成一个小的、"合理的"，亦即较圆的而不是细长的形状。这表明属于R_0的态在某种方面不必赋予不合情

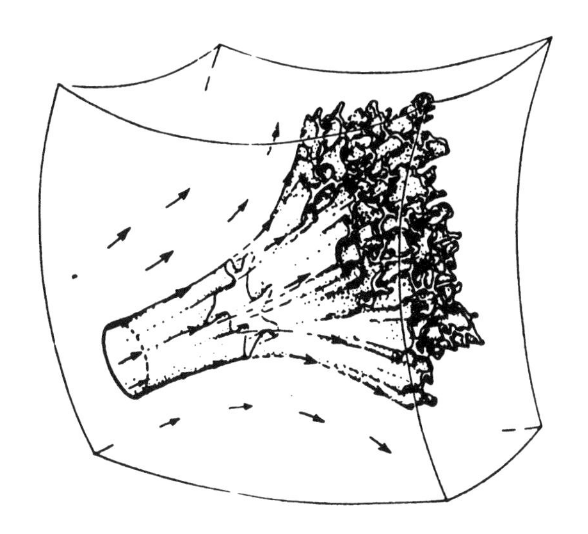

图5.14　尽管刘维尔定理告诉我们，随着时间演化相空间体积不变，但是由于该演化的极端复杂性，这个体积通常会等效地弥散开来

理的精确性。然而，随着时间的发展，区域R_1开始变形并拉长——初看起来有点像变形虫，然后伸长到相空间中很远的地方，并以非常复杂的方式纠缠得乱七八糟。体积的确是保持不变，但这个同样小的体积会变得非常细，再发散到相空间的巨大区域中去。这和将一小滴墨水放到一大盆水中的情形有点类似。虽然墨水物质的实际体积不变，它最终被稀释到整个容器的容积中去。区域R_t在相空间中的行为与此很类似。它可能不在全部相空间中散开（那是称之为“遍历”的极端情况），但很可能散开到比原先大得极多的区域去。（可参阅 *Davies 1974* 的进一步讨论。）

麻烦在于保持体积并不意味就保持形状：小区域会被变形，这种变形在大距离下被放大。由于在高维时存在区域可以散开去的多得多的“方向”，所以这问题比在低维下严重得多。事实上，刘维尔定理远非“帮助”我们将区域R_t控制住，而是向我们提出了一个基本问题！若无刘维尔定理，我们可以摹想相空间中区域的毫无疑义的发散趋势可由整个空间的缩小而补偿。然而，这一个定理告诉我们这是不可能的，而我们必须面对这个惊人的含义——这个所有正常类型的经典动力学（哈密顿）系统的普适的特征[9]！

鉴于这种发散到整个相空间去的行为，我们会问，经典力学怎么可能作出预言？这的确是一个好问题。这种弥散所告诉我们的是，不管我们多么精确地（在某一合理的极限内）知道系统的初始态，其不确定性将随着时间而不断增大，而我们原始的信息几乎会变得毫无用处。在这个意义上讲，经典力学基本上是不可预言的。（回想前面考虑过的“混沌”概念。）

那么，何以迄今为止牛顿动力学显得如此之成功呢？在天体力学中（亦即在引力作用下的天体）其原因在于，第一，有关的凝聚的物体数目相对很少（太阳、行星和月亮），这些物体的质量相差悬殊——这样在估量近似值时，可以不必管质量更小物体的微扰效应，而处理更大的物体时，仅仅需要考虑它们相互作用的影响；第二，可以看到，适用于构成这些物体的个别粒子的动力学定律，也可以在这些物体本身上的水平上适用——这使得在非常好的近似下，太阳、行星和月亮实际上可以当作粒子来处理，我们不必去为构成天体的单独粒子的运动的微小细节担忧[10]。我们再次只要考虑“很少”的物体，其在相空间中的弥散不重要。

除了天体力学和投掷物行为（它其实是天体力学的一个特例）之

外，只牵涉到小数目的粒子的简单系统的研究，牛顿力学所用的主要方法是根本不管这些细节的“可决定性的预言的”方面。相反地，人们利用一般的牛顿理论做模型，从这些模型可以推导出整体行为。某些诸如能量、动量和角动量守恒定律的准确推论的确在任何尺度下都有效。此外，存在可与制约单独粒子的动力学规律相结合的统计性质，它能对有关的行为作总体预言。（参阅第7章关于热力学的讨论；我们刚讨论过的相空间弥散效应和热力学第二定律有紧密的关系。我们只要相当仔细，便可利用这些观念作预言。）牛顿本人所做的空气声速的计算（1个世纪后拉普拉斯进行了微小的修正）便是一个好例子。然而，牛顿（或更笼统来说，哈密顿）动力学中固有的决定性在实际中适用的机会非常稀少。

相空间弥散效应还有一个惊人的含义。它告诉我们，经典力学不能真正地描述我们的世界！我说得有点过分了一些，但是并不太过分。经典力学可以很好地适用于流体——特别是气体的行为，在很大的程度上适用于液体——此处人们只关心粒子系统的“平均”性质，但是在对固体作计算时就出了毛病，这里要求知道更细节的组织结构。固体由亿万颗点状的粒子所组成，由于相空间弥散其排列的有序性应不断地降低，何以保持其形状大致不变呢？正如我们已经知道的，量子力学在理解固体的实在结构时是不可或缺的。量子效应可多多少少防止相空间的弥散（第8章和第9章）。

这也和制造“计算机器”的问题相关。相空间弥散是某种必须控制的东西。相空间中对应于一个电脑的“离散”态的区域（例如前述的R_0）不应允许其过度弥散开来。我们记得，甚至弗雷德金-托佛利

“台球电脑”需要某种外围的固体墙才能工作。包括许多粒子的物体的“刚性”正是需要量子力学起作用的某种东西。看来，甚至“经典”电脑也必须借助于量子物理学的效应才能有效地工作！

麦克斯韦电磁理论

在牛顿的世界图像中，人们设想一个微小粒子靠一种超距作用的力作用到另一个粒子上。如果粒子不是完全点状的，可以认为由于偶尔的实际物理接触而互相反弹离开。正如我前面（218页）提到的，电学和磁学（古人即知道此两者的存在，威廉·吉尔伯特在1600年和本杰明·富兰克林在1752年分别进行了一些细节的研究）的行为和引力很类似。虽然同号的电荷（磁极强度）相互排斥而不是吸引，它们都以距离的平方反比律衰减。这里的电磁力是由电荷（磁极强度），而不是由质量决定其强度。在这个水平上，将电学和磁学归并到牛顿理论中去并没有什么困难。光的行为也可以粗略地（虽然有某些困难）容纳进去。我们或者将光当作单独粒子（正如我们现在应称之为“光子”的那样）组成，或者把它当作某种媒质中的波的运动。在后一情况该媒质（“以太”）本身应认为是由粒子组成的。

运动电荷会产生磁力的这一事实引起了额外的复杂性，但是这并没有把整个体系瓦解。大量的数学家和物理学家（包括高斯）提出了在一般牛顿框架中似乎满意的、描述运动电荷效应的方程组。第一位向这个“牛顿式”的图像提出严肃挑战的科学家是英国伟大的实验家兼理论家迈克尔·法拉第（1791—1867）。

为了理解这个挑战的性质，我们首先要定义物理场的概念。首先考虑磁场。大部分读者都有过这样的经验，将一张纸放在磁铁上时，纸上的铁粉末具有特别的形态。这些粉末以一种令人惊异的方式沿着所谓的“磁力线”串起来。我们可以想象，即便粉末不在该处，磁力线仍在那里。它们构成了我们称之为磁场的东西。这“场”在空间的每一点都朝着一定的方向，亦即在该点力线的方向。实际上，我们在每一点都有一个矢量。这样，磁场就给我们提供了一个矢量场的例子。（我们可把它和上一节考虑的哈密顿矢量场相比较，但现在这一个矢量场是在通常的空间中，而不在相空间中。）类似地，一个带电的物体被一种称之为电场的不同种类的场所围绕；而且引力场也类似地围绕着任何有质量的物体。这些也都是空间的矢量场。

远在法拉第之前，人们就有了这些观念，它们已成为牛顿力学理论家的一部分武器。但是认为这种“场”中不包含实际物理物质的观点占优势。反之，它们被当作为某一个粒子放在不同的点时所作用的力提供一种必要的“簿记”。然而，法拉第深刻的实验发现（利用运动线圈、磁铁等）使他坚信，电磁场是真正的“东西”，并且变化的电磁场有时会相互“推挤”到原先空虚的空间，以产生一种脱离物体的波动！他猜测到光也许就包括这类波动。这种观点背离了占统治地位的“牛顿智慧”。按照牛顿的观点，这类场不能在任何意义上被认为是“真实的”，而仅仅是作为“真正的”牛顿点粒子超距作用“实在”图像的方便的数学辅助物而已。

面临着法拉第以及优秀的法国物理学家安德烈·玛丽·安培（1775—1836）和其他人更早的实验发现，伟大的苏格兰物理学家兼数学家詹姆斯·克拉克·麦克斯韦(1831—1879)对从这些发现产生的电磁场方程的数学形式感到疑惑。他以惊人的灵感,对这些方程作了初看起来似乎非常微小的,但却是含义深远的改变。这个改变根本不是由已知的实验事实(虽然与之相协调)暗示的。这是麦克斯韦理论自身所要求的结果,部分是物理学上的,部分是数学上的,还有部分是美学上的。麦克斯韦方程的一个含义是电磁场的确在空虚的空间中相互"推挤"。振荡的磁场产生振荡的电场(这是法拉第的实验发现所隐含的)。而振荡的电场又反过来产生振荡的磁场(由麦克斯韦理论推导得来的),并且这又接着产生电场,等等。(这种波的详图见344页的图6.26和346页的图6.27。)麦克斯韦能够算出这种效应在空间传播的速率——并且他发现这正是光的速率!此外,这些所谓的电磁波还展示出了很久以来就知道的干涉和令人困惑的偏振性质(我们在第6章298页、344页还要回到这些上来)。除了说明波长在一个特定范围($4\times10^{-7}\sim7\times10^{-7}$米)的可见光的性质外,还预言了导线中电流产生的其他波长的电磁波。出色的德国物理学家亨利希·赫兹于1888年在实验上证实了这种波的存在。法拉第的富有灵感的希望在美妙的麦克斯韦方程中的确找到了坚实的基础!

虽然我们在这儿并不必了解麦克斯韦方程的细节,稍微看看它们是什么样子并没有什么害处:

$$\frac{1}{c^2}\cdot\frac{\partial \boldsymbol{E}}{\partial t}=\mathrm{curl}\,\boldsymbol{B}-4\pi\boldsymbol{j},\quad \frac{\partial \boldsymbol{B}}{\partial t}=-\,\mathrm{curl}\,\boldsymbol{E}$$

$$\mathrm{div}\boldsymbol{E}=4\pi\rho,\qquad \mathrm{div}\boldsymbol{B}=0.$$

此处$\boldsymbol{E}$、$\boldsymbol{B}$和$\boldsymbol{j}$分别为电场、磁场和电流；ρ为电荷密度，c只是一个常数，也就是光速[11]。不必忧虑curl及div等项，它们简单地表示不同类型的空间变化。（它们是某种相对于空间坐标的偏微分算符的组合。可以回想我们在讨论哈密顿方程时遇到的用符号∂表示的偏微分运算。）在前面两个方程左边出现的算符$\partial/\partial t$实际上和用在哈密顿方程的点一样，其不同之处只是技术性的。这样$\partial E/\partial t$表示电场的变化率，而$\partial B/\partial t$表示磁场的变化率。第一个方程[1]说明电场如何按照磁场和电流在该时刻的行为而变化；而第二个方程说明磁场如何按照电场在该时刻的行为而变化。第三个方程粗略地讲是平方反比律的另一种形式，它是讲（该时刻的）电场必须和电荷分布相关；而第四个方程是对磁场说同样的东西，除了在这情况下没有“磁荷”（或分开的“北极”或“南极”粒子）以外。

这些方程在下面这一点和哈密顿的很相像，即依据在任何给定时刻的电场和磁场的值，它们给出了这些量对时间的变化率。所以麦克斯韦方程和通常的哈密顿理论一样是决定论的。仅有的也是一个重要的差别是，麦克斯韦方程是场方程而不是粒子方程。这表明我们需要用无穷多个参数去描述系统的态（空间中的每一点的场矢量），而不仅仅需要像在粒子论中的有限的数目参数（每个粒子的3个位置和3个动量坐标）。因此麦克斯韦理论的相空间是无限维的！（正如我以前提到过的，一般的哈密顿框架，实际上可以包容麦克斯韦方程。但由于这无限的维数，该框架必须稍微推广一下[12]。）

1. $\partial E/\partial t$在此方程中的存在正是麦克斯韦的理论推导的妙举。本质上讲，方程中的其他所有的项从直接实验证据中都已知道。系数$1/c^2$非常小，这正是为何该项未被实验观察到的原因。

麦克斯韦理论为我们的物理实在的图像添加上具有根本性的新的部分。我们必须接受场自身的存在，而不能把它仅仅当作牛顿物理中的“实在”粒子的数学的附属物。在这一点上它超越了我们的原先的理论框架。麦克斯韦的确向我们指出，当场以电磁波传播时，它们自身携带一定量的能量。他还给出了这种能量的显明的表达式。从一处传播到另一处的“脱离物体”的电磁波能传递能量的这一惊人事实，最终由赫兹在实验上探测到它的存在而被证实。这个事实虽然如此惊人，而现在却变成这么熟悉的东西了。

可计算性和波动方程

麦克斯韦能直接从他的方程推导出，在没有电荷或电流（亦即在上述方程中$\boldsymbol{j}=0$，$\rho=0$）的空间区域，所有电磁场的分量必须满足一个称为波动方程[1]的方程。由于波动方程是关于一个单独的量的，而不是电磁场的所有6个分量的方程，所以可视作麦克斯韦方程的“简写”。它的解表现了类似波动的行为，并牵涉到诸如麦克斯韦理论的“极化”（电场矢量的方向，见344页）等其他复杂性。

因为波动方程及其可计算性的关系已被清楚地研究过，所以我们对它格外有兴趣。事实上，玛丽安·玻伊坎·普埃尔和伊恩·里查兹（1979，1981，1982和1989）指出，尽管波动方程在平常的意义上具有决定性的行为——亦即初态数据一被提供，则其他时刻的解即被决定——还存在某种古怪类型的可计算的初始数据，它使得在以后

1. 波动方程（或达朗贝尔方程）可写成$\{(1/c^2)(\partial/\partial t)^2-(\partial/\partial x)^2-(\partial/\partial y)^2-(\partial/\partial z)^2\}\varphi=0$。

可计算的时刻被决定的场的值实际上是不可计算的。这样，此一似是而非的物理场论的方程（虽然不完全是在我们世界中实际成立的麦克斯韦方程）会在普约尔和里查兹的意义上产生不可计算的演化！

这结果在表面上似乎相当令人震惊——这看来和我在上一节的猜测相抵触，除了那时人们关心的是“合理的”哈密顿系统的可能的可计算性以外。然而，普约尔和里查兹结果固然是惊人的并和数学有关系，它和猜测的冲突并没有什么真正的物理意义。原因在于，他们“古怪”的初始数据不以一种通常人们对物理上有意义的场所要求的方式而“光滑地改变”[13]。普约尔和里查兹实际上证明了，如果我们不容许这一类场，则不会产生不可计算性。无论如何，甚至如果允许这类场，很难想象任何物理“仪器”（诸如人脑？）能利用这样的“不可计算性”。这只有当允许作任意高精度的测量时才相干。但正如我说过的，这在物理上不是非常现实的。尽管如此，普约尔和里查兹的结果代表了一个重要研究领域的美妙开端，迄今这个领域还很少被研究过。

洛伦兹运动方程；逃逸粒子

麦克斯韦方程本身还不是一个完整的方程组。如果给定了电荷和电流的分布，则它们提供了电磁场传播方式的美妙的描述。在物理上，这些电荷主要是我们知道的电子和质子等带电粒子，而电流是由这种粒子的运动所引起的。如果我们知道这些粒子在何处并如何运动，则麦克斯韦方程告诉我们电磁场会如何行为。该方程并没有告诉我们这些粒子自身如何行为，此问题的部分答案在麦克斯韦年代即已经知道，但直到1895年杰出的荷兰物理学家亨德里克·安东·洛伦兹利用与狭义相对论有关的思想去推导现在称之为带电粒子的洛伦兹运动方程后（参阅*Whittaker 1910*，P310，P395），才得到令人满意的方程组。这些方程告诉我们带电粒子的速度如何因所处的电磁场的影响而连续地改变[14]。把洛伦兹方程和麦克斯韦方程相联立，人们便能同时得到带电粒子和电磁场的时间演化的规则。

然而，这一套方程并非一切都相安无事。如果一直到粒子的自身的直径的尺度之下（电子的“经典半径”大约为10^{-15}米）场都是非常均匀的，而且粒子运动也不过分激烈的话，则它们给出了极好的结果。但此处存在一个原则上的困难，在其他情况下它会变得重要起来。洛伦兹方程要我们去做的是考察带电粒子所在处的准确的那一点的电磁场（并且实际上提供了该点的“力”）。如果粒子是有限尺度的，则那一点应如何选取呢？是否我们应取粒子的“中心”，或是对表面上所有点的场（“力”）取平均？如果场在粒子尺度下不是均匀的，则这就产生了差异。还有更严重的问题：粒子表面（或中心）的场究竟如何？记住我们考虑的是一个带电的粒子。粒子本身引起的电磁场必须叠加到粒子所处的地方的“背景场”上去。粒子的自身场在靠近“表面”处变得极强，并且轻而易举地糟蹋它附近的所有其他的场。而且，围绕着自身的粒子场会多多少少地指向外面（或内面）。这样粒子所要反应的总的实际的场根本不是均匀的，在粒子“表面”的不同地方指向不同的方向，更不要说它的“内部”了（图5.15）。现在我们必须开始忧虑，互异的作用到粒子上的力是否使之旋转或变形，我们必须知道它的弹性性质等（并且这里还有一个和相对论有关的特别有疑问的问题，我先不在此烦恼读者）。显然，这个问题比初看时复杂得多。

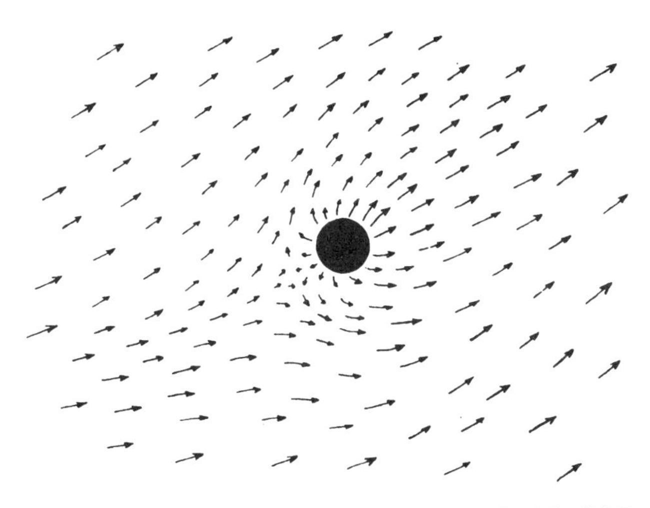

图5.15　我们要如何严格地应用洛伦兹运动方程？由于自己的场在粒子的位置处起主导作用，作用在它上面的力不能简单地从该粒子所处地方的场得到

也许我从一开始就把粒子当做点粒子会更好些。但这会导致另一类问题，因为在粒子的邻近处其自身的电场会变成无穷大。按照洛伦兹方程，如果它必须对它所处的地方的电磁场响应，则它必须对此无穷大的场响应！为了使洛伦兹力定律有意义，必须找出一种减去粒子自身的场以剩下有限的背景场的方法，这样粒子才能毫不含糊地对背景场响应。1938年狄拉克（我们在后面还要提到他）解决了这个问题。但是，狄拉克解导出了某些令人恐慌的结论。他发现为了决定粒子和场的行为，不但必须知道每个粒子的初始位置和速度，也必须知道其初始加速度（这是一种在标准的动力学理论的范围内不太正常的情况）。对大多数的初始加速度值，粒子的最终行为变得完全疯狂，它自发地加速并很快地趋近于光速！这就是狄拉克的“脱逸解”，它并不对应于任何实际发生在自然里的东西。人们必须找到一种正确选择初始加速度以避免脱逸解的方法。只有一个人使用“先知”—— 也

就是，必须指明能最终导出脱逸解的初始加速度并避免之，才能做到。这根本就不是在一个标准的决定性的物理问题中选择初始条件的方法。在传统的决定论中，这些初始数据可以任意给定，不受任何未来的行为要求的约束。而在这里，不仅是将来完全决定了在过去某一时刻的应选取的初始值，而且这些非常特别的数据由于要使未来行为确实“合理”的要求，而被非常苛刻地约束。

基本的经典方程就只能走到这么远。读者会意识到经典物理定律中决定性和可计算性的问题真是乱麻一团，在物理学定律中是否有一个目的论的因素呢？未来是否对过去允许发生的事有某种影响呢？实际上，物理学家并未认真地将这些经典电动力学（经典带电粒子和电磁场的理论）的含义当作实在的描述。他们对上述困难的通常回答是，带电的单独粒子问题是在量子电动力学范畴里，我们不能指望利用纯粹经典过程得到有意义的答案。这无疑是对的。但正如我们以后将要看到的，在这一点上量子理论自身也有问题。事实是，狄拉克正是因为想到，也许能为解决（物理上更适当的）量子问题中的甚至更大的基本困难得到灵感，而考虑带电粒子的经典问题。以后我们必须面临量子理论的这个问题！

爱因斯坦和庞加莱的狭义相对论

我们回顾一下伽利略的相对性原理。它告诉我们，如果我们从一个静止坐标系转换到运动坐标系，伽利略和牛顿的物理定律完全不变。这意味着仅仅考察在我们周围的物体的动力学行为，不能确定我们是处于静止状态，还是沿着某一方向作匀速运动。（回忆一下211页至212页描述伽利略在海上的船。）当我们将麦克斯韦方程合并到这些定律中去时，伽利略的相对论仍然对吗？我们知道麦克斯韦电磁波以固定的速率——即光速传播。常识似乎告诉我们，如果我们在某一方向非常快地运动，则光在那一方向相对我们的速率应减少到比c小（因为我们沿着那个方向去"追逐"光线），而且在相反的方向光速应相应地增加到比c大（因为我们向着光运动）——这都和麦克斯韦理论的不变的值c不一致。确实，常识似乎是对的：合并的牛顿和麦克斯韦方程不满足伽利略相对论。

正是由于对这个问题的忧虑导致爱因斯坦于1905年——事实上庞加莱在他之前（1898—1905）——提出狭义相对论。庞加莱和爱因斯坦各自独立地发现麦克斯韦方程也满足一个相对性原理（参阅*Pais 1982*）；也就是如果我们从一个静止坐标系换到运动坐标系时，方程也有类似的不变的性质。虽然在这种情况下，变换规则和伽利略-牛顿物理不相容！为了使两者相容，必须修正其中的一组方程——或者抛弃相对性原理。

爱因斯坦不想抛弃相对性原理。他凭着超等的物理直觉坚持，这个原则必须对于我们世界的物理定律成立。此外，他知道伽利略-牛顿物理对于所有的已知现象，只在速度和光速相比很微小的情况下被检验，这时不相容性并不显著。而人们早已知道，只有光本身的速度很大，才足以使这种偏离变得重要。所以，正是光的行为才能告诉我们究竟要采用何种相对性原理——而制约光的方程正是麦克斯韦方程。这样适合于麦克斯韦理论的相对性原理要保留；而相应地伽利略-牛顿定律要作修正！

在庞加莱和爱因斯坦之前，洛伦兹也致力于解决并部分回答了这些问题，直到1895年，洛伦兹采取的观点认为将物质结合在一起的力具有电磁性（后来证明正是如此）。这样，实在物体的行为应该满足从麦克斯韦方程推导出的定律。其中一个推论，是以与光速可相比拟的速度运动的物体在运动的方向会有微小的收缩（所谓的“费兹杰拉德－洛伦兹收缩”）。洛伦兹利用它来解释迈克耳孙和莫雷在1887年进行的令人困惑的实验发现。该实验似乎指出不能用电磁现象来确定一个“绝对”静止的坐标系。（迈克耳孙和莫雷指出，地球表面上的光的表观速度不受地球绕太阳公转的影响，这和预想的非常不一样。）是否物体的行为总是这样，以至于不可能在局部检验它的（匀速）运动呢？这是洛伦兹的近似的结论；而且他只局限于物体的特殊的理论，在这里只有电磁力才有意义。作为一位杰出的数学家，庞加莱在1905年指出，根据作为麦克斯韦方程基础的相对性原理，物体有一个精确的行为方式使得局部检测物体的匀速运动根本办不到。他并透彻地了解了此原理的物理含义（包括我们很快就要考虑到的“同时性的相对性”）。他似乎认为这仅仅是一种可能性，而不像爱因斯坦那样坚持相对性原理必须成立。

麦克斯韦方程满足的相对性原理后来被称作狭义相对论。要掌握它不甚容易。它有许多反直观的特征，一下子很难把这些特征当作我们生活其中的世界的性质接受下来。事实上，若不是富有创见和洞察力的俄国/德国几何学家赫曼·闵可夫斯基（1864—1909）于1908年引进了进一步的要素，很难理解狭义相对论。闵可夫斯基曾是爱因斯坦在苏黎世高等理工学院的导师。1908年，闵可夫斯基在他发表在格丁根大学的著名演讲中说道：

从今以后空间自身以及时间自身必像影子般地渐渐消退，只有两者的某种结合保持为独立的实体。

现在，让我们按照美妙的闵可夫斯基时空来理解狭义相对论的基础。

和时空概念相关的一个困难在于它是四维的，这样要去摹想它就非常困难。然而，我们已逃过了相空间这一关，区区四维不会引起我们太多的麻烦！和以前一样，我们将采用“欺骗”的手法把空间画成更少的维数——但是，这回欺骗的程度没有过去那么严重，我们的图画也相应地更为准确一些。二维图（一维空间和一维时间）对许多目的是足够的。但我还希望读者允许我有点更冒险地升高到三维图（二维空间和一维时间）。这样子我们就得到了非常好的图画，并在原则上认为不必做许多改变就可将三维图的观念推广到四维的情况去。关于时空图要记住的是，在它上面的每一点代表一个事件——也就是某一时刻的空间的一点，只有瞬息存在的一点。整个图代表过去、现在和将来的全部历史。因为一个粒子总存留在时间内，所以它不是以一点，而是以称作粒子的世界线的一条线来代表。如果粒子做匀速直线运动，则其世界线为直线。如果它做加速运动（亦即非匀速运动），则世界线是弯曲的。世界线描述了粒子存在的整个历史。

我在图5.16中画出了具有二维空间和一维时间的时空图。我们可想象沿着垂直方向测量有一标准的时间坐标t，以及在水平方向测量的两个空间坐标x/c和z/c[1]，在中心处的圆锥是时空原点O的（未来）

---

1. 把空间坐标除以c——光速——的原因是为了以后使用便利，使光子世界线和垂直方向的夹角为45°。

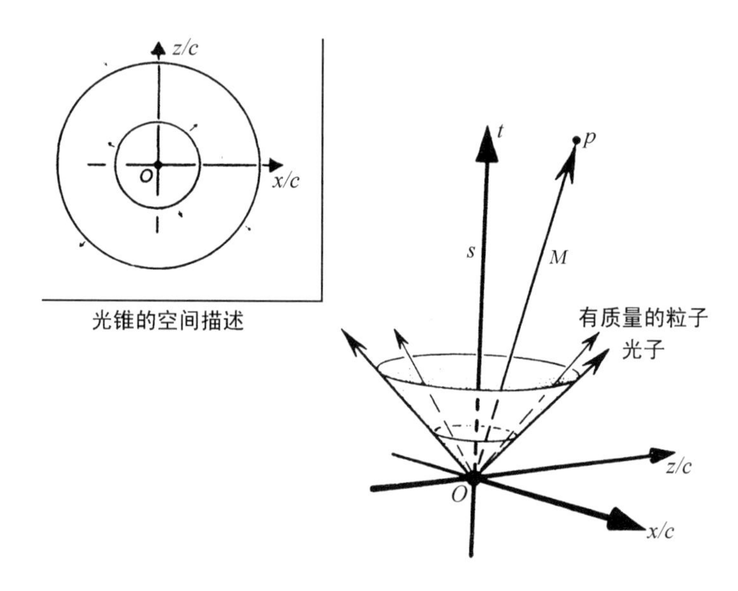

图5.16 闵可夫斯基时空（仅有两维空间）中的一个光锥，描述了在时空原点的事件O处发生的爆炸的闪光的历史

光锥。为了领略其意义，可以想象在事件O处发生一次爆炸。（此爆炸在时刻$t=0$发生在空间的原点。）从爆炸发出的光的历史正是此光锥。在二维空间中看，闪光是以基本的光速c向外运动的圆圈。在全部三维空间中看，变成以光速c向外运动的一个球面——光的波前的球面——但是我们在这儿压缩了空间方向，所以只得到了一个圆圈，正如从一块石头落到水池中去的那一点发出的涟漪的圆圈那样。如果我们在向上的方向连续截割光锥的话，就能在此时空中看到这一圆圈。这些水平面代表随时间坐标t增加时不同的空间的描述。相对论的一个特征是，一个物质粒子不能以比光速更快的速度运动（后面还要讲到）。所以从爆炸出来的物质粒子必须落到闪光的

后头。用时空的语言来说，这表明所有这些粒子的世界线必须在光锥内部。

用称作光子的粒子比用电磁波来描述光更为方便。此刻我们暂时可以将一个“光子”当作一个电磁场高频振动的小“波包”。在下一章我们将要讨论的量子描述中，这个术语的物理意义将会更清楚。但在这里“经典”光子对我们也是有用的。在自由空间中光子总是以基本速度c沿直线运动。这表明在闵可夫斯基时空图中光子的世界线总是画成一条和垂直线倾斜45°的直线。在O点处的爆炸产生的光子描写了一个中心位于O的光锥。这些性质在时空的所有点都应成立。原点并没有任何特别之处；点O和任何其他点无区别。这样的时空的每一点都必须有一个和在原点光锥具有同样意义的光锥。如果我们宁愿使用光的粒子描述的话，则任何光束的历史亦即光子的世界线，在每一点上总沿着光锥，而任何物质粒子的历史必须在每一点的光锥的内部。这一切从图5.17可以看到。所有点处的光锥族可以被看成时空的闵可夫斯基几何的一部分。

什么是闵可夫斯基几何？光锥结构是其最重要的方面。但是闵可夫斯基几何有比这更丰富的内容。它有一种和欧几里得几何的距离极相似的“距离”的概念。在三维欧几里得几何中，按照标准的笛卡儿坐标，从坐标原点到某一点的距离r可写作

$$r^2=x^2+y^2+z^2。$$

[见图5.18（a）。这正是勾股定理——或许二维的情况更熟悉些。]在

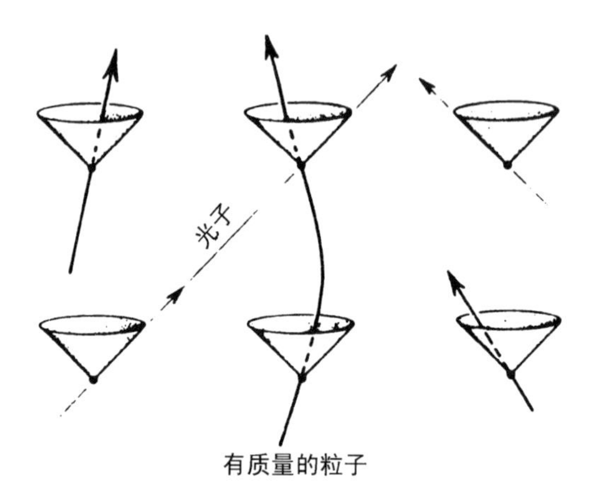

图5.17 闵可夫斯基几何图

我们的三维闵可夫斯基几何中，其表达式非常相似[图5.18（b）]，根本的差别是我们有两个负号：

$$s^2=t^2-(x/c)^2-(z/c)^2。$$

更正确地讲，我们应该有四维闵可夫斯基几何，当然距离表达式应写作

$$s^2=t^2-(x/c)^2-(y/c)^2-(z/c)^2。$$

此表达式中“距离”s的物理意义是什么呢？假定有一点其坐标为（t, x/c, y/c, z/c）[或者在三维的情形（t, x/c, z/c）；见图5.16]，并且在O的（未来）光锥的内部。则直线段OP可以代表某一个物质粒子——比如说由我们爆炸发射出的某一个特定粒子的一部分历史。线段OP的闵可夫斯基“长度”s有直接的物理解释，它是粒子所实际

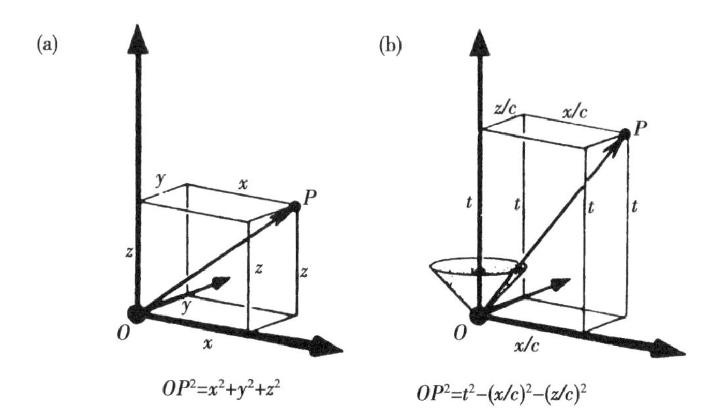

图5.18 （a）欧几里得几何和（b）闵可夫斯基几何的“距离”测量的相互比较（后者的“距离”表示经历的“时间”）

经验的事件O和P之间的时间间隔！这就是说，如果有一非常可靠和精确的钟附在该粒子上[15]，那么在事件O和事件P记录下的时间的差刚好是s。和通常预料的相反的是，坐标值t本身不描述精确的钟测量的时刻，除非它“静止”地处于我们的坐标系中（亦即x/c，y/c和z/c取固定值），这表明在图中钟有一条“垂直”的世界线。这样，只对于“静止”（亦即具有“垂直”世界线）的观察者“t”才表示“时间”。按照狭义相对论，量s为每一位从原点以均匀速度离开的观察者提供正确的时间量度。这是非常令人吃惊的——和伽利略-牛顿的简单取坐标值t为时间测量的“常识”十分矛盾。我们注意到，只要有任何运动，则相对论性（闵可夫斯基）的时间测量s总是比t要小（因为从上式我们知道，只要x/c，y/c和z/c不全为零，则s^2比t^2小）。运动（亦即OP不沿着t轴）总是使得在和坐标值t相比较的钟“变慢”。如果运动速度和c比较很小，则s和t就几乎一样，这就解释了为何我们不知道“运动着的钟走得慢”的事实。在另一种极端情况下，速度刚好为光速，P就处在光锥上，我们发现$s=0$。光锥刚好是它从O起，闵可夫斯基“距离”（亦即“时间”）为零的集合。这样，光子根本没有“经历”任何时间流逝！（我们不允许更极端的情况，P运动到光锥外面，因为这一来s变成虚的了——也即负数的平方根——也就是违反了物质粒子或光子不能运动得比光快的规律。[1]）

可以把闵可夫斯基“距离”一样好地应用于时空中的任何一对点上去，其中一点处在另一点的光锥之内——这样，一个粒子可以从一点运动到另一点。我们简单地考虑将O移到时空中的某一不同点。两点间的闵可夫斯基距离是一台从一点匀速运动到另一点的钟经验的时间的间隔。当此粒子允许为光子时，闵可夫斯基距离变成零，我们两点中的一点就必须处在另一点的光锥上——这个事实可用来定义那一点的光锥。

闵可夫斯基几何的基本结构以及世界线的“长度”的古怪测度包含了狭义相对论的精华。在这里，世界线的“长度”被解释作物理钟所“测量”（或“经历”）的时间。特别是读者也许熟悉的相对论中的“双生子佯谬”：双生子中的一个留在地球上，而另一个以接近于光速的巨大速度旅行到邻近恒星上去，然后再返回。当他返回之时，人们发现两人衰老得不一样。旅行者还很年轻，而他那位待在家里的兄弟却已垂垂老矣。这按照闵可夫斯基几何很容易描述——人们可以看到，这个现象虽然令人迷惑，实际上并非荒谬。我们在图5.19中用世界线AC代表留在家中的那个双生子，而旅行者的世界线包括AB和

---

1. 然而，对于由于s^2负值而分隔开的事件，量$c\sqrt{(-s^2)}$有一种意义，对于看到这两个事件同时发生的观察者而言，它即是通常的距离（参见后面）。

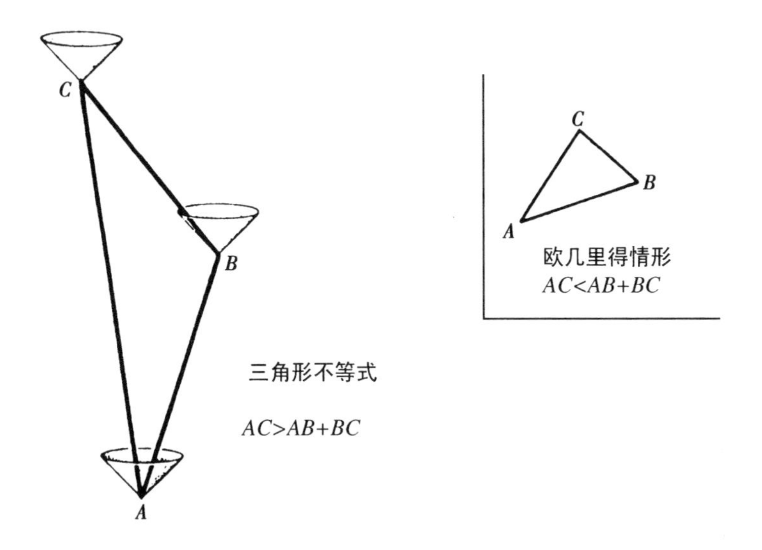

图5.19　按照闵可夫斯基三角形不等式来理解狭义相对论中所谓的“双生子佯谬”（为了比较，我们也给出了欧几里得的情形）

BC两段，这代表去和回的航行的两个阶段。留在家中的那个双生子所经历的时间由闵可夫斯基距离AC所测量，而旅行者所经历的时间由两段闵可夫斯基距离AB和BC的总和[16]给出。这两个时间不同，而且我们有

$$AC>AB+BC,$$

此不等式的确表明留在家中的那个所经历的时间比旅行者更长。

上面的不等式看起来和通常的欧几里得几何中的著名的**三角形不等式**（A，B，C，现在变成了**欧几里得空间**中的三点），亦即

$AC<AB+BC$

相当类似。该不等式断言，一个三角形的两边的和总比第三边大。我们并不把这个当成佯谬！从一点到另一点（这里是从A到C）之间的距离依赖于我们采取的实际途经，这是起码的常识。（在现在情形下，这两种途径为AC以及更长的折线ABC。）它是两点（此处为A和C）之间的最短距离为连接它们的直线（直线AC）度量的特例。不等式符号在闵可夫斯基情况下的反向是因为定义“距离”时的符号改变所引起，因此闵可夫斯基的AC比折线ABC“更长”。闵可夫斯基“三角形不等式”是更一般结果的特例：连接两个事件的最长的（在经历最长时间的含义上）世界线为直线（亦即加速度为零）。如果两个双生子从同一事件A开始并终结于同一事件C。第一个双生子没有加速地从A旅行到C，而第二个加速，则他重新相遇时，前者总是经历了更长的时间流逝。

以与我们直觉相矛盾的方式，引进这样的时间测度的奇怪概念，似乎是有点荒谬。但是现在已有极大量的实验证据支持它。例如，许多亚原子粒子以一定的时间尺度衰变（亦即分裂成其他粒子）。这些粒子有时以非常接近光速的速度运动（譬如从外空间到达地球的宇宙线或是人造的粒子加速器中的粒子），它们的衰变时间精确地以从上述考虑导出的方式变迟缓。以下事实会更令人印象深刻，现代的钟（“核子钟”）可以做得如此精密，以至于时间变化效应可被快速低空飞行的飞机携带的钟直接检测出来，结果和闵可夫斯基“距离”测度s，而不和t相一致。严格地讲，考虑到飞机的高度，就牵涉到广义相对论的一个小的附加的引力效应，但是这些也都和观测相一致；（参阅下一节。) 此外，还有许多其他紧密地和整个狭义相对论框架相关的效应，它们都经常接受了严密的验证。爱因斯坦的著名的关系式

$$E=mc^2,$$

即是其中之一，这表明能量和质量等效。在本章的结尾我们要遇到这一个关系式的一个令人哭笑不得的推论！

我还没有解释相对论原理如何和这类事体相协调。以闵可夫斯基几何的观点看，以不同的均匀速度运动的观察者怎么会是等同的？图5.16中的时间轴（“静止观察者”）怎么能和其他直的世界线，比如 OP（“运动观察者”）完全等同？让我们先考虑欧几里得几何，很清楚，就几何整体而言，任何两条直线都是完全等同的。人们可以将整个欧几里得空间在自身上“刚性”地滑动，使得其中一条直线和另一条直线的位置重合为止。考虑一个二维亦即欧几里得平面的情形。我们可以想象在一个平面上“刚性”地移动一张纸，使得画在纸上的任一条直线和平面上的已给定的直线相重合。这个刚性运动保持几何结构不变。虽然稍不明显一些，这些议论类似地在闵可夫斯基几何中也成立。在这里人们必须小心地理解“刚性”的含义。现在我们用一种古怪的材料取代那张滑动的纸——为了简单起见，我们首先研究二维的情况——该材料在一个45°方向上伸长而在另一个45°方向上压缩时两条45°线必须仍保持为45°线。从图5.20可看到这一点。在图5.21中我试图描绘三维的情形。这种称作庞加莱运动（或非齐次洛伦兹运动）的闵可夫斯基空间的“刚性运动”似乎显得不“刚性”，但它保持了所有的闵可夫斯基的距离。而“保持所有距离”在欧几里得

情况下正是“刚性”的意义。狭义相对论原理声称，物理在这种时空的庞加莱运动之下不变。尤其是，世界线为我们原先闵可夫斯基图画（图5.16）的时间轴的“静止”的观察者S和以OP为世界线的“运动”观察者M有完全一样的物理。

每一坐标平面t等于常数代表观察S的任一“时刻”的空间，亦即他认为同时（发生在“同一时刻”）的一组事件。我们称此平面为S的同时空间。当我们过渡到另一观察者M，就必须将原先的同时面族抛弃，而取代以M的同时面族[17]。我们注意到图5.21中的M的同时面显得向上倾斜。按照欧几里得几何的刚性运动思考，则会以为这倾斜

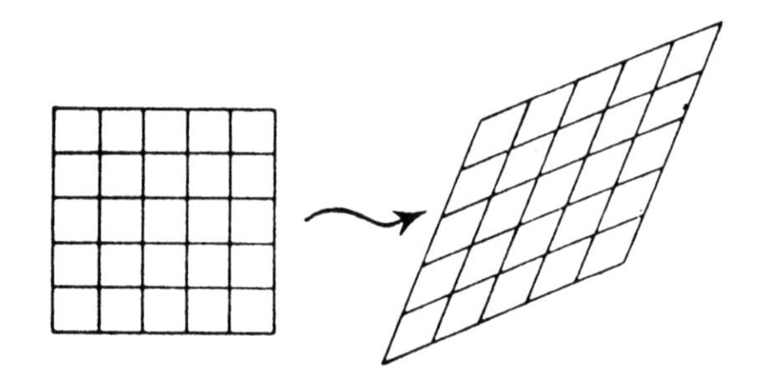

图5.20　二维时空中的庞加莱运动

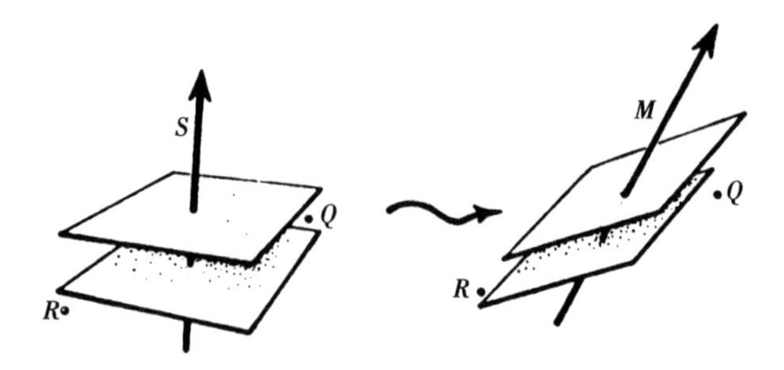

图5.21　三维时空中的庞加莱运动。左图画出S的同时性空间，而右图为M的同时性空间。注意S认为R比Q早，而M认为Q比R早（此处的运动被认为是被动的，这只是因两个观察者S和M对同一时空所做的不同描述所引起的）

似乎方向错了，但在闵可夫斯基情况下正是我们所预料的。当S认为所有在t为常数的平面上的事件同时发生时，M却持不同观点：从他看来，在他的每一个倾斜的等时空间上的事件才显得是同时的！闵可夫斯基几何本身并不包含“同时性”的唯一概念，而每一位匀速运动的观察者各有自己的“同时性”概念。

考虑图5.21中的两个事件R和Q。依S看来，事件R在事件Q之前发生，因为R处于比Q更早的同时面上；但是，依M看来，情况刚好相反，Q处于比R更早的同时面上。这样，一个观察者认为事件R早于Q发生，而另一个观察者认为Q比R早发生！（只有当R和Q所谓类空地分隔开也就是一个事件处在另一事件的光锥之外，并因此没有物质粒子或光子能从一个事件运动到另一个事件时，这才会发生。）只要事件在相隔非常远的距离上发生，甚至非常小的相对速度也会导致重大的时序差异。假定在仙女座大星云（离开我们银河系最近的大星系，大约是2000亿亿千米那么远）处发生了一个事件，地球上两个观察者相遇时将他们的钟对好，由于他们的运动速度不同，他们俩对该事件发生时刻的判断可有几天的差别（图5.22）。对于其中一个人来说，试图去歼灭地球行星上生命的空间飞船队已上路了；而对于另外一个人来说，甚至是否要发射这个飞船队的决定都尚未做出。

爱因斯坦广义相对论

我们回忆一下伽利略关于任何物体在引力场中同样快下落的伟大的洞察。（这是洞察的而不完全是直接观察的结果。由于空气阻力作用，羽毛和石头不会一起下落！伽利略的洞察在于意识到，如果空

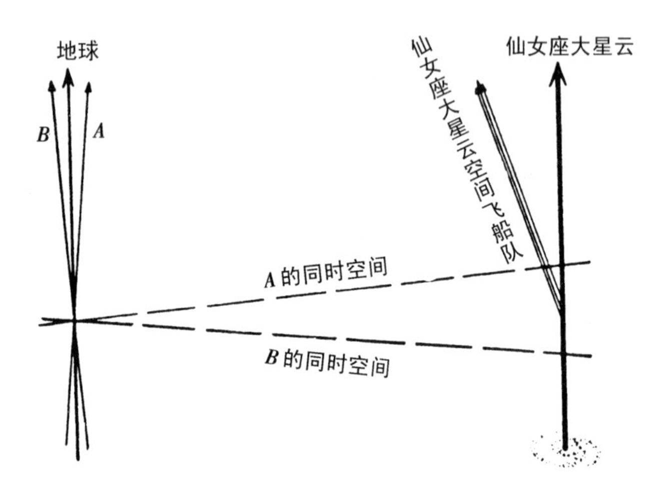

图5.22　两个人A和B相互很慢地穿过，但是他们对于仙女座大星云空间飞船队是否在他们遭遇的时刻已经出发有不同的观点

气阻力可减少到零，它们就会一起下落。）这一直觉的深刻意义整整花了3个世纪的时间才被意识到，而成为一个伟大理论的奠基石。这就是爱因斯坦的广义相对论——引力的一个非同寻常的描述。正如我们很快就要理解到的，为了实现它，我们需要引进弯曲的时空的概念。

伽利略的洞察和“时空曲率”有何关系呢？我们知道在牛顿的理论中粒子被通常的引力所加速。这样的一个与之如此不同的思想，怎么能重新产生并且改善那个理论的所有超等的精确性呢？此外，伽利略古老的直觉包含着以后没被合并到牛顿理论中的某种东西，这怎么可能呢？

由于最后一个问题最易于回答，让我们从它开始。在牛顿理论中，是什么制约着在引力作用下的物体的加速度？首先，引力作用到物体上，牛顿引力定律告诉我们这必须和物体质量成正比。伽利略的直觉是发生在牛顿引力定律中的“质量”和牛顿定律中的是同一“质量”。（可以用“正比于”来取代“同一的”。）正是它保证了引力作用下的物体的加速度实际上与它的质量无关。在牛顿的一般理论中完全没有要求这两种质量概念的同一性。牛顿只是把它当成一个假设。的确，在平方反比律方面电力和引力是类似的，但电力所依赖的是与牛顿第二定律中的质量完全不同的电荷。“伽利略直觉”不能应用于电力：在电场中物体（带电的物体）不会以同样的速度下落！

现在，我们就简单地接受伽利略关于引力作用下的运动的洞察，并探究其含义。设想伽利略从比萨斜塔上释放两块石头。如果在一块石头上有一镜头指向另一块石头的摄像机，那么其提供的摄像是一块在空中徘徊的石头，就像引力对它没有影响似的（图5.23）！这正是因为在重力下所有物体都以同样速度下落。

我们在这里不管空气阻力。因为在太空中实际上没有空气，所以太空飞行给我们提供了这些观念的一个更好的验证。现在，太空中“下落”简单地表示在引力作用下沿着合适的轨道运动。这个“下落”没有必要是冲着地球中心的直线下降。运动也可以有水平分量。如果此一水平分量足够大，那它就能围绕地球而不必朝向地面的方向“下落”！在引力下的自由轨道上旅行只不过是一种优雅（并且非常昂贵）的“下落”方式。正如前面使用摄像机，现在一位做“太空行走”的航天员看到他的宇宙飞船在他之前徘徊，表观上不受在他之前的地球的巨大的球体的引力的影响（图5.24）！这样，人们只要过渡到自由下

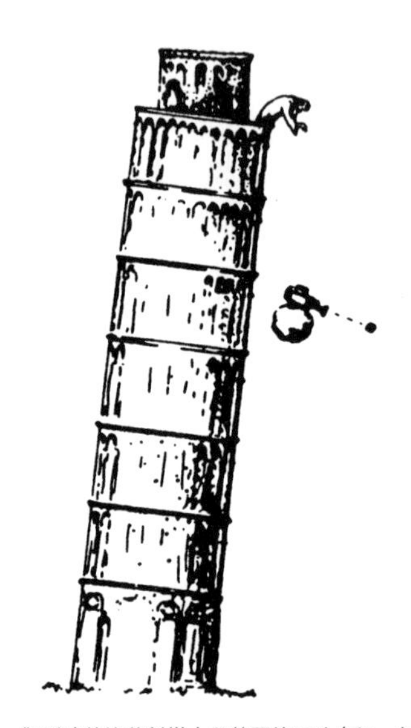

图5.23　伽利略从比萨斜塔上释放两块石头（和一台摄像机）

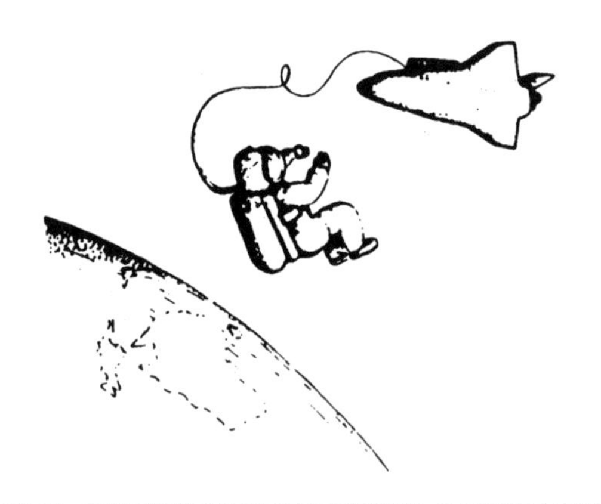

图5.24　航天员看到他的宇宙飞船在他之前徘徊，如同不受引力影响似的

落的“加速参考系”去，就可以局部地消除引力效应。

因为引力场效应正和加速度效应一样，所以可用自由下落的方式来对消引力。事实上，你如果处在一台正在加速上升的电梯之内，就会简单地觉得表观引力场的增大；如果电梯加速下降，则引力场减弱。如果悬挂电梯的绳索断了，那整个下落加速度就完全抵消了引力的效应（不考虑空气阻力和摩擦效应），而电梯内的乘客就像上述的航天员那样显得在空中自由浮动，直到它撞到地面上为止！甚至在火车和飞机上，加速度会使一个人感到引力的强度和方向不和他视觉提示的应是“往下”的方向一致。这是因为加速度和引力效应是互相类似的，人的感觉不能将它们区分开来。爱因斯坦把引力的局部效应和加速度参考系的效应等效的事实称为等效原理。

上述的考虑是“局部的”。然而，如果人们允许去做足够精密的（不完全局部的）测量，他就能在原则上断定在“真正”引力场和纯粹加速度之间的区别。在图5.25中我用稍微夸张的方式显示出由许多粒子构成的原先静止的球面，在地球引力作用下自由下落时如何受（牛顿）引力场的非均匀性的影响。该引力场在两个方面不均匀。首先，因为地球在有限距离的某处，靠近地球表面的粒子向下加速比远处的粒子更快（由于牛顿平方反比律引起）。第二，由于同一个原因，在水平方向上不同位置的粒子加速度的方向也有些微差别。球面由于这种非均匀性引起了微小变形而成为一个“椭球面”。由于它靠近地球的部分遭受到比远处的部分稍微更大的加速度，它在向地球中心方向（以及相反的方向）被拉长。由于加速度在沿地球中心方向稍微向内侧的作用，它在水平方向变狭窄。

这种畸变效应被称为引力的潮汐效应。如果我们用月亮来取代地球的中心，并且粒子的球面用地球表面取代，则我们刚好得到由于月

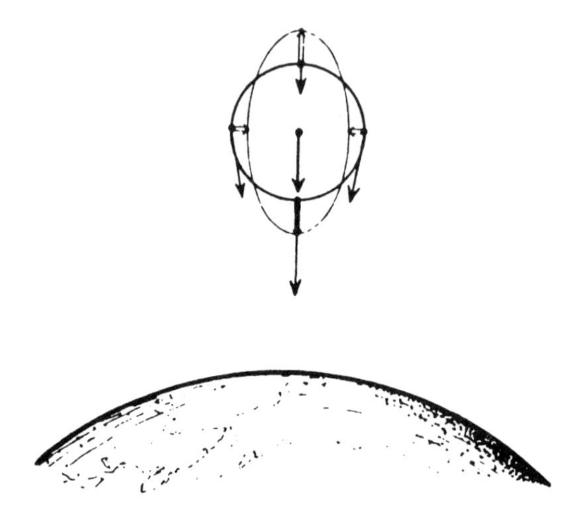

图5.25 潮汐效应。双箭头表明相对加速度（外尔）

亮的影响而在地球表面产生的潮汐，鼓出的部分正是朝着和背着月亮的方向。这个不能用自由下落“消除”的引力场的一般特征正是潮汐效应。（潮汐畸变的大小实际和离开吸引中心的距离成立方反比律，而不是平方反比律的关系。）

牛顿引力的平方反比律可按照这个潮汐效应得到一个简单的解释：由原先[18]球形而畸变成的椭球的体积等于原先球体（就认为该球面围绕着真空好了）的体积。这种体积性质是平方反比律的特征，它对于其他的力的定律不成立。下一步，我们假定球面围绕着的不是真空而是总质量为M的某物体。此物体的引力产生附加的向内去的加速度分量。这样，由原先粒子球面变形成的椭球体积就会收缩，其收缩量和M成正比。我们让球面以固定的高度围绕着地球（图5.26），所发生的体积减小效应即为一个例子。由地球引力导致平常的向下

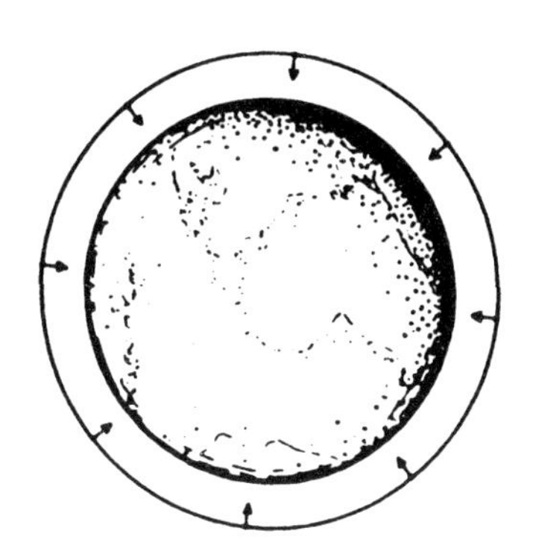

图5.26 当球面围绕着物体（此处为地球）时，就有一个纯粹向内的加速（里奇）

（亦即向内）加速就是引起球形体积减小的同一个原因。这种体积减小效应印证了牛顿引力定律继续存在的部分，也即此力和吸引物体的质量成正比。我们画出这种情形的时空图。我在图5.27上画出球面（在图5.25中画成了一个圆圈）上粒子的世界线。我在这里是用使球面的中心显得处于静止（“自由下落”）的坐标系。广义相对论把自由下落运动看作“自由运动”——和无引力物理中的“均匀直线运动”相类似。这样，我们试图在时空中用“直”的世界线来描绘自由下落。然而，从图5.27看出“直”这个字在此处的用法显得混乱。这只不过是术语的问题。我们以后就将自由下落的粒子的世界线称作时空的测地线。

这是一个好术语吗？“测地线”在通常情况下的含义是什么呢？我们考察二维曲面的类似情形。测地线为在曲面上（局部的）“最短程”的曲线。如果我们想象在此曲面上拉伸一根绳子（不要太长，否则它会滑走），那么这根绳子在曲面上就和一条测地线相重合。我在图5.28上给出了两个曲面的例子，第一个具有“正曲率”（和球面类

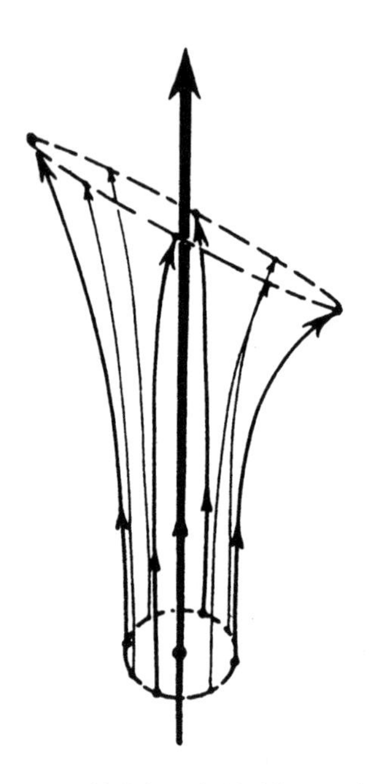

图5.27 时空曲率：画在时空中的潮汐效应

似)，而第二个具有“负曲率”(一个马鞍形的面)。在正曲率曲面上，两条互相邻近的一开始相互平行的测地线会相互靠近；对于负曲率曲面，它们会相互离开。如果我们想象，自由下落粒子的世界线在某种意义上像是曲面上的测地线，则可以看到在前面讨论的引力潮汐效应和曲面的曲率效应之间有种精确的相似性——但是现在情形下正的和负的曲率效应会同时存在。我们可从图5.25和图5.27看到，时空的“测地线”在一个方向上互相离开(当它们和地球在同一直线上时)——正如图5.28中负曲率曲面的情形——在另一方向上它们互相靠近(当它们相对于地球处于水平的方向上)——正如图5.28中正曲率曲面的情形。这样，我们的时空曲率确实似乎具有类似于我们

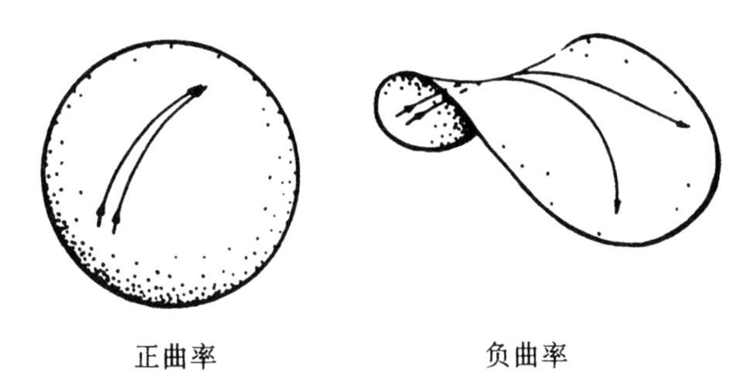

图5.28 曲面上的测地线。在正曲率处测地线收敛，而在负曲率处它们发散

两个曲面的“曲率”，但是由于更高的维数而变得更为复杂，在不同的位移上牵涉到正和负的曲率的混合。

这就显示了如何用时空“曲率”的概念来描述引力场。这种描述的可能性归根结底是从伽利略的直觉而来的（等效原理），它允许我们用自由下落来消除“引力”。实际上我到此为止还没必要超出牛顿理论的范围。这个新的图像只是为此理论提供了重新表述[19]。然而，当我们将此图像和狭义相对论的闵可夫斯基描述——亦即现在我们知道应用于不存在引力情况下的时空几何相结合时，就得到了新的物理。其最终的结合物即为爱因斯坦的广义相对论。

回想一下我们从闵可夫斯基得到的教益。引力不存在时，时空中定义了两点之间的特殊类型的“距离”测度。我们在时空中有条描述某粒子的世界线，则沿着此世界线测量的闵可夫斯基“距离”表示这个粒子实际经历的时间。（在前一节我们事实上只考虑沿着与直线段一致的世界线的“距离”，但这个断言对于任意弯曲的世界线“距离”的测量也成立。）如果没有引力场——亦即没有时空曲率时，闵可夫斯基几何是准确的。但是在引力存在时，我们只能将闵可夫斯基几何当作一种近似——如同平面是弯曲曲面几何的近似描述一样。我们如果用放大倍数越来越大的显微镜去考察曲面——使得曲面的几何伸展到越来越大的范围去——则该曲面就显得越来越平坦。我们说一个弯曲曲面在局部上像是一个欧几里得平面[20]。我们可以以同样的方式说，在引力存在时，时空在局部上像闵可夫斯基几何（也就是平坦的时空），但是我们在更大的尺度下允许某种“弯曲性”（图5.29）。特别是，正如在闵可夫斯基空间中一样，时空中的任一点都是一个光锥的顶点。但是这些光锥不像在闵可夫斯基空间中的那样以完全一致的方式排列。我们将在第7章的一些时空模型的例子中看到这种明显的非一致性（参阅426页的图7.13和图7.14）。物质粒子的世界线的朝向总在光锥之内，而光子的世界线总是沿着光锥。正如在闵可夫斯基空间中一样，沿着任何一条这样的曲线，总存在测量该粒子所经历的时间的闵可夫斯基“距离”的概念。正如在曲面的情形，这种距离测度定义了与平空间不同的曲面的几何。

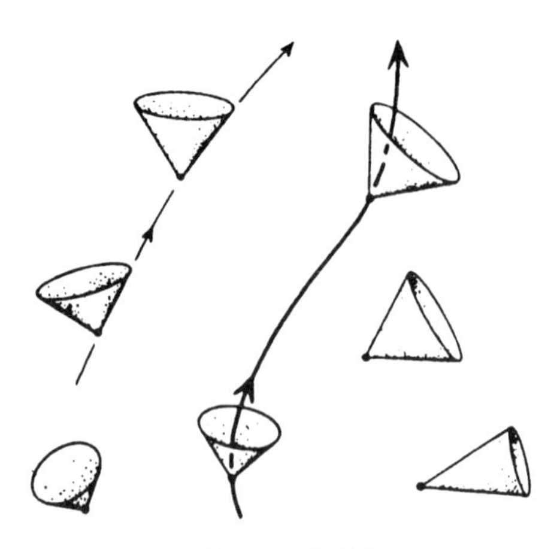

图5.29 弯曲时空图

和上述的二维曲面情况相似，时空中的测地线可有类似的解释。但是我们必须记住闵可夫斯基和欧几里得情形的不同之处。时空中的测地的世界线取（局部）最大的距离（亦即时间），而不是取（局部）最小的长度。按照这一规则，引力作用下的自由运动粒子的世界线，实际上是测地线。这样，尤其是在引力场中运动的天体可用测地线来描写。在空虚的空间的光线（光子的世界线）也是测地线，并且是具有零“长度”的测地线[21]。我在图5.30中作为例子画出了地球和太阳的世界线的略图，地球绕太阳的运动是一根绕着太阳世界线的螺旋状的测地线。我也标出了从一个遥远的恒星到达地球的光子。因为按照爱因斯坦理论，光线被太阳的引力场所偏折，所以其世界线显得稍微有些“弯折”了。

我们还要看看如何将牛顿的平方反比律包括进来，并按照爱因斯

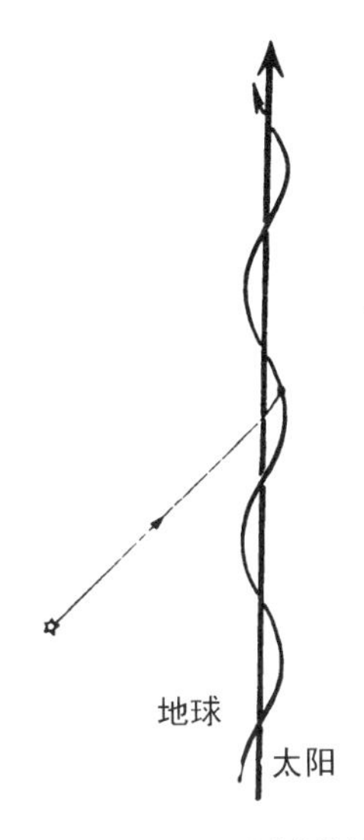

图5.30 地球和太阳以及从遥远恒星处来的被太阳所偏折的光线的世界线

坦相对论作何种修正。让我们回到在引力场中下落的粒子球面的例子上来。我们记得，如果球面围绕的只是真空，则按照牛顿理论，球的体积一开始不会改变；但是如果围绕的是一个总质量为M的物体，则会产生和M成正比的体积减小。这种规律在爱因斯坦理论中（对于小球面）刚好是一样，除了决定此体积减小的不完全是M，还有一附加的“通常非常小的”来自被围绕物质中的压力的贡献。

四维时空的曲率必须描写在任何地方在任何可能方向运动的粒子的潮汐效应。它的完整数学表达式由被称为黎曼曲率张量的量所给出。这个东西是有点复杂，在每一点具有20个称作分量的数。不同的分量是在时空中在不同方向上的不同曲率。黎曼曲率通常写作R_{ijkl}。但是因为我不想在这里解释这些小指标的意义（事实上也不想解释张量的意义），我就简单地将它写作：

黎曼。

存在一种将此张量分解成两部分的方法，第一部分是外尔张量，第二部分是里奇张量（各有10个分量）。此分解可表达如下：

黎曼=**外尔**+**里奇**。

（其具体表达式在目前并不特别有用。）外尔张量**外尔**是测量我们自由下落的球面的潮汐畸变（亦即形状的初始变形，而非尺度的变化），而里奇张量**里奇**测量其初始体积改变[22]。我们记得，牛顿引力理论要求下落球面所围绕的质量和这初始体积的减小成正比。粗略地讲，它告诉我们，物体的质量密度，或等效的能量密度（因为 $E=mc^2$）—— 应该和里奇张量相等。

事实上，这基本上就是广义相对论的场方程—— 也即爱因斯坦场方程—— 实际的断言[23]。然而，关于这些还有许多技术上的细节，最好不在这里纠缠。只要知道存在一个称作能量-动量的张量，它将有关的物质和电磁场的能量、压力和动量都组织在一起。我把这一张量叫作**能量**，则爱因斯坦方程可非常粗略地写作：

里奇=能量。

（正是在**能量**张量中“压力”的出现以及为了使整个方程协调的条件要求，使得压力正如前述的也对体积缩小效应有所贡献。）

此方程似乎没有牵涉到外尔张量。但它是一个重要的量。在空虚的空间里感受到的潮汐效应纯粹是由外尔引起的。事实上，上述的爱因斯坦方程意味着，存在将**外尔**和能量相联系的微分方程，颇像我们以前遇到的麦克斯韦方程[24]。的确，把**外尔**当作用 $\boldsymbol{E}$、$\boldsymbol{B}$ 这一对量描述的电磁场量（实际上也是一个张量—— 麦克斯韦张量）的引力类似物是一种富有成果的观点。在一定的意义上可以讲，**外尔**实际上是引力场的测定。**外尔**的“源”是**能量**张量。这和电磁场（$\boldsymbol{E}$, $\boldsymbol{B}$）的源是（$\boldsymbol{\rho}$, $\boldsymbol{j}$），也即麦克斯韦理论的电荷和电流的组合的情形很相似。这种观点将有助于第7章的讨论。

如果注意到在爱因斯坦理论和牛顿在两个半世纪前提出的理论

之间，虽然在形式和内在的观念之间有如此深刻的差别，但在观测上要找到差异却非常困难，人们会十分惊异。假如所考虑的速度和光速c相比较小很多，并且引力场不太强（使得脱逸速度比c小得多，参阅第7章422页），那么爱因斯坦理论的结果实质上和牛顿的一样。但是，在这两个理论的预言的确不同时，爱因斯坦理论更准确。现在已有几个令人难忘的实验，证明爱因斯坦新理论完全成立。正如爱因斯坦所坚持的，在引力场中钟走得慢一些，此效应以不同的方式得到直接的测量。光和无线电波的确被太阳所偏折，并被遭遇者稍微地延迟——也很好地检验了广义相对论效应。空间探测器和运动行星，正如爱因斯坦理论所要求的那样，对牛顿轨道要做小修正，这些也被实验所证实。（特别是从1859年起天文学家就开始忧虑的被称作"近日点进动"的水星运动的失常，1915年为爱因斯坦所解释。）也许最令人印象深刻的是，对一个包括一对微小的大质量恒星（假定为两个"中子星"，参阅422页）的称作脉冲双星系统上的一系列观测，其数据和爱因斯坦理论非常接近，并间接地证实了一个在牛顿理论中根本不存在的效应，即引力波的辐射。（引力波是电磁波的引力类似物，以光速c来传播。）还没有找到任何被确证的和爱因斯坦广义相对论相冲突的观测。正因为这种种奇异的现象，使我们坚信爱因斯坦理论是对的！

相对论因果性和决定论

我们记得在相对论中，物质不能运动得比光快——也就是说，它们的世界线必须处于光锥之中（图5.29）。（尤其在广义相对论中，我们必须用这种局部的方式描述事物。光锥并不均匀地排列着，所以讲非常远的粒子的速度是否超过这里的光速并没有多大意义。）光子的世界线沿着光锥，但对于任何粒子都不能允许其世界线处在光锥之外。事实上，更一般的陈述应是，不允许任何信号在光锥外传播。

要理解为什么这样，可以参考闵可夫斯基空间图（图5.31）。假定我们有一台能发出比光传播得更快的信号的仪器。利用这台仪器，观察者W从他的世界线的事件A发出一个到达遥远的事件B的信号，B刚好处于A的光锥的下面。从W的观点看，可以画成图5.31（a）的样子。但从第二个观察者U的观点看，应重新画成图5.31（b）的样子，U正在进行着离开W（譬如讲，从AB之间的某点开始）的快速运动。对于U而言，事件B显得比A还更早地发生！［正如前面（257页）提到的，这种“重画”是一个庞加莱运动。］从W的观点看，U的同时性空间看起来是“向上倾斜”的，这就是为何事件B从U的观点看显得比A还早的原因。这样，对于U而言，W似乎是在往时间过去的方向上发出信号！

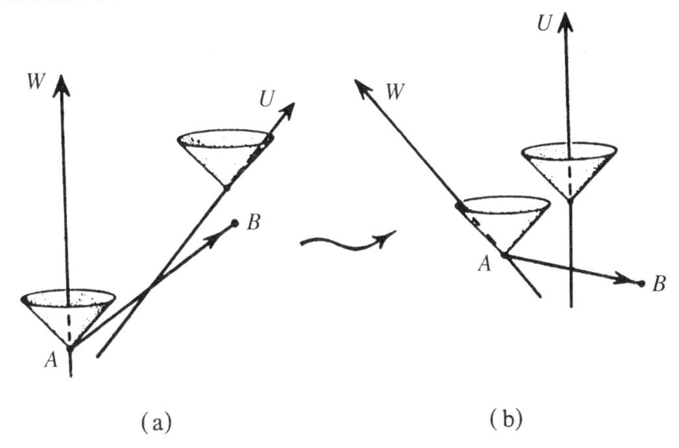

图5.31　从观察者W看来比光更快的信号，在观察者U看来变成在时间上向后行进。右图（b）只不过是左图（a）以U的观点重新画出（这种重画可视作庞加莱运动。可将其和图5.21相比较——但这里以（a）到（b）是采用积极的而非消极的意义上的变换）

这还不算什么矛盾。但是如果还有一个从U的观点看对称的（由于狭义相对论原理），离开U以和W相反的方向运动并装备有与W一样的仪器的第三个观察者V，他也能发出一个刚好比光还快的信号。从他（亦即V）的观点看，该信号是向U的方向返回。从U的观点看来，这信号又是发向过去，但这回是沿着相反的空间方向。V可以在接到W发出的原始信号的B时刻发出第二个信号到W去。从U看来，该信号在比原先发射事件A更早的事件C处到达W（图5.32）。但比这更糟糕的是，实际上事件C在W自身的世界线上比事件A更早，W在发出A信号之前即经历了事件C！观察者V发回到W的信号由于W的预先安排，可以简单地重复B处收到的。这样，W就会在自己的世界线更早的时刻收到后来想发出的同一个信号！将两个观察者分隔足够大的距离，我们就可以使得返回信号比原始的信号早一个任意长的时间间隔。也许W原始的信号是说他折断了腿，他可在此事件发生之前接受到返回信号，然后（假定）用他自己的意志，采取行动去避免事故发生！

这样，超光速地发射信号和爱因斯坦的相对论原理一道会导致

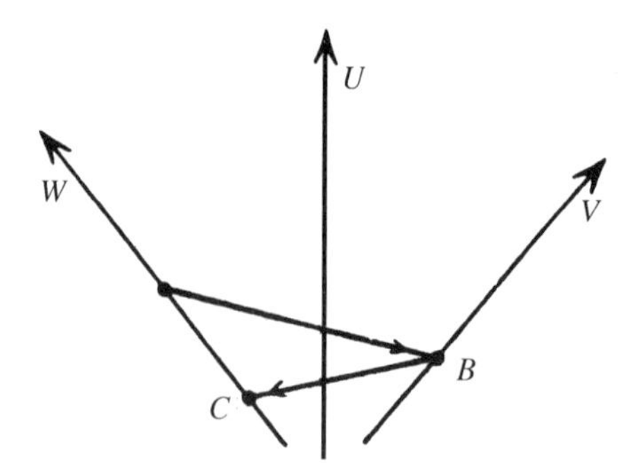

图5.32　如果V装备有和W一样的超光速信号的仪器，但该仪器的指向和W的相反，它就可以被W用来向他自己的过去发送信息

和我们“自由意志”的正常感觉的严重冲突。实际上的情形比这还要更严重。因为我们可以设想，也许“观察者W”仅仅是一台机械仪器，它的程序是如果收到“不”的信号时即发出“是”的信号，反之亦然，而V也可以是一台机械仪器，如果收到“不”的信号时即发出“不”的信号，反之亦然。这就导致了和我们以前遇到的[25]同样的矛盾。现在似乎和观察者W是否有自由意志“无关”，并且告诉我们超光速信号发射仪器不存在物理学上的可能性。这会在下面给我们带来一些令人困惑的推论（第6章366页）。

让我们接受，任何种类的信号——不仅仅是通常物理粒子所携带的——必须被光锥所限制。上面的论证实际上只牵涉到狭义相对论。但是在广义相对论中，这一个狭义相对论的规则仍然定域地成立。正是狭义相对论的这种局部有效性告诉我们信号必须被光锥所限制，所以它也应该适用于广义相对论。我们将会看到这一点如何影响这些理论决定论的问题。我记得在牛顿（或哈密顿等）理论中，“决定论”意思是说在一特定时刻的初始值完全固定了其他时刻的行为。如果在牛顿理论中采用时空的观点，则给定初始值的那个“特定时刻”即是四维时空中的某一个三维“截面”（亦即那一时刻的整个空间）。在相对论中，不可能为此而挑出一个全局的“时间”概念。通常的步骤是采用一种更灵活的做法。任何人的“时间”都可以。在狭义相对论中，可采取某个观察者的同时面，并用此同时面来取代上述的“截面”以赋予初始值。但在广义相对论中，“同时空间”的概念并没有很好地定义。从而人们使用更普遍的类空面[26]的概念。我们在图5.33画出了这样的一个面；它的特征是处于它上面的每一点的光锥之外——这样，在局部上它和同时空间很相似。

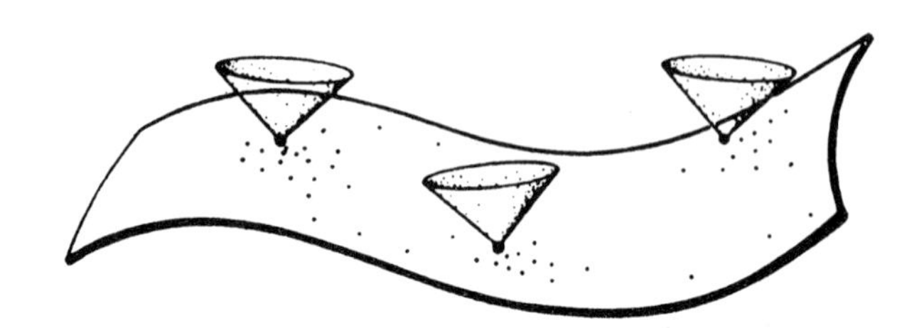

图5.33 在广义相对论中被挑选来赋予初始值的一个类空面

在狭义相对论中，决定论可以表述成为在任何给定的同时面S上的初始值，固定了整个时空中的系统的行为的这一事实。（尤其是在麦克斯韦理论中这一点成立——它的确是“狭义相对性”的理论。）然而，人们可以有更强的陈述。如果想知道处在S的未来的某一事件P处发生的事，则只需要知道S上某一（有限的）有界的区域内，而不必是整个S上的初始值即可。这是因为“信息”不能传递得比光还快，而S上的任何离得太远的以至于光信号不能到达P的点不能对P有何影响（图5.34）[1]。这实际上比在牛顿理论中出现的情形更令人满意。在那里，人们为了能对将来某一时刻要发生的事件做任何预言，原则上要知道整个无限的“截面”上发生的事。牛顿式信息的传播速度不受任何限制，牛顿的力是瞬息性的。

广义相对论中的“决定论”比在狭义相对论中复杂得多，我在此只做少许评论。首先，我们为了赋予初始值必须使用一个类空面S（不仅仅是一个同时面）。人们发现，如果像通常那样假定对**能量**张量有贡献的物质场的行为是决定性的，则爱因斯坦方程的确给出了引力

1. 也许我们可以说，波动方程和麦克斯韦方程类似，（参阅242页的脚注）也是一个相对论性方程。这样，我们早先考虑过的普埃尔-里查兹“可计算性现象”也是一个只对在S的有界区域中的初始值而言的效应。

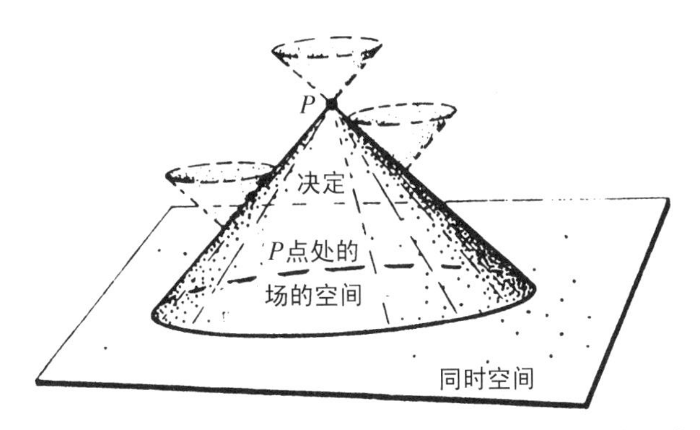

图5.34　在狭义相对论中，发生在P的事件只依赖于在同时空间中的一个有限区域的数据。这是因为传递到P的效应不能比光走得更快

场的局部的决定性的行为，然而，这里事情相当复杂。时空的几何自身——包括它的光锥的“因果性”结构——现在成为实际上要被确定的一部分。由于我们预先不知道光锥结构，所以不能得知S的那一部分为确定未来某一事件P的行为所必须。在某种极端的情况下，甚至有整个S都不够的情形，而因此就损失了全局的决定性！这里牵涉到非常困难的问题，它们和一个在广义相对论中称为“宇宙监督”的未被证明的猜测相关。这猜测和黑洞形成有关系（参阅提普勒等1980年；参阅第7章423页以及425页处的脚注和436页）。情况似乎很可能是，和“极端”的引力场的情形相共存的“决定性失效”和人类尺度的事件几乎没有任何直接关系。但是，从这里也可以看出，广义相对论中的决定论的问题绝不像人们设想的那样干脆利落。

经典物理的可计算性：我们的立场如何

我在这一章从头到尾，不但总是要同时留心与决定论不同的可计算性的问题。而且，我还要试图指出，在谈论到“自由意志”和精神现象时，可计算性的问题至少和决定论性的问题一样重要。但是，正如我们不得不相信的那样，在经典理论中决定论本身也不是那么清楚的。我们看到了带电粒子，运动的经典洛伦兹方程所引起的一些困扰的问题。（回忆狄拉克的“脱逸解”。）我们还注意到，在广义相对论中存在一些决定论的困难。在这些理论中，只要没有决定论，当然也就不可计算了。然而上面引用的情形中似乎没有一种因为缺乏决定性而和我们有许多直接的哲学方面的关系。在这些现象中还是没给我们的“自由意志”留下余地：在第一种情况，因为点电荷的经典洛伦兹方程（正如狄拉克解决的那样）被认为在提这些问题的水平上在物理上不合理；第二种情况，由于经典广义相对论所引起的这些问题（黑洞等）的尺度和我们自己大脑的尺度差别太大。

现在，我们在经典理论中关于可计算性的境况如何呢？可以合理地猜测，如果超越了我刚才提出的因果性和决定性的差别的话，则广义相对论中的情形和狭义相对论不会有大的差别。任何在物理系统的未来行为被初始值所决定的地方，用我们在牛顿理论情况下类似的推论，则其未来的行为似应也被那些数据可计算地决定[27]（除了上面考虑过的，普埃尔-里查兹遭遇到的波动方程的不可计算性的“无益的”非可计算性的类型——这种情况对于光滑地变化的数据不会发生）。的确，在我迄今讨论过的任何物理理论中，很难看到任何重大的“不可计算”的因素。可以肯定预料到的是，在这许多理论中会发生“混沌的”行为，只要初始数据做非常微小的改变，就会对结果的行为产生巨大的影响。（看来在广义相对论中真是如此，参阅*Misner 1969*，*Belinskii et al. 1970*。）但是，正如我在前面所提到的，很难看出这类不可计算性亦即“不可预言性”对要“驾驭”物理定律的可能的不可计算因素的仪器有何“用处”。如果“大脑”可以任何方式利用不可计算的因素，那么这种因素必须是非经典物理的。我们需要在浏览了量子理论之后，重新回来审查这个问题。

质量、物质和实在

让我们简略地清查一下经典物理所呈现的世界图像。首先时空担负着主要任务：提供舞台给所有不同的物理现象。其次是任意不停活动着的物理对象，但这些活动由精密的物理定律所约束。共有两类物理对象：粒子和场。关于粒子，除了各个都有自己的世界线以及具有各自的（静）质量和也许还有电荷等，我们很少提到它们的实际性质或特殊品质。另一方面，场的特性非常明确——服从麦克斯韦方程的电磁场以及服从爱因斯坦方程的引力场。

在处理粒子时存在一种互相冲突的情形。如果粒子的质量是如此微小，以至于其对场的影响可以忽略，则可称作检验粒子——而它们对场的响应的运动是毫不含糊的。洛伦兹力定律描述检验粒子对电磁场的响应，而测地线定律描述它们对引力场的响应（如果两种场都存在时，是上述情形的适当的结合）。这些粒子在这里必须被认为是点粒子，也就是具有一维的世界线。然而，当粒子对场（并因而对其他粒子）的效应必须考虑时——亦即，这些粒子成为场的源时——那么该粒子必须认为是在某种程度上在空间中散开的对象。否则在每个粒子的紧邻处的场会变得无穷大。这些散开的源为麦克斯韦方程提供了所需要的电荷——电流分布（ρ，$\boldsymbol{j}$），也为爱因斯坦方程提供了所需要张量**能量**。除此之外，所有这些粒子和场所处的时空具有直接描绘引力的可变的结构。“舞台”参与到在它上面表演的情节中去!

这就是经典物理在有关物理实在的性质方面给我们的教导。很清楚,我们在中学学到了许多,但同时我们又不可过于自得,以为我们一时形成的图像不会被某种以后更深刻的观点所推翻。我们在下一章会看到,甚至相对论所带来的革命性变革在与量子力学相比较时都会显得黯淡无光。但是,我们和经典理论以及它对物质实在的描述方面缘分还未尽。还有件使我们惊奇的事!

什么是“物质”?它是实际的物理对象,亦即世界的“东西”由之构成的实体。它是你、我以及我们的房子由之所组成的材料。如何量化物质?初等物理教科书为我们提供了牛顿的清楚的答案。它是一个对象或一群对象的质量,它是所包含的物质的测度。这看来的确是对的——没有任何其他的物理量能在作为总物质的真正量度这一点上和质量认真地作较量。况且它是守恒的:任何系统的质量,也就是物体内容的总量总是保持不变。

爱因斯坦狭义相对论中的著名公式

$$E=mc^2$$

还告诉我们质量(m)和能量(E)是可以互换的。例如,一个铀原子会衰变分裂成小块,如果能够使这些小块处于静止,则这些小块的总质量会比原来铀原子的质量小;但是若把每一块的运动的能量——

动能（参阅214页[1]）——也计算在内，再除以c^2（因为$E=mc^2$）以转化为质量值，则我们发现总量实际上是不变的。质量的确是守恒的，但由于部分是由能量组成，它作为实在物质的量度显得不那么清楚了。能量毕竟依赖于物质运动的速度。一列直达列车的运动的能量相当大，但是如果我们刚好坐在此火车上，则按照我们自己的观点，火车根本没有运动。运动的能量（虽然单独粒子的杂乱运动的热能不会）会因为适当地选择观点而被“减少到零”。一种称作π^0介子的亚原子粒子的衰变是一个鲜明的例子，爱因斯坦的质量-能量关系的效应在这个场合达到了极致的程度。它肯定是一种具有定义得很好的（正的）质量的物质粒子。大约10^{-16}秒之后，它几乎总是分解（像上述的铀原子那样，但要更快速得多）成仅仅两个光子（图5.35）。从和π^0介子一起处于静止的观察者看来，每个光子携带走一半能量，这的确是π^0介

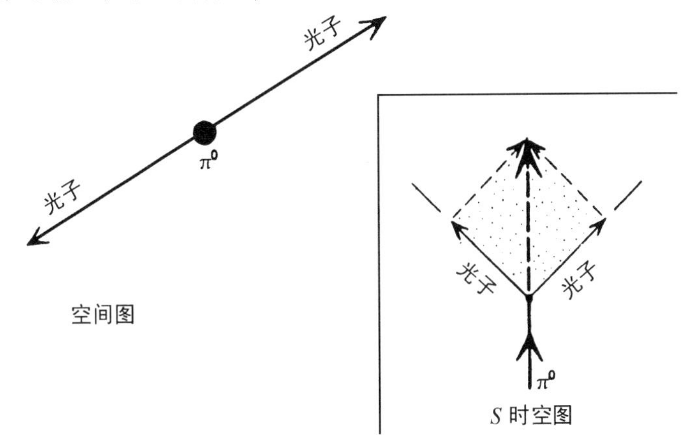

图5.35　一个有质量的π^0介子衰变为两个零质量的光子。从时空图可以看出能量-动量的四维矢量是守恒的：按照平行四边形加法定律（阴影所示），π^0介子四维矢量是两光子四维矢量之和

1. 在牛顿理论中，一个粒子的动能为$\frac{1}{2}mv^2$，此处m为质量，v为速度；但在狭义相对论中，表达式要稍微复杂些。

子质量的一半。然而这光子“质量”具有一些模糊的性质：它是纯能量。如果我们能在一个光子的方向上快速地运动，我们就能将其质量-能量要减小到什么程度就减小到什么程度——光子的内禀质量（或正如我们很快就要讲到的静质量）实际上为零。所有这一切为质量守恒描绘出一幅协调的图像，但是它和我们过去的不完全一样。在某种意义上，质量仍是“物质的量”的测度，但在观点上有显著的改变：既然质量等效于能量，那么系统的质量，正如能量那样依赖于观察者的运动！

值得花时间将我们得到的观点表述得更明白一些。取代质量作用的守恒量是称为能量-动量四维矢量的整体。在闵可夫斯基空间中可把它画成从原点O出发的一个箭头（矢量），它指向O点未来光锥的内部（或者在光子的极端的情况下，处于光锥之上）；见图5.36。这个和物体世界线指向一致的箭头包含有能量、质量和动量的所有信息。这样，此箭头端点在某观察者坐标系中测量的“t值”（或“高度”）表示观察者看到的物体的质量（或能量除以c^2），而动量（除以c）由其空间分量所提供。

这个箭头的闵可夫斯基“长度”是称为静质量的重要的量。它描述和此物体同处静止的观察者所看到的质量，人们也许会采取将此当作“物体的量”的好的量度的观点。然而，它没有可加性：如果一个系统分裂成两半，则原先的静止量并不是结果的两个静质量的和。回想一下π^0介子衰变的情形。π^0介子具有正的静质量，而分裂成的每个光子的静质量为零。但是，可加性对于整个矢量（四维矢量）的确成立，我们现在必须在画在图5.36中的矢量加法定律的意义上进行

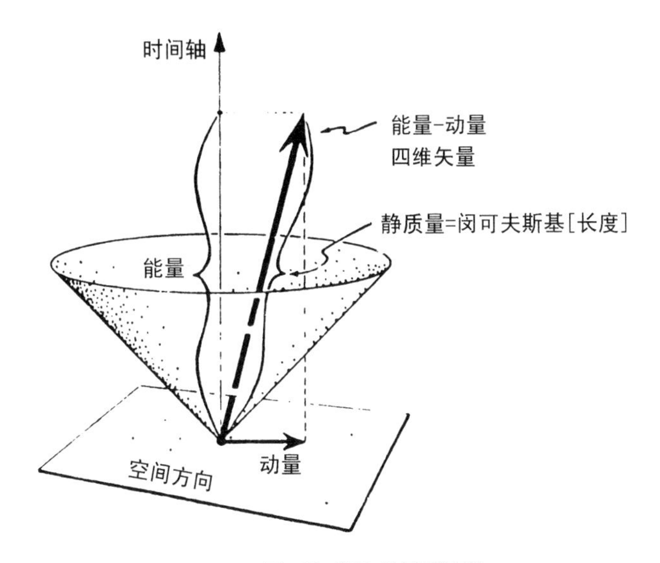

图5.36　能量-动量四维矢量

"相加"。现在我们"物质的量"正是用整个箭头来测量！

让我们现在考虑麦克斯韦电磁场。我们知道它携带能量。按照 $E=mc^2$，它还应该有质量。这样，麦克斯韦场又是物质！由于麦克斯韦场非常密切地参与到将粒子捆绑在一起的力中，所以这一点我们肯定必须接受。在任何物体中的电磁场一定对其质量有重要的贡献[28]。

关于爱因斯坦引力场又如何呢？在许多方面它和麦克斯韦场很类似。和在麦克斯韦理论中的运动带电体会发射电磁波相似，运动的大质量物体（按照爱因斯坦理论）也会发射出引力波（参阅272页）——它正如电磁波一样以光速传播并携带能量。然而，此能量不是以标准的方式测量的，它是前面讲到的张量**能量**。在（纯粹）引力波中，此张量实际上处处为零！尽管如此，人们可采用如下观点，时空曲率（现在全部由张量**外尔**给出）多多少少能代表引力波中的“东西”。但是引力能是非定域的，也就是说，人们不能靠考察一个有限区域的时空曲率来决定能量的度量。引力场的能量——并因此质量——的确是非常滑的鳝鱼，我们无法将其钉死在任何清楚的位置上。尽管如此，我们必须严肃认真地对付。它肯定在那里，必须把它考虑在内才能使质量的概念在大范围内守恒。已找到一个可用于引力波的好的（并且是正的）质量测度（*Bondi 1960*，*Sachs 1962*），但它的非定域性变成这种样子，在两次辐射爆之间的时空的平坦区域中（和飓风眼中的静区很类似）此测度有时为非零，在该处其实完全没有曲率（参阅*Penrose and Rindler 1986*，P 445）（亦即**外尔**和**里奇**均为零）！在这种情形下，我们看来不得不做出结论，如果此质量–能量必须存在某处的话，则应该处于这个平坦的空的空间中——一个完全没有任何种类的物质和场的区域。在这些古怪的情形下，我们“物质的量”或者在哪里，在此空的区域中的最空虚之处，或者根本哪里也不存在！

这看来纯粹是佯谬。然而，它的确定含义正是，我们最好的经典理论——它们也的确是超等的理论——所告诉我们关于世界的“实”物质的性质。按照经典理论，且不必说我们即将探索的量子理论，物质实体比人们所设想的更模糊得多。它的测量——甚至它是否存在——很清楚地依赖于一些微妙的问题，并且不能仅仅定域地确证！如果这种非定域性都使人迷惑不解的话，我们还要准备迎接更大打击的来临。

第 6 章
量子魔术和量子神秘

哲学家需要量子理论吗

在经典物理中，存在一个“外面的”客观世界，这一点是和常识相符合的。那个世界以一种清晰的、决定性的方式演化着，并受到被精确表达的数学方程的制约。这一点对于麦克斯韦以及爱因斯坦理论，正如对原先的牛顿理论一样都是正确的。物理世界被认为独立于我们而存在；经典世界究竟“是”什么样子不受我们选择去观察它的方法的影响，而且我们的身体和大脑本身也是那个世界的一部分。它们也被认为是按照同等精密和确定的经典方程演化的。不管我们如何觉得我们清醒的意愿在影响着我们的行为，我们的一切行动都被这些方程所决定。

大多数关于实在的性质、我们清醒的知觉以及表观上的自由意志的严肃的[1]哲学论证的背景都具有一幅这样的图像。一些人也许会对量子理论—— 这一事物的基本的，却是使人困扰的理论—— 也起作用感到不舒服。量子理论是在20世纪最初的25年由于观察到世界的实际行为和经典物理的描述之间的微妙偏差而产生的。对许多人来说，“量子理论”这一术语仅仅是唤起某种“不确定性原理”的模糊概念。该原理禁止我们在粒子、原子或分子的水平上对之进行精确的描述，所能得到的只是随机的行为。实际上，我们将会发现，尽管量子描述和经典物理彻底不同，它却是非常精确的。此外，我们还将看到，尽管一般的观点与它正相反，在粒子、原子和分子的微小的量子水平上不出现随机性——它们决定性地进行演化——概率似乎是通过某种大尺度的、神秘的和我们能意识感觉的经典世界的呈现相关联的作用而产生的。我们必须理解量子理论如何迫使我们改变物理实在的观点。

人们会以为量子和经典理论之间的偏差非常微小，但事实上它们同时又是许多中观物理现象的基础。固态物体之所以存在、物质的强度和物性、化学的性质、物质的颜色、凝固和沸腾现象、遗传的可能性，还有许多其他熟知的性质需要量子力学才能解释。也许还有意识，它是某种不能由纯粹经典理论来解释的现象。我们的精神也许是来源于那些在实际上制约我们居住的世界的物理定律的某种奇怪的美妙特征的性质，而不仅仅是赋予称之为经典的物理结构的“客体”的某种算法的特征。在某种意义上，这也许就是“为什么”尽管经典宇宙已经是如此的丰富和神秘，作为有情感的生物，我们必须在量子世界，而不是在完全经典的世界中生活。为了诸如我们这样的思维的知觉的生物可由世界物质构成，是否需要一个量子世界？诸如这样的问题似乎更适合于让一心建造一个可供人居住的宇宙的上帝，而不是我们去解答！但是这个问题和我们也有关系。如果意识不可能是经典世界的一部分，那么我们的精神必须以某种方式依赖于对经典物理的特殊的偏离。这就是我在本书中还要考虑的问题。

如果我们要深入钻研一些哲学的主要问题：我们世界如何行为，以及由什么构成“精神”也就是“我们”，则我们的确必须屈服于量子理论，这个最精确也最神秘的物理理论。有朝一日科学将会给我们提供比量子理论更好的，对自然的更深刻的理解。我个人的看法是，甚至量子理论也只是权宜之计，肯定不足以作为我们实际生活其中的世界的完整图画。但这不可作为我们的借口，如果我们想得到某些我们需要的具有哲学洞察力的东西，我们就必须按照已有的量子理论去理解世界图像。

不幸的是，不同的理论家对什么是这个图像的实在持不同（尽管在观察上等效）的观点。以中心人物尼尔斯·玻尔为首的许多物理学家说根本就没有客观的图像。在量子水平上，“外界”没有什么东西。实在多多少少只是在和“测量”结果的关系上才呈现。按照这种观点，量子理论仅仅提供了计算步骤，而不想对世界的实际进行描述。我认为，这种对理论的看法是过于悲观了，而我采用更正面的看法，对量子描述赋予客观的物理实在：量子态。

存在一个非常精确的方程，即薛定谔方程，它为量子态提供了完全决定性的时间演化。但是在随时间演化的量子态和被看到物理世界发生的实际行为之间存在一种非常古怪的东西。只要我们认定“发生”了测量，我们就必须抛弃我们直到该时刻止辛辛苦苦演化来的物理态，而用它来计算该态会“跃迁”到一族新的可能的态的不同的概率。除了这个量子跃迁的怪异之外，对于物理形态还存在什么是裁决“测量”实际上已经进行了的问题。测量装置本身毕竟假定是由量子元件建造的，所以也要按照决定性的薛定谔方程演化。“测量”的实际发生是否必须伴随有意识的存在？我想量子理论家中只有少数人会采取这种观点。大概人类的观察者自身也是由微小的量子元件所组成的吧！

我们将在本章的后面考察量子态“跃迁”的某些奇怪推论——例如，为什么在一处的“测量”似乎会在遥远的区域引起一个跃迁！在这之前，我们还将碰到其他的怪现象：有时一个物体可以分别非常好地通过两个不同的途径。但是一旦同时允许通过两条途径它们就会互相抵消，使得任何一条也通不过！我们还将仔细地考察实际上量子态是如何描述的。我们会看到这种描述和相应的经典描述差别有多大。例如，粒子会一下子在两处出现！当一起考虑几个粒子时，我们会看到量子描述是多么复杂。人们会发现，个别粒子本身并没有单独的描述，而必须考虑所有它们在一道的不同形态的复杂叠加。我们会看到为什么同一类的不同粒子不能有各自的本体。我们将仔细地考察自旋的（基本是量子力学的）古怪性质。我们还将考虑由令人困惑的“薛定谔猫”的理想实验所引发的重要问题以及理论家们提出的试图解决这个基本迷惑的各种不同看法。

本章中的一些材料并不像前面（或后面）章节那么明白易解，有时又有点过于专业性。在描述中我尽量做到诚实，这样我们必须更勤勉一些。其目的在于真正理解量子世界。在论证的不甚清楚之处，我建议你要坚持下去，以期对整个结构有点印象。如果无法完全理解也不必沮丧；它是这个学科本身的性质！

经典理论的问题

我们何以得知经典物理不能真正描述我们的世界呢？主要的理由来自实验。量子理论不是理论家们加在我们身上的预言，大多数理论家是无可奈何地被赶到这一个在哲学的许多方面不满意的、奇怪的世界观上去。其根本的原因在于两种物理现象必须共存：粒子，每一粒子只由很少的有限数目（6）的参数（3个位置和3个动量）来描述；还有场，它需要无限多个参数来描述。这种二分法在物理上不是真正协调的。在粒子和场处于平衡（亦即"完全安置好"）的系统中，所有粒子的能量都会被场抽取走。这即是所谓的"能量均分"现象的结果：系统处于平衡时，能量被公平地分布在所有的自由度上。由于场具有无限多个自由度，所以根本就没有给可怜的粒子留下任何能量！

尤其是，经典原子不能是稳定的，粒子的所有运动都转移到场的波动模式中去。让我们回顾一下伟大的新西兰/英国实验物理学家恩斯特·卢瑟福在1911年引进的原子的太阳系模型。公转的电子处于行星的地位，中心的太阳为原子核所取代，它们在很微小的尺度上由电磁力而不是引力绑在一起。一个基本的，并且似乎是不可逾越的问题是，当一个公转电子绕着核子时，按照麦克斯韦理论应发射出电磁波，其强度在比1秒钟短得非常多的时间间隔里迅速地增强到无穷，同时它以螺线形的轨道向内撞到核上去！然而，人们从未观测到过这类事。在经典理论的基础上理解所观察到的结果是非常困难的。原子会发射出电磁波（光），但是只能以突发的形式，它具有非常特别的分立频率，这就是被观察到的狭窄的光谱线（图6.1）。而且这些频率满足"莫名其妙"的规则[2]，这从经典理论观点看来毫无根据。

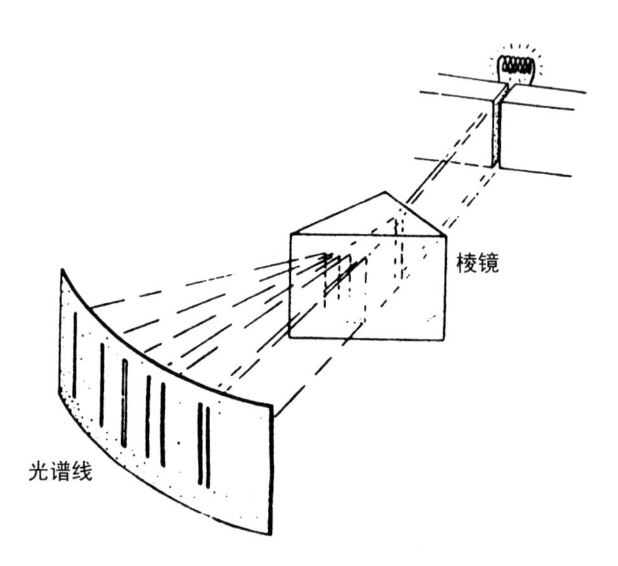

图6.1 经常发现从灼热的物质中的原子发射出的光独具非常特别的频率，可用棱镜把这不同的频率分解，从而提供了原子的特征光谱线

另一种场和粒子不能共存的不稳定性的呈现是称为“黑体辐射”的现象。想象具有某个确定温度的物体，电磁辐射和粒子处于平衡状态。1900年，瑞利和金斯计算出，所有能量都会被场吸收光——没有极限！此处发生了物理上荒谬的事情（“紫外灾难”：能量不断地跑到场中去，跑到越来越高的没有上限的频率上去），而自然本身却更谨慎。在场振动的低频处，能量正如瑞利和金斯所预言的那样。但是在预言到灾难的高端，实际观察显示，能量分布并没有无限增加，而是随着频率增加而下落。在给定的温度下，能量的最大值发生在非常特别的频率（也即颜色）处（图6.2）。（火钳的红颜色和太阳的黄-白热实际上是两个人们所熟知的例子。）

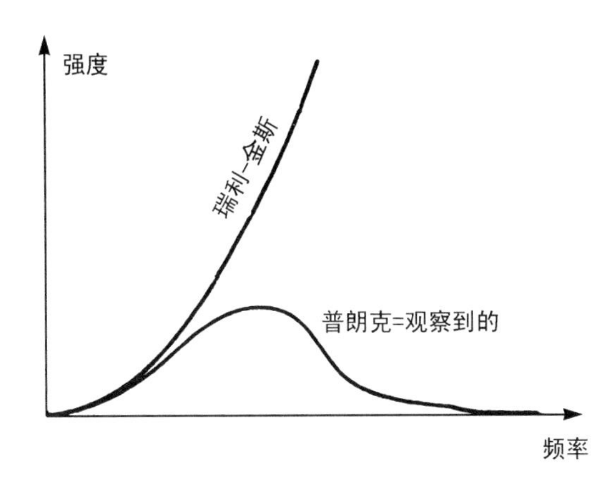

图6.2 经典计算（瑞利–金斯）和观察到的热体（“黑体”）辐射强度之间的偏差导致了普朗克开创的量子理论

量子理论的开端

这些迷惑如何得到解决呢？牛顿原先的粒子理论肯定需要麦克斯韦场来补充。人们是否可以走到另一极端，假定任何东西都是场，而粒子只是某种场的有限尺度的“结”？这本身也有困难，因为这样的话，粒子可连续地改变它们的形状，可以用无限多不同的方式蠕动和振动。而所有这些我们都没看到。物理世界中的所有种类的粒子都显得是等同的。例如，两个电子完全是相互一样的。甚至原子和分子只能采用分立的不同的形态[3]。如果粒子是场的话，那么需要一些新的因素去使场采取分立的特征。

1900年，才华横溢的，但又是保守谨慎的德国物理学家马克斯·普朗克提出了一个革命性的思想用以压制“黑体”的高频率的模式：电磁振动只能以“量子”的形式发生，量子的能量E和频率ν之间有一确定的关系：

$$E = h\nu,$$

h为一自然的基本常数，现在被称作普朗克常数。令人叹为观止的是，普朗克利用这个荒谬绝伦（无法无天）的因素，能够在理论上得到和观察一致的作为频率函数的强度，这就是现在所谓的普朗克辐射定律。（按日常标准来看，普朗克常数是非常小的，大约为6.6×10^{-34}焦耳秒。）普朗克凭此壮举揭示了量子理论光临的曙光。尽管在爱因斯坦提出另一个使人惊愕不已的设想，即电磁场只能以这种分立的单位存在之前，普朗克理论并没有引起多大注意。我们记得，麦克斯韦和赫兹指出了光是由电磁场的振荡所组成的。这样一来，按照爱因斯坦——以及牛顿在两个多世纪以前所坚持的——光本身实际上应为粒子！（在19世纪初叶，卓越的英国理论家兼实验家托马斯·杨显明地建立了光为波动的事实。）

光如何由粒子又同时由场振荡所组成的呢？这两个概念的矛盾似乎是不可调和的。某些实验事实很清楚地显示光是粒子，而另一些事实则指出光为波动。1923年，法国贵族及富有洞察力的物理学家路易·德布罗意王子在他的博士论文中（该论文是爱因斯坦认可的！）使这个粒子——波动的图像更加混淆，他提出物体的粒子本身有时应像波动那样行为！任何质量为m的粒子的德布罗意波频率ν也满足普朗克关系式。这与爱因斯坦的$E=mc^2$相结合，即告诉我们ν和m之间的关系是：

$$h\nu = E = mc^2。$$

这样，按照德布罗意的设想，自然不遵循作为经典理论特征的粒子和场的二分法！事实上，任何以某频率ν振荡的东西都只能以分立的单位质量$h\nu/c^2$发生。自然以某种方式设计建造一个协调的世界，在其中粒子和场振动被认为是同一东西！或者，在她的世界中包含某种更微妙的要素，而“粒子”和“波动”两词汇只不过传达了它部分的合适的图像。

1913年，丹麦物理学家及20世纪主要科学思想家尼尔斯·玻尔再次极其漂亮地利用了普朗克关系。一个绕核公转的电子角动量（参阅215页）只能为$h/2\pi$的整数倍，这即是玻尔规则。后来狄拉克为了省事引进了符号$\hbar$：

$$\hbar = h/2\pi。$$

这样，绕着任何轴的角动量的可允许值为

$$0, \hbar, 2\hbar, 3\hbar, 4\hbar, \cdots$$

原子的“太阳系模型”在加上这个新的要素后，就得到了在相当的准确度上，自然实际服从的许多分立的稳定的能量级和谱频率的“怪异的”规则。

玻尔漂亮的设想虽然极其成功，却只是提供了称为“旧量子论”

的某种临时的“凑合物”的理论。我们今天所知道的量子理论是由后来的两套独立的方案所产生的。它们是由两个杰出的物理学家所开创的：一位是德国的沃纳·海森伯，另一位是奥地利的埃尔温·薛定谔。这两种方案（分别为1925年的“矩阵力学”和1926年的“波动力学”）在初始时显得完全不同，但是很快发现它们是等同的，并且很快就被包摄到一个更合理更一般的框架中去。这个框架是在不久之后首先由英国伟大的理论物理学家保罗·阿得林·毛里斯·狄拉克提出。我们将在以下几节了解该理论的概要以及它的非同寻常的含义。

双缝实验

让我们考虑这一“原型的”量子力学实验。一束电子或光或其他种类的“粒子——波”通过双窄缝射到后面的屏幕去（图6.3）。为了确定起见，我们用光做实验。按照通常的命名法，光量子称为“光子”。光作为粒子（亦即光子）最清楚地呈现在屏幕上。光以分立的定域性的能量单位到达那里，这能量按照普朗克公式$E=h\nu$恒定地和频率相关。从未接收过“半个”或任何部分光子的能量。光接收是以

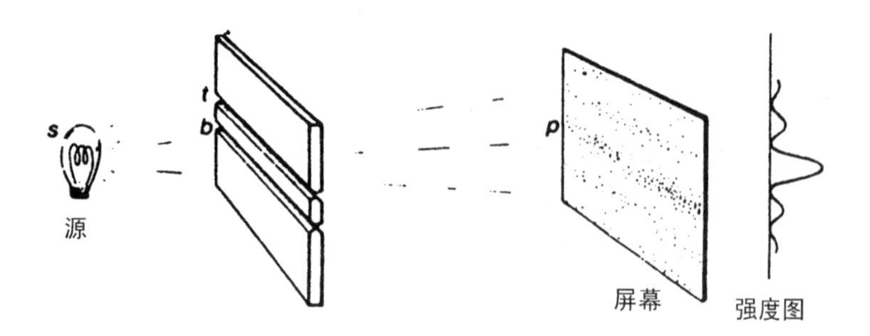

图6.3 单色光的双缝实验

光子单位的完全有或完全没有的现象。只有整数个光子才被观察到。

然而，光子通过缝隙时似乎产生了类波动的行为。先假定只有一条缝是开的（另一条缝被堵住）。光通过该缝后就被散开来，这是被称作光衍射的波动传播的一个特征。但是，这些对于粒子的图像仍是成立的。可以想象缝隙的边缘附近的某种影响使光子随机地偏折到两边去。当相当强的光也就是大量的光子通过缝隙时，屏幕上的照度显得非常均匀。但是如果降低光强度，则人们可断定，其亮度分布的确是由单独的斑点组成——和粒子图像相一致——是单独的光子打到屏幕上。亮度光滑的表观是由于大量的光子参与的统计效应（图6.4）。（作为比较：一个60瓦的电灯泡每1秒钟大约发射出100000000000000000000个光子！）光子在通过狭缝时的确被随机地弯折——弯折角不同则概率不同，就这样得到了所观察到的亮度分布。

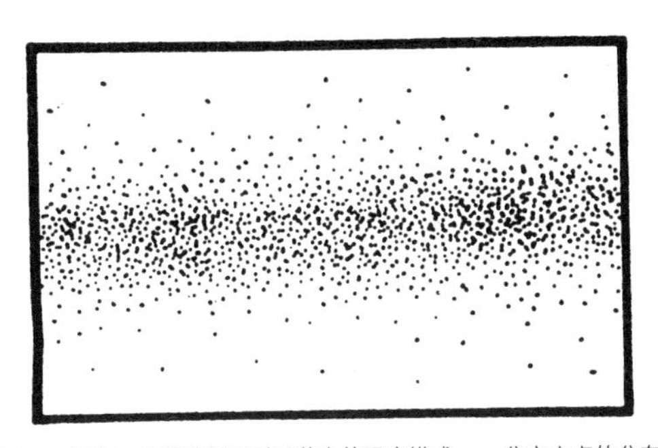

图6.4 只有一个缝隙打开时屏幕上的强度模式——分立小点的分布

然而，当我们打开另一条缝隙时就出现了粒子图像的关键问题！假设光是来自于一个黄色的钠灯，这样它基本上具有纯粹的非混合的颜色——用技术上的术语称为单色的，也即具有确定的波长或频率。在粒子图像中，这表明所有光子具有同样的能量。此处波长约为5×10^{-7}米。假定缝隙的宽度约为0.001毫米，而且两缝相距0.15毫米左右，屏幕大概在1米那么远。在相当强的光源照射下，我们仍然得到了规则的亮度模式。但是现在我们在屏幕中心附近可看到大约3毫米宽的称为干涉模式的条纹的波动形状（图6.5）。我们也许会期望第二个缝隙的打开会简单地把屏幕的光强加倍。如果我们考虑总的照度，这是对的。但是现在强度的模式的细节和单缝时完全不同。屏幕上的一些点——也就是模式在该处最亮处——照度为以前的四倍，而不仅仅是二倍。在另外的一些点——也就是模式在该处最暗处——光强为零。强度为零的点给粒子图像带来了最大的困惑。这些点是只有一条缝打开时粒子非常乐意来的地方。现在我们打开了另一条缝，忽然发现不知怎么搞的光子被防止跑到那里去。我们让光子通过另一条途径时，怎么会在实际上变成它在任何一条途径都通不过呢？

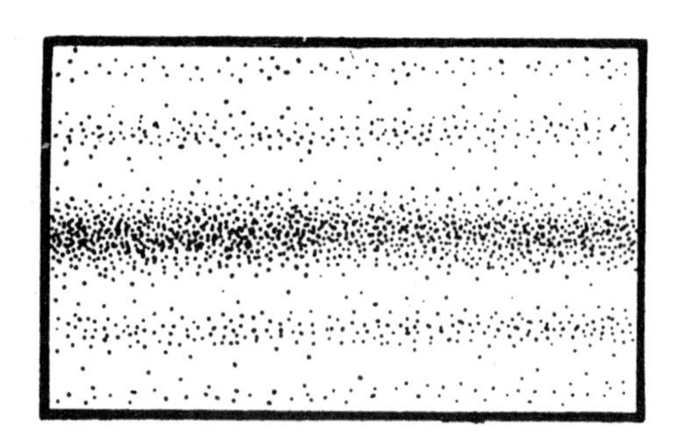

图6.5　两个缝隙同时打开时屏幕上的强度模式——分立小点的波动状分布

在光子的情形下，如果我们取它的波长作为其“尺度”的度量，则第二条缝离开第一条缝大约有300倍“光子尺度”那么远（每一条缝大约有两个波长宽）（图6.6），这样当光子通过一条缝时，它怎么会知道另一条缝是否被打开呢？事实上，对于“相消”或者“相长”现象的发生，两条缝之间的距离在原则上没有受到什么限制。

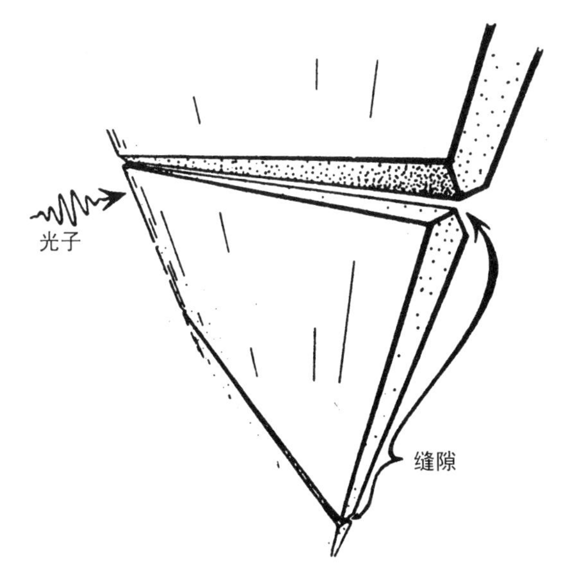

图6.6 从光子的观点看缝隙！大约在300倍“光子尺度”外的第二条缝是开还是闭，对它而言怎么会有影响呢？

当光通过缝隙时，它似乎像波动而不像粒子那样行为！这种抵消——相消干涉——是波动的一个众所周知的性质。如果两条路径的每一条分别都可让光通过，而现在两条同时都开放，则它们完全可能会相互抵消。我在图6.7中解释了何以至此。如果从一条缝隙来的一部分光和从另一条缝隙来的“同相”（也就是两个部分波的波峰同时发生，波谷也同时发生），则它们将互相加强。但是如果它们刚好“反相”（也就是一个部分波的波峰重叠到另一部分的波谷上），则它们将互相抵消。在双缝实验中，只要屏幕上到两缝隙的距离之差为波长的整数倍的地方，则波峰和波峰分别在一起发生，因而是亮的。如果距离差刚好在这些值的中间，则波峰就重叠到波谷上去，该处就是暗的。

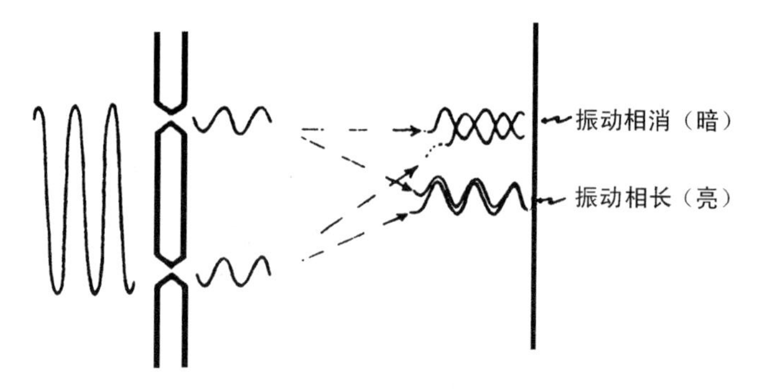

图6.7　在纯粹波动图像中，我们可按照波动的干涉来理解屏幕上亮的和暗（虽然不是分立）的模式

关于通常宏观的经典波动同时以这种方式通过两个缝隙没有任何困惑之处。波动毕竟只是某种媒质（场）或者某种包含有无数很小点状粒子的物体的一种“扰动”。扰动可以一部分通过一条缝隙，另一部分通过另一条缝隙。但是这里的情况非常不同：每一个单独光子自身是完整的波动！在某种意义上讲，每个粒子一下通过两条缝隙并且和自身干涉！人们可将光强降得足够低使得保证任一时刻不会有多于一个光子通过缝隙的附近。相消干涉现象，因之使得两个不同途径的光子互相抵消其实现的可能性，是加在单独光子之上的某种东西。如果两个途径之中只有一个开放，则光子就通过那个途径。但是如果两者都开放，则两种可能性奇迹般地互相抵消，而发现光子不能通过任一条缝隙！

读者应该深入思考一下这一个非同寻常事实的意义。光的确不具有有时像粒子有时像波那样的行为。每一个单独粒子自身完全地以类波动方式行为；一个粒子可得到的不同选择的可能性有时会完全相互抵消！

光子是否在实际上分成了两半并各自穿过一条缝隙呢？大多数物理学对这样的描述事物的方式持否定态度。他们坚持说，两条途径为粒子开放时，它们都对最后的效应有贡献。它们只是二中择一的途径，不应该认为粒子为了通过缝隙而被分成两半。我们可以考虑修正一下实验，把一个粒子探测器放在其中的一条缝隙，用来支持粒子不能分成两部分再分别通过两缝隙的观点。由于用它观测时，光子或任何其他种类的粒子总是作为单独整体而不是整体的一部分而出现，我们的探测器不是探测到整个光子，就是根本什么也没探测到。然而，当把探测器放在其中的一条缝隙处，使得观察者能说出光子是从哪一条缝隙通过时，屏幕上的波浪状的干涉花样就消失了。为了使干涉发生，显然必须对粒子"实际上"通过那一条缝隙"缺乏知识"。

为了得到干涉，两个不同选择都必须有贡献，有时"相加"——正如人们预料的那样相互加强到两倍——有时"相减"——这样两者会神秘地相互"抵消"掉。事实上，按照量子力学的规则，所发生的事比这些还更神秘！两种选择的确可以相加（屏幕上最亮的点），两者也的确可以相减（暗点）；但它们实际上也会以另外奇怪的组合形式结合在一起，例如：

"选择A"加上i乘以"选择B"，

这儿i是我们第3章的"负一的平方根"（$=\sqrt{-1}$）（在屏幕上中等

强度的地方)。事实上任何复数都能在“不同选择的组合”中起作用!

读者可能会记得在第3章时我的复数对于“量子力学的结构是绝对基本的”警告。这些数绝不仅仅是数学的精巧。它们通过令人信服的、使人意外的实验事实来迫使物理学家注意。我们必须接受复数权重才能理解量子力学。现在我们接着考虑它的推论。

概率幅

在上面的描述中利用光子并无任何特别之处。这里可以同样好地利用电子或任何其他种类的粒子或者甚至原子。量子力学的规则坚持,甚至连棒球和大象都应以这种古怪的方式行为,不同选择的可能性可用复数的组合“相加起来”!然而,我们从未在实际中看到棒球或大象这种奇怪方式的叠加。为什么我们没有见到呢?这是一个困难的富有争议的问题,我现在还不想去对付之。作为工作规则,现在让我们简单地假设物理描述有两种不同可能的水平,我们将其称为量子水平和经典水平。我们只在量子水平上利用这些古怪的复数组合。棒球和大象是经典水平上的对象。

量子水平就是分子、原子和亚原子粒子的水平。这通常被认为是非常“小尺度”现象的水平,但是这个“小”实际上并非是指物理尺度。我们将会看到量子效应能在许多米甚至1光年的距离上发生。如果认为只牵涉到非常小的能量差,这才有点接近于认为某种东西是“处于量子水平上”的特征。(以后我将尽力弄得更精确些,尤其是在第8章的465页。)经典水平就是我们直接了解的“宏观”水平。在这水平上，我们的“事物”发生的通常图像是正确的，并且可以使用通常的概率观念。我们将看到在量子水平上，我们必须使用的复数和经典概率有紧密的关系。它们并不真正相同，但是为对付这些复数，先回顾一下经典概率的行为是有益的。

考虑一个不确定的经典情形，两种选择之中我们不知哪一种会发生。可将这种情形描述作这些选择的“加权”组合：

$p\times$“选择A”加上$q\times$“选择B”，

此处p为A发生的概率，而q是B发生的概率。（要记住，概率是在0和1之间的实数。概率1表明“一定发生”，而概率0表明“一定不发生”。概率1／2表明“发生和不发生是同等可能的”。）如果A和B是仅有的不同选择，则两者概率的和必须是1：

$$p+q=1。$$

然而如果还有其他选择，则此和可以比1小。那么，比率$p:q$就给出了发生A和发生B的概率的比率。在只有两种选择时，发生A和发生B的实际概率分别为$p/(p+q)$和$q/(p+q)$。如果$p+q$比1大，我们还可以这样解释。（这可能是有用的，例如，只要我们进行了多次的实验，p为发生A的次数，q为发生B的次数。）如果$p+q=1$，我们就说p和q是归一化的，这样它们就给出了实际的概率，而不仅仅是概率的比率。

在量子力学中我们将做一些显得与此非常相似的事，现在p和q

变成为复数—— 我将使用w和z分别表示之：

$w\times$“选择A”加以$z\times$“选择B”。

我们如何解释w和z呢？由于它们会各自独立地变为负数或者复数，它们肯定不是通常的概率（或概率比），但是在许多方面很像概率。它们被叫作（适当地归一化之后—— 见后面）概率幅，或简单地称作幅度。此外，人们经常用这类暗示概率的术语，如：“发生A的幅度为w和发生B的幅度为z。”它们不是实际的概率，但是我们假装它们是—— 或宁愿说成概率在量子水平上的相似物。

通常的概率如何起作用呢？考虑一个宏观对象将有助于理解，譬如说打一个球使之穿过两个洞中的一个再到后面的屏幕去—— 正如上述的双缝实验那样（图6.3），但现在我们用经典的宏观球取代了前面讨论的光子。从s将球打到上洞的概率为$P(s, t)$，打到下洞的概率为$P(s, b)$。而且，如果我们在屏幕上选取特定的一点p，只要球的确通过t，则到此特定的p点的概率为$P(t, p)$，而球通过b到达p的概率为$P(b, p)$。如果只有上面的洞t是开放的，则球通过t到达p的实际概率为将从s到t的概率乘上从t到p的概率：

$$P(s, t)\times P(t, p)。$$

类似地，如果只有下面的洞是开放的，则球从s到p的概率为：

$$P(s, b)\times P(b, p)。$$

如果两个洞都开放的话，则从s通过t到达p的概率仍为第一表达式$P(s, t) \times P(t, p)$，正如只有t洞开放时那样。而从s通过b到p的概率仍为$P(s, b) \times P(b, p)$。所以，从s到p的总概率$P(s, p)$为两者之和：

$$P(s, p) = P(s, t) \times P(t, p) + P(s, b) \times P(b, p)。$$

在量子水平上，除了现在是奇怪的复的幅度起着我们前面的概率的作用外，其规则和这一模一样。这样，在上面考虑的双缝实验中，光子从源s到上缝t我们有一幅度$A(s, t)$，从上缝到达屏幕上p点有一幅度$A(t, p)$，两者相乘得到从s通过t到达p的幅度：

$$A(s, t) \times A(t, p)。$$

作为概率，假定上缝是开的，不管下缝是否打开，这都是正确的幅度。类似地，假定b是开的，则存在光子从s通过b到达p的幅度（不管t是否打开）：

$$A(s, b) \times A(b, p)。$$

如果两条缝隙都打开，我们可得到光子从s到p的总幅度：

$$A(s, p) = A(s, t) \times A(t, p) + A(s, b) \times A(b, p)。$$

这一切都非常好。但是，我们在量子效应被放大达到经典水平从而知道如何去解释这些幅度之前，它对我们并没有多大用处。我们可把一个光子探测器或光电管放在p处，它提供了把量子水平的事件——光子抵达p——放大成经典的可辨别得出的发生，例如听得见的“咔嗒”一声。（如果屏幕的作用相当于照相底版，使得光子留下可见的斑点，那么这也是一样的。但为了清楚起见我们就用光电管好了。）必须存在产生“咔嗒”一响的实际的概率，而不仅仅是这些神秘的“幅度”！当我们从量子水平变到经典水平时，如何从幅度过渡到概率呢？人们发现这里有一种非常美丽而神秘的规则。

其规则是我们必须对量子的复的幅度取平方模以得到经典的概率。什么是“平方模”？回忆一下我们对复平面上的复数的描述（第3章118页）。复数z的模$|z|$简单地就是z离开原点（也就是点0）的距离。平方模$|z|^2$即是这个数的平方。这样，如果我们写：

$$z=x+\mathrm{i}y,$$

这儿x和y都是实数。由于从0到z的连线为直角三角形O，x，z的斜边，从勾股定理得知我们所需的平方模是:

$$|z|^2=x^2+y^2。$$

注意，为了使之成为一个真正的“归一化的”概率，$|z|^2$的值必须在0和1之间。这表明对于适当归一化的幅度，在复平面上z必须处于单位圆内的某处（图6.8）。然而，有时我们要考虑组合：

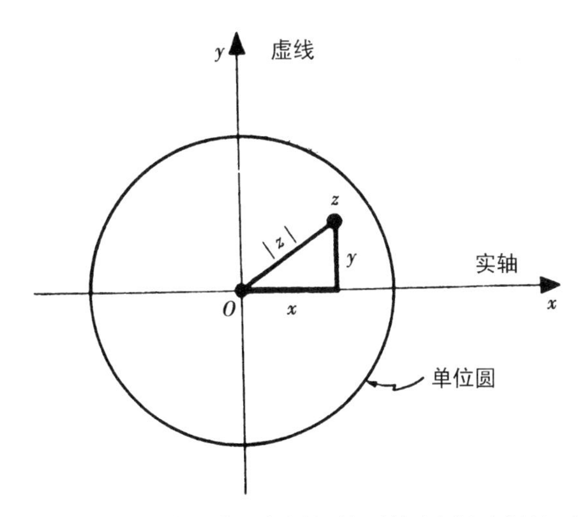

图6.8　用复平面上单位圆内的点z来代表概率幅。其与中心的距离的平方$|z|^2$可成为当效应被放大到经典水平时的实际概率

$w\times$“选择A”$+ z\times$“选择B”，

此处w和z仅仅是和概率幅成比例，它们没必要在单位圆内部。它们归一化（并因此提供真正的概率幅）的条件是平方模的和必须为1：

$$|w|^2+|z|^2=1。$$

如果它们不是归一化的，则A和B的实际幅度应分别为：

$$w/\sqrt{|w|^2+|z|^2} \text{ 和 } z/\sqrt{|w|^2+|z|^2},$$

它们都处于单位圆内部。

现在我们看到，概率幅根本不像真正的概率，而更像概率的"复数平方根"。当量子水平上的效应被放大到经典水平上时，这会产生什么影响呢？我们记得，在进行概率和幅度运算时，我们有时要将它们相乘，有时将它们相加。第一点值得注意的是，乘法运算在从量子过渡到经典规则时没有什么问题。这是因为乘积的模数等于各自模数的乘积的这一显著的数学事实：

$$|zw|^2=|z|^2|w|^2。$$

（这个性质可由第3章的一对复数的乘积的几何描述立即得出；但是若按照实部和虚部 $z=x+iy \quad w=u+iv$，这还算是一点奇迹。不妨试一下！）

此事实的含义是，如果只有一条通道对粒子开放，也就是在双缝实验中只有一条缝隙（譬如 t）开放，即可以"经典地"论证，不管是否在中间某点（譬如在 t）进行附加的粒子检测，出来的概率必须是一样的[1]。我们可以在两个阶段或只在最后取平方模，也即：

$$|A(s,t)|^2\times|A(t,p)|^2=|A(s,t)\times A(t,p)|^2,$$

对于最后的概率，其结果都是一样的。

然而，如果多于一条通道可让粒子通过（也即如果两条缝隙都开

1. 该检测不可以干扰粒子通过 t 点。可将许多探测器放置在围绕着 s 的其他许多地方，当这些探测器都**没有**发生咔嗒的声响时，就可推理粒子通过 t 点！

放的话)，则我们要求和，而量子力学的特征就在这里开始出现。当我们取两个复数w和z的和($w+z$)的平方模时，通常不能得到它们各自的平方模的和；还有附加的“修正项”：

$$|w+z|^2=|w|^2+|z|^2+2|w||z|\cos\theta。$$

此处θ为点z和点w对复平面原点所张的角(图6.9)。(我们知道，一个角的余弦是一直角三角形的“邻边/斜边”比。不熟悉上式的敏捷读者可用第3章引进的几何去直接推导之。实际上，这正是众所周知的“余弦规则”，只不过稍微伪装了一下！)正是修正项$2|w||z|\cos\theta$提供了量子力学的不同选择间的量子干涉。$\cos\theta$的值的范围在-1和1之间。我们在$\theta=0°$时有$\cos\theta=1$。这时这两种选择相互加强，使得总概率比单独概率之和更大。我们在$\theta=180°$时有$\cos\theta=-1$，这时这两种选择便相互抵消，使得总概率比单独概率之和更小(相消干涉)。我们在$\theta=90°$时有$\cos\theta=0$。这时得到了一种中间状态，两种概率相加。对于大的或复杂的系统修正项通常被“平均掉了”——因为$\cos\theta$的“平均”值为零——我们就余下通常的经典概率的规则！但是在量子水平上这些项提供重要的干涉效应。

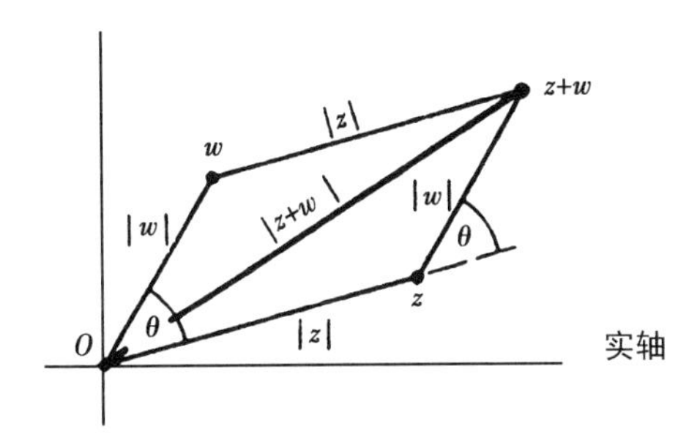

图6.9 有关两个幅度的和的平方模的修正项$2|w||z|\cos\theta$的几何

考虑双缝都打开时的双缝实验。到达p的光子幅度为和$w+z$，此处

$w=A(s, t)\times A(t, p)$和$z=A(s, b)\times A(b, p)$。

在屏幕的最亮的点我们有$w=z$（这样$\cos\theta=1$），所以

$$|w+z|^2=|2w|^2=4|w|^2$$

为只有一条缝开放时概率$|w|^2$的4倍——所以当光子数很大时光强变大到4倍，这与观察相一致。在屏幕的暗的点我们有$w=-z$（这样$\cos\theta=-1$），所以

$$|w+z|^2=|w-w|^2=0,$$

也就是零（相消干涉！），又与观察相一致。在刚好中间的点我们有$w=\mathrm{i}z$或$w=-\mathrm{i}z$（这样$\cos\theta=0$），所以

$$|w+z|^2=|w\pm iw|^2=|w|^2+|w|^2=2|w|^2$$

给出只有一条缝的强度的两倍（这是经典粒子的情形）。我们在下一节的结尾处会看到如何去实际计算亮、暗和中间的位置。

还有最后一点必须加以评论。当双缝都开放时，通过t到达p的粒子的幅度确是$w=A(s, t)\times A(t, p)$，但是我们不能将其平方模$|w|^2$当作粒子“实际”通过上面的缝隙而到达p的概率。这会导致没有意

义的答案，特别是如果p是在屏幕上的暗的地方时。但是，如果我们决定“检测”光子是否在t存在，把它在那儿的存在（或不存在）的效应放大到经典的水平，则可用$|A(s,t)|^2$作为光子实际到达t的概率。但是这样的检测抹去了波浪状的模式。为了使干涉发生，我们必须保证光子在通过缝隙时仍维持在量子水平上，以使得两个不同途径能共同有贡献并且有时会互相对消。单独的选择途径只有幅度，而没有概率。

粒子的量子态

这些在量子水平上为我们提供了“物理实在”的什么图像呢？在这里，一个系统的不同的“选择可能性”必须一直共存，并且用奇怪的复数权重加在一起。许多物理学家本身对是否能找到这样的图像感到绝望。相反的，他们断言，他们喜欢量子力学仅仅是它为我们提供了计算概率的步骤，而不是物理世界的客观图像的观点。有些人断定量子理论不可能有客观图像——至少没有一种和物理事实相一致。我认为这样的悲观主义是没有根据的。在我们已经讨论到的基础上，采取这种看法无论如何都是不成熟的。我们将在下面讨论某些量子效应更令人吃惊的困惑，进而更全面地了解这种绝望的原因。但是，现在我们暂且更乐观地前进，并接受量子力学告知我们所必须面临的情景。

这就是一种量子态所呈现的图像。我们现在考虑一个单独的量子粒子。一个粒子由它的空间位置经典地决定。为了知道它下一步还要做什么，我们还需要知道它的速度（或等效地，它的动量）。在量子力学中，粒子所能到达的每个单独位置都是它所能得到的一个“选择”。我们看到所有的选择必须以复数的权重组合在一道。这一复权重的集合描述了粒子的量子态。标准的做法是用希腊字母Ψ（发“psi”的音）表示权重的集合，Ψ被认为称作粒子的波函数的位置的复函数。对于每一位置x，波函数都有一个用$\Psi(x)$表示的特殊的值，它是粒子处于x的幅度。我们可用单独的Ψ来表示整个量子态。我所采取的观点是，粒子所处位置的物理实在的确是它的量子态Ψ。

我们如何画出复函数Ψ呢？一下子将所有的三维空间都画出是有点困难，所以我们先简化一些并假定粒子被限制在一维的线上——譬如说沿着标准（笛卡儿）坐标系的x轴上。如果Ψ是一个实函数，则我们可以想象和x轴垂直的“y轴”并画出Ψ的图［图6.10（a）］。但是，为了描述复函数的Ψ的值，我们在这儿需要一个“复的y轴”——它必须是一个复平面。我们在想象中可以利用空间的两个维：譬如把空间的y方向当作复平面的实轴，z方向作为虚轴。我们可以把$\Psi(x)$画成在这个复平面［也即是通过x轴上每一点的(y, z)平面］上的一点，这样就可得到一个波函数的精确的图像。这一点随着x的变化而变化，而它的轨迹在空间画出一条绕着x轴附近的曲线［见图6.10（b）］。我们称这条曲线为粒子的Ψ曲线。如果在一指定点x处放置一台粒子检测器，则在该点找到该粒子的概率可由幅度$\Psi(x)$取平方模而得到：

$$|\Psi(x)|^2。$$

这正是Ψ曲线离开x轴的距离的平方[1]。

1. 由于在一个准确点上找到一个粒子的概率为零，所以在这里产生了技术上的困难。我们把$|\Psi(x)|^2$定义为概率密度，它表示在我们定义的点附近的某个很小的固定尺度的间隔内找到该粒子的概率。这样，$\Psi(x)$定义了幅度密度，而不是一个幅度。

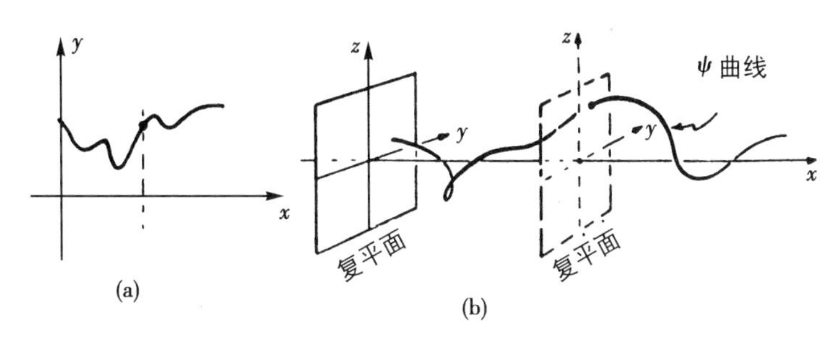

图6.10 (a)实变量x的实函数的图
(b)实变量x的复函数Ψ的图

为了画出在所有三维物理空间上波函数的完整的图，五维是必须的：三维是物理空间，加上画出$\Psi(x)$的复平面的二维。然而，我们简化了的图仍是有助的。如果我们选择沿着物理空间的任一特别的线来考察波函数，我们就可简单地让x轴沿着这线，并临时利用其他两个空间方向来提供所需的复平面。这对理解双缝实验是有用的。

正如我前面提到的，在经典物理中为确定粒子下一步怎么走，人们需要知道它的速度（或动量）。在这里，量子力学以显著的经济的方式为我们提供了这些。波函数Ψ中已经包含有不同可能动量的各种幅度！（一些不满的读者考虑到我们已经将点粒子的简单的经典图像变复杂了这么多，也许认为现在该是有一点经济的"时候"了！虽然我非常同情这种读者，我得警告他们赶紧将扔给他们的这一些先捡起来，因为后面还有更坏的来临！）如何从Ψ来决定速度幅度呢？实际上考虑动量幅度更好。（我们记得动量是速度乘以粒子的质量，215页。）人们所做的是把所谓的调和分析应用到函数Ψ上去。我不可能在这里仔细地解释它。但它和处理乐声有紧密的关系。任何波形都能被分解成为不同"和声"的和（这就是"调和分析"术语之来源）。它们是不同音调（亦即不同频率）的纯净的乐音。在波函数Ψ的情形，“纯音”对应于粒子可能有不同的动量，而每一“纯音”对Ψ贡献的大小提供了该动量值的幅度。而“纯粹乐音”本身被称作动量态。

动量态在Ψ曲线上看起来是什么样子的呢？它看起来像个螺旋，其正式的数学名字叫螺旋线（图6.11）[1]。卷得紧的螺旋对应于大动量，而几乎不卷的只具有很小的动量。极限情形是根本不卷，而Ψ曲线变成直线：这是零动量的情形。这里隐含有著名的普朗克关系。卷得紧表明短波长和高频率，并因此高动量和高能量；而卷得松表明低频率和低能量，能量E总是和频率ν成比例（$E=h\nu$）。如果复平面以正常的方法指向，亦即上面给出的按照右手定则的x，y，z描述，那么在x轴正方向上的动量对应于右旋的螺旋（这正是通常用的螺旋）。

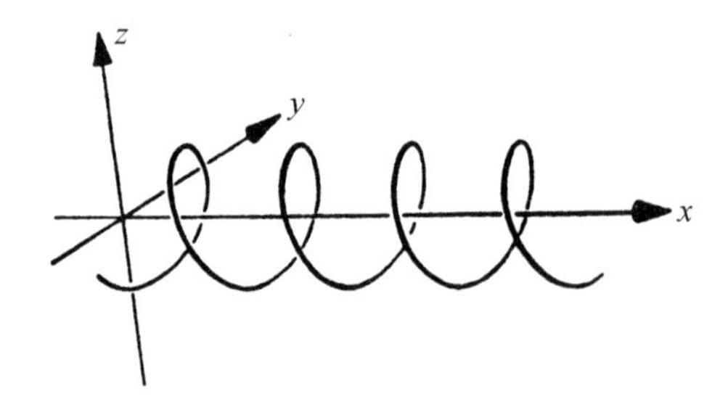

图6.11　动量态具有螺旋形状的Ψ曲线

不像上面那样按照通常的波函数，而是按照动量的波函数来描述量子态有时更有用。这归结为把Ψ按照不同的动量态而展开，从而建立一个新的函数$\widetilde{\Psi}$。这回它是动量p而不是位置x的函数。它的

1. 按照更标准的分析的描述，我们的每一个螺旋（也就是动量态）由表达式$\Psi=e^{ipx/\hbar}=\cos(px/\hbar)+i\sin(px/\hbar)$给出（见第3章116页），这里$p$是问题中动量的值。

值$\tilde{\Psi}(p)$对于每一个p给出了p动量态对Ψ的贡献的大小。(p空间称作动量空间。)$\tilde{\Psi}$的解释是，对于每一特别选定的p，复数$\tilde{\Psi}(p)$给出粒子具有动量p的幅度。

在函数Ψ和$\tilde{\Psi}$之间的关系有一个数学术语。这些函数称为相互的傅里叶变换——这是以法国工程师兼数学家约瑟夫·傅里叶(1768—1830)命名的。在此我只对该关系做些评论。第一点是在Ψ和$\tilde{\Psi}$之间存在一个显著的对称。我们可以应用在本质上和从Ψ得到$\tilde{\Psi}$的同样的步骤从Ψ得到$\tilde{\Psi}$。现在是对$\tilde{\Psi}$进行调和分析。而"纯粹乐音"(也就是在动量空间表像中的螺旋)被称作位置态。每一位置x在动量空间决定一这样的"纯音"，而这个"纯音"对$\tilde{\Psi}$的贡献的大小决定了$\Psi(x)$的值。

一个位置态本身在通常的位置空间表像中对应于在一个给定的x值处的非常尖锐的峰，除这一点外任何位置的幅度都为零。这种函数称作(狄拉克)δ函数——尽管由于它在x处的值为无限，从而它在技术上并不是通常意义上的"函数"。同样地，动量态(也即位置表像空间中的螺旋)在动量空间表像中给出δ函数(图6.12)。这样，我们看到了螺旋的傅里叶变换是一个δ函数，而且反之亦然！

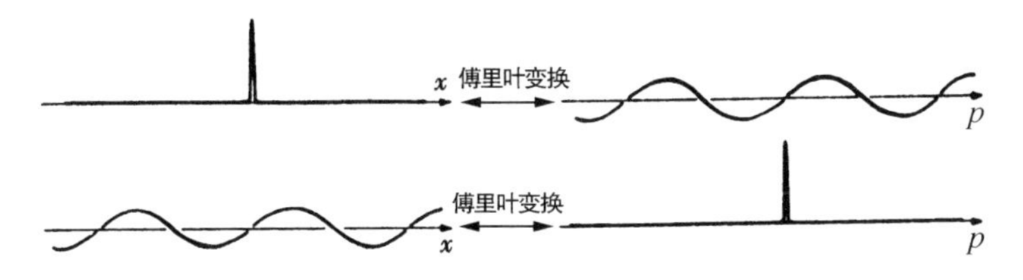

图6.12 位置空间中的δ函数变换成动量空间中的螺旋，反之亦然

每当人们测量粒子的位置，位置空间的描述总会用到。这种测量归结于做一些事情，将不同可能的粒子位置的效应放大到经典的水平。（粗略地讲，光电管和照相底版进行了光子位置的测量。）每当人们测量粒子的动量，动量空间的描述总会用到，这种测量就是将不同的可能的动量的效应放大到经典的水平（反冲效应或晶体的衍射可用于动量测量）。在每种情形下，相应的波函数（Ψ和$\widetilde{\Psi}$）的平方模给出了所要测量结果的所要的概率。

在本节结束之前我们再一次回到双缝实验。我们已经知道，按照量子力学，甚至一个单独的粒子都应像波动一样行为。这个波动为波函数Ψ所描述。动量态是最“类似波动”的波。我们在双缝实验中摹想具有确定频率的光子；这样光子的波函数是由在不同方向的动量态组成。这些态中的螺旋的螺矩都是相同的，这螺矩又称作波长。（波长由频率所固定。）

每个光子波函数一开始从源S散开来并且通过两个缝隙（在缝隙上不做任何检测）而到屏幕上去。只有波函数的一小部分从这缝隙出来。我们将每一条缝隙当作从该处分别散开来的波函数的新源。这两部分波函数互相干涉。这样，当它们到达屏幕时，在有些地方互相叠加，在另外一些地方互相抵消。为了找到它们在何处叠加和何处抵消，我们在屏幕上取点p并考察其到两条缝隙t和b的直线，沿着tp有一个螺旋，沿着bp有另一个螺旋。（我们沿着st和sb也有螺旋，但是假定光源到每一条缝隙的距离相同，则在缝隙处两个螺旋刚好旋转了一样多。）现在，当这些螺旋到达屏幕的p点处旋转了多少得由直线tp和bp的长度决定。当这些长度的差为波长的整数倍时，则两个螺旋在

p点就从它们的轴向同一方向位移（亦即$\theta=0°$，这儿的θ的意思和上节一样），这样相应的幅度就互相叠加，我们得到一个亮点。当这些长度的差为波长的整数倍加上半波长时，则两个螺旋在p点从它们的轴向相反方向位移（$\theta=180°$），这样相应的幅度就互相抵消，我们得到一个暗点。在所有其他情形下，这两个螺旋到达p时位移间有某一角度，这样幅度就以某种中间的方式相加，我们得到中等的光强（图6.13）。

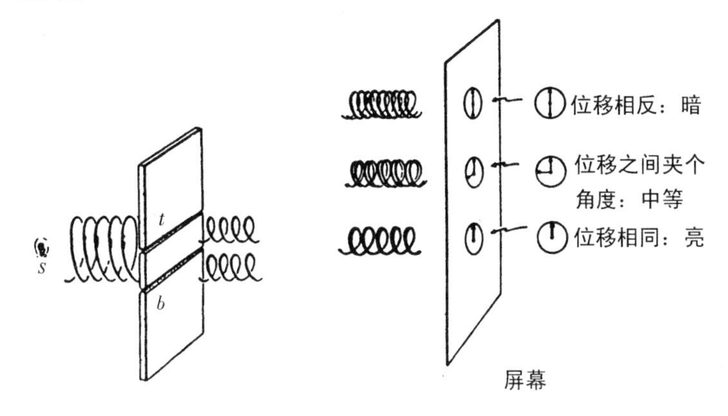

图6.13　按照光子动量态螺旋的描述来分析双缝实验

不确定性原理

大多数读者都听说过海森伯的不确定性原理。根据这一原理，不可能同时将一个粒子的位置和动量精确地测量（亦即放大到经典的水平）。更糟糕的是，这些精度，譬如分别为Δx和Δp的乘积有一绝对极限，它由下面的关系式给出：

$$\Delta x \Delta p \geqslant \hbar 。$$

这一公式告诉我们，位置x测量得越准确，则动量p的测量就越不准确，反之亦然。如果位置被测量到无限精确，则动量就变得完全不确定；另一方面，如果动量被无限精确地测量，则粒子的位置就变得完全不确定。为了从海森伯关系给出的极限大小得到一些感性认识，假定将一个电子的位置测量到纳米（10^{-9}米）的精度，那动量会变得这样的不确定，以至于人们不能预期1秒钟之后电子离其不到100千米！

一些描述使人相信，似乎这仅仅是测量过程中固有的粗陋。相应地根据这种观点，在刚才考虑的电子的情形下，为了找到它的位置不可避免地赋予了它这等强度的“随机的冲动”，使得电子以海森伯原理所表明的数量级的巨大的速度飞开。人们在其他的描述中认为不确定性是粒子自身的一个性质，它的运动有一种固有的随机性，这表明在量子水平上它的行为是内在的不可预见的。还有另一种说法认为，量子粒子是某种不可理喻的东西，对此经典位置和动量的概念均不适用。我对这几种看法都不喜欢。第一种有点误导，第二种肯定是错的，而第三种过于悲观。

波函数的描述究竟告诉了我们什么？首先让我们回忆一下动量态的描述。这是动量被准确指定的情况。Ψ曲线为一个螺旋，它离开轴的距离一直是一样的。所以不同位置的幅度都具有相同的平方模。如果要进行位置测量的话，则在任何一点找到该粒子的概率和在任何其他地方一样。粒子的位置是完全不确定的！关于位置态又如何呢？现在Ψ曲线是一个δ函数，位置被精确地固定在δ函数的尖峰处——其他地方的幅度均为零。在动量空间表像中最容易得到动量幅度。现在Ψ曲线为一个螺旋，而不同动量的幅度具有相等的平方模。在测量粒子动量时，其结果会变得完全不确定！

考察位置和动量都只被部分地限制的中间情形是有趣的，只要它们和海森伯关系相一致就可以了。图6.14画出了这种情形的Ψ曲线和相应的$\tilde{\Psi}$曲线（相互的傅里叶变换）。我们注意到只在非常小的范围内每一曲线到轴的距离明显地不为零。曲线在远处非常紧密地环抱着轴。这样，不管是在位置空间还是在动量空间中都只有在一个非常有限的区域平方模才有可觉察到的大小。因此，粒子在空间可以相当定域，但有一定的弥散，类似地，动量也是相当确定，粒子以相当确定的速度运动，而可能的粒子位置的弥散不随时间增加太大。这样的粒子态被称作波包，经常将它作为一个经典粒子的量子论的最好近似。但是动量（或速度）值的弥散表明波包将随时间弥散。原先开始的位置越定域，则弥散开得越快。

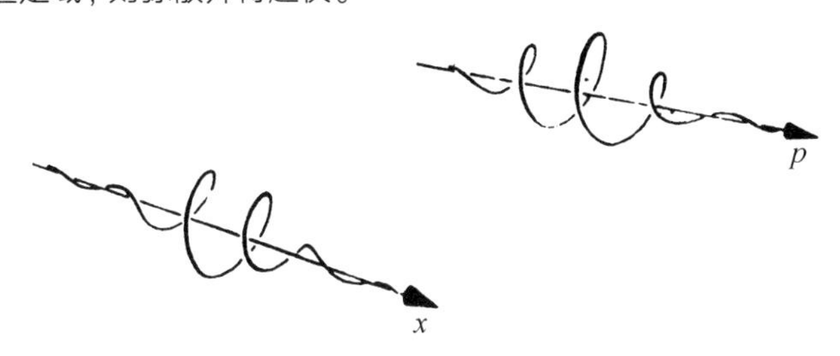

图6.14 波包。这些波包在位置空间和动量空间中都是定域的

*U*和*R*演化步骤

在描述波包的时间发展中隐含着薛定谔方程，它告诉我们波函数在时间中的实际演化。薛定谔方程实际上是说，如果我们将Ψ分解成动量态（“纯音”），那么每一个单独的分量将以问题中具有此动量

的经典粒子速度去除c^2而得到的速度离开。薛定谔数学方程在实质上是以更加紧凑的形式写下这些。下面我们再看它的精确形式。它有点像哈密顿或麦克斯韦方程（和两者有紧密关系）。和那些方程一样，一旦波函数在某一时刻定好，则给出它的完全确定的演化！（参阅369页。）

我们如果将Ψ当作“世界实在”的描述，只要Ψ是由决定性的薛定谔演化所制约，就根本不存在被认为是量子力学固有的特征的不决定性。让我们将这种演化过程称为$\boldsymbol{U}$。然而，只要我们“进行一次测量”，将量子效应放大到经典水平，我们就改变了规则。现在我们不用$\boldsymbol{U}$，而是用完全不同的我称作$\boldsymbol{R}$的步骤，取量子幅度的平方模以得到经典概率[4]！正是步骤$\boldsymbol{R}$也只有$\boldsymbol{R}$在量子理论中引进了不确定性和概率。

决定性的过程$\boldsymbol{U}$似乎是做量子理论工作的物理学家关心的主要部分；而哲学家则对非决定性的态矢量减缩$\boldsymbol{R}$（或者，正如有时形象化描述的：波函数的坍缩）更感兴趣。我们是否简单地将$\boldsymbol{R}$认为是关于一个系统的“知识”的改变，还是认为（正如我认为的）是“真正地”发生了什么。我们的确得到了物理系统的态矢量随时间变化的两种完全不同的数学方式。$\boldsymbol{U}$是完全决定性的，而$\boldsymbol{R}$是概率定律；$\boldsymbol{U}$保持量子复叠加原则，但是$\boldsymbol{R}$显著地违反之；$\boldsymbol{U}$的作用是连续的，而$\boldsymbol{R}$公然是不连续的。按照量子力学的标准过程，不存在以任何方式将$\boldsymbol{R}$“归结”为$\boldsymbol{U}$的复杂的情况的含义。它干脆是和$\boldsymbol{U}$不同的过程，提供了量子力学的另一“半”的解释。所有的非决定性都是从$\boldsymbol{R}$而不是从$\boldsymbol{U}$来的。为了使量子理论和已有的观测事实美妙地协调，$\boldsymbol{U}$和$\boldsymbol{R}$两者都是需要的。

让我们回到波函数 Ψ 上来。假定它为一个动量态。只要此粒子不和任何东西相互作用，它就会在其余的时间里快乐地维持在那个动量态上。（这是薛定谔方程告知我们的。）无论我们什么时候去“测量其动量”都会得到同一确定的答案。此处不存在概率。和经典理论一样，可预言性在这里是非常清楚的。然而，假定在某一个阶段我们胆敢去测量（也就是放大到经典水平）粒子位置，这回我们就得到了一系列的概率幅，我们必须将它们平方求模。那时候有许许多多的概率，完全无法肯定测量会产生什么结果，其不确定性和海森伯原理相一致。

另一方面，让我们假定 Ψ 从一个位置态（或几乎为一个位置态）开始。现在，薛定谔方程告诉我们，Ψ 不再停留在位置态上，它会很快地弥散开来。尽管如此，其弥散的方式完全由此方程所决定。它的行为没有任何不确定性或随机性。原则上存在去检查此事实的实验（下面还要讲到）。但是，如果我们不明智地决定去测量动量，就会发现所有可能的不同的动量值的幅度平方模相等。实验的结果则是完全的不确定性，这又和海森伯原则相一致，而概率是由幅度的平方模给定。

这无疑是非常奇怪和神秘的。但是它不是不可理喻的世界图像。关于这个由许多非常清楚和准确的定律制约的图像还有许多可说的。然而，关于何时应该祈求随机性的规则 $\boldsymbol{R}$ 去取代宿命论的 $\boldsymbol{U}$ 尚没有清楚的规则。“进行一次测量”是什么含义？为何（何时）对幅度平方取模使之“成为概率”？“经典水平”能被量子力学地理解吗？这些都是在本章后面要讨论的深刻的令人困惑的问题。

粒子同时在两处

我在上面的描述中采取了也许比通常的量子物理学家们更“现实”的关于波函数的观点。我采取了单独粒子的“客观实在”的状态的确是由它的波函数所描述的观点。似乎许多人发现这个观点很难以严肃的方式予以坚持。之所以这样的一个原因是，它牵涉到我们认为单独粒子在空间中弥散开来，而不总是集中在单独的点上的事实。对于一个动量态，由于Ψ在整个空间范围内平均地分布，这弥散达到了极端。人们不认为粒子本身发散到空间中去，而宁愿认为位置是完全不确定的。这样，人们关于位置所能说的是粒子在任何一处正和在另一处同样的可能。然而，我们已经看到，波函数不仅提供了不同位置的概率分布；它还提供了不同位置的幅度分布。如果我们知道这个幅度分布（亦即波函数Ψ），则我们从薛定谔方程就知道粒子的态从一个时刻向另一时刻演化的精确方式。为了这样地决定粒子的“运动”（也就是Ψ随时间的演化），我们需要粒子的这一“发散开去”的观点；而如果我们的确采用这个观点，我们就会看到粒子的运动的确是被精确地决定的。如果我们对粒子施加位置测量，那么关于$\Psi(x)$的“概率观点”就很合适，因为那时仅仅使用$\Psi(x)$的平方模的形式：$|\Psi(x)|^2$。

看来必须接受这样的粒子图像，它会在空间的大范围内发散开去，并会一直发散到下一次进行位置测量为止。甚至当一个粒子被定域为位置态后，下一时刻就会开始发散开去。动量态似乎难于被接受为一个粒子存在的“实在”图像，但它也许更难被接受为刚穿过双缝出来的双峰态的“实在”图像（图6.15）。在垂直的方向上，波函数Ψ的形式在每一条缝隙处都有尖锐的峰值。该波函数为上缝有峰值的波函数 Ψ_t 和在下缝有峰值的波函数 Ψ_b 的和[1]：

$$\Psi(x)=\Psi_t(x)+\Psi_b(x)。$$

如果认为 Ψ 代表粒子态的“实在”，那么我们必须接受粒子的确同时在两处的图像！基于这一观点，该粒子确实同一瞬间穿过两条缝隙。

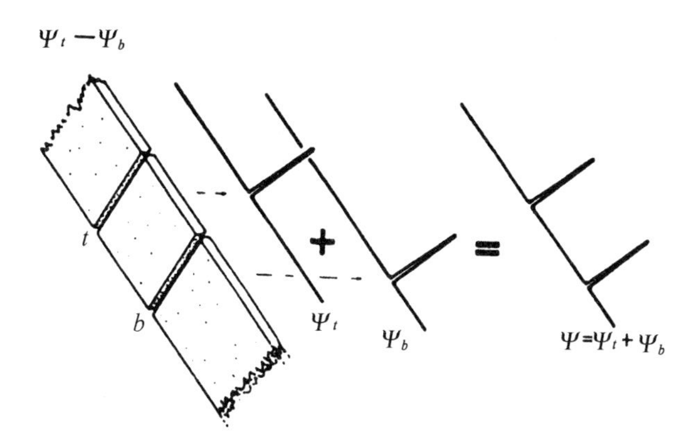

图6.15　当光子波函数从一双缝隙出来时，它同时在两处取得峰值

回忆一下反对粒子“同一瞬间穿过两条缝隙”这观点的标准说法：如果我们在缝隙处做测量以确定它是否通过那一条缝隙，我们总是发现整个粒子通过这条或那条缝隙。但是这是因为我们对粒子进行位置测量引起的，这时 Ψ 仅仅提供和按照平方模步骤一致的粒子位置的概率分布 $|\Psi|^2$，而我们的确发现它在这一处或那一处。但是在缝隙处我们还能进行不同于位置测量的其他测量。为此，我们应该知道

1. 在更通常的量子力学描述中，将此和除以归一化因子—— 此处为 $\sqrt{2}$ 就得到（$\Psi t+\Psi b$）/ $\sqrt{2}$ ——但在这里没有必要用这种方式使描述更加复杂。

不同位置x的双缝波函数Ψ，而不仅是$|\Psi|^2$。这样的测量可以将上面给出的双峰态

$$\Psi = \Psi_t + \Psi_b$$

和另一双峰态，如

$$\Psi_t - \Psi_b$$

或

$$\Psi_t + i\Psi_b$$

区别开来。（见图6.16中三种不同情形下的Ψ曲线。）因为确实存在将这些不同可能性区别开来的测量，所以它们必须是光子能存在的*不同*可能的"实际"方式！

缝隙没有必要靠得很近使光子同一瞬间穿过它们。为了演示不管它们距离多么远量子粒子总能"同时在两处"，考虑一个稍微和双缝实验不同的实验装置。和以前一样，我们有一个发出单色光的灯泡。每一时刻只发一个光子；但是这回不让光子通过两个缝隙，我们让它从一面倾斜角45°的半镀银的镜面反射出来。（半镀银镜子是一种刚好将射到它上面的光反射一半，而让所余下的一半光直接穿透过去的镜子。）在它遭遇到镜子以后，光子的波函数分裂成两个部分，一部分反射，另一部分继续原先光子的方向。波函数又是双峰值的，但是

这回双峰是更宽广地分离开了。一个峰描述反射的光子，而另一峰描述透射的光子（图6.17）。此外，两峰的分离随着时间流逝变得越来越大，并随着时间无限地增加。想象波函数的这两部分跑到空间去，而我们整整等待了一年。那么光子波函数的这两部分相距将超过一光年。光子不知怎么搞的发现自己同时出现在相距比一光年还远的两地方！

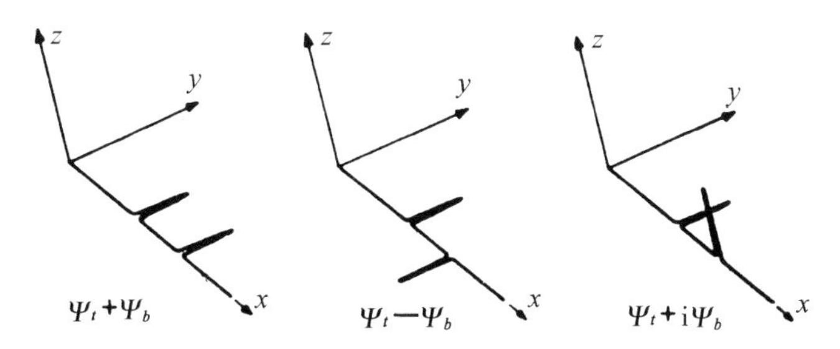

图6.16　三种具有双峰的光子波函数的不同方式

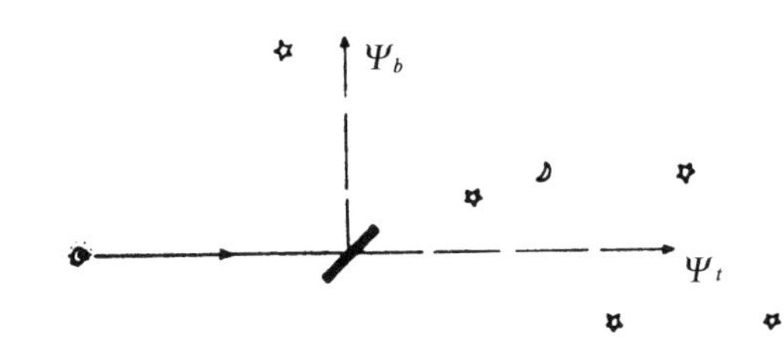

图6.17　双峰波函数的双峰可以分开到一光年那么远。这可以用半镀银镜面做到

是否有理由去认真地接受这样的图像呢？难道我们不能简单地认为光子有百分之五十的机会在一个地方，而另外百分之五十的机会在另一处呢？不，我们不能！不管旅行了多长时间，总能将光束折射回来，使之再互相遭遇，得到两种不同选择的概率权重所得不到的干涉效应。假定光束的两部分各遇到一面全镀银的镜子。我们调整好

镜子的角度使之再次遭遇在一起。在交会点放上另一面半镀银镜子，角度刚好和第一面一样。在两束光的直线方向上各放1个光电管（图6.18）我们会看到什么呢？如果情况仅仅是，光子有一半的机会走一条途径，另一半机会走另一条，那么我们应该发现其中一个检测器有一半的机会记录到光子，另一半机会是被另一个检测器记录到。然而，事情并非如此。如果两个途径的长度完全相同，则百分之百的机会是光子抵达放在原先光子运动的方向上的检测器A，而百分之零的概率是光子抵达另一检测器B——光子肯定打到检测器A上去！（正如在双缝实验中那样，我们可用上面的螺旋描述来看到这些。）

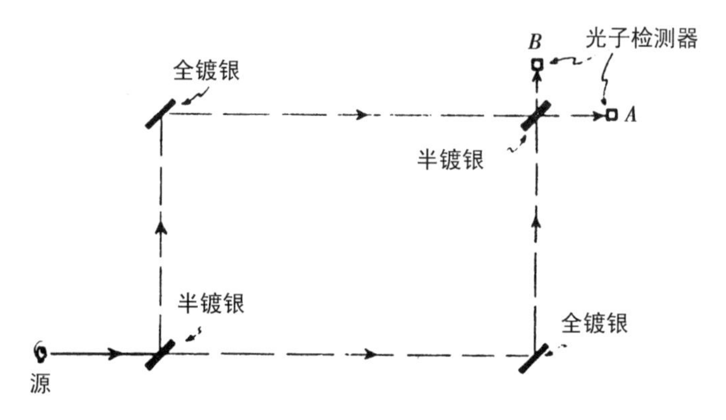

图6.18　双峰波函数的两个峰不能被简单地认为是光子在这一位置或那一位置的加权概率。可使光子所采取的两个途径相互干涉

当然，这类实验从未在路径长度达到光年数量级以上被实现过，但所叙述的结果从未被（传统的量子物理学家）认真地怀疑过！实际上，这类实验在途径长度为几米的情形下被实现过，其结果的确和量子力学的预言相一致（参阅*Wheeler 1983*）。关于光子在它第一次和最后一次和半反射镜遭遇之间的存在的态的“实在”，此结果告诉了我们什么呢？似乎不可避免的是，在某种意义上光子实际上同时沿

着两条途径**旅行**！因为如果将一吸收屏幕放在任何一条途径上，则光子到达A和B的概率将相等；但是当两条途径同时打开（并具有一样长度）则只能到达A！而堵住一条途径时却实际**允许**到达B！两条途径都打开时，光子“知道”不允许它到达B，所以它必须感觉到两条途径。

尼尔斯·玻尔关于在测量瞬息之间的光子存在没有客观“意义”的观点，依我看来是有关光子态实在的过于悲观的观点。量子力学让我们以**波函数**来描述光子位置的“实在”，而在半镀银镜子之间的光子波函数刚好是双峰态，双峰之间的距离有时非常可观。

我们还注意到，“同时处于两个指定的位置”不是光子态的完全描述：譬如讲我们要求能把态$\Psi_t+\Psi_b$从态$\Psi_t-\Psi_b$（或$\Psi_t+\mathrm{i}\Psi_b$）区别开来，这儿Ψt和Ψ_b是指分别处于两条途径中的光子（现在分别为“穿透的”和“反弹的”光子）。正是这种区别决定了光子到达半镀银镜子时，肯定到达A或B（或以中等的概率到达A或B）。

量子实在的令人困惑的特征，也就是我们必须认真地认为的粒子可以各种（不同！）的形式“同时处于两处”——这是因为必须允许用复数权重把量子态加起来以得到其他量子态这个事实引起的。这种态的叠加是量子力学称之为**量子线性叠加**的一般的、重要的特征。正是它允许我们从位置态组成动量态，或从动量态组成位置态。在这些情形下，线性叠加被应用到**无限多**的不同的态，也就是所有不同的位置态，或所有不同的动量态。但是，正如我们已经看到的，只要把它仅仅应用于**一对**态就引起了这样的困惑不解。其规则是不管任何两个态是多么不同，它们能在任何复线性叠加上共存。的确，任何自身由单独粒子构成的物理对象应当能以这种在空间中分隔得很开的态的叠加的形式而存在，并因此“同时处于两处”！量子力学的形式在这方面对于单独粒子还是许多粒子的复杂系统并没有差别。那么为何我们从未经验过宏观物体，（譬如棒球，甚至人）同时处于完全不同的地方？这是一个根本的问题，今日量子理论尚不能为我们真正地提供一个满意的答案。对于像棒球这样的如此富有内容的对象，我们必须认为这些系统处于“经典水平”——或者，正如通常说的，已对该棒球进行了“观察”或“测量”——那么对我们的线性叠加进行加权的复概率幅必然已被平方求模，并当作描述实际不同选择的概率。然而，这正好引起一个争议性问题：为何允许我们以这种方式改变$\boldsymbol{U}$到$\boldsymbol{R}$的量子规则！以后我还要讨论这个问题。

希尔伯特空间

我们记得在第5章为了描述经典系统引进了相空间的概念。相空间中的单独的点代表整个物理系统的（经典的）态。在量子力学中，其相应的类似概念是希尔伯特空间[1]。现在希尔伯特空间中的单独的点代表整个系统的量子态。我们需要浏览一下希尔伯特空间的数学结构。我希望读者对此无所畏惧，我应该说，虽然其中的一些思想也许是非常陌生的，它不是数学上非常复杂的东西。

希尔伯特空间的最基本的性质在于它是一种所谓的矢量空

1. 大卫·希尔伯特，我们已在前面的章节中提到了他的名字，在量子力学发现以前很久，他在无限维的情况下，并为了完全不同的数学上的目的，引进了这个重要的概念！

间——事实上，是一个复的矢量空间。这表明允许我们把空间的任何两个元素加起来得到另一个元素，也允许我们实行带有复杂权重的加法。因为这些是我们刚刚考虑的量子线性叠加的运算，也就是对于上面光子给予我们 $\Psi_t+\Psi_b$，$\Psi_t-\Psi_b$，$\Psi_t+\mathrm{i}\Psi_b$等的各种运算。我们能做到这些。我们使用的术语“复矢量空间”的所有含义就是允许进行这类带权的求和 [5] 。

可以十分方便地使用狄拉克引进的记号，用某种角括号诸如$|\Psi\rangle$，$|x\rangle$，$|\Psi\rangle$，$|1\rangle$，$|2\rangle$，$|3\rangle$，$|n\rangle$，$|\uparrow\rangle$，$|\downarrow\rangle$，$\rangle$，$|\rightarrow\rangle$，$|\nearrow\rangle$等表示被当作态矢量的希尔伯特空间元素。这样，这些符号现在表示量子态。我们把两个态矢量的叠加写作：

$$|\Psi\rangle + |x\rangle,$$

而带复数权重w，z的求和写作：

$$w|\Psi\rangle + z|x\rangle$$

（这里$w|\Psi\rangle$表示$w\times|\Psi\rangle$等。）相应地，我们现在可以将上述的组合$\Psi_t+\Psi_b$，$\Psi_t-\Psi_b$，$\Psi_t+\mathrm{i}\Psi_b$分别写为$|\Psi_t\rangle+|\Psi_b\rangle$，$|\Psi_t\rangle-|\Psi_b\rangle$，$|\Psi_t,\rangle+\mathrm{i}|\Psi_b\rangle$。我们还可以将一个单独态$|\Psi\rangle$乘上一个复数$w$得到：

$$w|\Psi\rangle。$$

（这是前面的一个特例，即$z=0$。）

我们知道可以允许进行复权重的组合，这里w和z不必要是真正的概率幅，只要是和这些幅度成比例即可。相应地，我们采用允许以一个非零复数去乘整个态矢量而物理态不变的规则。（这会改变w和z的实际的值，但是$w:z$保持不变。）下面的每一矢量$|\Psi\rangle$，$2|\Psi\rangle$，$-|\Psi\rangle$，$\mathrm{i}|\Psi\rangle$，$\sqrt{2}\,|\Psi\rangle$，$\pi|\Psi\rangle$，$(1-3\mathrm{i})|\Psi\rangle$ 等，正如$z|\Psi\rangle$ 一样，代表同一个物理态（$z\neq0$）。希尔伯特空间唯一不能解释为物理态的元素是零矢量。（亦即希尔伯特空间的原点。）

为了对所有的这一切进行几何描述，让我们首先考虑“实”矢量的更通常的概念。人们通常将这样的矢量简单地摹想成平面上或三维空间上的一个箭头。利用平行四边形定律可得到两个箭头的和（图6.19）。用一个（实）数乘一个矢量的运算，按照“箭头”的图像就是简单地将此箭头的长度乘上这数，同时保持箭头的方向不变。如果乘数为负的，那么箭头的方向倒过来；如果乘数为零，则得到零矢量，它没有方向。（矢量O表示零长度的“零箭头”。）作用到一个粒

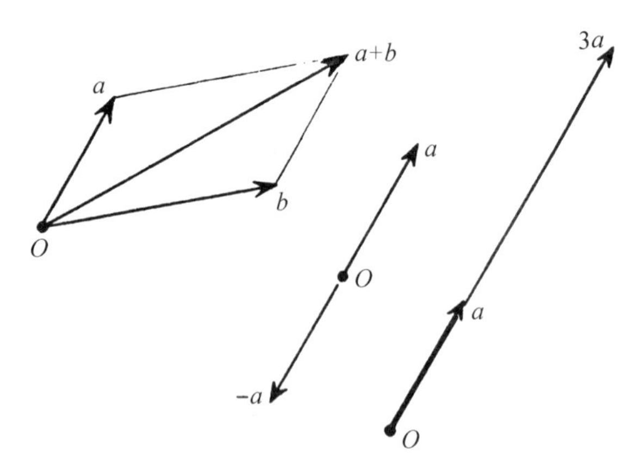

图6.19 在希尔伯特空间中的矢量加法和矢量乘以标量，可以用通常的方式，正如对在平常空间中的矢量那样摹想

子上的力即是这种矢量的一个例子。而经典速度、加速度和动量则为另外的例子。还有我们在上一章结尾处考虑的动量四矢量那是在四维而不是二维或三维空间的矢量。然而，希尔伯特空间中的矢量具有更高维数（事实上，通常是无限维的，但这一点在这里并不是重要的）。我们记得在经典相空间中也用箭头来表示矢量——那一定是非常高维的。相空间的“维数”不代表通常的空间的方向，希尔伯特空间的“维数”也是这样。相反地，每一希尔伯特空间的维数对应于量子系统的不同的独立的物理态。

由于$|\Psi\rangle$和$z|\Psi\rangle$是等效的，所以一个物理态实际上对应于希尔伯特空间中通过原点的整条直线或射线（表述成某一矢量的所有的倍数），而不是这条线上的某一特殊的矢量。这射线包含特定态矢量$|\Psi\rangle$的所有可能的倍数（请记住，这些是复的倍数，所以直线实际上是复的线，但是现在最好不去忧虑它！）（图6.20）。我们将很快找到二维希尔伯特空间情形下的射线空间的精巧图画。无限维的希尔伯特空间

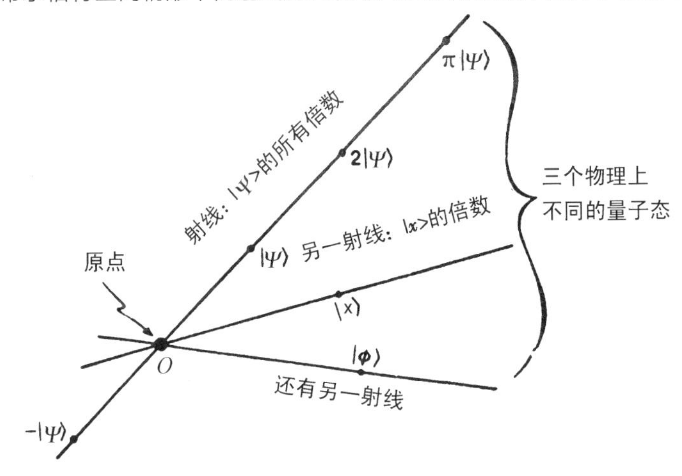

图6.20 希尔伯特空间中的整射线代表物理量子态

是另一种极端情形。甚至在简单的单独粒子位置的情形下也会出现无限维的希尔伯特空间。粒子所有可能的位置都有完整的维！粒子的每个位置都在希尔伯特空间中定义一个完整的“坐标轴”。这样，对应于粒子的无限不同的位置在希尔伯特空间中就有无限多不同的独立的方向（或“维数”）。动量态也可在同一希尔伯特空间中被表述。动量态可表达成位置态的组合，每一动量态对应于一个“对角线”出发的相对于位置轴倾斜的轴。所有动量态的集合提供了新的轴的集合。而从位置态轴向动量态轴的过渡牵涉到希尔伯特空间中的一个旋转。

人们别想以精密的方式来摹想这一切。那是不合情理的！然而，从通常的欧几里得几何可以得到某些对我们非常有用的观念。特别是，我们直到现在考虑过的轴（所有的位置空间轴或所有的动量空间轴）都认为是相互正交的，也就是相互夹角为“直角”。射线之间的“正交性”是量子力学中的一个重要概念：正交的射线是指相互独立的态。粒子所有可能不同的位置态都相互正交，所有可能不同的动量态也是如此。但是位置态并不和动量态垂直。这种情形已在图6.21上被非常

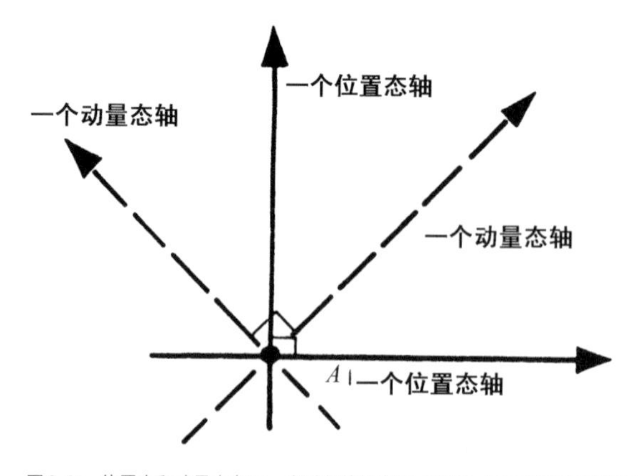

图6.21 位置态和动量态在同一个希尔伯特空间中提供了正交轴的不同选取

概要地表达出来。

测量

测量（或观察）的一般规则 $\boldsymbol{R}$ 要求，量子系统的不同方面能被同时放大到经典水平，而之后系统应当选取的不同状态必须永远是正交的。对于一次完整的测量，可选取的不同选择的集合组成正交基矢量的集合，表明希尔伯特空间中的每一矢量都能（唯一地）按照它们线性地表达出来。对于一个只包含单粒子的系统的位置测量，这些基矢量定义了我们刚刚考虑的位置轴。对于动量，它是定义为动量轴的不同的集合，对于不同种类完整的测量，还相应有其他的集合。测量之后，该系统的态跃迁到这些测量所决定的集合的一个轴上去——其选择只由概率来制约。没有任何动力学定律能告诉我们大自然会在已挑出的轴中选择哪一个。其选择是随机的，其概率为概率幅的平方模。

假定我们对一个具有态 $|\Psi\rangle$ 的系统进行了完整的测量，所选择的测量的基为：

$$|0\rangle,\ |1\rangle,\ |2\rangle,\ |3\rangle,\ \cdots$$

由于它们组成了完备集，任何态矢量，特别是 $|\Psi\rangle$ 可以按照它们而被线性地[1]表示为：

---

1. 这里必须在允许矢量的无限求和的意义下才行。希尔伯特空间牵涉到了有关这种无限求和的规则（由于这些过于专业性，所以我不详细论及）。

$$|\Psi\rangle = z_0|0\rangle + z_1|1\rangle + z_2|2\rangle + z_3|3\rangle + \cdots$$

在几何上，分量z_0, z_1, z_2, … 是矢量$|\Psi\rangle$ 的在不同的轴$|0\rangle$, $|1\rangle$, $|2\rangle$, … 上的正交投影的大小的测度（图6.22）。

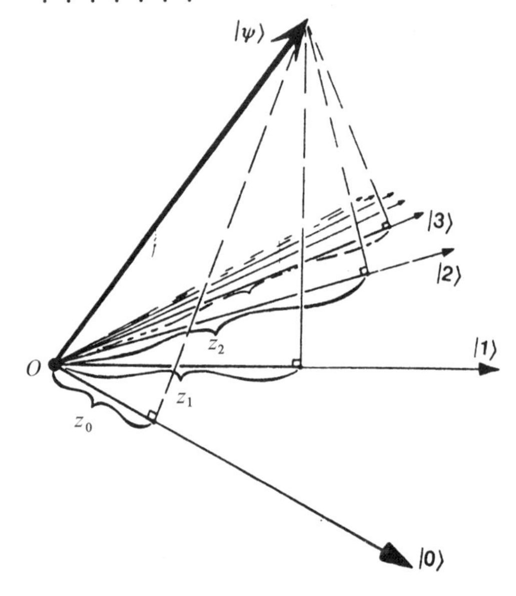

图6.22 态$|\Psi\rangle$ 在轴$|0\rangle$, $|1\rangle$, $|2\rangle$, … 上的正交投影的大小提供了所需要的幅度z_0, z_1, z_2, …

我们能将复数z_0, z_1, z_2, … 解释作所需要的概率幅，这样它们的平方模就提供了在测量后该系统处于相应的$|0\rangle$, $|1\rangle$, $|2\rangle$, … 等态的不同概率。然而，这还不完全，因为我们还未固定住不同的基矢量$|0\rangle$, $|1\rangle$, $|2\rangle$, … 的“尺度”。为此我们必须指明它们在某一种意义上是单位矢量（亦即具有单位“长度”的矢量），用数学的术语，它们组成了所谓的正交基（相互垂直的并归一化为单位矢量）[6]。如果$|\Psi\rangle$ 也被归一化成单位矢量，那么所需的相应的概率$|z_0|^2$, $|z_1|^2$,

$|z_2|^2$，… 如果$|\Psi\rangle$ 不是单位矢量，则这些数就分别和所需的概率幅成比例。实际的幅度就为：

$$\frac{z_0}{|\Psi|}, \frac{z_1}{|\Psi|}, \frac{z_2}{|\Psi|}, \text{等等},$$

并且实际概率为：

$$\frac{|z_0|^2}{|\Psi|^2}, \frac{|z_1|^2}{|\Psi|^2}, \frac{|z_2|^2}{|\Psi|^2}, \text{等等},$$

这里$|\Psi|$是态矢量$|\Psi\rangle$ 的“长度”。每一态矢量都具有正实数的“长度”（除了O具有零长度），而且如果$|\Psi\rangle$ 为单位矢量则$|\Psi|=1$。

完整测量是一种非常理想的测量。例如，一个粒子的位置的完整测量需要我们能在宇宙中的任何地方以无限精度将该粒子定位！一种更初等的测量是我们简单地问是或非的问题，譬如：“该粒子是处于某一根直线的左边或右边？”或“该粒子的动量是在某一个范围内吗？”等等。是或非的测量真正是测量的最基本类型。（例如，人们可以只用是或非测量把粒子的位置或动量收缩到任意小的范围。）假定是或非测量的结果为是，那态矢量必须在希尔伯特空间的“**是**”的我称之为Y的区域内。另一方面，如果测量的结果为**非**，那态矢量就在希尔伯特空间的“**非**”的我称之为N的区域内。区域Y和N是完全相互正交的，任何属于Y的态矢量必须和属于N的任何矢量正交（反之亦然）。此外，任一态矢量都能以唯一的方式表达成分别来自Y和N的两个矢量之和。用数学的语言讲Y和N是相互正交互补的。这样，$|\Psi|$可唯一地表达成：

$$|\Psi\rangle = |\Psi_Y\rangle + |\Psi_N\rangle,$$

这里$|\Psi_Y\rangle$ 属于Y，而$|\Psi_N\rangle$ 属于N。$|\Psi_Y\rangle$ 称为态$|\Psi\rangle$ 在Y的正交投影。相应地，$|\Psi_N\rangle$ 为$|\Psi\rangle$ 在N上的正交投影（图6.23）。

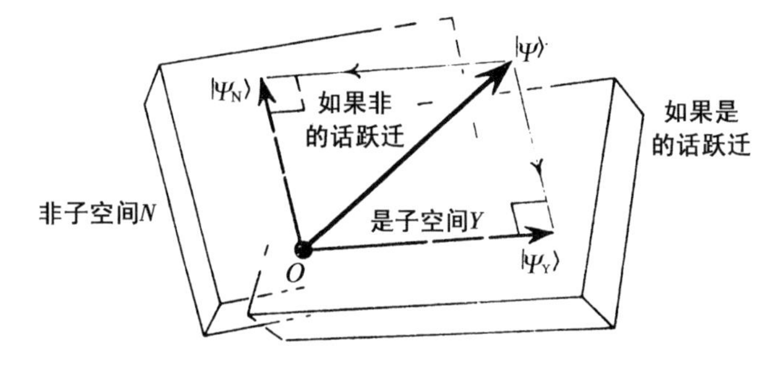

图6.23　态矢量的约化。可以按照一对相互正交互补的子空间Y和N来描述是或非测量。测量后，态$|\Psi\rangle$ 跃迁到它在其中一个子空间的投影，而态矢量长度平方在投影中减少的因子给出跃迁概率

在测量时，态$|\Psi\rangle$ 跃迁并成为（比例于）$|\Psi_Y\rangle$ 或$|\Psi_N\rangle$。如果结果为**是**，则它跃迁到$|\Psi_Y\rangle$；如果为**非**，则跃迁到$|\Psi_N\rangle$。如果$|\Psi\rangle$ 是归一化的，则发生这些的相应概率为这些投影的态的长度平方：

$$|\Psi_Y|^2,\ |\Psi_N|^2。$$

如果$|\Psi\rangle$ 不是归一化的，我们必须将这些表示式除以$|\Psi|^2$。（“勾股定理”，$|\Psi|^2=|\Psi_Y|^2+|\Psi_N|^2$断言，这些概率之和为1，正如所预想的那样！）请注意，从$|\Psi\rangle$ 跃迁到$|\Psi_Y\rangle$ 的概率由在投影中的长度平方的减少的比所给出。

关于作用于量子系统的“测量动作”还有最后一点要弄清。不管

对于任何态——譬如态$|x\rangle$——总存在一个可在原则上进行的是或非测量[7]。如果被测量的态是（比例于）$|x\rangle$，其答案则为**是**；如果垂直于$|x\rangle$则为**非**。这样上面的区域Y可包含任何选定的态所有的倍数。这似乎隐含有很强的意义，态矢量必须是客观存在的。不管物理系统的态是什么，我们可称之为$|x\rangle$。存在一种原则上可实行的测量，在此测量下$|x\rangle$为唯一的（只差一个比例系数）肯定得到**是**的结果的态。这种测量对于某些态$|x\rangle$也许是极其困难，甚至在实际中是“不可能”实现的。但是，根据这个理论，这样的测量在原则上能实现的事实，将会在本章后面产生某些惊人的推论。

自旋和态的黎曼球面

量子力学中称为“自旋”的量有时被认为是所有物理量中最“量子力学”的。这样，我们对之稍微多加注意是明智的。什么是自旋？它本质上是粒子旋转的度量。“自旋”这个术语暗示某种像板球或棒球自旋的东西。让我们回忆一下角动量的概念，正如能量和动量一样，它是守恒的（见第5章215页和293页）。只要物体不受摩擦力或其他力的干扰，它的角动量就不随时间改变。量子力学的自旋的确是如此，但是我们这里关心的是单独粒子的“自旋”，而不是大量的单独粒子围绕着它们共同质心的轨道运动（这正是板球的情形）。物理学的一个显著事实是，自然中发现的大多数粒子在这种意义下的确是在“自旋”，每种粒子都有自己固有的自旋的大小[8]。然而，正如下面要看到的，单独量子力学粒子的自旋有一种我们绝不能从自旋着的板球等的经验所能预料到的某种特殊的性质。

首先，对于一特殊类型的粒子，其自旋的大小总是一样的。只有自旋的轴的方向可以（以一种我们就要讲到的非常奇怪的方式）改变。这和板球的情形形成全然的对比，板球可依出球方式的不同具有任意大小任意方向的自旋！对于电子、质子或中子，自旋大小总为 $\hbar/2$，刚好是玻尔原先允许的一个原子的量子化的角动量的最小正值的一半。（我们记得这些值为0，$\hbar$，$2\hbar$，$3\hbar$，…）我们在这里需要基本单位的一半——而在某种意义上，$\hbar/2$本身是更基本的单位。只包括一些公转的粒子，而每一个粒子都不自旋的物体不允许有这个角动量值。它只能是由自旋为粒子自身的固有的性质而引起的（也就是说，自旋不是因为它的“部分”围绕某种中心的公转引起的）。

具有自旋为 $\hbar/2$的奇数倍（如$\hbar/2$，$3\hbar/2$或$5\hbar/2$等）的粒子称为费米子。它在量子力学描述中呈现出非常奇怪的行径：完整的360°的旋转使态矢量回到负的态矢量，而不是回归到自身！自然界的许多粒子的确是费米子。它们古怪的形式，对我们自身的存在是如此之关键——我们在后面还要讲到。余下的自旋为 $\hbar/2$的偶数倍，也就是 $\hbar$ 的整数倍（即0，$\hbar$，$2\hbar$，$3\hbar$，…）的粒子称作玻色子。在360°的旋转下，玻色子的态矢量回归到自身，而不是它的负矢量。

考虑一个半自旋也就是自旋值为 $\hbar/2$的粒子。为了确定起见，假定此粒子为电子，但质子、中子甚至某种原子的情形也是一样的。（一个“粒子”可以允许具有个别部分，只要它整个可以用量子力学处理，并具有定义得很好的总角动量就可以了。）我们使电子处于静止状态，并只考虑其自旋态。现在量子态空间（希尔伯特空间）只有二维，所以我们可以采用只有两种状态的基。我把这些态标成$|\uparrow\rangle$和

$|\downarrow\rangle$。其中$|\uparrow\rangle$表示按右手定则垂直向上的自旋，$|\downarrow\rangle$表示向下的自旋（图6.24）。态$|\uparrow\rangle$和态$|\downarrow\rangle$是相互正交的，我们并将它们归一化（$|\uparrow|^2=|\downarrow|^2=1$）。电子任何可能的自旋态都是这仅有的两个正交态$|\uparrow\rangle$和$|\downarrow\rangle$也就是向上和向下的态的线性叠加，譬如$w|\uparrow\rangle+z|\downarrow\rangle$。

图6.24　电子自旋态的基由两种状态组成。它们可取作自旋向上和自旋向下的两种态

关于“向上”和“向下”的方向并没有什么特别之处。我们可以一样便利地选择在任何其他方向的自旋，譬如向右$|\rightarrow\rangle$和相反的向左$|\leftarrow\rangle$的态去描述。然而，对于$|\uparrow\rangle$和$|\downarrow\rangle$的适当的复数比例的选取，我们发现[1]：

$$|\rightarrow\rangle=|\uparrow\rangle+|\downarrow\rangle \text{ 以及 } |\leftarrow\rangle=|\uparrow\rangle-|\downarrow\rangle。$$

这为我们提供了新的视角：任何电子的自旋态都是两正交态$|\rightarrow\rangle$和$|\leftarrow\rangle$也就是向右的和向左的态的线性叠加。我们可以另外选择完全任意的方向，譬如态矢量$|\nearrow\rangle$指定的方向。这又是$|\uparrow\rangle$和$|\downarrow\rangle$的某种复线性叠加，譬如：

$$|\nearrow\rangle=w|\uparrow\rangle+z|\downarrow\rangle,$$

1. 正如早先的许多不同地方，我宁愿不使用$1/\sqrt{2}$之类的因子以免弄乱这些描述。该因子是当我们要求$|\rightarrow\rangle$和$|\leftarrow\rangle$归一化时所引起的。

而每一个自旋态为此态和与它正交的态|↙⟩（指向和|↗⟩相反[9]）的线性叠加。（注意，在希尔伯特空间中的“正交”的概念不需要对应于通常空间的“直角”。此处正交的希尔伯特空间矢量对应于空间的相反方向，而不是两个方向成直角。）

什么是|↗⟩在空间中所决定的方向和两个复数w和z的几何关系呢？由于|↗⟩给出的物理态并不因为被用任何非零复数去乘它而改变，所以只有z和w的比才有意义。将这个比写作：

$q=z/w$。

q只是某个复数，除了为了和$w=0$的情形相一致而“$q=\infty$”，也就是当自旋方向垂直向下也是允许的以外。除了$q=\infty$以外，我们总能用q代表复平面上的一点，正如我们在第3章所做的。我们可以想象复平面水平地处于空间中，按上面的描述实轴的方向“向右”（亦即在自旋态|→⟩的方向上）。想象一个中心在复平面原点上的单位球面，这样点1，i，−1，−i都在球面的赤道上。我们将南极上的点设定为∞，然后从该点开始投影，这样整个复平面都被映射到球面上。任何复平面上的点q都对应于球面上唯一的一点q，它可通过作过复平面上的q点与南极点这两点的直线而得到（图6.25）。这种对应称为球极平面投影。它具有美丽的几何性质（亦即它可将圆域保角映射成圆域）。该投影使我们可用复数和∞一起，也就是可能存在的复比q的集合，来标记球面上的每一点。以这种特殊方式标记的球面称作黎曼球面。

黎曼球面对于电子自旋态的意义在于，态$|\nearrow\rangle = w|\uparrow\rangle + z|\downarrow\rangle$的

自旋方向和由从中心到黎曼球面上标记有$q=z/w$点的实际方向一致。我们注意到，北极对应于态$|\uparrow\rangle$，它是$z=0$，也就是标记作$q=0$，而南极为$|\uparrow\rangle$，标记作$w=0$亦即$q=\infty$。最右的点标记着$q=1$，它提供$|\rightarrow\rangle=|\uparrow\rangle+|\downarrow\rangle$，而最左的点$q=-1$提供了$|\leftarrow\rangle=|\uparrow\rangle-|\downarrow\rangle$。绕过球面最远的点标作$q=\mathrm{i}$，相应于态$|\uparrow\rangle+\mathrm{i}|\downarrow\rangle$，其自旋的方向直接离开我们，而最近的点为$q=-\mathrm{i}$，对应于$|\uparrow\rangle-\mathrm{i}|\downarrow\rangle$，其自旋直接指向我们。而一般的标记为$q$的点对应于$|\uparrow\rangle+q|\downarrow\rangle$。

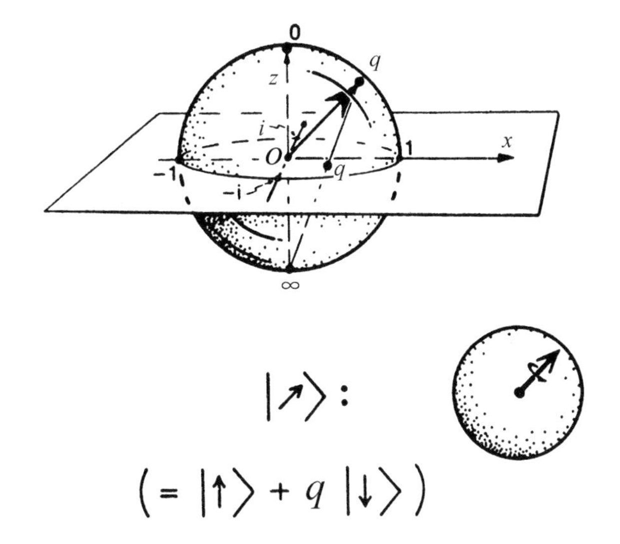

图6.25　此处用黎曼球面来表示自旋为1/2的粒子的物理上不同的自旋态。自球面南极（∞）作球极平面投影，将球面投射到通过其赤道的亚根平面上

所有这一切和人们要进行的电子自旋的测量有什么关系呢？[10] 在空间选取某一个方向；我们称为α。如果我们在此方向测量电子自旋，答案为**是**表明电子（现在）的确以右手定则在α方向自旋，而**非**表明自旋的方向和α相反。

假定答案为**是**，那么我们将此结果的态标记为$|\alpha\rangle$。如果我们简单地重复此测量，利用和前面完全同样的方向α，则我们的答案应该又是百分之百的概率为**是**。但是如果在第二次测量时我们改变方向，改到一个新的β方向，则会发现答案为**是**的跃迁到态$|\beta\rangle$上去的概率小了。还有答案为**非**的跃迁到和β相反方向的态上去的概率。如何计算此概率呢？答案是在上节结尾处的方案中。第二次测量为**是**的概率为：

$$\frac{1}{2}(1+\cos\theta),$$

这里θ是两个方向α，β之间的夹角[11]。相应地，第二次测量为**非**的概率为：

$$\frac{1}{2}(1-\cos\theta)。$$

我们从这里能看到，如果第二次测量是在与第一次夹角直角的情况，则两种结果的概率都为百分之五十（$\cos 90^\circ=0$）：第二次测量的结果完全是随机的！如果两次测量的夹角为锐角，则答案为**是**的可能性比非要更大。如果为钝角，则**非**的可能性更大。在β和α相反的极端情形下，答案为**是**的概率为0，而为**非**的概率为百分之百；也就是说，第二次测量的结果一定是和第一次相反。（参见*Feynman et al.1965*关于自旋的更详尽的讨论。）

黎曼球面实际上对于任何双态的量子系统，在描述一系列可能的量子态（准确到一个比例系数）时起着基本的（但是未被广泛认识到

的）作用。对于半自旋的粒子，它的几何作用特别明显，因为球面上的点对应于自旋轴的可能的空间方向。在其他很多情形，难以看到黎曼球面的作用。考虑刚刚通过双缝隙，或从半镀银镜子反射回来的光子。光子态为某个描述两个完全不同位置的双态$|\Psi_t\rangle$和$|\Psi_b\rangle$的诸如$|\Psi_t\rangle + |\Psi_b\rangle$，$|\Psi_t\rangle - |\Psi_b\rangle$或$|\Psi_t\rangle + \mathrm{i}|\Psi_b\rangle$等的线性组合。黎曼球面仍然描述物理上一系列不同的可能性，但现在仅仅是抽象地。态$|\Psi_t\rangle$由北极（“顶”），$|\Psi_b\rangle$由南极（“底”）分别代表。而$|\Psi_t\rangle + |\Psi_b\rangle$，$|\Psi_t\rangle - |\Psi_b\rangle$以及$|\Psi_t\rangle + \mathrm{i}|\Psi_b\rangle$由赤道上的不同的点代表。一般地，$w|\Psi_t\rangle + z|\Psi_b\rangle$为点$q = z/w$所代表。在很多情况下，正像这个例子，“黎曼球面可能的价值”相当隐蔽，和空间几何没有明显的关系。

量子态的客观性和可测量性

尽管我们在正常的情况下只能为实验的结果提供概率的这个事实，关于量子力学的态似乎有某些客观的东西。人们经常断言，态矢量只为了方便描述“我们已知”的物理系统——或者，态矢量也许实际上并不描述一个单独的系统，而仅仅是提供大量制备好的类似系统在“系综”方面的概率信息。在关于量子力学告诉我们物理世界的实在性方面，我觉得这种意见过分胆怯。

有关态矢量的“物理实在性”的一些谨慎或怀疑，是由于按照该理论，物理上可测量的东西严格受到限制这个事实引起的。让我们考虑上述的电子自旋态。假定自旋态刚好是$|\alpha\rangle$，但是我们不知道这些，也就是说我们不知道电子自旋的方向α。我们能否用测量来决定此方向呢？不，我们不能。我们最多能做的只是提取“部分”信息——就

是简单的是或非问题的答案。我们可以选取空间中的某个方向β并在该方向上测量电子自旋。我们得到的答案非**是**即**非**，但在此之后，我们就丧失了关于原先自旋方向的信息。答案为**是**的话，我们知道现在这个态和$|\beta\rangle$成比例；答案为**非**的话，则现在的态在和β相反的方向上。没有任何一种情形告诉我们测量之前态的方向α，它仅仅是给出了关于α的某种概率的信息。

另一方面，似乎有某种完全客观的关于方向α的东西，电子在测量之前"刚好沿着这个方向自旋"[1]。由于我们也许选定了在方向α上测量电子的自旋——而电子必须肯定地给出的答案，如果我们刚好猜中了的话！无论如何，电子的自旋态中储藏着电子实际上必须给出的这个答案的"信息"。

我似乎觉得，在按照量子力学来讨论物理实在的问题时，我们应该将什么是"客观的"和什么是"可测量的"区别开来。在对一个系统进行实验时，不能准确地（除了比例系数外）断定它处于何态，也就是说系统的态矢量的确是不可测量的。但是，态矢量似乎的确（又是除了比例系数外）是系统的完全客观的性质，它为人们可能进行的实验的结果所完全表征。在诸如电子的半自旋的单独粒子的情形，因为它仅仅断言存在电子自旋被精确定义的某方向，即便也许我们不知道这个方向，这种客观性也不是不合理的。（然而，以后我们会看到，对于更复杂的系统，这个"客观的"图像会变得更奇怪得多——甚至对于仅仅包含一对半自旋粒子的系统而言也是如此。）

1. 这个客观性是我们认真采用标准量子力学形式的一个特征。在一种非标准的观点中，系统也许事先已"知道"它将提供给任何测量的结果。还会带给我们物理实在的一种不同的显然客观的图像。

但是，在电子自旋被测量之前它毕竟必须处于一个物理上定义的态吗？在许多情形下，它没有必要。因为它自身不能被认为是一个量子系统，物理态一般地必须认为是一个和其他大量粒子纠缠在一起的电子的描述。然而在特殊情形下，可以考虑电子本身（至少就其自旋而言）。按照标准的量子理论，在这种情况下，譬如它的自旋的方向预先（也许未知的时刻）被测量过之后的一段时间内没受到干扰，那么电子就具有完全客观的定义好的自旋方向。

复制量子态

电子自旋态的客观性以及不可测量性阐释了另一个重要事实：不能在使原先的态不被触动的情形下将其复制。因为假定我们能对一个电子的自旋态 $|\alpha\rangle$ 进行复制。若能复制一遍，则能两遍多遍地复制。结果的系统会在一个定义得非常好的方向上具有大的角动量。可由宏观测量把这个方向 $|\alpha\rangle$ 确定下来。这就违反了自旋态 $|\alpha\rangle$ 的基本的不可测量性。

然而，如果我们准备去破坏原先的态，则复制便成为可能。例如，我们有一处于未知的自旋态 $|\alpha\rangle$ 的电子和另一处于另一个自旋态 $|\gamma\rangle$ 的中子。将它们交换，使中子自旋态为 $|\alpha\rangle$ 而电子态为 $|\gamma\rangle$ 是完全合法的。我们所不能做的是复制 $|\alpha\rangle$。（除非我们预先知道 $|\alpha\rangle$ 实际上为何态！）（还可参阅 *Wootters and Zurek 1982*）

我们记得在第1章（31页）讨论过“远距运送机器”。这机器，原则上依赖于在遥远的行星上有可能拼装出一个人的身体和大脑的复制本。一个人的“所知所闻”可以依赖于一个量子态的某些方面，这是一个迷人的猜想。若果真如此，则量子力学禁止我们去复制“所知所闻”而不破坏原先的态。远距离搬运的“矛盾”可望以这种方式得到解决。量子效应和大脑功能的可能关联将在最后两章考虑。

光子自旋

让我们在下面考虑光子的“自旋”以及它和黎曼球面的关系。光子具有自旋，但是因为它们总是以光速运动，人们不能将自旋认为是围绕于一个固定点；相反的自旋轴总在运动的方向。光子自旋称之为极化，这就是“偏振片”太阳镜的行为所根据的现象。把两块偏振片重叠在一起并透视之。一般地讲，你会发现有一定量的光透过去。现在使其中一块不动而旋转另一块，通过的光量会发生变化。在一个方向上，穿透的光达到最大，第二块偏振片实际上并没减少穿透的光量；在与此垂直的方向上，第二块偏振片可使通过的光量减少到零。

按照光的波动图像最容易理解所发生的现象。在这里我们需要用麦克斯韦的光波的振动电磁场描述。图6.26画出了平面偏振的光。电场在一个称为极化面的平面上上下振动。而磁场在一个垂直于电场振动的平面上振动，电磁场相互共振。每一块偏振片让极化面和偏振片结构相平行的光通过。当第二块偏振片的结构和第一块指向一致时，

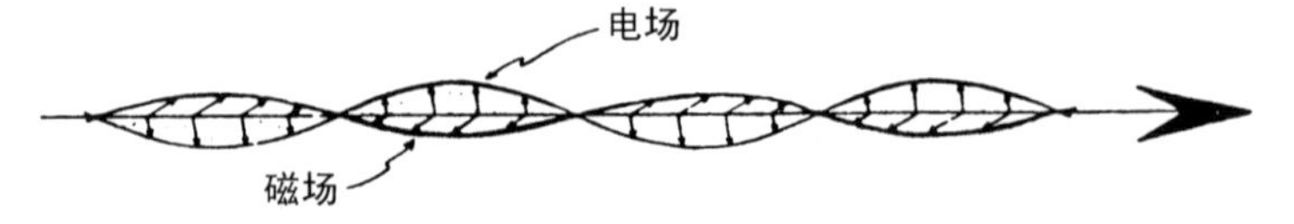

图6.26　平面偏振的电磁波

所有通过第一块偏振片的光就会通过第二块偏振片。但是，当它们结构的方向相互垂直时，第二块偏振片就将通过第一块偏振片的光全部阻拦住。如果两块偏振片的指向夹角为φ时，则第二块偏振片让

$$\cos^2\varphi$$

部分的光通过。

在粒子表像中，我们应该把每一单独光子认为是具有偏振的。第一块偏振片的行为像一个偏振度测量器。如果光子的确在一个合适的方向偏振，它就给出**是**的答案，并让光子通过。如果光子在与此相垂直的方向偏振，则答案为**非**，光子就被吸收。（注意在希尔伯特空间中的“正交”并不对应于通常空间中的“相交成直角”！）假定光子通过了第一块偏振片，则第二块偏振片就会问相应的问题，但是对于某个其他的方向。如果两个方向的夹角为φ，我们现在就有$\cos^2\varphi$作为已经通过第一块偏振片的光子通过第二块偏振片的概率。

黎曼球面和这些有何相干呢？为了得到偏振态的全部复数系列，我们必须考虑圆的和椭圆的偏振。图6.27画出了经典波动的情形。圆偏振时电场旋转，而不是振荡。磁场仍然和电场成直角并同步地旋转。椭圆偏振可看成旋转和振动的结合，而描写电场的矢量在空间划出一个椭圆。在量子描述中，每一单独光子允许这些不同极化的方式——光子自旋的态。

如何在黎曼球面上将所有这些可能性表示出来呢？想象一个垂

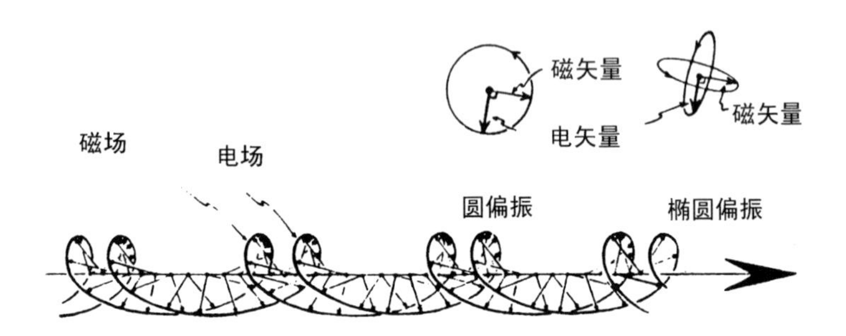

图6.27　圆偏振电磁波（椭圆偏振是介于图6.26和图6.27之间的中间情况）

直向上运动的光子。现在北极代表右手自旋的态$|R\rangle$，这表明当光子通过时电场矢量以反时针方向绕着垂直的轴旋转（从上面看）。而南极代表左手自旋的态$|L\rangle$。（我们可以把光子想象成像来复枪子弹一样自旋，或是右旋或是左旋。）一般的自旋态$|R\rangle + q|L\rangle$是这两种态的复线性组合，它对应于黎曼球面上标出的一点。为了求出q和偏振椭圆的关系，我们首先取q的平方根p：

$$p=\sqrt{q}\ 。$$

然后在黎曼球面标出p而不是q。考虑通过球面中心的一个平面，该平面垂直于连接标上p的点和球心的直线。此平面和球面的交线为一圆周。我们将此圆周垂直投影就得了偏振椭圆（图6.28）[1]。q的黎曼球面仍然描述了光子偏振态的总体，但是q的平方根为之提供了空间实现。

1. 复数$-p$和p一样同为q的平方根，并给出同一偏振椭圆。取平方根和光子是自旋为1也就是基本单位$\hbar/2$的二倍以及质量为零的事实相关。对于引力子——这种还未探测到的质量为零的量子引力的粒子——自旋为2也就是基本单位的4倍，在上述的描述中我们要取q的四次方根。

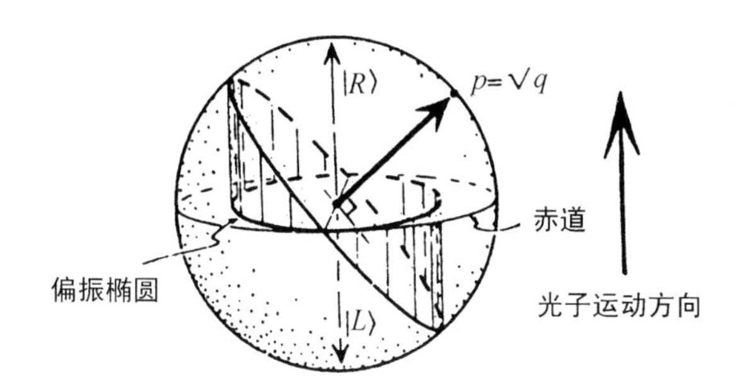

图6.28　黎曼球面（现在是 $\sqrt{q}$ 的）也描述了一个光子的偏振态（指向 $\sqrt{q}$ 的矢量称为斯托克斯矢量）

我们可同样地将用于电子的同一个公式$1/2(1+\cos\theta)$用于计算概率，只要我们把它应用于q而不是p。考虑一平面偏振，我们首先在一个方向上，然后在另一和它夹φ角的方向上测量光子的偏振。这两个方向对应于球面赤道上从中心看张角为φ的两个p值。因为p为q的平方根，所以q点在中心的张角为p点张角的两倍：$\theta=2\varphi$。这样，在第一测量结果为**是**后第二测量结果亦为**是**（亦就是通过第一块偏振片的光子再通过第二块偏振片）的概率为$1/2(1+\cos 2\varphi)$，这正是前面断言的$\cos^2\varphi$（可用简单的三角学知识验证之）。

大自旋物体

对于具有多于两个基态的量子系统，在物理上可区别的态的空间比黎曼球面更复杂。然而在自旋的情况，黎曼球面本身总是起着直接的几何作用。考虑以下有质量的自旋为$n\times\hbar/2$的粒子或原子，让它处于静止。这样自旋就定义了一个$n+1$态的量子系统。（对于一个无质量的，也就是以光速运动的自旋的粒子，譬如光子，正如上面所描述的，自旋总是一个两态系统。但是对于有质量的粒子，态的数目随着自旋而增加。)如果我们选择在某一个方向测量该自旋，会发现共有$n+1$个不同的可能的结果，此结果依自旋相对于该方向的指向而定。按照基本的单位$\hbar/2$，在那个方向自旋的可能结果为n，$n-2$，$n-4$，…，$2-n$或$-n$。这样$n=2$时其值为2，0或-2；$n=3$时其值为3，1，-1或-3；等等。负值对应于自旋主要指向和所测量的方向相反的方向。在半自旋的情形，亦即$n=1$时，上述的值1对应于**是**，而值-1对应于**非**。

由于我不企图在这里解释的原因，人们发现(*Majorana 1932*，*Penrose 1987a*)对于$\hbar n/2$的自旋每一个自旋态(准确到一个比例系数)可唯一地由黎曼球面上的(无序的)n点的集合，也就是从中心出发的n个(通常不同的)方向表征(图6.29)。这些方向由可能对此系统进行的测量所表征：如果我们在它们中的任一个方向测量自旋，则结果一定不会全在相反方向上，也就是给出值n，$n-2$，$n-4$，…，$2-n$，但不会有$-n$。在譬如上述电子的$n=1$的特殊情形下，这就是在上面描述中标以q的黎曼球面上的一点。但是对于大数值的自旋，正如我刚才描述的，图像变得更为精巧——虽然，由于某种原因，物理

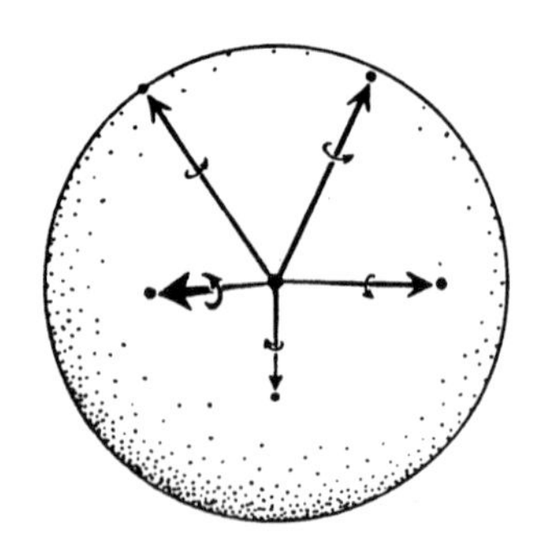

图6.29　对于一个有质量的粒子，一般的高自旋态可用指向任意方向的半自旋态的集体来描述

学家对此并不特别熟悉。

在这些描述中有些相当令人吃惊和困惑的东西。人们经常相信，当系统变得更大更复杂时，在某种适当的极限的意义上，原子（或基本粒子或分子）的量子描述就会过渡到经典的牛顿描述。然而，在实际情况中，这肯定是不对的。正如我们已经看到的，具有大角动量的客体的自旋态对应于大量的杂乱地撒开在黎曼球面上的点[1]。我们可以把物体的自旋认为是由一大堆大小为一半的，方向由这些点决定的自旋所组成。这些结合态中只有很少情形，其大部分点集中在球面上的一个小区域中（亦即大部分半自旋近似地指向同一个方向）—— 这些才对应于人们通常在譬如板球等经典物体处遇到的角动量的实际的态。我们也许会预料到，如果我们选择一个总角动量为某个非常大的数（按照单位 $\hbar/2$），但是处于“随机”的自旋态，那么某种类似于经典自旋的东西就会开始出现。但是情况根本不是这样，一般地讲，具有大的总自旋的量子自旋态和经典态毫不相像！

那么经典物理中的角动量的对应物是如何构成的呢？大多数大自旋量子态实际上不和经典的东西相类似，它们是每一个都类似于经典的（正交的）态的线性叠加。对此系统进行“测量”时，其状态（以某种概率）“跃迁”到这一个或那一个类经典的态上去。这种情形和系统的任何其他经典的可测量的性质相类似，而不仅仅是角动量。正是量子力学这个方面在一旦系统“到达经典水平”时即起作用。在后面我还要仔细讨论这些，但在讨论这么“大”或这么“复杂”的量子

1. 更准确地讲，角动量是由不同数量的点的这种形态的复线性组合所描述。由于在复杂系统中，不同的叠加可得到不同的总自旋值。这只会使总的图像更不像经典角动量！

系统之前，我们必须对量子力学如何实际处理包含多于一个粒子的系统的古怪方式有些了解。

多粒子系统

很不幸，多粒子状态的量子力学描述是相当复杂的。事实上，它们会变得极其复杂。人们必须按照所有粒子各自所有可能的不同位置的叠加来思考！这导致可能状态的极庞大的空间——比在经典理论中的一个场大得多了。我们已经知道，甚至在单粒子的量子态，也即一个波函数即有一整个经典场的复杂性。这个图像（需要无限个参数才能指明）已经比粒子的经典图像（这里只需几个参数就能指明其状态——如果没有内部自由度，譬如自旋的话，实际上是6个，参阅第5章228页）复杂得很多。这似乎很糟糕。人们也许以为，必须用两个场来描述两个粒子的量子态。根本不是这回事！两个或更多粒子的状态的描述，正如我们将看到的，要比这个更繁复得多！

一个单独的（无自旋的）粒子的量子态由粒子所能占领的每一可能位置上的一个复数（幅度）所定义。粒子在点A有一幅度，在点B有一幅度，在点C有一幅度，等等。现在考虑两个粒子。譬如，第一个粒子可能待在A，而第二个粒子待在B这种可能性必须有一幅度。另外，第一个粒子可待在B，而第二个粒子待在A，这也需要一幅度；或第一个粒子待在B，而第二个粒子待在C；或者也许两个粒子都在A。每一种可能都有一个幅度。这样，波函数不仅仅是位置的一对函数（也就是一对场）；它必须是两个位置的一个函数！

为了估计一个双位置的函数比两个单位置的函数复杂多少，我们可想象一种情景，只存在有限数目的允许位置的集合。假定只有10个允许的由（正交）态给定的位置：

$$|0\rangle, |1\rangle, |2\rangle, |3\rangle, |4\rangle, |5\rangle, |6\rangle, |7\rangle, |8\rangle, |9\rangle。$$

粒子态$|\Psi\rangle$为某种组合：

$$|\Psi\rangle = z_0|0\rangle + z_1|1\rangle + z_2|2\rangle + z_3|3\rangle + \cdots + z_9|9\rangle,$$

此处不同分量z_0，z_1，z_2，⋯，z_9分别顺序地提供了粒子在每一点处的幅度。10个复数指定了粒子的状态。对于双粒子状态，我们对每一对位置都需要一个幅度。共有

$$10^2 = 100$$

个不同的（有序）位置对，所以我们需要100个复数！如果我们只有两个单粒子态（亦即“位置的两个函数”而不是上面的“一个双位置的函数”），则我们只需要20个复数。

我们可以把这100个数标为：

$$z_{00}, z_{01}, z_{02}, \cdots, z_{09}, z_{10}, z_{11}, z_{12}, \cdots z_{20} \cdots z_{99},$$

以及把相应的（正交）基矢量标为：[12]

$$|0\rangle\,|0\rangle,\,|0\rangle\,|1\rangle,\,|0\rangle\,|2\rangle,\;\cdots,$$
$$|0\rangle\,|9\rangle,\,|1\rangle\,|0\rangle,\;\cdots,\,|9\rangle\,|9\rangle,$$

则一般的双粒子态$|\Psi\rangle$可写成：

$$|\Psi\rangle = z_{00}|0\rangle\,|0\rangle + z_{01}|0\rangle\,|1\rangle\,1 + \cdots + z_{99}|9\rangle\,|9\rangle。$$

此处态的“乘积”记号具有如下意义：如果$|\alpha\rangle$是第一个粒子可能的态（不必是位置态），而$|\beta\rangle$为第二个粒子的可能的态，则断言第一个粒子的态为$|\alpha\rangle$以及第二个态为$|\beta\rangle$的态可写作：

$$|\alpha\rangle\,|\beta\rangle。$$

可对任何其他的量子态而不必仅仅是单粒子态取“乘积”。这样，我们总是将乘积态$|\alpha\rangle\,|\beta\rangle$（不必为单粒子的态）解释作描述以下事件的同时发生：

“第一系统处于态$|\alpha\rangle$而且第二系统处于态$|\beta\rangle$。”

（可对$|\alpha\rangle\,|\beta\rangle\,|\gamma\rangle$等进行类似的解释；见下面。）然而，**一般**双粒子态实际上并不具备这种“乘积”的形式。例如，它可以为：

$$|\alpha\rangle\,|\beta\rangle + |\rho\rangle\,|\sigma\rangle,$$

此处$|\rho\rangle$为第一系统的另一个可能的态，而$|\sigma\rangle$是第二系统的另一个

可能的态。此状态是一线性叠加；也就是第一个（$|\alpha\rangle$ 以及 $|\beta\rangle$）的同时发生加上第二个（$|\rho\rangle$ 以及 $|\sigma\rangle$）的同时发生，而它不能被重写成一个简单的乘积（亦即作为两个态的同时发生）。作为另一例子，态 $|\alpha\rangle|\beta\rangle - \mathrm{i}|\rho\rangle|\sigma\rangle$ 描述另一个不同的线性叠加。注意量子力学需要很清楚地区别"以及"和"加"这两个词。在现在语言中——譬如在保险小册子中——非常不幸地将"加"在"以及"的意义上使用。这里我们要加倍小心！

3个粒子的情形非常类似。在上述的只有10个可选择的位置的情况下，为了指明一般的三粒子状态，我们现在需要一千个复数！三粒子态的完备基是：

$$|0\rangle|0\rangle|0\rangle, |0\rangle|0\rangle|1\rangle, |0\rangle|0\rangle|2\rangle,$$
$$\cdots, |9\rangle|9\rangle|9\rangle。$$

特殊的三粒子态具有如下形式：

$$|\alpha\rangle|\beta\rangle|\gamma\rangle$$

（这里 $|\alpha\rangle$、$|\beta\rangle$ 和 $|\gamma\rangle$ 不必为位置态），但是对于一般的三粒子态，人们必须将许多这种简单的"乘积"叠加起来。对于四个或更多粒子的相应的模式则不必赘述。

迄今为止我们只是讨论可辨别的粒子。这里我们将"第一个粒子"，"第二个粒子"和"第三个粒子"等都当作不同种类的。然而，量子力学的一个显著特点是，等同粒子的规则与上面不同。其规则事实上是，在很清楚的意义上，特别种类的粒子必须完全等同，而不仅仅是极端接近于等同。但是，所有电子之间相互等同的方式和所有光子的方式不同。粒子的这两种一般种类必须以相互不同的方式处理。

为了不使读者在完全被用词不当所混淆之前，让我首先解释费米态和玻色态实际上是如何表征的。其规则如下。如果$|\Psi\rangle$是牵涉到某一特别种类的一些费米子，那么如果两个费米子相互交换，则$|\Psi\rangle$必须作如下的变化：

$$|\Psi\rangle \to -|\Psi\rangle。$$

如果$|\Psi\rangle$牵涉到某一特别种类的一些玻色子，则其中任何两个玻色子交换时，$|\Psi\rangle$必须作如下变化：

$$|\Psi\rangle \to |\Psi\rangle。$$

它的一个含义是两个费米子不能处于同一态中。因为如果这样的话，把它们交换就根本不影响其总的态，我们就必须有$-|\Psi\rangle = |\Psi\rangle$，也就是$|\Psi\rangle = 0$，对于量子态来说这是不允许的。这个性质称为泡利不相容原理[13]，它对物体的结构具有基本的含义。物体的主要成分的确是费米子、电子、质子和中子。若没有不相容原理，物体就会向自身坍缩！

我们来重新考虑10个位置的情形。我们假定有一个含有两个等

同费米子的态。态 $|0\rangle|0\rangle$ 被泡利原理所排除（在第一个因子和第二个因子交换时它保持不变并没有反号）。而且，$|0\rangle|1\rangle$ 就这样子也是不行的，由于在交换时没有变成它的反号；但是这很容易由下式予以补救：

$$|0\rangle|1\rangle - |1\rangle|0\rangle$$

（如果需要的话，为了归一化，可以加上一个总的因子 $1/\sqrt{2}$ ）。此态在两粒子相互交换时正确地变号。但现在 $|0\rangle|1\rangle$ 和 $|1\rangle|0\rangle$ 不再分别为独立的态。我们现在只许用一个态来取代这两个态。总之，共有

$$\frac{1}{2}(10\times 9)=45$$

个这类的态，每一个态是从不同的 $|0\rangle, |1\rangle, \cdots, |9\rangle$ 态的无序对而来。这样，需要45个复数才能指明我们系统的态。对于3个费米子，人们需要3个不同的位置，而基本的态看起来像下面的样子：

$$|0\rangle|1\rangle|2\rangle + |1\rangle|2\rangle|0\rangle + |2\rangle|0\rangle|1\rangle$$
$$-|0\rangle|2\rangle|1\rangle - |2\rangle|1\rangle|0\rangle - |1\rangle|0\rangle|2\rangle,$$

总共有 $(10\times 9\times 8)/6=120$ 态，这样需要用120个复数去指明三费米子态。更多费米子的情形是类似的。

对于一对等同的玻色子，独立的基本态共有两类，即像

$$|0\rangle|1\rangle+|1\rangle|0\rangle$$

的态和像

$$|0\rangle|0\rangle$$

的态（现在这是允许的），共有（10×11）/2＝55态。这样我们的双玻色子态需要55个复数。对于三玻色子共有3种类型的基本的态，共需要（10×11×12）/6＝220个复数，等等。

当然，为了表达主要的观念，我在这里考虑简单化的情形。更现实的描述则需要位置态的整个连续统，但其基本思想是一样的。另一微小的复杂性是自旋的参与。一个半自旋的粒子（必须为费米子）在每一个位置都有两个可能的态。我们可以把它们标作“↑”（自旋“向上”）和“↓”（自旋“向下”）。在我们简化的情况下，对于每一个粒子共有20个而不是10个基本的态：

$$|0\uparrow\rangle, |0\downarrow\rangle, |1\uparrow\rangle, |1\downarrow\rangle, |2\uparrow\rangle, |2\downarrow\rangle,$$
$$\cdots, |9\uparrow\rangle, |9\downarrow\rangle,$$

但是除此以外，所有讨论都和以前一样地进行。[这样，对于两个这样子的费米子人们需要（20×19）/2＝190个数；对于3个则需要（20×19×18）/6＝1140个数，等等。]

我在第1章提到了这样的一个事实，根据现代理论，如果一个人

的身体中的一个粒子和他的屋子的砖头中的一个粒子相交换，则根本不会有什么事会发生。如果那一个粒子为玻色子，正如我们看到的，态$|\Psi\rangle$的确完全不受影响。如果该粒子为一个费米子，则态$|\Psi\rangle$将由$-|\Psi\rangle$所替换，在物理上它和$|\Psi\rangle$是等同的。（如果我们感到有必要，可以修补这一符号改变，在交换之时简单地将粒子旋转360°就可以了，我们记得在进行360°旋转时，玻色子不受影响而费米子变号！）现代理论（大约在1926年）的确告诉我们有关物理物质的个别本体的问题的某些基础的东西。严格地讲，人们不能提到"这个特别的电子"或"那个单独光子"。断言"第一电子在这里而第二电子在那里"是声称态具有$|0\rangle|1\rangle$的形式。正如我们已经看到的，这对于费米子态是不允许的！然而，我们可以讲"存在一对电子，一个在这里，另一个在那里"，可以合法地说所有电子或所有质子或所有光子的集团（虽然在这里不管不同种类的粒子之间的相互作用）。许多单独电子为这个总图像提供一个近似，正如许多单独的质子或光子那样。这个近似在大多数目的下相当有效，但在其他一些情形下失效，超导、超流和激光的行为是众所周知的反例。

量子力学呈现的物理世界根本不是我们在经典物理中习惯了的图像。请赶紧抓牢你的帽子——量子世界中还有更为怪异的现象！

爱因斯坦-波多尔斯基-罗森"佯谬"

正如在本章开头提到的，阿尔伯特·爱因斯坦的观念，对于量子理论的发现是相当根本的。我们记得早在1905年，正是他曾先提出了"光子"的概念——电磁场的量子，由此而发展了波粒二象性的观念。（“玻色子”的概念，正如许多其他的思想也是一部分属于他的，这在理论中占有中心地位。）然而，爱因斯坦从未接受后来从这些思想发展而来的这一个理论，他认为这理论只不过是物理世界的临时性描述。他对于这一个理论的概率方面的厌恶是众所周知的，这集中表现在他在1926年致马克斯·玻恩的回信之中（引用于*Pais 1982*，P443）：

> 量子力学是令人印象深刻的。但是一个来自内部的声音告诉我，它还不是事物的真谛所在。该理论虽然富于成果，但是却几乎没有在接近古老的神秘方面使我们往前迈出一步。无论如何，我坚信：祂不掷骰子。

然而，比这物理学的非决定论性更甚的，也是最困扰爱因斯坦的是，量子力学的描述方式明显地缺乏客观性。我在解释量子理论时竭尽全力地强调，该理论所作的世界描述，虽然经常是非常古怪和反直观的，却是真正客观的。相反地，玻尔似乎认定（在测量之间）系统的量子态并没有物理的真正的实在，只不过是关于该系统的“某人知识”的总结而已。难道不同的观察者会有关于同一个系统的不同知识，这样波函数变成某种根本上主观的——或“完全在物理学家头脑中的”某种东西？许多世纪以来，我们发展的美妙无比而精确的物理图像不应该完全消失掉；所以玻尔在经典水平上认为世界确实具有客观的实体。而似乎作为它这一切的基础的量子水平态却不具有“实在性”。

爱因斯坦完全拒绝这样的图像，他相信甚至在量子力学的微小尺度下，必须存在一个客观的物理世界。在他和玻尔之间的长期论战中，他企图（但没有成功）指出在事物的量子图像中的固有的矛盾，在量子理论之下还必须有另一个更深的结构，或许这一个结构和经典物理呈现给我们的图像更相似。也许一种我们没有直接知识的、系统的、更小的基元或“部分”的统计作用，是量子系统的概率行为的基本原因。爱因斯坦的追随者，尤其是大卫·玻姆，发展出一种“隐变量”的观点。按照这种观点，的确有某种确定的存在，但是我们不能直接得到精确定义一个系统的参量，由于在测量之前不知道这些参数值，所以产生了量子的概率。

这种隐变量理论能与量子物理所观察到的所有事实相一致吗？只要隐参数能瞬息地影响任意远的区域，也就是理论本质上是非定域的，则答案似乎是肯定的！那也不会使爱因斯坦高兴，特别是由于它引起了和狭义相对论冲突的困难。我在以后再考虑这些。最成功的隐变量理论称为德布罗意-玻姆模型（*Broglie 1956*，*Bohm 1952*）。由于本章的目的是对标准的量子理论，而不是对不同的竞争设想的总括，所以我不在这里讨论这些模型。如果人们需要物理的客观性，但又准备免除决定性，则标准理论本身就已足够了。人们简单地以为态矢量提供了“实在”——它通常按照平滑的决定性的步骤 $\boldsymbol{U}$ 演化，但是只要有效应将其放大到经典水平，它就要按照 $\boldsymbol{R}$ 作古怪的跃迁。然而，非定域性和相对论的明显困难依然存在。让我们浏览一下这些问题。

假定我们有一个包含两个子系统 A 和 B 的物理系统。例如，A 和 B 可以是两个不同的粒子。假定 A 的状态有两个（正交的）选择 $|\alpha\rangle$ 和

$|\rho\rangle$，而状态B可为$|\beta\rangle$和$|\sigma\rangle$。正如上面看到的，一般的结合态不是简单地为A的一个态和B的一个态的积（“并且”），而是这种乘积的叠加（“加”）。（我们说A和B是相关的。）让我们假定此系统的态为：

$$|\alpha\rangle\,|\beta\rangle+|\rho\rangle\,|\sigma\rangle。$$

现在对A进行一个是或非的测量，将$|\alpha\rangle$（**是**）从$|\rho\rangle$（**非**）中辨别出来。B发生了什么呢？如果测量的结果为**是**，那结果的态应为：

$$|\alpha\rangle\,|\beta\rangle,$$

而如果结果为**非**，则结果的态是：

$$|\rho\rangle\,|\sigma\rangle。$$

这样我们测量A会引起状态B的跃迁：在答案为**是**时它跃迁到$|\beta\rangle$，而在答案为**非**时跃迁到$|\sigma\rangle$！粒子B根本没必要处在靠近A的任何地方；它们可以相距1光年那么远。然而，B的跃迁和A的测量是同时发生的！

但是，且慢！读者会说，这些被断定为“跃迁”的究竟是怎么回事？为何事情不像下面所描述的那样呢？想象一个盒子并事先知道里面装有一个黑球一个白球。假定取出这些球，把它们放在屋子的两个相反的角落里，并且没有一个球被看到。然后审视其中一个球并发现是白的（正如上述的$|\alpha\rangle$）—— 嘿，奇怪！另一球变成黑的（如同$|\beta\rangle$）！如果发现第一球是黑的（$|\rho\rangle$），则一眨眼间第二球的不确定态

就跃迁到“肯定是白的状态”（$|\sigma\rangle$）。读者会坚持道，没人在他或她头脑中会把第二球从“非确定的”状态到“肯定是黑的”或“肯定是白的”的突变归结为某种神秘的非定域性的从考察第一球的时刻瞬息间传来的“影响”。

但是，自然界实际上比这更不寻常得多。在上述实验中，我们的确可以想象在测量A之前系统已经“知道”，譬如讲B的状态为$|\beta\rangle$而A的状态为$|\alpha\rangle$（或B是$|\sigma\rangle$而A是$|\rho\rangle$），只不过实验者不知道而已。在发现A是$|\alpha\rangle$后，他简单地推断B应处于$|\beta\rangle$。这是一种“经典的”观点——正如在定域的隐变量理论中一样——在实际上并没有发生物理的“跃迁”（所有都是在实验者的头脑中进行的！）根据这样的一种观点，系统的每一部分在事先“知道”任何要对之进行的结果。概率的出现只是由于实验者缺乏知识而已。值得注意的是，不能用这样的观点来解释量子力学中出现的令人困惑的，显然是非定域的概率！

为了展示这一点，让我们考虑一个和上面相像的情形，但是只有在A和B分隔得很开以后才决定对系统A测量的选择。似乎B的行为瞬息地受这个选择的影响！正是阿尔伯特·爱因斯坦、鲍里斯·波多尔斯基和纳森·罗森（1935）提出了这类似是而非的“EPR”型的“理想实验”。我将沿用大卫·玻姆（1951）提出的一个变种。从约翰·S. 贝尔的一个杰出的定理（参阅*Bell 1987*，*Rae 1986*，*Squires 1986*）可以得到这样的推论，任何定域的“现实的”（例如隐变量，或“经典型的”）描述都不能给出正确的量子概率。

假定由一个在某一中心点自旋为零的粒子衰变产生两个半自旋

的粒子——我将其称为电子和正电子（也即反电子），它们沿着相反方向做直线运动（图6.30）。由于角动量守恒，电子和正电子加起来的总自旋必须为零，这是因为原先中心粒子的角动量为零。这个实验的含义是，当我们在某一个方向测量电子的自旋，无论我们选择什么方向，正电子都在相反的方向上自旋！这两个粒子可以相隔几英里甚至1光年那么远。然而对一个粒子的测量的选择似乎瞬息地固定了另一个粒子的自旋轴。

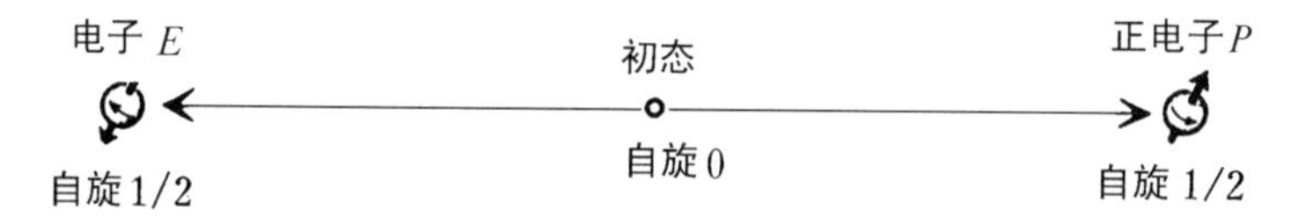

图6.30　自旋为0的粒子衰变成两个自旋为1/2的粒子，一个电子E和一个正电子P。测量其中的一个自旋为1/2的粒子的自旋，显然瞬息地决定了另一个粒子的自旋态

让我们看看量子的形式是如何地导致这一个结论的。我们用态矢量$|Q\rangle$来表达联合的双粒子的零角动量态，并发现下式成立：

$$|Q\rangle = |E\uparrow\rangle\,|P\downarrow\rangle - |E\downarrow\rangle\,|P\uparrow\rangle,$$

这里E是电子而P是正电子。这里的情形是按照自旋向上或向下的方向来描述的。我们发现，整个态应是自旋向上的电子和自旋向下的正电子以及自旋向下的电子和自旋向上的正电子的态的线性叠加。这样，如果我们在自旋向上或向下态的方向测量电子时，若发现电子自旋确实向上，则我们必须跃迁到态$|E\uparrow\rangle\,|P\downarrow\rangle$，这样正电子的自旋态必须向下。另一方面，如果我们发现电子自旋向下，则态跃迁到$|E\downarrow\rangle\,|P\uparrow\rangle$，这时正电子自旋向上。

假定我们现在选择其他的一对相反的方向，譬如向右的和向左的，而

$$|E\rightarrow\rangle = |E\uparrow\rangle + |E\downarrow\rangle, \ |P\rightarrow\rangle = |P\uparrow\rangle + |P\downarrow\rangle;$$

并且

$$|E\leftarrow\rangle = |E\uparrow\rangle - |E\downarrow\rangle, \ |P\leftarrow\rangle = |P\uparrow\rangle - |P\downarrow\rangle;$$

则我们发现（如果你愿意的话，可用代数检查一下！）

$$\begin{aligned}
&|E\rightarrow\rangle\,|p\leftarrow\rangle - |E\leftarrow\rangle\,|p\rightarrow\rangle = \\
&(\,|E\uparrow\rangle + |E\downarrow\rangle\,)(\,|P\uparrow - |P\downarrow\rangle\,) - \\
&(\,|E\uparrow\rangle - |E\downarrow\rangle\,)(\,|P\uparrow + |P\downarrow\rangle\,) = \\
&|E\uparrow\rangle\,|P\uparrow\rangle + |E\downarrow\rangle\,|P\uparrow\rangle - |E\uparrow\rangle\,|P\downarrow\rangle - \\
&|E\downarrow\rangle\,|P\downarrow\rangle - |E\uparrow\rangle\,|P\uparrow\rangle + |E\downarrow\rangle\,|P\uparrow\rangle - \\
&|E\uparrow\rangle\,|P\downarrow\rangle + |E\downarrow\rangle\,|P\downarrow\rangle = \\
&-2(\,|E\uparrow\rangle\,|P\downarrow\rangle - |E\downarrow\rangle\,|P\uparrow\rangle\,) = \\
&-2\,|Q\rangle\text{。}
\end{aligned}$$

它（除了一个不重要的因子 -2 以外）和我们开始的态一致。这样，我们原先的态可同样合格地被认为是自旋向左的电子和自旋向右的正电子以及自旋向右的电子和自旋向左的正电子的态的线性叠加！如果我们要在向左或向右的方向上而不是向上或向下的方向上测量电子的自旋，这一个表达式就十分有用。如果我们发现电子的自旋向右，

则态跃迁到$|E\rightarrow\rangle\ |P\leftarrow\rangle$，这样正电子的自旋就向左。另一方面，如果我们发现电子自旋向左，则态跃迁到$|E\leftarrow\rangle\ |P\rightarrow\rangle$。这样正电子自旋就向右。假定我们在任何其他方向上测量电子的自旋，其情景完全是相对应的：正电子的自旋态会立即跃迁到同一方向或者相反的方向上去，这要依赖于对电子测量的结果。

为何我们不能用一种类似的方法，以上述的从一个盒子中取出黑球和白球的例子，来模拟我们电子和正电子的自旋呢？让我们考虑一般的情形。我们现在不用黑球和白球，而用原先合在一起然后向两个相反方向运动的两台仪器E和P。假定不管E还是P都能对在任何方向进行的自旋测量作**是**或**非**的响应。对于选择任何的方向，其响应可以被仪器完全决定，或许仪器只产生概率的响应，其概率由该仪器所决定。但是，我们假定在分开之后，不管是E还是P都是完全相互独立的行为。

我们在每一边都有一台自旋测量仪，一台测量E的自旋，另一台测量P的自旋。假定在每台测量仪上都有自旋的三个方向的刻度，譬如E测量仪上的A、B、C和P测量仪上的A'、B'、C'。方向A'、B'、C'分别和A、B、C相平行。我们取A、B和C在平面上的相互夹角为$120°$（图6.31）。现在想象在每一边的不同的刻度将该实验重复多遍。有时E测量仪会记录上**是**（也就是自旋在测量的方向A、B或C上），还有时候会记录**非**（自旋在相反方向）。类似地，P测量仪有时会记录**是**，有时会记录**非**。我们注意到实际量子概率必然具备两个性质：

（1）如果两边的刻度是同样的（亦即A和A'，等等），那么两个测量所产生的结果总是不同意（亦即，只要P测量仪记录**非**时，E测量仪就记录**是**，而且只要P给出**是**时，E就为**非**）。

（2）如果将刻度盘随机地旋转放置，两者完全相互独立，则两个测量仪同意或不同意的情况是等概率的。

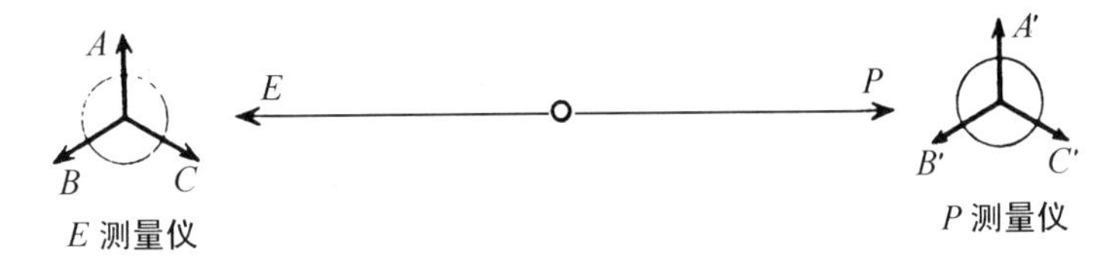

图6.31　EPR佯谬和贝尔定理的大卫·莫明简化形式，显示出在现实的定域的自然观点和量子理论的结果之间存在矛盾。E测量仪和P测量仪各自独立地具有测量它们各自粒子的自旋的三个方向刻度

我们容易看出，性质（1）和性质（2）是直接从我们早先的量子概率规则来的。我们可以假定E测量仪先动作。然后P测量仪发现粒子的自旋态，和E测量仪测量的结果相反。这样立即得到了性质（1）。为了得到性质（2），我们注意到，对于测量方向之间差$120°$的情形，如果E测量仪给出**是**，则P方向是和它所作用的自旋态夹角为$60°$；如果E给出**非**，则它和这自旋态夹角为$120°$。这样测量同意的概率为$\frac{3}{4}=\frac{1}{2}(1+\cos 60°)$，不同意的概率为$\frac{1}{4}=\frac{1}{2}(1+\cos 120°)$。所以，对于三个$P$刻度，如果$E$给出**是**，$P$也给出**是**的概率为$\frac{1}{3}=(0+\frac{3}{4}+\frac{3}{4})=\frac{1}{2}$，而$P$给出**非**的概率为$\frac{1}{3}(1+\frac{1}{4}+\frac{1}{4})=\frac{1}{2}$，亦即同意和不同意是等概率的。类似地，如果$E$给出**非**，情况也一样。这的确就是性质（2）。（参阅340页）

非常令人吃惊的是，性质（1）和性质（2）和任何定域的现实模型（亦即和所有能摹想到的这类仪器）都不协调！假定我们有这样的

一个模型，E仪器必须准备好应付每一可能的A、B或C测量。我们注意到，如果只准备得到随机的答案，那么为了和性质（1）相符合，P仪器分别对于A'、B'和C'不能一定给出不同意的结果。的确，两台仪器必须对预先确定的准备好的三种可能的测量每种给出答案。例如，假定对于A、B、C这些答案分别为**是**、**是**、**是**；则右手的粒子就必须准备对于三个相应的右手刻度给**非**、**非**、**非**的答案。如果，左手准备的答案为**是**、**是**、**非**，则右手答案就必须为**非**、**非**、**是**。所有其他情况都在本质上和这些相似。现在让我们看看这是否和性质（2）相协调。做**是**、**是**、**是** / **非**、**非**、**非**的指定不是非常有助的，因为这时在所有可能的配对A / A'，A / B'，A / C'，B / A'等中有9种情形不同意，0种情形同意。关于其他情况，譬如**是**、**是**、**非** / **非**、**非**、**是**以及类似的情况又如何呢？有5种不同意，4种同意。（只要全部列举出来就能检验了：**是** / **非**、**是** / **非**、**是** / **是**、**是** / **非**、**是** / **非**、**是** / **是**、**非** / **非**、**非** / **非**、**非** / **是**，其中5种不同意，4种同意。）这离开（2）的需要要近得多了，但还不够好，因为我们要求同意和不同意一样多！其他任何和性质（1）相协调的一对指定都会给出5比4（除了更坏的**非**、**非**、**非** / **是**、**是**、**是**情形，又给出9比0的答案）。不存在一组准备好的答案能产生量子力学的概率。因此，定域的现实模型必须被排除掉[14]！

光子实验：相对论的一个问题

我们应该问实际的实验是否支持量子力学的这些令人惊愕的预言。刚刚描述的精密的实验只是假想的，并没有被进行过。但是人们曾经利用一对光子的极化，而不是自旋为$\frac{1}{2}$的有质量的粒子的自旋进行过类似的实验。除了这个区别外，这些实验在本质上和上述的一样，除了有关的角度（由于光子的自旋为一，而不是一半）只是那些半自旋的粒子的一半。对光子的极化或偏振已在各种不同的方向组合上测量过，结果和量子力学的预言完全一致，而和任何定域的现实模型不协调！

迄今最精确和令人信服的实验结果是由阿兰·阿斯佩（1986）和他在巴黎的合作者得到的[15]。阿斯佩的实验还有另一个有趣的特点。以何种方法测量光子极化的“决定”是在光子完全飞走之后才做的。这样，如果我们认为存在从一个光子探测器跑到在相反一边的另一个光子探测器的非定域的，通知另外那个光子人们想要测量的偏振的方向的某种影响，则我们看到这种影响必须走得比光还快！任何和这事实相一致的量子世界的现实的描述，显然必须是非因果性的。这是在效应应该能比光传递得更快的意义上讲的。

但是，我们在上一章已经看到，只要相对论是正确的，用超光速发送信号就会导致荒谬（并和我们“自由意志”的感觉相矛盾等，参阅274页）。这肯定是对的。但是，在EPR类型实验中出现的非定域的“影响”，如果这样做的话就会导致荒谬，所以不能用以传递信息。（吉拉尔迪，雷米尼和韦伯在1980年详细地演示了这样的“影响”不能用于传递信号。）直到我们被告知实际是两种选择中的哪一种时，说一个光子“在垂直或水平”（或相反地说是在60°或者150°）方向偏振是没有用的。“信息”的这一部分（亦即不同的偏振方向）比光到达得更快（“瞬息”），而这两个方向中哪一个实际上被极化的知识，通过传递第一偏振测量的结果的通常信号，将更慢地到达。

在通常发送信息的意义上，虽然EPR类型的实验不和相对论的因果性发生冲突，它肯定和我们的“物理实在”的图像中的相对论精神相矛盾。让我们看看如何将态矢量的现实的观点应用到上述的EPR类型的实验（牵涉到光子）中去。当两个光子向外运动，态矢量描述作为单独单元的光子对的情形。没有一个光子单独地具有一个客观的态；量子态只适用于两个光子一起的情形。没有一个光子单独地有偏振方向；偏振是两个光子结合在一起的性质。当这两个光子中的一个偏振被测量时，态矢量就跃迁，使得未被测量的光子具有确定的偏振。当那个光子的偏振接着被测量时，将通常的量子规则应用到那个偏振态上去，就正确地得到了概率的值。用这种方式来看问题就得到了正确的答案；这正是我们通常应用量子力学的方法。但是，在本质上这是一种非相对论性的观点。因为这两个偏振的测量是称为类空分隔的。它表明任一测量都处于另一测量的光锥之外，正如图5.21中的点R和点Q的情形。两个测量哪个先发生的问题在实际上没有物理意义，它依赖于“观察者”的运动状态（图6.32）。如果观察者向右运动得足够快，则他认为右手的测量先发生；如果向左，则左手的测量先发生！但是，如果我们认为右手的光子先被测量，我们就得到了和认为左手光子先被测量的完全不同的物理实在的图像！（正是不同的测量引起了非定域的“跃迁”。）在我们物理实在的时空图像——甚至是

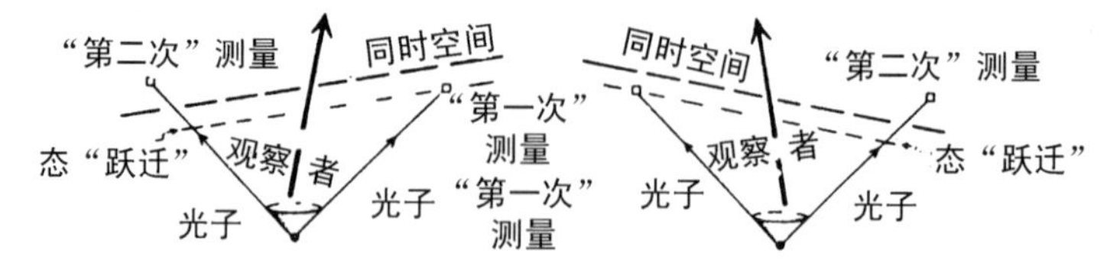

图6.32　在EPR实验中两个光子从一个自旋为零的态向相反的方向发射。两个不同的观察者形成“实在”的不一致的图像。向右运动的观察者判断态的左手部分在它被测量之前跃迁，这跃迁是由于右边的测量引起的。而向左运动的观察者的观点与此刚好相反

正确的非定域的量子力学的图像——和狭义相对论之间有本质上的冲突！这是一个严重的困惑，“量子的现实主义者”还不能予以解决（参阅 *Aharonov and Albert 1981*）。我在以后还要回到这问题上来。

薛定谔方程；狄拉克方程

我在本章的前一部分提到了薛定谔方程。它是一个定义得很好的决定性的方程，在许多方面和经典物理的方程相当类似。该法则说，只要不对量子系统进行“测量”（或“观察”），薛定谔方程必须成立。读者或许会愿意看到它的实际形式：

$$i\hbar\frac{\partial}{\partial t}|\Psi\rangle = H|\Psi\rangle。$$

我们会记得，$\hbar$ 是普朗克常数的狄拉克写法（$h/2\pi$），$i=\sqrt{-1}$，而作用到 $|\Psi\rangle$ 上的算符 $\partial/\partial t$（对时间的偏微分）就表示 $|\Psi\rangle$ 对时间的变化率。薛定谔方程讲“$H|\Psi\rangle$”描述 $|\Psi\rangle$ 是如何演化的。

但是“H”是什么呢？它是我们在前一章考虑过的哈密顿函数，但是这里有一个根本的不同！回顾一下经典哈密顿量是按照系统中的所有物理对象的各种位置坐标 q_i 和动量坐标 p_i 来表达的总能量。为了得到量子的哈密顿量，我们可取同样的表式，但是对每一处出现的动量 p_i 要用微分算符“对 q_i 的偏微分”的倍数取代。明确地讲，我们用 $-i\hbar\partial/\partial q_i$ 来取代 p_i。我们的量子哈密顿量 H 就变成某种（经常是复杂的）牵涉到微分和乘法等的数学运算——而不仅仅是一个数！这有点像变魔术！但是它不仅仅是数学符咒，它是真正起作用的魔术！

(应用这个过程从经典哈密顿量产生量子哈密顿量需要一点“艺术”,但是和其奇异的性质相比较,在这个过程中固有的、起作用的模糊之处是这么微小,真是令人印象深刻。)

薛定谔方程(不管H是什么样子的)是线性的,这是值得注意的重要之处。也就是说,如果$|\Psi\rangle$ 和$|\varphi\rangle$ 都满足该方程,则$|\Psi\rangle + |\varphi\rangle$ 或甚至任何组合$w|\Psi\rangle + z|\varphi\rangle$ 都满足,这里w和z为固定的复数。这样,薛定谔方程维持复线性叠加。两个可能的不同的态的(复)线性叠加不能仅仅由于$\boldsymbol{U}$的作用而被“拆开”!这就是为何为了使只有一个选择存活下来,作为与$\boldsymbol{U}$相分别的步骤$\boldsymbol{R}$的作用是必需的。

薛定谔方程像经典物理中的哈密顿形式一样不是那么特殊的方程,而是量子力学方程的一般框架。一旦人们得到了合适的哈密顿量,态按照薛定谔方程演化的方式,使得$|\Psi\rangle$ 仿佛是服从于某种诸如麦克斯韦的经典场方程的经典场。事实上,如果$|\Psi\rangle$ 描述一单独光子的态,那么薛定谔方程实际上成为麦克斯韦方程!单光子的方程刚好和整个电磁场的方程[1]完全相同。这一个事实是我们早先瞥见的单独光子的麦克斯韦场的类波动行为和偏振的缘由。另一个例子是,如果$|\Psi\rangle$ 描述单电子的态,则薛定谔方程就变成狄拉克著名的电子波动方程。这一个方程是他以伟大的创造性和洞察力于1928年发现的。

事实上,狄拉克电子方程必须和麦克斯韦方程以及爱因斯坦方程同列为物理学的伟大的场方程之一。为了使我们对之有深刻的印象,

---

1. 然而,在两种方程允许的解的类型方面存在一个重大的差别。经典麦克斯韦场必须是实的,而光子态是复的。光子态还必须满足所谓的“正频率”条件。

我就得必须引入令人眼花缭乱的数学观念。只要举一个例子就可以了，狄拉克方程中的$|\Psi\rangle$有一奇怪的“费米子”的性质，即在360°旋转下$|\Psi\rangle$变成$-|\Psi\rangle$，这一点我们早先已经考虑过了（336页）。狄拉克方程和麦克斯韦方程一道组成了最成功的量子场论——量子电动力学的基础。我们在下面简要地讨论它。

量子场论

所谓“量子场论”的学科是从狭义相对论和量子力学的观念的结合而产生的。它和标准（亦即非相对论性）的量子力学的差别在于，任何特殊种类的粒子的数目不必是常数。每一种粒子都有其反粒子（有时，诸如光子、反粒子和原先粒子是一样的）。一个有质量的粒子和它的反粒子可以湮没而形成能量，并且这样的对子可由能量产生出来。的确，甚至粒子数也不必是确定的；因为不同粒子数的态的线性叠加是允许的。最高级的量子场论是“量子电动力学”——基本上是电子和光子的理论。该理论的预言具有令人印象深刻的精确性（例如，上一章已提到的电子的磁矩的精确值，参阅199页）。然而，它是一个不整洁的理论——不是一个完全协调的理论——因为它一开始给出了没有意义的“无限的”答案，必须用称为“重正化”的步骤才能把这些无限消除。并不是所有量子场论都可以用重正化来补救的，即使是可行的话，其计算也是非常困难的。

使用“路径积分”是量子场论的一个受欢迎的方法。它是不仅把不同粒子态（通常的波函数）而且把物理行为的整个时空历史的量子线性叠加而形成的（参阅费曼1985年的通俗介绍）。但是，这个方法自身也有附加的无穷大，人们只有引进不同的“数学技巧”才能赋予意义。尽管量子场论有毋庸置疑的威力和印象深刻的精确度（在那些理论能完全实现的很少情况），人们仍然觉得，必须有深刻的理解，才能相信它似乎是导向“任何物理实在的图像”[16]。

我应该澄清的是，由量子场论提供的量子理论和狭义相对论之间的一致性只是部分的——只对U过程——并且它具有相当数学形式的性质。量子场论甚至还未触及困难之处：对R过程中产生的“量子跃迁”（EPR类型实验留给我们的）做协调的相对论解释。此外，我们还没找到一个一致的或可信的引力量子场论。我将在第8章提议，这些问题也许不是完全相互无关的。

薛定谔猫

最后让我们回到从一开始描述就尾随我们的问题。我们为何从未见到经典尺度现象的量子线性叠加，诸如板球同时处于两个地方？究竟是什么东西使得构造测量仪器的原子的某种形态能用过程R来取代U？任何测量仪器自身无疑是物理世界的一部分，它是由那些十足量子力学的构件制备而成，它的行为是被设计来作此探索的。为何不将测量仪器和被考察的物理系统一起作为合并的量子系统来处理，如果这样就不牵涉到神秘“外界”的测量。这合并的系统应简单地按照U来演化。但是，果真如此吗？U在合并系统的作用是完全决定性的，并没有R类型的概率不确定性卷入到合并系统并对自身进行“测量”或“观察”的余地！这里存在一个明显的矛盾，在埃尔温·薛定谔（1935）引入著名的理想实验——薛定谔猫的矛盾中变得特别形象。

想象一个封闭的容器，它制造得如此完美以至于没有任何向内或向外的影响能通过容器壁。想象在容器里有一只猫，并且还有一台能被某量子事件触发的仪器。如果该事件发生，该仪器打碎装着氰化物的药瓶，并将猫毒死。如果该事件没发生，则猫继续活着。在薛定谔原先的设计中，量子事件为放射性原子的衰变。让我稍作修正，并把光子触发光电管作为我们的量子事件。在这里光子是由某个处于预先确定状态的光源发出，然后由半镀银的镜子反射下来（图6.33）。镜面的反射将光子波函数分裂成两个分开的部分，由该镜子使之一部分反射而另一部分穿透。光子波函数的被反射部分聚集在光电管上，这样如果光子被光电管所记录，它就是被反射的。这种情形下，氰化物就流出来，猫就被毒死。如果光电管没有记录，光子就穿透过半镀银的镜子而到达后面的墙上，猫就存活。

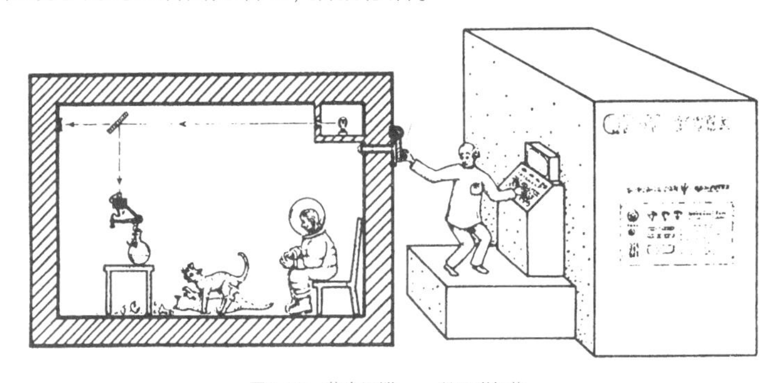

图6.33　薛定谔猫——以及附加物。

从处在容器内的（有点危险的）一个观察者的观点，这的确是在那里所发生的描述。（我们最好为此观察者提供合适的防护服！）或者光子被反射，因为光电管“观察到”并记录到，猫被毒死；或者光子穿透过，由于光电管没有“观察到”并没有记录，猫是活的。实际上，两者必居其一：$\boldsymbol{R}$起了作用，每一种可能性的概率为百分之五十

（因为它是一面半镀银的镜子）。现在，让我采用处于容器之外的物理学家的观点。我们可以认为，在容器被封之前他已知内部的初始态矢量。（我不是指在实际上他能知道，而是量子理论没有说在原则上不能让他知道。）根据外面的观察者，在实际上没有进行“测量”，这样整个态矢量必须按照$\boldsymbol{U}$进行。光子由处于预定的状态的源中发出——两个观察者在这一点上是一致的——它的波函数分成两束，譬如讲每一部分光子的幅度均为$1/\sqrt{2}$（这样平方模就给出$1/2$的概率）。由于这整个系统被外界的观察者当作单独的量子系统来处理，不同选择之间的线性叠加必须一直保持到猫的尺度。光电管记录到和没有记录到光子的幅度各为$1/\sqrt{2}$。在这种态下两种选择都必须存在，在量子线性叠加中权重相同。根据外面的观察者，猫是处于死和处于活的线性叠加态！

我们真的会相信这种事吗？薛定谔本人清楚地表示他不相信。他论证道：量子力学的$\boldsymbol{U}$规则实际上不能适用于像猫这么大、这么复杂的东西上。在这过程中薛定谔方程一定出了什么差错。当然薛定谔有权利用这种方式来评论他的方程，但是我们并没有分享到这种特权！相反地，大量（也许大多数）物理学家宁愿坚持，现在有如此大量的实验证据支持$\boldsymbol{U}$——没有一个人反对之——甚至在猫的尺度下，我们没有什么权利去抛弃这类演化。如果这一点被接受，我们就似乎被导致到物理实在的非常主观的观点。对于这外面的观察者，猫的确是处于活和死的线性组合中，只有当容器最后被打开后猫的态矢量才坍缩成其中的一种选择。另一方面，对于在里面的（适当防护的）观察者，猫的态矢量坍缩得早得多，而外面观察者的线性叠加和他不相干。

$$|\Psi\rangle = \frac{1}{\sqrt{2}}\{|死\rangle + |活\rangle\}$$

态矢量似乎毕竟“完全处于精神之中”！

但是，我们真能采用态矢量的这种主观观点吗？假定外面的观察者做了某些复杂得多的事，而不仅仅是“窥视”该容器。假定他首先从他得到的容器内部的初始态的知识，使用他能得到的一台大型计算设备，由薛定谔方程计算3出容器内的态应实际上是什么样的，得到了（正确的！）答案$|\Psi\rangle$。这里$|\Psi\rangle$的确是上述的死猫和活猫的线性叠加。然后他进行一个特殊的实验，把这个态$|\Psi\rangle$和所有与之正交的态鉴别开来。（根据前述的量子力学规则，他在原则上可以进行这样的实验，尽管在具体实现时会遭遇到极大的困难。）“是的，它是处于态$|\Psi\rangle$”和“不，它处于与$|\Psi\rangle$正交的态”的两种结果的概率分别为百分之百和百分之零。特别是，态$|\chi\rangle = |死\rangle - |活\rangle$的概率为零，它是和$|\Psi\rangle$正交。$|\chi\rangle$作为实验结果的不可能性只能是因为两个选择$|死\rangle$和$|活\rangle$共存并相互干涉而引起的。

如果我们稍稍调整光子的路径长度（或镀银的量），使所得到的态不是$|死\rangle + |活\rangle$，而是别的组合，譬如$|死\rangle - i|活\rangle$，等等。所有这些不同的组合在原则上都具有不同的实验后果！所以它甚至“不仅”是某种会影响我们的可怜的猫的死亡和存活的共存的事体。所有不同的复组合都是允许的，它们在原则上应能互相被区分开来！然而，对于容器内的观察者，似乎所有这些组合都是无关紧要的。猫或者是活的，或者是死的。我们如何理解这种偏离呢？我将简要地指出一些关于这些（以及相关的）问题的不同观点，——虽然毫无疑问地，我将

不会完全公平地对待它们！

现存量子理论的不同看法

首先，在实现诸如将态$|\Psi\rangle$与任何和$|\Psi\rangle$正交的态区分开来的实验中存在着明显的困难。毫无疑问地，在实际上，这种实验对于外面的观察者而言是不可能的。特别是，甚至在他计算$|\Psi\rangle$将来实际上应是什么样子之前，他需要知道（包括内部观察者的）整个内容的态矢量！然而，我们要求这个实验不仅在实际上，而且在原则上不可能实现，否则我们就没有权利从物理实在中移走态|活〉或态|死〉中的一个。麻烦在于，量子理论的现状并没有在"可能的"测量和"不可能的"测量之间划上一道清楚界限的法规。也许应该存在这样清楚的区别。但是，理论的现状不允许这种东西。引进这种区别就会使量子理论改观。

其次，一种相当普遍的观点认为，如果我们充分地考虑环境的影响，则困难就会被消除。的确，要使系统完全和外界隔离在实际上是不可能的。只要外界的环境牵涉到容器内的态，则外部观察者就不能认为系统是由一个单独的态矢量来描述。甚至他自己的态和这系统以一种复杂的方式相关联。况且，还有大量的不同粒子纠缠以及一直弥散到宇宙中越来越远的，包括极大量自由度的不同可能的线性组合的效应。不存在一种可行的方式（譬如靠观察适当的干涉效应）把这些复线性组合从仅仅为概率加权的选择中区别出来。这甚至不必是把系统和外界隔离开来的问题。猫本身牵涉到巨大数量的粒子。这样，死猫和活猫的复线性组合可以像简单的概率混合那样处理。然而，我本人认为这根本不是令人满意的。正如对付前面的观点一样，我们可以问在哪一阶段可以正式认为“不可能”得到干涉效应——使得可以宣布说复线性叠加的幅度平方模提供了衡量“死”和“活”的概率？甚至如果世界的“实在”在某种意义上“在实际上”变成一个实数概率权重，如何将它只分解成这种或那种选择？在仅仅依赖演化$\boldsymbol{U}$的基础上，我看不到实在如何将两种选择的一个复（或实）线性叠加变换成其中的这样一种选择。我们似乎被逼回到世界的主观观点上去！

有时人们采取这样的观点，复杂的系统实际上不应该由“态”而应由所谓的密度矩阵的推广来描述（*von Neumann 1955*）。这些同时牵涉到经典概率和量子幅度。事实上，许多不同的量子态被一起用来代表实在。密度矩阵是有用的，但是它们自身不能解决量子测量深刻而可疑的症结。

人们也许同意，实际的演化是决定性的$\boldsymbol{U}$，但在了解该组合系统的量子态究竟是什么时牵涉到的不确定性引起了概率。这可认为是关于概率起源的非常“经典的”观点——它们全部是从初始态的不确定性引起的。人们可以想象，微小的初始态的差别会产生演化中的巨大差别。正如经典系统会产生“混沌”一样（譬如，天气预报，参阅第5章224页）。然而，单由$\boldsymbol{U}$本身不会产生这种“混沌”，因为它是线性的：在$\boldsymbol{U}$的作用下，人们不想要的线性叠加被一直维持着。要把这种叠加归结成这种或那种选择，$\boldsymbol{U}$本身做不到，需要某种非线性的东西。

作为另一种观点，我们也许注意到了这个事实，在薛定谔猫的实验中唯一和观察结果完全明确的偏差似乎是由于有意识的观察者引起的，一个（或两个）在容器里面和另一个在外面。也许复量子叠加定律不能应用于意识！欧根·P.维格纳（1961）为此观点提出了一个粗糙的数学模型。他提议，薛定谔方程的线性也许对于有意识的（或仅仅是“活”的）本体无效，它由某种非线性的步骤所取代，由此被归结成两种选择中的一个。读者或许会认为，由于我在寻求某种量子现象在我们意识思维中的作用——我们的确如此，我倒最为同情这种可能性。然而，我一点也不喜欢它。它似乎会导致世界实在的非常不均衡的使人烦恼的观点。宇宙中意识栖息存在的角落可以说是非常稀少并相隔得非常远，依此观点，复线性叠加只在那些角落归结成实际的选择。情况也许是这样，对我们来说，其他这样的角落和宇宙的其余部分显得相同，因为不管我们自身看到（或观察到）什么，由于我们意识的行为使它“归结成选择”，而不管是否之前已经归结成这个样子。若果真如此，这种巨大的失衡会给世界的实在性提供一个非常使人烦忧的图像，而要我作为其中一员只能非常犹豫地去接受它！

还有一种相关的称作参与宇宙的观点（由约翰·A.惠勒在1983年提出），将意识的作用推向一个（不同的）极端。例如，我们注意到，这一个行星上的意识生命的演化是由于不同时期的适当的沧桑巨变。这些被设想为量子事件，所以它们只在线性叠加的形式中存在，直到它们最后导致意识生命的演化——其存在完全依赖于正确的巨变“在实际上”发生！依此观点，正是我们自身的存在把我们的过去变戏法为存在。此图像中的逻辑循环的矛盾引起人们的一些注意，但我自己感到这种观点困难重重，并且几乎是不可信的。

另外一种本身是逻辑性的，但是提供出同等奇怪图像的称为多世界的观点。这是休·埃弗里特三世首次公开提出的（1957）。按照多世界解释，***R***根本从未发生过。实在的态矢量的全部演化被认为总是由决定性的过程***U***所制约的。这意味着可怜的薛定谔猫和容器中的受防护的观察者的确应该存在于一种复线性组合之中，猫处于某种活和死的叠加态中。然而，死的状态是和内部观察者意识的一种态相关，而活的与另一状态相关（并且假定，部分地和猫的意识相关——并且当这些内容呈现给外界观察者时，最终也和他相关）。每一观察者的意识被看作“分裂”，这样现在他存在两次，每一次他的情形都有不同的经验（也就是，一次看到死猫，另一次看到活猫）。的确不仅是一个观察者，他所居住的整个宇宙都在他对宇宙所进行的每一“观察”中分裂成两个（或更多个）。这种分裂不断地发生——不仅仅是由于观察者进行的“观察”，而且还一般地由于量子事件的宏观的放大——这样使得这些宇宙“分枝”疯狂地蔓延。的确，每一种不同的可能性都会在某种巨大的叠加中共存。这肯定不是最经济的观点，但是我本人反对它的原因并不是这种不经济。特别是，我看不出为何意识只能知晓线性叠加的“一”个选择。是有关于意识的什么东西使人们无法“知晓”令人焦虑的死猫和活猫的线性叠加呢？我似乎觉得在多世界观点和人们实际观察到的之间相符合之前必须先有关于意识的理论。在宇宙的“真正”（客观）态矢量和我们要实际“观察”到的之间我看不到什么关系。有人断言，***R***的“幻像”在某种意义上能在这图像中被等效地导出，但我认为这一断言不成立。要使这种方案可行，人们至少需要进一步的要素。依我看来，多世界观点并没有在实际上触动量子测量的真正的困惑，而自身却引进了许多问题。（比较*Witt and Graham 1973*的讨论。）

现状如何

就量子力学的理论现状而言，任何解释上的困惑总是以这种或那种面目出现而挥之不尽。让我们简略地复习一下标准的量子理论在实际上告诉我们应如何描述世界，尤其是和这些令人困惑的问题之间的关系。然后我们向自己提出这样的问题：我们将往何处去？

首先，我们知道只能把量子理论的描述有意义（有用）地应用到分子、原子或亚原子粒子的所谓量子水平上去。但是，只要在不同的可能性之间的能量差保持非常小时，也能在大尺度下应用。在量子水平上，我们应该把这种“选择”当作可共存的东西来处理，以一种复数权重来叠加。我们用以加权的复数称为概率幅。每一不同的复加权选择的总体定义一个不同的量子态，而任一个量子系统必须用这样的量子态来描述。以自旋的情况作例子最为清楚了。对于什么是构成量子态的“实际的”选择以及什么仅仅是选择的“组合”，我们无可奉告。无论如何，只要系统仍处于量子水平，量子态就以完全决定性的形式演化。由重要的薛定谔方程制约的过程 $\boldsymbol{U}$ 即是这种决定性的演化。

当不同量子选择的效应被放大到经典水平，使得选择之间的差别足够大到我们可以直接感知，那这样的复权重叠加似乎不再维持。相反地，复幅度的平方模被形成（也即把它们在复平面上的位置离开原点的距离取平方），而现在这实数扮演问题中选择的实际概率的新角色。只有其中的一个选择依照过程 $\boldsymbol{R}$（称为态矢量的减缩或波函数的坍缩，完全和 $\boldsymbol{U}$ 不同）在物理经验的实在中存活。量子理论的非决定性正是在这里也仅是在这里被引进来。

人们也许可以有力地为量子态提供一个客观的图像辩护，但是它是复杂的，甚至有些使人觉得似是而非。当有若干个粒子参与时，量子态（通常）会变得非常复杂。单独粒子自身不再有它们自己的“态”，而是处于和其他粒子相缠结的复杂的相关状态中。当在一个区域“观察”一个粒子时，也就是它触发了某种效应使之放大到经典水平，那么必须祈求$\boldsymbol{R}$——但是这显然同时地影响其他和该粒子相关的所有粒子。爱因斯坦、波多尔斯基和罗森（EPR）类型的实验（譬如在阿斯佩实验中，由一个量子的源向相反方向发射出一对光子，然后在相隔几米的距离下分别测量它们的偏振）对这些量子物理困惑的，却又是根本的事实给出了清楚的观察结果：它是非定域的（使得阿斯佩实验中的光子不能被当成分开的独立的本体来处理）！如果$\boldsymbol{R}$被认为是一种客观方式的作用（它似乎为量子态的客观性所隐含），那就相应地违背了狭义相对论的精神。看来不存在能和相对论要求相一致的（正在减缩的）态矢量的真正客观的时空描述。然而，量子理论的观察效应不违反相对论。

量子理论在关于何时和为何$\boldsymbol{R}$实际上（或显得？）发生的问题上保持缄默。并且，它本身并没有适当解释为何经典水平的世界“显得”经典。要知道“大多数”量子态根本不像经典态！

现状如何？我相信，人们必须认真地考虑量子力学在应用于宏观物体时就是错了的可能性，或者定律$\boldsymbol{U}$和$\boldsymbol{R}$只不过是提供极为近似某种更完全的，但还未发现的理论。正是这两个定律结合在一起提供了现在理论而不光是$\boldsymbol{U}$所享有的与观察的美妙的符合。如果把$\boldsymbol{U}$的线性推广到宏观世界去，我们就必须接受板球等不同位置（或不同自旋等）的复线性叠加的物理实在。常识告诉我们，这不是世界真正行为的方式！经典物理的描述的确为板球提供了很好的近似。它们具有定义得相当好的位置，并没有出现量子力学线性定律所允许的同时处于两处的情况。如果过程U和R为更广泛的定律所取代，则新定律不像薛定谔方程那样，它具有非线性的特征（因为R自身非线性地起作用）。有些人持反对态度，他们完全正确地指出，标准量子理论深奥优美的数学性是来自于它的线性。但是我感到，如果量子理论在将来不遭受到一些根本的改变，那是令人惊讶的——对于某种东西它会变成线性只能是一种近似。肯定存在过一些这类改变的先例，牛顿的优雅而有力的万有引力理论要大大地归功于这一个事实，理论中的力以线性的方式相加。然而，和爱因斯坦广义相对论相比，这种线性只是（虽然是极好的）近似——爱因斯坦理论的精巧甚至超过了牛顿理论！

我毫不犹豫地相信，量子理论矛盾的解决在于我们找到一个改善的理论。虽然这也许不是传统的观点，但也不是毫无传统可言。[许多量子理论的创始者也有这种想法。我是指爱因斯坦的观点。薛定谔（1935）、德布罗意（1956）和狄拉克（1939）也认为此理论是临时的。] 但是，甚至如果人们相信此理论是要进行某种修正，而应该如何进行修正的方式还要受到巨大的限制。也许某种“隐变量”观点最终会变成可接受的。但是，由EPR类型的实验展示的非定域性对任何在通常时空中能安然发生的世界“现实的”描写都构成了严重的挑战——这正是依照相对论原理所提供给我们的特殊类型的时空——所以我相信需要更多得多的激变。况且，从未发现量子理论和实验之间的任何种类的偏离——当然除了人们把板球线性叠加态的不存在当成反例之外。依我自己的观点看，不存在线性叠加的板球正是相反的证据！但是这对它本身并没有什么大帮助。我们知道，量子定律支配着亚微观水平的东西，而经典物理支配着板球水平的东西。为了看到量子世界如何和经典世界合拢，在它们中间的某个地方，我坚持，我们必须对新的定律有所理解。我还相信，如果想理解精神的话我们必须理解这种新的定律。我相信，为了所有这一切，我们必须寻求新的线索。

在本章的量子理论描述中，我完全采用传统的办法，虽然也许比通常更加强调几何和“现实性”。我们将在下一章寻找某些必需的线索——我相信它能为改善量子理论提供某些暗示。我们从家乡开始旅行，但将被迫浪迹天涯。我们必须探索空间的极遥远处，并且要回溯到时间最初的起点！

第7章
宇宙论和时间箭头

时间的流逝

体验时间进展的感觉是我们知觉的中心。我们似乎从确定的过去向未定的将来不断前进。我们觉得过去的已经完结了，它是不可改变的，它在某种意义上还在“那里”。我们现在关于它的知识来自于我们的记录、我们记忆的痕迹以及从这些推导而来的东西。但是，我们从未怀疑过去的“实在性”。过去的那个样子也只能是这样了。发生过的事情已经发生过了，不管是我们还是任何人做任何事情都无法改变它！另一方面，将来似乎还是未定的。它可以这样也可以那样。或许这种“选择”完全是由物理定律所决定，或许一部分由我们自己(或上帝)所决定；不过似乎这种“选择”仍然有待于进行。无论未来的“现实”实际上可能决定成为什么，似乎都只是潜力。当我们有意识地感觉到时间的流逝时，广漠而表面上不确定的将来的最急切部分连续地变成为现实，并因此进入僵死的过去。有时我们会感到，我们甚至对特殊潜在的未来选择的某种影响独自“负责”，这种选择事实上已被实现，并成为过去的永恒实在。我们更经常觉得，当确定的过去疆域无情地吞噬未定的将来时，自身只是一个无助的旁观者——也许还要庆幸自己对这一切不必负责任。

但是，正如我们所知道的，物理告诉我们的却是另一回事。所有成功的物理方程都在时间上是对称的。它们在时间的任何方向上使用都显得一样。在物理学上，将来和过去似乎是平权的。牛顿定律、哈密顿方程、麦克斯韦方程、爱因斯坦广义相对论、狄拉克方程、薛定谔方程——如果我们颠倒时间方向（用$-t$来取代代表时间的坐标t），所有这些方程在实质上都不变。全部经典力学以及量子力学的$\boldsymbol{U}$部分都是完全时间可逆的。现在存在一个问题，量子力学的$\boldsymbol{R}$部分在实际上是否时间可逆的。这个问题将是下一章论证的中心。此刻，让我们首先避开这个问题，并把它当作这个课题的“传统智慧”，也就是不管其初看起来怎样，$\boldsymbol{R}$的动做也应该被认为是时间对称的（参阅*Aharonov*，*Bergmann*，*and Lebowitz 1964*）。如果我们接受这些，似乎就必须环视四周，看看是否在他处能找到物理定律断言的过去和将来的差别之所在。

我们研究这个问题之前，必须考虑在我们的时间感觉和现代物理理论教导我们所相信的东西之间另一个令人困惑的偏离。根据相对论，根本就没有什么叫作“现在”的东西。我们所能得到和这最接近的概念是（正如258页的图5.21）观察者在时空中的同时空间，但是它依赖于观察者的运动！一个观察者的“现在”和另一观察者的不同[1]。关于时空中的两个事件A和B，第一位观察者U会认为B属于固定的过去，而A属于未定的将来；而对于第二观察者V可变为A属于固定的过去，而B属于未定的将来！（图7.1）。只要A和B中的任何一个事件是确定的，我们就不能完全有意义地断言另一个事件是否仍是未定的。

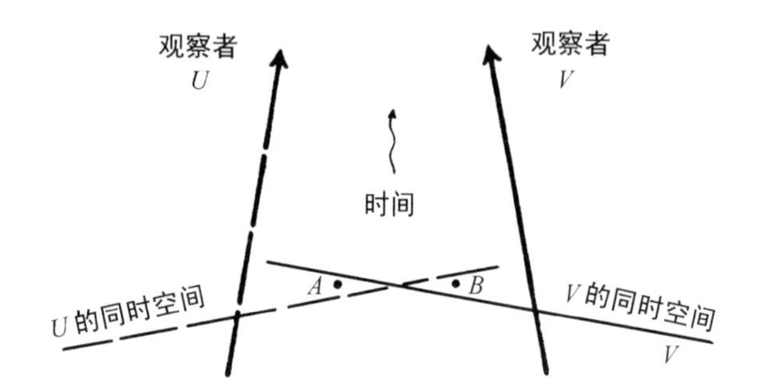

图7.1 时间真能流逝吗?从观察者U看来,B在"固定的"过去,而A还处于"未定的"将来,观察者V的观点刚好相反

回想一下259—260页的讨论以及图5.22。两人在路上相遇,按照其中一人,仙女座大星云太空舰队已经启程,而另一人却认为,还没有决定是否实际进行这次航行。那个已经决定的结果怎么还会有某种不确定呢?如果对于其中一个人而言决定已做出,那很清楚不能再有任何非确定性。太空舰队的启程已是不可避免。事实上他们中没有任何一个人知道太空舰队的发射。他们将来只能在地球上的望远镜观测揭示了舰队的确已在航程中时才知道。然后,他们可以回到原先邂逅之处[2],并且得出结论,在那个时刻,按照其中一人,这个决定于未定的将来才做,而对于另一人,决定已在固定的过去做过。那时关于未来是否确有任何未定之处?或者是否两人的未来都已被"固定了"?

情况似乎变成,如果任何事情完全确定,则整个时空应该的的确确是确定的!不可能有"未确定的"未来。整个时空必须是固定的,没有任何不确定的疆域。的确,这似乎正是爱因斯坦自己的结论(参阅*Pais 1982*,P444)。此外,根本就没有时间流逝。我们只有"时空"——并且根本就没有正在被确定的过去无情侵占的未来疆域!(读者也许会诧异量子力学的“不确定性”在所有这些中扮演什么角色。我将在下一章回到量子力学引起的这一问题。此刻，最好只按照纯粹经典的图像来思考这一切。)

依我看来，在我们关于时间流逝的意识感觉和我们关于物理世界的实在的(超等精密的)理论所作的断言之间存在着严重的偏离。假定(正如我所相信的)知觉的更基础的某种东西一定能在和某种物理的关系中得到理解的话，则这些偏离必须在实际上告诉我们这种物理的一些深刻的内容。看来不管什么物理在起作用，它至少必须有一根本的时间反对称要素，也就是说它应该能把过去和将来区分开来。

如果物理的定律不能区分将来和过去——并且甚至连“现在”这个概念和相对论都不能和谐相处——那么究竟何处可以寻找到和我们自以为理解世界的方式更一致的物理定律呢？事实上，事情并非像我似乎要表明的那样具有这样大的偏离。我们的物理理解除了仅仅是时间演化的方程以外，还包含有牵涉到时间不对称的重要部分。其中最重要的是热力学第二定律。我们先要对这一个定律有所了解。

熵的无情增加

想象把一杯水放在桌子的边缘上。稍微推一下就会落到地面上去——无疑地会被打碎成许多碎片，水会溅到相当大的面积上，或许会被地毯吸收，还会流到地板的缝隙中去。我们这一杯水在这里只不过忠实地遵循着物理的方程罢了。牛顿的描述即已足够。杯子和水中的原子独立地遵守牛顿定律(图7.2)。现在让我们把这图像在时间的相反方向表演。由于这些定律的时间可逆性，这些水可以一样容易地从地毯和地板缝隙中流出，流进一个从许多碎片拼凑而成的玻璃杯中，这整体从地板上刚好跳跃到桌子的高度，然后停在它的边缘上。正如杯子落下打碎的过程一样，所有这一切又都和牛顿定律相符合。

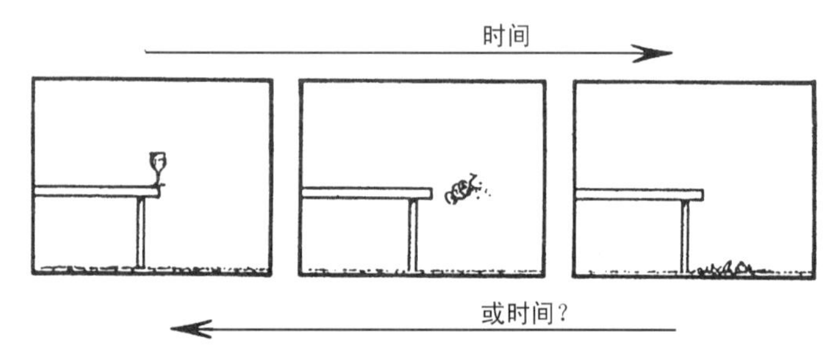

图7.2 力学定律是时间对称的；但是由右图到左图这样景象的时间顺序从未实现过，而由左图到右图则是司空见惯的

读者也许会问使杯子从地板上升到桌子上去的能量从何而来。那没有问题。不可能有能量的问题，因为在杯子从桌子落下时，从下落得到的能量必须跑到某处去。下落杯子的能量事实上变成热。在杯子摔到地面的时刻，杯子碎片、水、地毯和地板的原子会以一种比以前更快一些的杂乱的方式运动。也就是说，玻璃片、水、地毯和地板会比这发生之前仅仅变得稍热一些（不管蒸发引起的可能的热丧失——但是在原则上，那也是可逆的）。由于能量守恒，这热刚好等于这杯水从桌子上落下时的能量损失。所以，这些热能也刚好是足以使玻璃杯重新举到桌子上的能量！注意，在我们考虑能量守恒时把热能也计入是很重要的。把热能也包括进去的能量守恒定律称为热力学第一定律。由牛顿力学推导而来的热力学第一定律是时间对称的。第一定律并不以任何方式限制玻璃和水，从而排除碎片聚集成杯子，并且充满水后奇迹般地跳回到桌面上的可能性。

我们从未看到这类事情发生的原因是，在玻璃碎片、水、地板和地毯中的原子的“热”运动全是极其紊乱的，所以大部分原子都在错误的方向上运动。为了聚集玻璃碎片并收回所有溅开的水，而且最后优美地跳回到桌子上，必须以不可思议的精确度把它们的运动协调起来。可以肯定的是，这样协同的运动实际上是不存在的！只有极其侥幸地，也就是如果真有这样的“魔术”发生的话，才会有这种协同。

然而沿着时间的另一方向，这种协同运动则是司空见惯的。假定在物理状态的某种大尺度变化发生（这里是玻璃杯被打碎，水流走）之后而不是之前，粒子以协同的方式运动，我们并不把这些认为是侥幸。在此事件以后，粒子的运动的存在必须是高度协同的；由于这些运动具有这类性质，所以如果我们以完全精确的方式去颠倒每一个别原子的运动，则结果正是集中碎片，充满水并把水杯刚好举到出发之处所需要的行为。

把高度协调一致的运动看作大尺度变化的效应而不看作原因的观点是可以接受的并且是熟悉的。然而“原因”和“效应”两词需要面对时间反对称的问题。通俗地讲。我们已习惯于在原因必须先于效应的意义上应用这些术语。但是要想理解在过去和将来之间物理上的不同，就必须非常警惕不让我们日常的关于过去和将来的感觉无意识地注入讨论中去。我必须警告读者，要避免这样是极其困难的，但是我们必须强制自己这样做。我们必须尽力地这样使用词句，即在过去和将来的物理差异上不偏不倚。相应地，如果情势被认为刚好是合适的，我们就必定允许自己把事件的原因放在将来，而把效应放到过去！经典物理的决定性的方程（或量子物理的U过程）对于未来方向的演化并没有什么特权。它们可以一样好地适用于向过去方向的演化。未来之决定过去犹如过去之决定未来。我们可以用某种任意的方式指明系统在将来的某一个状态，并用之来计算过去应该是什么样子的。如果我们允许在时间的正常未来方向演化方程时，把过去当作“原因”，而把将来当作“效应”；则在时间的过去方向上，我们就可以应用演化方程的同等有效的步骤，并且显然地应该把将来当作“原因”，而把过去当作“效应”。

然而，在我们使用“原因”和“效应”的术语时牵涉到其他的某些东西，这根本就不是哪个事件发生在过去、哪个发生在将来的问题。让我们想象一个假想的宇宙，而且我们自己宇宙中的时间对称的同样的经典方程可适用于它。但是，在这宇宙中人们熟悉的行为（例如，一个玻璃杯被打碎，水流走）和这些行为的时间反演的发生共存。随同我们比较熟悉的经验，假定有时玻璃碎片真的聚集起来，神秘地充满了流走的水，然后又跳回到桌上去；还假定，有时搅拌煮熟的鸡蛋魔术般地恢复回来并最后飞回到打碎的蛋壳里，蛋壳完好地聚集起来，并把它新得到的内容封好；从溶解在甜咖啡中的糖会形成一块方糖，并自动地从杯子里跳回到某人手中。如果我们生活在这类事为司空见惯的世界中，我们肯定不会把这类事件的“原因”归结成奇异的有关单独原子的相关行为的不可能的机遇，而是认为是某种“目的论效应”。由于这种效应，自装配的物体有时力求得到所需要的某种宏观的结构。“看！”我们会说，“它正在重新发生。那团乱七八糟的东西正把自己聚集成另一杯水！”我们会毫无疑问地认为，原子的目标是如此之精确，因为这是产生桌子上的一杯水的方式。桌子上的杯子变成“原因”而地面上显得杂乱的一团原子是“效应”——尽管这个“效应”在时间上比“原因”发生得更早。类似地，在搅拌煮熟的鸡蛋中的原子的精细组织的运动不是向聚集的鸡蛋壳跳回的“原因”，而是未来所发生的“效应”；糖块不是“因为”原子以非凡的精度运动，而是由于某个人——显然是在将来——要把糖块抓到手里，所以才集合起来并从杯子里跳出来！

当然，在我们的世界中看不到这类事的发生——或者可以更好地表达成，我们没看到这些事和那些正常类型的事共存。如果所有我们看到的都和上述的那样反常，则我们不会有任何问题。只要在我们所有的描述中把“过去”和“将来”，“以前”和“以后”等术语互相交换一下就可以了。可以认为时间沿着和原先认定的相反的方向前进，那个世界就可描述成和我们自己的世界一样。然而，我在这里摹想另一种不同的可能性——水杯的破碎和聚集能共存。在这样的世界中，我们不能仅仅靠改变时间进展的方向的习惯方法来恢复我们所熟悉的描述。当然，我们的世界刚好不是那样子，为何不是那样子？为了着手理解此事实，我要求你尝试想象这样的一个世界，并惊异我们会如何描述其中发生的事情。我要求你接受，在这样的一个世界中，我们一定能把粗糙的宏观的东西——诸如一满杯水，没有碎的蛋，手中的方糖——描述成提供的“原因”，而将详细的，或有精密关联的个别原子运动当作“效应”，而不管“原因”是否处于效应的将来或过去。

为何在刚好我们生活其中的世界中，在实际上原因总是超前于效应；或换一种讲法，为何准确协同的粒子运动总是在某种物态的大尺度变化之后而不是之前呢？为了对这类事物有更好的描述，我必须引进熵的概念。粗略地讲，系统的熵是其呈现的无序的量度。（以后我会表达得更精确一些。）这样，碎玻璃杯和地板上溅开的水，是比桌子上完好的一满杯水具有更高的熵的态；搅拌的鸡蛋比新鲜的未打碎的蛋具有更高的熵；甜咖啡比淡咖啡以及未溶解的糖块的熵更大。低熵态似乎是某种以明显的方式“被特别地安排好”，而高熵态却没有那么“被特别地安排”。

当我们谈到低熵态的“特殊性”时，很重要的一点是要意识到，我们指的是显明的特殊性。因为，在一个更微妙的意义上，这些情形下的高熵态，由于个别粒子运动的非常精密的协调，正和低熵态一样地是“被特别地安排的”。例如，在打碎杯子后流到地板缝隙中的水分子的似乎随机的运动其实是非常特殊的：其运动是如此之精密，如果它们所有都刚好颠倒过来，则原先的低熵态也就是桌子上的完好的、装满水的杯子就会被恢复。(情况必定如此，由于所有这些运动的反演刚好简单地对应于时间方向的反转——依此杯子会聚集好，并跳回到桌子上去。) 但是，所有水分子的这种协调的运动并非我们称为低熵的那种“特殊性”。熵是指显明的无序性。存在于粒子运动的精确的协同的有序不是显明的有序，故不能用以降低系统的熵。所以，流出的水中的分子的有序性在这种方式中不能算数，它的熵是高的。然而，在完好的一杯水的显明的有序给出了低的熵值。这里表明的是这样的一个事实，即粒子运动只有相对少的可能形态和一个完好装满水的杯子的显明形态相一致；相对来说，有更多得多的运动与地板缝中稍微加热的流水的显明形态相一致。

热力学第二定律断言孤立系统的熵随时间增加(或对于一个可逆的系统保持常数)。我们不能把协同的粒子的运动当作低熵。如果算的话，根据此定义，系统的“熵”就会永远是常数。熵概念只能指的确是显明的无序性。对于一个和宇宙的其余部分隔离开的系统，它的总熵增加。所以，如果它从某种显明的组织好的状态出发的话，该组织在过程中就会被腐蚀，而这些显明的特征就转化成“无用的”协同的粒子运动。第二定律似乎是一个绝望的裁决，因为它断言存在一个无情和普遍的物理原则，它告诉我们组织总是被不断地损坏。我们将来会看到，这个悲观的结论并非完全合适！

什么是熵

但是精确地讲，物理系统的熵应是什么呢？我们看到了它是显明无序的某种测度。但是，由于我这样不精密地使用诸如“显明”和“无序”的字眼，熵的概念实在还算不上一个清晰的物理量。第二定律还有另一方面似乎表明熵概念中的不精确的因素：只有所谓的不可逆的系统熵才实际上增加，而不仅仅是保持常数。“不可逆”是什么含义呢？如果计入所有粒子的细节运动，则所有系统都是可逆的！我们应该讲，在实际上杯子从桌子落下并粉碎，鸡蛋的搅拌，或糖在咖啡中的溶解都是不可逆的；而少数粒子的互相反弹，还有许多能量没有损耗变成热的各种仔细控制的情形是可逆的。基本上讲，“不可逆”这一个术语只是指这样的一个事实，即不可能去追踪或控制系统中的所有个别粒子运动的所有细节。这些不可控制的运动被叫作“热”。这样，不可逆性似乎只是一个“实用的”东西。虽然按照力学定律我们完全允许去恢复鸡蛋，但在原则上这是不可能的。难道我们的熵概念要依赖于什么是可行的，什么是不可行的吗？

我们记得在第5章中，能量以及动量和角动量的物理概念可以按照粒子的位置、速度、质量和力在数学上被精确地定义。我们怎能期望

“显明无序性”的概念也做到一样好，使之成为一个数学上精确的概念呢？显然，对于一个观察者“显明”并不表明对另一个观察者亦是如此。它是否取决于每位观察者对被观察系统的测量精度呢？一个观察者用一台更好的测量仪也许能比另一个观察者得到关于系统微观结构的更细致的信息。系统中更多的“隐蔽的有序”也许对一个观察者是显明的，对另一个观察者却是另外一回事。相应地，前者会断言熵比后者估算的要低。不同观察者的美学判断似乎也会被牵涉到那些被定为“有序”而不是“无序”的东西。我们可以想象，有些艺术家的观点认为一堆破碎的玻璃片远比曾经待在桌子的边缘上丑陋吓人的杯子更为美丽有序！熵是否会在这种具有艺术感觉的观察者的判断那里被降低呢？

尽管存在这些主观性的问题，使人惊异的是，在精密的科学描述中熵概念是极其有用的。这一点是无疑的。这么有用的原因在于，一个系统按照细致的粒子位置和速度从有序向无序的转变是极其巨大的，并且（在几乎所有的情况下）完全把在宏观尺度上关于何为“显明有序”的观点的任何合理的差别完全淹没。特别是艺术家或科学家关于聚集或破碎的玻璃哪种更有序的判断，以熵的测度来考察，则几乎毫无结果。迄今为止对于熵的主要贡献来自于引起温度微小增加的随机的粒子运动，水的溅开以及一杯水落到地面上去等。

为了更精密地定义熵的概念，让我们回到第5章引进的相空间的观念。我们记得，系统的相空间通常具有极大的维数，其中每一点代表了包括系统的所有细节的整个物理态。相空间的一个单独的点提供了构成该物理系统的每一个单独粒子的位置和动量坐标。为了熵的概念，我们需要用一种办法把从其显明（也即宏观）性质看起来一样的所有的态集中起来。这样，我们必须把我们的相空间分成一些区域（图7.3）。属于任何特别区域的不同点虽然代表它们粒子的位置和运动的不同细节，但是对于宏观的观察特征而言，仍然认为是一样的物理系统。从什么是显明的观点看，一个单独区域中的所有点应被考虑作相同的物理系统。相空间这样地被划分成区域的做法被称为相空间的粗粒化。

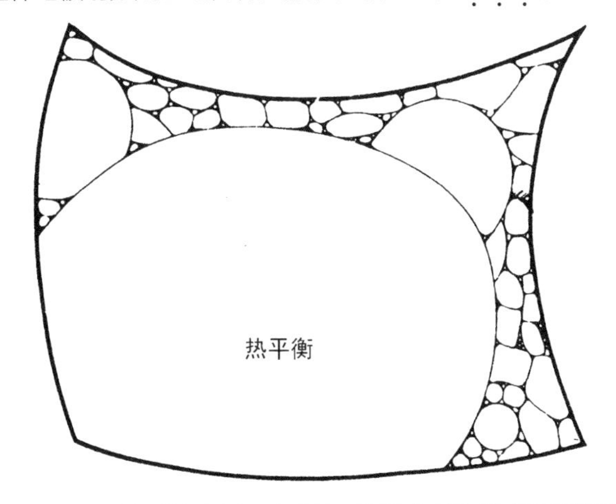

图7.3　相空间被粗粒化成在宏观上无法相互区分开的态的区域。熵和相空间体积的对数成比例

现在，这些区域中的一些会比其他的区域庞大得多。例如，考虑一盒气体的相空间。相空间的大部分体积对应于气体非常均匀地在盒子中分布的态，粒子以一种能提供均匀温度和压力的特征的方式运动。这种运动的特别方式，在某种意义上可能是称之为麦克斯韦分布的最“紊乱的”一种，它是以我们前面提到的同一位詹姆斯·克拉克·麦克斯韦来命名的：气体处于这种紊乱状态时就说它达到了热平衡。相空间中的点的绝对大的体积对应于热平衡；该体积中的点描述和热平衡一致的个别粒子位置和速度的所有不同的细致形态。这个巨大的体积是我们在相空间中的一个（很容易是）最大的区域，实际上它几乎占

据了整个相空间！让我们考虑气体的另一种可能的态，譬如所有的气体被局限在盒子的一个角落上。又存在许多不同的个别粒子的细致的态，它们都描述以同样的方式把气体局限在盒子角落的宏观态。所有这些在宏观上都不能互相区别，而相空间中代表它们的点构成了相空间的另一个区域。然而，这一个区域体积比代表热平衡的那个区域要小得多了。如果我们的盒子的体积为1立方米，装有在通常大气压和温度下的平衡的气体，而角落区域的体积取作1立方厘米，则上面的相空间体积的缩小因子大约为$10^{10^{25}}$！

为了评价这类相空间体积之间的差异，想象一种简化的情形，即把许多球分配到几个方格中去。假如每一方格或者是空的或者只容纳一个球。用球来代表气体分子而方格表示分子在盒子里所占据的位置。让我们从所有方格中挑出特殊的小子集；这些被用于代表对应于盒子的一个角落的区域的气体分子位置。为明确起见，假定刚好有1/10数目的方格为特殊的——譬如讲有n个特殊的方格和$9n$个非特殊的方格（图7.4）。我们希望把m个球随机地分配到这些方格中去，并且求

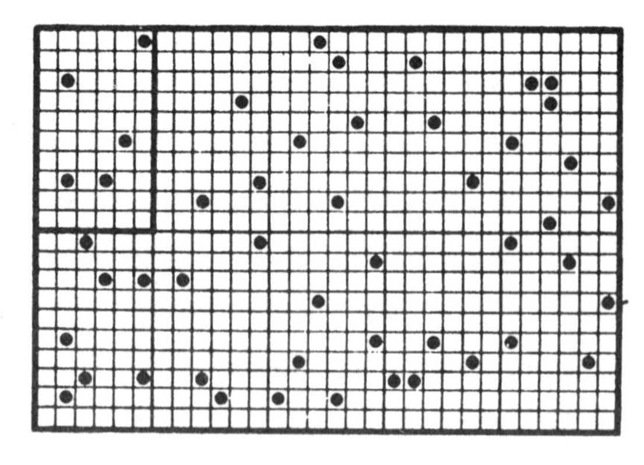

图7.4　一盒气体的模型：一些小球分布在数目比球大得多的方格中去，1/10的方格被认作特殊的。在左上角上已把这些特殊的标出

出所有的球都落到特殊方格中去的机会。如果只有1个球和10个方格（这样我们只有1个特殊方格），则很清楚，机会应为1/10。如果只有1个球，但有任意数目$10n$的方格（这样我们就有n个特殊方格），则情况不变。这样就对于仅有一个原子的“气体”，把气体局限在那个角落的区域，就具有整个“相空间”体积的1/10。倘若我们增加球的数目，所有它们都在特殊方格中的机会就非常显著地减少。对于2个球，譬如讲20个方格[1]（其中2个是特殊的）（$m=2$，$n=2$），机会为1/190，或者对于100个方格（其中10个是特殊的）（$m=2$，$n=10$），机会为1/110；对于数量非常大的方格机会变成1/100。这样，对于2个原子“气体”特殊区域的体积仅为整个“相空间”的1/100。对于3球和30个方格（$m=3$，$n=3$），机会为1/4060；而对于数量非常大的方格，机会为1/1000——这样，对于3个原子“气体”特殊区域体积就为相空间体积的1/1000。对于4球和非常大量的方格，机会为$1/10^4$。对于5球和非常大量的方格，机会为$1/10^5$，等等。对于m球和大量的方格，机会为$1/10^m$。这样，对于m原子“气体”，特殊区域的体积为“相空间”的$1/10^m$（如果把“动量”也包括在内，这仍然成立。）

我们可以把这些应用于前面考虑的一盒实际气体的情形。但是现在，特殊区域不是占据总体积的1/10，而是$1/10^6$（亦即1立方米中的1立方厘米）。这表明现在的机会不是$1/10^m$，而是$1/(1000000)^m$也就是$1/10^{6m}$。在通常的情况下，我们整个盒子中大约有10^{25}个分子，所以我们取$m=10^{25}$。这样，代表所有气体被局限在角落里的相空间的特殊区域只有整个相空间体积的

1. 对于一般的n，m，机会为$C_n^m/C_{10n}^m=\dfrac{n!(10n-m)!}{(10n)!(n-m)!}$。

$$1/10^{60000000000000000000000000}!$$

状态的熵是包含代表该态的相空间区域体积V的测度。鉴于上述的这些体积间的巨大差别，最好不把它定义为和该体积成比例，而是定义为和该体积的对数成比例：

$$熵=k\lg V。$$

取对数有助于使这些数显得更合情理。例如10000000的对数[1]大约为16。量k称为玻耳兹曼常数。其数值大约为10^{-23}焦/开。此处取对数的主要原因是使熵对于独立的系统成为可加量。这样，对于两个完全独立的系统，它们合并起来的系统的总熵为每一个单独系统的熵的和。这是对数函数的基本代数性质的推论：$\lg AB=\lg A+\lg B$。如果系统在它们各自的相空间中属于体积为A和B的区域，则合并起来后的相空间中的区域体积就是它们的积AB，这是因为一个系统的每一可能性都必须各自分别计算。所以合并系统的熵的确为两个单独的熵的总和。

按照熵的观点，相空间中区域尺度的巨大差异显得更合理。上述的1立方米盒子的气体的熵只比集中在1立方厘米尺度的“特殊”区域的气体大1400焦/开（$=14k\times10^{25}$）［由于$\log_e(10^{6\times10^{25}})$大约为$14\times10^{25}$］。

---

1. 这里使用的对数是自然对数，亦即对数底为$e=2.7182818285\cdots$而不是10，但之间的区别是完全不重要的。一个数n的自然对数$x=\log n$是我们为得到n，而将e自乘的指数，亦即$e^x=n$的解（见115页的脚注）。

为了得到这些区划的实际的熵值，我们要稍微忧虑所选择的单位（米、焦、千克、开等）。这有点离题太远，实际上，对于我马上要给出的极其巨大的熵值，选用何种单位根本没有什么本质上的不同。然而，为了确定起见（对于专家而言），我将采用由量子力学规则所提供的自然单位，这时玻耳兹曼常数就变成1：

$$k=1。$$

第二定律在起作用

现在假定我们的系统从某种非常特殊的情形开始，譬如所有气体都在盒子的一个角落里。下一时刻，气体就会散开，并会急速地占领越来越大的体积。它过一阵就达到了热平衡。在相空间中看我们的图像应是什么样的呢？在每一阶段，气体所有粒子的位置和运动的完全的细节的状态都由相空间中的单独的一点描述。这一点在相空间中随着气体的演化而徘徊，这一精确的徘徊描述了气体中所有粒子的整个历史。这点从非常小的区域出发——该区域代表所有气体在盒子的一个特殊角落的所有初始态的集合。随着气体的扩散，我们运动的点进入了一个相当大的体积，这体积相应于气体以这种方式在盒子中稍微扩散开来。当气体向更远处扩散时，相空间的点继续进入越来越大的体积，新的体积以一个绝对巨大的因子使该点以前所在的体积完全相形见绌（图7.5）。在每一种情形下，一旦点进入更大的体积，（实际上）在原先更小的体积中就根本不再有机会找到它。最后它迷失在相空间中的最大的体积中——这相应于热平衡。这个体积实际上占领了整个相空间。人们可以完全放心，我们相空间的点在真正随机的徘徊中，在任何可以想象的时刻都不可能处在更小的体积中。只要达到热平衡，无论怎么弄，这个态都好好地待在那儿。这样，我们看到了简单地表达为相空间中适当区域体积的对数测度，其系统的熵随着时间无情增加[1]的趋势。

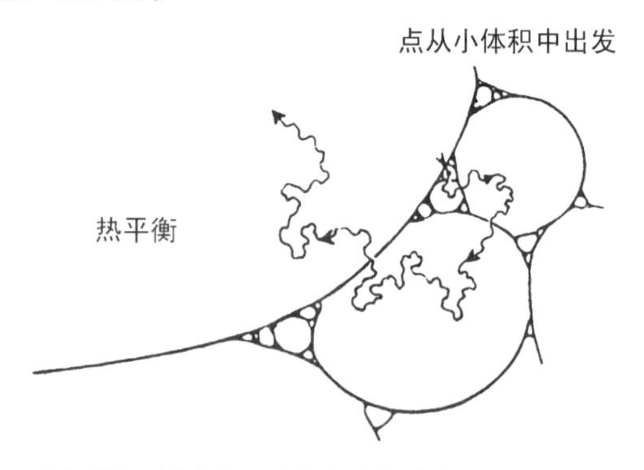

图7.5　热力学第二定律在作用：随着时间演化，相空间点进入越来越大体积的区域中。结果熵连续地增加

现在我们似乎为第二定律找到了一个解释！由于我们可以假定相空间的点不以任何特别设计的方式运动，如果它从相应于小的熵的很小的相空间体积出发，随着时间的流逝，它一定会以压倒一切的可能性不断进入越来越大的相空间体积，这相应于熵值的逐渐增加。

但是，在我们用这个论证推导出来的结果中似乎有点古怪的东西。我们似乎已经推导出时间反对称的结论。熵在时间的正方向增加，所以必须在相反的方向上减少。这个时间反对称从何而来？我们肯定没有引进过时间反对称的物理定律。时间反对称仅仅是从这一个事实而

1. 当然，绝不是说，我们相空间点将永不再回到更小的区域中去，如果我们等待足够长的时间，它将最终重新进入这些相对细小的体积。（这被称作庞加莱复现。）然而，在大多数情形，时间尺度是不可思议的长。例如，在气体重新进入盒子的1立方厘米的角落，大约需要$10^{10^{26}}$年，这远比宇宙的年龄长得多！我在下面的讨论中将不理睬这种可能性，因为它在实际上和我们讨论的问题无关。

来，就是该系统从一个非常特别的（亦即低熵的）态出发，系统一旦这样地被启动，我们就看到它在未来的方向演化并发现熵在增加。这种熵增加的确和我们自己实际宇宙中的系统行为相符。但是，我们同样可以在时间的相反方向上应用这一论断。我们又可以在某一时刻使系统处在一个低熵的状态，但是现在要问的是，什么是在此之前的最可能态的系列。

让我们试图以颠倒的方式来论证：和以前一样，从一个所有气体都待在一个角落的盒子里取其低熵态。现在相空间点处在我们以前出发的同一个微小的区域里。但是，现在让我们试着追踪它的往后方向的历史。如果我们想象，相空间中的点正如前面那样以非常紊乱的方式徘徊。随着向时间的相反方向的追踪，和前面一样地，它会很快地达到同样更大的相空间体积。这相当于气体在盒子中扩散了一些，但还没达到热平衡。体积越来越大，每一个新的体积都使原先的完全相形见绌。我们会发现，在更早的时刻它处于最大的体积中，这代表了热平衡。我们现在似乎得到推论，若在某一时刻，气体停在盒子的一个角落里，那么最可能的方式是，它是从热平衡出发才到达那里的，然后开始把自己集中在盒子的一端，最终把自己集中在盒子的一个很小的特定角落。熵在这整个过程中必须减少：它从最高的平衡值开始，然后逐渐减少，直到达到对应于气体被局限在盒子角落时的最低值！

当然，这一点也不像在我们宇宙里实际上所发生的！熵不以这种方式减少，它反而增加。如果知道在某一个特定的时刻气体挤在盒子的某一角落，那么在这之前更多得多的可能是气体被后来很快移开的一块隔板紧密地限制。或者气体以凝聚态或液态被定在该处并很快地加热成为气态。对于所有这些可能性，原先的态的熵甚至更低。第二定律的确在起支配作用，熵总在增加——也就是它实际上在时间的相反方向上减少。现在，我们看到我们的论证给出了完全错误的答案！它告诉我们使气体跑到盒子的角落去的最可能的方式是从热平衡开始，然后随着熵的逐渐减少，气体会集中到角落上去；而事实上，在实际世界中，这是极不可能发生的。在我们的世界中，气体是从一种更少可能（也即更低熵）的状态出发，挤在一个角落里的气体的熵不断增加到后来所具有的值。

我们的论证虽然不能应用于过去的方向，似乎在未来的方向上可以。对于未来的方向，我们可以正确地预料到，只要气体从角落上出发，未来最可能发生的是将要达到热平衡，而不是突然出现分隔，或气体忽然凝固或变成流体。这么奇异的可能性正是表明，我们的相空间论证中似乎已正确地排除在未来方向熵降低的行为。但是过去的方向，这样奇异的可能性的确像是要发生似的——它们对我们而言一点也不奇异。当我们试图在相反的时间方向应用相空间论证时，我们会得到完全错误的答案！

很清楚，这给我们原先的论证投下了疑问的阴影。我们没有推导出第二定律。事实上，该论证显示的只是，对于一个给定的低熵的状态（譬如讲气体被限制在一个角落里，那么在不存在任何约束此系统的外在因素时，则可望熵从该给定的状态在时间的两个方向上增加（图7.6）。这个论证在时间的过去方向上无效正是因为存在这种因素。过去的确有某种东西在约束这个系统。某种东西强迫熵在过去取低的值。熵在将来增加的这种趋势不足为奇。在某种意义上讲，高熵的态

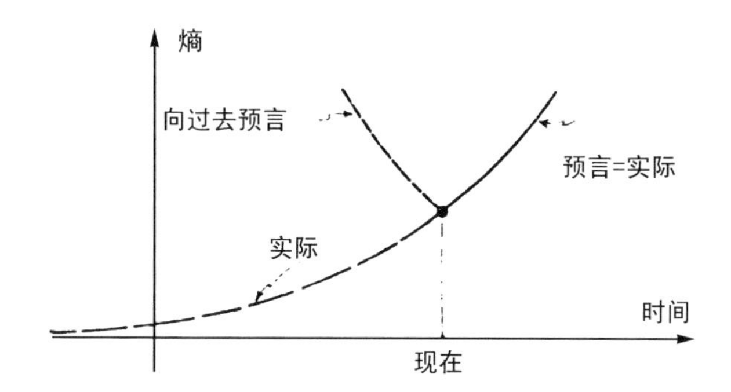

图7.6 如果我们在时间的颠倒方向上应用画在图7.5的论证，我们就“向过去预言”熵从它现在的值也向过去的方向增加，这和观察严重冲突

就是自然的“态”，这点就不必多加解释了，但在过去的低熵态是令人困惑的。是什么约束使得我们世界的过去的熵变得这么低？具有令人不可思议的低熵状态在我们居住的实在宇宙中普遍存在，虽然我们对这一点早已司空见惯，并通常不认为有什么大惊小怪，但它的确是一个令人惊异的事实。我们自己本身便是具有极小熵值的结构！从上述的论证可以看出，给定一个低熵态，我们不应该为后来的熵增加感到惊讶。应该惊讶的是，当我们考察它的过去时，熵变得越来越不可想象的低！

宇宙中低熵的起源

我们将要理解在我们居住着的现实世界中“惊人的”低熵从何而来。让我们从自身开始。如果我们能理解我们自身的低熵从何而来，则我们就应能看到被隔板限制住的气体、桌子上的水杯、炒锅上的鸡蛋或悬在一杯咖啡上的糖块的低熵从何而来。一个人或一群人（或者一只母鸡！）直接或间接地为每一种情形负责。我们自身的一部分低熵实际上有很大的程度被用以建立这其他的低熵态。也许牵涉一些附加的因素，例如使用真空泵把气体注入到隔板后面去。如果这台泵不是人工驱动的，则必须用某种“化石燃料”（例如石油）燃烧以提供必要的低熵能量使之运转。也许这台泵是电动的，则在一定的程度上要依赖于贮藏在核电站的铀燃料的低熵能量。以后我还会讲到其他低熵的源，但是现在我们先考虑自己身上的低熵。

我们自身的低熵究竟从何而来呢？我们身体的组织是由我们吃的食物和我们呼吸的氧气来的。人们经常听到这样的说法，即我们从食物和氧气的摄入中得到能量。但是只要想得更清晰一些就会发现这不是完全正确的。的确，我们消耗的食物和吸收到身体中来的氧气的化合为我们提供了能量。但是，大多数情况下，该能量又重新以热的形式离开我们的身体。由于能量是守恒的，在我们整个成年的生活中，身体实际上的能量含量或多或少是维持着一个常量，我们身体一点也没有必要再添加能量。我们不需要比我们已具有的更多的能量。事实上，当我们的体重增加时我们的确添加了能量，但通常这是多余的！还有，当我们从儿童长大，体格变健壮时，能量含量增加了相当多；这不是我在这里所关心的。问题在于我们如何使自己在正常（主要成年的）生活中存活。我们不必为此增加自身的能量含量。

然而，我们确需要取代以热的形式连续损失的能量。事实上，我们越是“有精力”，则实际上以这种方式损失的能量越多。所以这能量都必须有所取代。热量是能量的最无序的形式，也就是说，它是能量的最高熵的形式。我们吸收低熵形式的能量（食物和氧气）并以高熵形式（热、二氧化碳、排泄物）排泄出去。我们没必要从我们的环境获取能量，因为能量是守恒的。但是，我们是在连续地对抗热力学第二定律。熵不守恒，它无时无刻地增加着。我们必须使自身的熵降低才能存活。为此我们从食物和大气氧气中吸收低熵的化合物，让它们在我们身体内化合，以高熵的形式释放能量，否则我们的能量就会增加。用这种方式，我们可维持我们身体内的熵不增加，并能保持（并甚至增加）我们的内部组织。（见*Schrödinger 1967*。）

从什么地方来提供这些低熵呢？如果我们吃的食物刚好是肉（或蘑菇），那它正如我们一样要依赖于更外部的低熵源去提供和维持其低熵结构。这只不过把我们外部的低熵源的问题推到其他的地方。这样，让我们假定我们（或动物或蘑菇）消化植物。我们因为绿色植物的巧妙—— 不管是直接的或是间接的—— 而必须极其感谢它：因它吸收大气中的二氧化碳，把氧气从碳中分离开来，而利用碳来建造它们自身的结构。这一光合作用的过程导致大量的熵降低。我们自己实际上在身体内把氧和碳重新简单地结合，用这种办法利用低熵的这种分离。绿色植物为什么能实现熵降的魔术呢？它们是利用阳光来实现的。阳光给地球带来了相当低熵形式的能量，即是可见光光子的能量。地球，包括它上面的居住者，不能保留此能量，而是（过了一阵）就把它全部重新辐射回到太空去。然而重新辐射的能量具有高熵的形式并被称为“辐射热”—— 它表明是红外光子。和普遍的印象正相反，地球（和居住者）并不从太阳获得能量！地球所进行的只不过是取来低熵形式的能量，然后以高熵的形式全部把它吐回到太空去（图7.7）。太阳对我们所做的是给我们提供了巨大的低熵源。我们（通过植物的巧妙功能）利用了这些低熵，最终抽取某一极小的部分将其转换成惊人的、错综复杂的、有组织的结构，这就是我们自身。

图7.7 我们如此利用这事实：太阳是黑暗太空中的一个热点

让我们以整体的观点考虑太阳和地球，能量和熵发生了什么变化？太阳以可见光光子的形式辐射能量。其中有一些被地球所吸收，它们的能量以红外光子的形式被重新辐射。现在，在可见光和红外光之间的关键差别在于前者有一个高频，所以单独光子比后者有更高的能量。（回忆一下在292页给出的普朗克公式$E=h\nu$。它告诉我们，光子的频率越高则能量越大。）由于每一可见光子比每一红外光子具有更高的能量，为了使进入地球的和离开地球的能量相平衡，只能有比离开地球的红外光子的数目更少的可见光子到达地球。地球吐回到太空去的能量被分散到比从太阳接收到的能量的多得多的自由度去。由于把能量再送回太空时牵涉到多了这么多的自由度，相空间的体积变得大得多，所以熵值就被极大地增加。绿色植物吸收低熵形式的能量（相对少量的可见光子）而重新把它以高熵形式（相对多量的红外光子）辐射，为我们提供了所需要的分解的氧和碳，以这种方法把低熵喂给我们。

所有这一切之所以可能的原因是，太阳为天空中的一个*热点*！天空处于温度不平衡的状态；它的一个小区域亦即太阳占据的地方，比其他地方的温度高得多。这个事实为我们提供了所需要的强大的低熵源。地球从这一个热点得到低熵形式（少量光子）的能量，然后以高熵的形式（许多光子）重新辐射到冷的区域去。

太阳为什么是这样的一个热点呢？如何才能得到这个温度的不平衡，并因此为我们提供低熵态呢？答案是它从原先均匀分布的气体（主要是氢气）的引力收缩形成的。在其形成的早期阶段，当它收缩时，太阳被加热上去。在到它的温度和压力达到一定点之前，也即除了引力收缩外，它还找到另一种叫作*热核反应*的能源，它会继续收缩并变得更热。热核反应使氢核聚变成氦核，并同时释放能量。如果没有热核反应，太阳会变得比目前的更*热得多*和小得多，直到最终消逝。热核反应使太阳不再继续收缩以免过热，从而使它稳定在适合于我们的温度上，能在更长久的时间里持续发光，否则的话早已熄灭。

意识到这一点是很重要的。虽然热核反应在决定从太阳辐射来的能量的性质和多少方面无疑极具意义，但是*引力*才是关键之所在。（事实上，热核反应的潜力对太阳的低熵值的确有很大的贡献，但是聚变的熵引起了微妙的问题，更充分的讨论，只使论证更为复杂，而不影响最终的结论。）[3] 没有引力，甚至太阳根本就不会存在！没有热核反应太阳仍然发光——虽然不以适合我们的方式——但是没有引力就根本*没有*发光的太阳，的确需要引力来聚合物质，并提供所需要的温度和压力。若无引力，代替太阳之处我们只会有一团冷而弥散的气体，在天空中*不会*有热点！

我未讨论到地球内“化石燃料”中的低熵来源，但是其考虑基本上是一样的。根据传统理论，地球上所有的油（和天然气）是来自于史前植物的生命，又是植物被当作低熵的来源。这些史前植物从太阳得到它们的低熵——所以我们应该再次转向把弥散气体变成太阳的引力作用。托马斯·戈尔德提出了地球上石油起源的离经叛道的理论。他不同意传统的观点，认为地球上存在比史前植物产生的更丰富得多的碳氢化合物。高尔德认为，油和天然气是在地球形成时被包含在地球内的，并一直连续地渗透出来直到下层的矿穴[4]。根据高尔德的理论，油在地球形成之前，即使在外空仍然也是由阳光合成的。这又是起源于引力形成的太阳。

用于核电站的铀235同位素的低熵核能量又如何呢？这的确不是原先从太阳（虽然在某阶段它也可能通过太阳），而是从某些其他的恒星来的。这些恒星在几十亿年前的一次超新星爆发中爆炸！这些物质实际上是从许多这类爆炸的恒星中聚集起来的。爆发把这些物质从恒星中吐到太空去，其中一些最终（通过太阳的作用）被聚集在一块，并把重元素提供给地球，包括它所有的铀235。每一个核子以及其低熵能量的储藏是来自于发生在某次超新星爆发的激烈的核过程中。这种爆发是发生于恒星的引力坍缩[5]的余波。当恒星的质量过大，以至于热压力不能支持其自身时就会坍缩。一个小的核——可能以所谓的中子星的形式（后面还要更详细地讨论）在坍缩和紧随着的爆发之后残存下来。恒星原先是从弥散的气体云收缩而来，包括我们的铀235的许多原始物质又都被抛回到太空中去。残留下的中子星从引力收缩中得到了巨大的熵。引力再次成为最主要原因——这一次它把弥散的气体凝聚成（过程最终是激烈的）一个中子星。

我们似乎得出这样的结论，第二定律中最令人困惑的方面即所有在我们四周发现的明显的低熵，应归结于这样的一个事实，即通过弥散气体引力收缩成恒星的过程中可得到大量的熵。所有这些弥散气体从何而来？这些气体从弥散状态开始的这一事实为我们提供了大量的低熵储藏。我们正在消耗这种低熵的储藏，并将在未来的漫长岁月里继续如此。正是这些气体引力结团的潜力给我们带来了第二定律。此外，不仅仅是引力结团产生的第二定律，而且还有比下面简单陈述更精密和细致得多的某种东西："世界是从非常低的熵开始的。"我们还可以用其他不同的方式得到"低"的熵，也就是说在早期的宇宙中有巨大的"显明有序"，但是这和在实际上呈现给我们的"有序"完全不同。（想象早期宇宙也许是正规的十二面体——这或许会投合柏拉图的心意——或者是其他某种不像会发生的几何形状。这的确是"显明有序的"，但并非我们预期在实际的早期宇宙中所发现的那种形状！）我们必须理解所有这些弥散气体从何而来——为此，我们必须转向宇宙论的研究。

宇宙论和大爆炸

我们如果使用最强大的望远镜——不管是光学的还是射电的，就会发现宇宙在非常大的尺度下显得相当均匀；但是更惊人的事实是，它正在膨胀。我们观测得越远，则遥远星系（以及甚至更远的类星体）就显得越快速地从我们这里离开。似乎宇宙本身是从一个巨大的爆炸事件中产生——这一个事件称为大爆炸，它发生在大约100亿年以前[1]。所

1. 现在关于这个数值仍有激烈的争议，从60亿到150亿年。这些数值比原先埃德温·哈勃在1930年左右最初观察显示宇宙在膨胀之时以为正确的10亿年大了相当多。

谓的黑体背景辐射对于宇宙的均匀性以及大爆炸的实际存在提供了印象深刻的支持。它就是一种光的杂乱运动，而且是分辨不出来源的热辐射——其绝对温度大约为2.7度（2.7开），也就是−270.3摄氏度和−454.5华氏度。这似乎是非常冷的温度——也的确如此——但是它乃是大爆炸本身的那一瞬间的残留！因为从大爆炸的时刻以来，宇宙膨胀了这么巨大的因子，原始火球以一绝对巨大的因子发散开来。大爆炸的温度远远超过现在所能发生的温度，但是由于膨胀，该温度被冷却到今天微波背景所具有的微小的数值。1948年，美籍苏联物理学家和天文学家乔治·伽莫夫用现今标准的大爆炸图像作基础，预言了这个背景的存在。在1965年，彭齐亚斯和威尔逊首次（意外地）观测到它。

我应该阐释经常给人们带来困惑的一个问题。如果宇宙中所有的远处星系都离开我们而去，是不是意味着我们自身在宇宙中占据着某种非常特别的中心位置呢？不，不是这样！不管我们位于宇宙中的何处，都会看到远处星系的同样的退缩。该膨胀在大尺度上是均匀的，没有一个位置比其他的更优越。通常可以用被吹胀的气球来描绘这种情景（图7.8）。假定在气球上存在代表不同星系的斑点，取气球本身的二维表面代表整个三维类空的宇宙。可以清楚地看到，所有气球

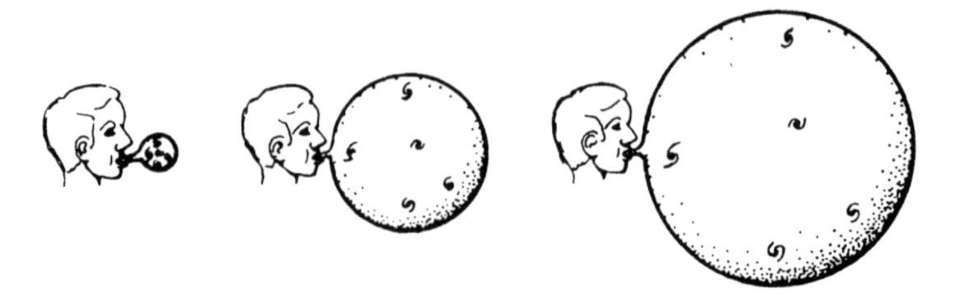

图7.8　宇宙的膨胀可以比喻成被吹胀的气球表面，所有的星系都相互退离

上其他的点都从气球上的每一点退走。在这个方面，气球上没有一点比其他点更优越。类似地，从宇宙中的任何一个星系的有利地点来看，所有其他的星系在任何方向都同等地从它那里退走。

三种标准的所谓弗里德曼-罗伯逊-瓦尔克（FRW）宇宙模型之一，即空间封闭的正曲率的FRW模型，膨胀气球提供了非常好的图解。在另外两种（零或负曲率的）FRW模型中，宇宙以同样方式膨胀，但是这回空间不像用气球表面上标出的有限宇宙，我们拥有包含了无限数目星系的无限的宇宙。

这两种无限模型中的较简单的一种是空间几何为欧几里得的那种，也就是具有零曲率的。用一个通常的平面代表整个空间的宇宙，画在上面的点代表星系。当宇宙随着时间演化，这些星系以一种均匀的方式相互离开。让我们按照时空来考虑。我们对每一"时刻"都有一个相应的而且不同的欧几里得平面，把这些平面想象成一个重叠在另一个上面。这样，我们一下子就有了整个时空的图像（图7.9）。现在星系可用曲线——也就是星系历史的世界线——来代表，它们在未来的方向上相互离开。没有任何星系的世界线是优越的。

对于星系的另一种FRW模型，也就是负曲率的模型，空间几何为非欧几里得的罗巴切夫斯基几何，这种几何已在第5章中描述过并用图5.2（204页）的埃舍尔图来解释。在时空描述中，我们在每一"时刻"都需要一个罗巴切夫斯基空间，我们并把这些一个重叠一个以构成整个时空的图（图7.10）[6]。星系的世界线又是在未来方向相互离开的世界线，没有什么星系是特别选择的。

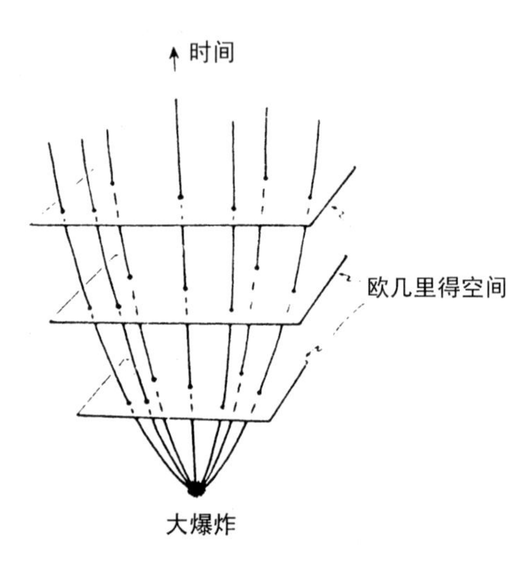

图7.9　具有欧几里得空间截面的膨胀宇宙的时空图（画出了空间的两维）

当然，在我们所有的这些描述中，空间的三个维中有一个被压缩掉了（正如我在第5章所做的，参阅250页），其目的在于给出比万不得已必需的完全的四维时空图更易摹想的三维时空图。甚至到了这种地步，如果不抛弃另一空间的维去摹想正曲率的时空仍然非常困难！让我们就这么做，用一个（一维）圆周来代表正曲率的闭合的类空宇宙，而不用作为气球表面的（二维）球面。当宇宙膨胀时，这些圆圈的尺度变大。我们可把这些圆周（每一圆周代表一个"时刻"）一个一个地叠起来，结果得到一种弯曲的锥［图7.11（a）］。现在，从爱因斯坦的广义相对论方程得出，这种正曲率的闭合的宇宙不能永远地继续膨胀下去。在它达到最大尺度的阶段后，就会坍缩回去，最后会在一种倒转的大爆炸中达到零尺度［图7.11（b）］。有时把这种时间倒转的大爆炸称作大挤压。负曲率和零曲率（无限的）宇宙的FRW模型不会以这种方式坍缩。它们不会导致大挤压，而是继续无限地膨胀下去。

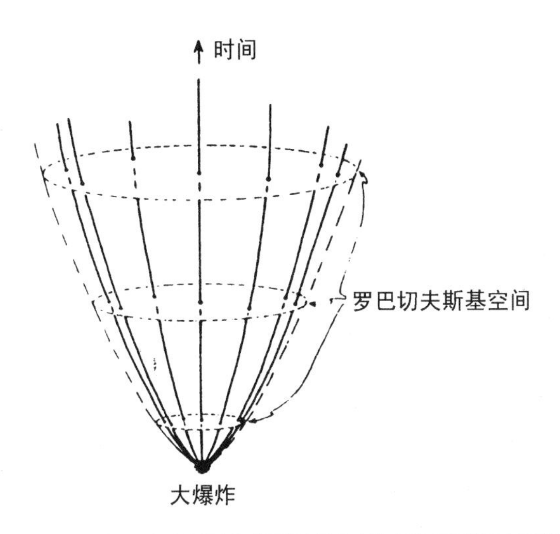

图7.10　具有罗巴切夫斯基空间截面的膨胀宇宙的时空图（画出了空间的两维）

至少在所谓宇宙常数为零的标准的广义相对论中，这是对的。具有适当的非零的宇宙常数，空间无限的宇宙有可能会坍缩成大挤压，或者有限的正曲率的模型会无限地膨胀下去：非零宇宙常数的存在会使这些讨论变得稍微复杂一些，但是对于我们的目的不会有任何重大的影响，为了简单起见，我把宇宙常数取为零[1]。在写此书之际，从观测上知道宇宙常数是非常小的，其数据与它的零是一致的。（为了对宇宙模型有更多了解，可参考*Rindler 1977*。）

不幸的是，我们的数据还没好到足以清楚指出，我们的宇宙应是哪一种模型（也不能确定是否存在有重大的整体效应的很小的宇宙常数）。表面上看来，数据似乎表明宇宙是类空地负曲率的（在大尺度

---

1. 爱因斯坦于1917年发表了宇宙常数，但在1931年他又撤回，并认为这早年的提议是他的“最大错误”！

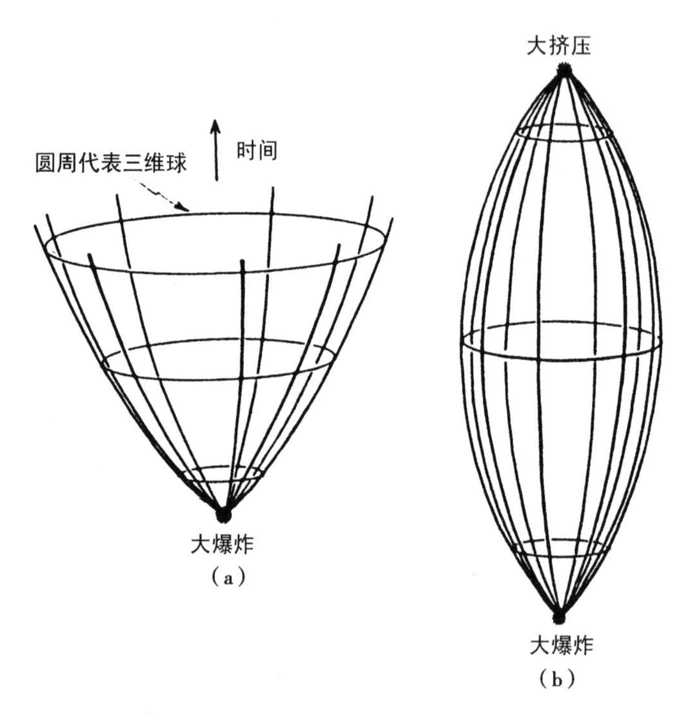

图7.11 (a)具有球形空间截面(只有空间的一维被画出来)的膨胀宇宙的时空图
(b)这个宇宙最终会坍缩成最后的大挤压

上为罗巴切夫斯基几何),而且它会继续永远地膨胀下去:这主要是基于似乎以可见形式呈现的实际物质总量的观测。然而,也可能有大量的不可见物质散布在整个太空中。宇宙在这种情形下可以是正曲率的,并可能最终坍缩到大挤压去——虽然只会在大约10^{10}年,也就是比宇宙已经存在的这么长的时间更长得多的时间尺度下发生。要使这种坍缩发生,必须存在大约为用望远镜可直接辨别的物质的30倍的被假想地称为"暗物质"的,充满太空的不可见物质。的确有好些间接证据表明大量暗物质的存在，但是否足够“去封闭宇宙”（或使空间平坦）——并且坍缩——还在未定之天。

太初火球

让我们回到寻求热力学第二定律起源的问题上来。我们已经把它追踪到恒星由其凝聚而成的弥散气体的存在。这气体是什么？又是从何而来的呢？它主要是氢，但仍有大约23%（按质量计算）的氦和少量其他物质。根据标准理论，这气体是由创造宇宙的爆炸——大爆炸吐出来的结果。然而，很重要的一点是，这不是我们通常熟悉的爆炸。在那里，物质从某一个中心点喷射到一个预先存在的空间中去。而在这里，空间本身由此爆炸创生出来，并从来不存在任何中心点！这种情形也许在正曲率模型中最容易摹想了。重新考虑图7.11或者图7.8中的吹胀的气球。并不存在任何大爆炸产生的物质可注入的“预先存在的空虚空间”。空间本身也就是“气球表面”是由爆炸产生的。我们必须意识到，为了摹想的方便，在正曲率模型的图像中利用了一个“包容空间”——也即气球所在的欧几里得空间——这个包容空间并没有任何物理实在性。在气球的内部和外部的空间只是用来帮助我们摹想气球的表面。只有气球表面本身才代表了宇宙的物理空间。现在我们看到了，并不存在一个让大爆炸产生的物质从该处发散出来的中心。刚好在气球中心的点不是宇宙的部分，而仅仅是用来帮助我们去摹想这一模型。大爆炸喷出的物质均匀地发散到整个宇宙的空间！

其他两种标准模型的情形也是一样的（虽然要摹想它们更困难一

些)。物质从未集中于空间中的任何单独的一点。它从一开始就充满了空间的全部!

这个图像是称为标准模型的热大爆炸理论的基础。按照这种理论，宇宙在其产生后的一瞬间处于极热的，称作太初火球的状态。关于这个火球的性质和成分以及当这火球(整个宇宙)膨胀并冷却时，这些成分如何变化都进行了细致的计算。对于描述宇宙的和我们现在如此不同的状态所进行计算的可靠性真是令人印象深刻！然而，只要我们不过问在创生后10^{-4}秒以前发生什么的话，作为计算基础的物理学是无可争议的！从那个时刻也就是创生后的1/10000秒后，直到后来的3分钟，宇宙的行为已被非常仔细地算出(参阅*Weinberg 1977*)——而且奇异的是，我们从现在处于非常不同状态的宇宙的实验知识推导而来并很好建立的物理理论，对于这种计算是完全足够的[7]。这些计算的最后结论是，许多光子(也就是光)、电子和质子(氢的两种成分)、一些α粒子(氦的核)，还有少量重氢核(一种氢的同位素)和其他种类核的踪迹，也许还有大量的诸如中微子等的，几乎其存在不能被觉察得到的“不可见”粒子，都以一种均匀的方式散布在整个宇宙。其物质的成分(主要是质子和电子)会结合在一起，产生了恒星(主要是氢)在大爆炸后大约10^8年由之形成的气体。

然而，不会立即形成恒星。在气体的进一步膨胀和冷却之后，为了局部的引力效应能开始战胜全局膨胀，某些区域的气体的相对集中是必需的。我们在这里进入了尚未解决且富有争议的星系实际上是如何形成的，以及星系可能形成的必需的初始无规性应是什么样子的问题。我不想对这些问题进行争论。我们只要接受，在初始气体云中应该存在某种无规性，引起了引力结团的某种正确方式，从而形成了包括几千亿个恒星的星系。

我们已经找到弥散气体从何而来。它是从大爆炸本身的那个火球而来。正是该气体被极其均匀地分布于整个太空的事实带来了第二定律，在引力结团使熵增加的过程成为可能之后，我们就晓得了这定律的细节。实际宇宙中的物质是怎样均匀地分布呢？我们注意到恒星聚集在一起形成星系；而星系聚集在一起形成星系团；星系团组成所谓的超星系团，甚至还有某些证据，这些超星系团聚集成更大的称为超星系团集合体的集团。然而，重要的是要注意到，所有这些无规性以及结团和整个宇宙结构的令人印象深刻的均匀性相比较都是“微小的”。能够往回观测的时间越早，则宇宙被测量的部分就越大，宇宙就显得越一致。黑体背景辐射为此提供了最令人印象深刻的证据。它特别告诉我们，当宇宙年龄仅仅为100万年时，在现在已扩展开到大约10^{23}千米的范围内——这是一个从我们这里开始能包含大约10^{10}个星系的距离——宇宙和它的所有的物质内容都均匀到1/100000（参阅*Davies et al. 1987*）。尽管宇宙的起源是非常激烈的，它在早期的确是非常一致的。

这样，正是这个太初火球把这气体在整个太空发散得如此均匀。我们的探索也就是从此处开始。

大爆炸能解释第二定律吗

我们的探索到达尾声了吗？是否仅仅由宇宙是从大爆炸开始的

情景，就能解释在宇宙中熵的初始值是如此之低，并因此导致热力学第二定律的令人困惑的事实？稍微想一下就会发现这个观念中有一些矛盾。它不能是真正的答案。回想一下太初火球是一种热的状态——处于膨胀的热平衡的热气体。还有术语“平衡”是指具有最大熵的状态。（这就是我们在提到一盒气体的最大熵状态时说到的。）然而，第二定律要求，我们宇宙的熵在其初始态处于某种极小，而不是极大！

何处出了毛病？一个“标准的”答案应该大体上如下：

> 是的，火球在刚开始时实际上是处于热平衡，但是那个时刻的宇宙非常微小。火球所代表的是那一微小尺度的宇宙所能允许的最大熵的状态，但是这种允许的熵和在今天宇宙尺度下能允许的熵相比较是微不足道的。随着宇宙膨胀，可允许的最大熵随着宇宙尺度增加，但是宇宙中的实际的熵远远落在允许的最大值后面。由于实际的熵总是拼命去追赶允许的最大值，所以产生了第二定律。

然而，稍微考虑一下便知道，这不应该是正确的解释。如果真是如此，在一个最终坍缩到大挤压的空间闭合的宇宙模型中，该论证在时间的颠倒方向上最终又能适用。适合于膨胀宇宙极早期并给予了我们低熵的同一限制应该又能适用于收缩宇宙的最后阶段。“时间开端”处的熵限制给了我们第二定律。根据第二定律，宇宙的熵随时间增加。如果把同一低熵的限制应用于时间的终结处，则我们应该在那里发现和热力学第二定律的严重冲突！

当然，我们实在的宇宙也许永远不会以这种方式坍缩。我们也许生活在零曲率（欧几里得情形）或负曲率（罗巴切夫斯基情形）的宇宙中。我们也许生活在一个（正曲率）坍缩的宇宙中，但是坍缩将在这么遥远的时刻发生，现在我们觉察不到对第二定律的任何违反——尽管从这种观点看，宇宙的总熵会倒转并减小到微小的值，从而按我们今天的理解，第二定律会被严重地违反。

实际上，我们有非常好的理由怀疑，在一个坍缩的宇宙会有这种熵的反转。其中最有力的原因必须和称为黑洞的神秘物体相关。在一个黑洞中有一个坍缩宇宙的微宇宙；这样，如果在坍缩中熵的确要倒转，那么在一个黑洞附近必须能观察到第二定律的严重违反。然而，所有理由都使人相信第二定律强有力地支配着黑洞。黑洞理论为我们的熵的讨论提供了生动的内容，所以我们有必要稍微仔细地考虑这些奇怪的物体。

黑洞

让我们首先考虑理论所预言的关于我们太阳的最终命运。太阳已经存在了大约50亿年。它再过50或60亿年就会在尺度上开始膨胀，它会无情地肿大，直到表面大致达到地球的轨道。那时它就变成为称作红巨星的一种恒星类型。在天空中的其他地方能看到许多红巨星，两个最著名的是在金牛座的毕宿五和猎户座的参宿四。在其表面膨胀的全过程中，在它的核心会有一个异常紧密的物质浓缩体，在逐渐地变大。这个紧密的核心具有白矮星的性质（图7.12）。

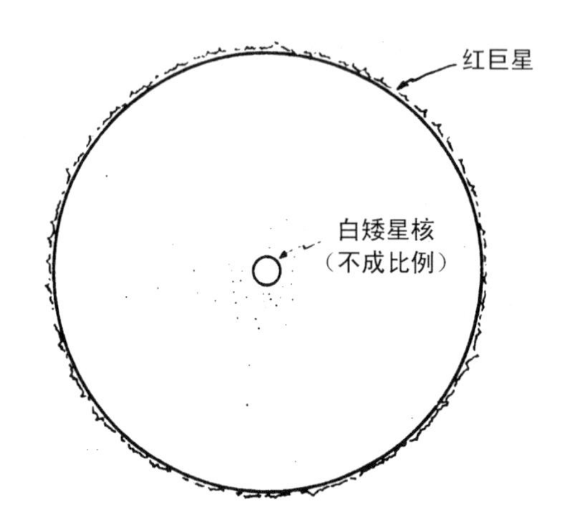

图7.12　一个红巨星及其白矮星核心

白矮星自身实际上是物质集中到极高密度的恒星。它的密度相当于一个乒乓球的体积充满了几百吨重的物质！在天空中可以观察到相当数目的这类恒星：也许在我们银河系发现的恒星中有百分之十几为白矮星。最著名的白矮星是天狼星的伴星，其惊人的高密度在本世纪初给天文学家带来了巨大的观察上的困扰。然而，后来这同一颗恒星为（在1926年左右R.H.否勒开创的）物理理论提供了美妙的证实。根据这个理论，有些恒星的确可以具有这样巨大的密度，该恒星由“电子简并压力”支撑着。这表明当泡利量子力学的不相容原理（参阅第354页）应用于电子时，可以防止恒星遭受向内的引力坍缩。

任何红巨星的核心都有一个白矮星，这个核心会继续从恒星的主体收集物质。红巨星最终被这个寄生的核完全消耗，而大约有地球那样尺度的实际的白矮星成为仅有的幸存者。可以预料，我们的太阳作为红巨星的形式“仅仅”会存在几十亿年。然后，在它的最后的“可见"肉身——作为一个慢慢冷却地死去的白矮星的余烬[1]——太阳将再维持几十亿年，最后完全变阴暗了，成了看不见的黑矮星。

不是所有的恒星都具有太阳的命运。对于一些恒星，它们的结局会更为激烈。它们的命运为所谓的钱德拉塞卡极限所决定：这就是白矮星所能具有的最大的质量值。根据1929年苏布拉马尼扬·钱德拉塞卡的计算，如果恒星的质量大于太阳质量的1.5倍的话，白矮星不能存在。（他是一位年轻的印度研究生候选人，在他从印度到英国的航船上作出这个计算的。）这个计算在1930年左右由苏联的列夫·朗道独立地重复过。现在改善了的钱德拉塞卡极限值大约为

$$1.4M_{\odot},$$

这里$M_{\odot}$代表太阳质量，亦即$M_{\odot}$等于一个太阳质量。

请注意钱德拉塞卡极限比太阳质量大不了多少。而我们知道许多通常的恒星的质量比这个质量大得多。例如，质量为$2M_{\odot}$的恒星的最终命运是什么呢？根据已有的理论，这些恒星又会肿大变成红巨星，正和前面一样，它的白矮星核会慢慢地得到质量。然而，在某一临界阶段，核质量会达到钱德拉塞卡极限，而泡利不相容原理将不足以抵抗巨大引力所引起的压力[8]。在这一点前后，核心灾难式地向内坍缩并遭受到温度和压力的巨大增加。发生了激烈的核反应，从核中以中微子的形式释放出极大的能量。这些把恒星正在向内坍缩的外面区

---

1. 事实上，在它的最后阶段。白矮星作为一个红色的恒星而发出微弱的光——但是被称作"红矮星"的则是另外具有完全不同特性的恒星！

域加热上去，紧接着的是一巨大的爆炸。这个恒星就变成了超新星！

仍在坍缩的核发生了什么呢？理论告知我们，它甚至达到比白矮星惊人的密度还要巨大得多的密度。这核可以作为一个中子星而稳定下来（参阅408页），现在是中子简并压力——也即泡利原理应用于中子——支持着它。它的密度是如此之大，以至于乒乓球大小的体积含有的中子星物质和小行星赫米斯（或者是火星的卫星火卫二）一样多。这是原子核中的密度（一个中子星像是一个巨大的原子核，半径大约为几十千米，然而以恒星的标准来看极其微小！）但是，现在有了新的极限（称为朗道－奥本海默－沃尔科夫极限），它和昌德拉塞卡极限很类似。其现代（修正）值非常粗略地为

$$2.5M_{\odot},$$

若质量超过这一数值，中子星就维持不住。

如果原先恒星的质量足够大，甚至超过这一极限，其坍缩的核会发生什么呢？譬如讲，许多已知恒星的质量的范围是从$10M_{\odot}$到$100M_{\odot}$。看来不断地把这么多质量抛出，使剩余下的核的质量低于中子星极限是非常不可能的。与此正相反，预料的结果是会产生黑洞。

什么是黑洞？它是空间或者时空的一个区域，在那里引力场变得如此之强大，甚至连光都不能逃逸。我们记得，相对论原理的一个含义是光速为一极限速度：没有物体或信号能超过局部的光速（参阅251页，272页）。所以，如果光都不能从黑洞逃逸，没有任何东西

可能逃逸。

读者或许听说过*逃逸速度*。这是为了从某一大质量物体逃逸的一个物体必须具有的速度。假设该物体是在地球上，则从地球逃逸的速度为每小时40000千米，也就是大约为每小时25000英里。从地面向任何方向抛出的具有超过此速度值的石头都会完全逃离地球（假定我们忽略空气阻力的效应）。如果以低于此值的速度抛出，则它会落回到地球来。（这样，"任何投掷体必须回归"的命题是不对的；只有它的抛出速度*低于*逃逸速度时才会返回！）对于木星，逃逸速度为每小时22万千米，也就是大约每小时14万英里；对于太阳为每小时220万千米，或大约为每小时140万英里。假定我们现在想象太阳的质量集中于一个只有现在半径的*1/4*的球体里，则需要的逃逸速度就要*加倍*；如果太阳还要更加紧密，比如讲半径减小到1/100，则速度要增大到10倍。我们可以想象对于足够大质量的和足够集中的物体其逃逸速度甚至会超过光速！这种事发生时，我们就有了一个黑洞[9]。

我在图7.13中画出了一个物体坍缩而形成黑洞的时空图（我在这里假定，物体在坍缩的过程中近似地维持着球对称。而且我在这里压缩了空间的一个维度）。我也把光锥画出，正如我们在第5章（参阅268页）讨论广义相对论时所知道的，它们表明物体运动或信号的绝对限制。我们注意到，光锥向中心倾斜，并且越是靠近中心就越倾斜。

存在一个称作*史瓦兹席尔德半径*的临界距离，在这距离下光锥的极限在图中变成*垂直*的。在这距离下光（它必须沿着光锥）只能在坍缩物体上徘徊，光所具有的所有的向外的速度只刚好足以抵抗引力的巨大吸引。在史瓦兹席尔德半径处，这些徘徊的光（也即光线的整个历史）在时空中的轨迹构成的三维面称为黑洞的（绝对）事件视界。任何在视界之内的东西都不能逃离或者甚至都不能和外面的世界通信。这可从光锥的倾斜以及所有运动和讯号被限制在这些光锥之内（或之上）的基本事实看到。由几个太阳质量的恒星坍缩形成的黑洞，其视界的半径为几千米。预料在星系中心存在质量大得多的黑洞。我们银河系的中心很可能包含有一个大约100万太阳质量的黑洞，其视界的半径为几百万千米。

坍缩形成黑洞的实际物质将完全在视界之内完结，而且那时它不能和外界通信。我们简要地考虑一下该物体的可能命运。此刻，我们所关心的仅仅是由它的坍缩产生的时空几何——一种具有极其古怪含义的时空几何。

我们想象一个勇敢（或愚勇）的太空人B，他决心旅行到一个大黑洞中去。而他的胆怯（或谨慎）的同伴A安全地留在事件视界之外。让我们假定A以视线尽可能长久地追踪B的行踪。那么A将看到什么呢？从图7.13可以肯定，A永远见不到B在视界之内的历史（亦即B的世界线）的部分，而A将最终见到B在视界之外的历史部分——虽然在B穿越水平的前一瞬间，由A看起来必须等待越来越长的时间。假定B在自己的钟为12点时穿过视界。A实际上永远见不到这一事件。但在钟表读数为11：30、11：45、11：52、11：56、11：58、11：59、11：59 $\frac{1}{2}$、11：59 $\frac{3}{4}$、11：59 $\frac{7}{8}$ 等时刻，A都能连续地看到（从A的观点看，这大约是发生在相同间隔的时间里）。原则上，对于A而言，B总能被看到，并且显得永远在视界上徘徊，而且B的表在接近这致命的12点钟时显得越来越慢，并永远不能达到这一时刻。实际上，*B*的影像会非常快地变得朦胧以至无法辨别。这是因为，从*B*刚好在视界外的世界线的小片段来的光，必须发散在*A*所经历的余下的时间内。换言之，*B*在*A*的视线内消失——这一点也适合于原先的整个坍缩物体。*A*所能看到的全部的确只能是一个"黑洞"！

关于可怜的*B*的境况又如何呢？他的经验又如何呢？必须首先指出，当*B*穿过视界之时，他不会有任何异样的感觉。他凝视着他的手表记录12点钟，他看到了一分钟一分钟规则地流逝。11：57、11：58、11：59、12：00、12：01、12：02、12：03。在12：00点附近似乎没有任何古怪的事发生。他可以回头看*A*，并发现在整个时间里*A*总被连续地看到。他可以看到*A*自己的表。对于*B*来讲，*A*的表以一种正常的规则的方式运行。除非*B*已经计算出他应该穿越这视界，否则他无法知道这一事件[10]。视界极端阴险。*B*一旦穿越进去，就再也逃脱不出来。他的局部宇宙最终会在他周围坍缩，他注定很快就要遭受到自己的"大挤压"。

这也许不是纯粹私人的事务。在某种意义上，形成黑洞的坍缩物体的全部物质首先和他分担"同样"的挤压。事实上，如果在黑洞之外的宇宙是空间闭合的，这样外界的物质也会最终卷入到包罗一切的大挤压中去。那么可以预料，这种挤压和*B*的"个人"挤压相同[1]。

---

1. 我在这些陈述中采用了两个假设。第一是宇宙坍缩比黑洞可能最终消失——这是计入我们将在后面（参阅436页）考虑的、它的（极慢的）霍金辐射引起的"蒸发"——更早实现，第二是（非常可能是对的）称为"宇宙监督"的假设（277页）。

尽管B的命运令人不快，但我们认为，一直到这点为止，他所经历到的局部物理学不会和我们已知并理解的物理学有任何抵触之处。尤其是，我们预料他不会觉得热力学第二定律被违反，更不用说完全反演的熵增加行为了。第二定律在黑洞之内，正如同在其他地方一样成立。B附近的熵仍然增加，直到他的最后挤压的时刻为止。

为了理解在（“个人的”或“包罗万象的”）“大挤压”处的熵值确实极高，而在大爆炸处熵低得多，我们还需要进一步研究黑洞的时空几何。但在此之前，读者也应先浏览一下图7.14，该图画出了称作白

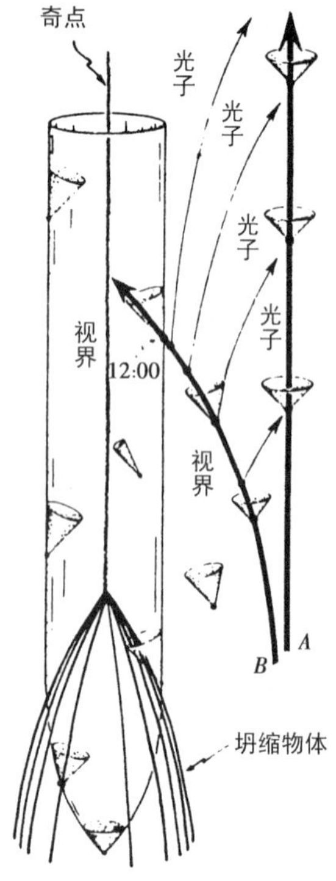

图7.13　描绘黑洞坍缩的时空图。在图中标作“视界”的为史瓦兹席尔德半径

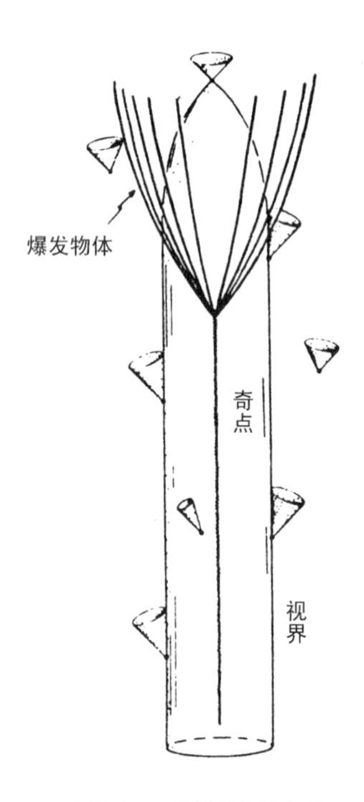

图7.14　一种假想的时空形态：一个白洞，最终爆发成物质（图7.13的时空的时间反演）

洞的黑洞的假想时间反演。自然界中也许不存在白洞。但是，它们的理论可能性对于我们具有相当重要的意义。

时空奇点的结构

我们从第5章263页知道，时空曲率如何以潮汐效应的方式呈现出来。一些在某大物体引力场中自由下落的粒子组成的一个球面在一个方向上被拉伸（沿着朝向引力物体的直线）和在与这垂直的方向上被压挤。这种潮汐效应随着和引力物体的接近而增大（图7.15），其强度变化和离开此物体距离的立方成反比。太空人B在向黑洞内部下落之时便会感到这一增强的潮汐效应。对于一个几倍太阳质量的黑洞，潮汐效应是巨大的——以至于该太空人在靠近黑洞时根本就不能存活，更不用说他穿越黑洞视界了。对于更大的黑洞，视界处的潮汐效应实际上更小。许多天文学家都相信，在银河系中心可能存在一个大约1000000太阳质量的黑洞。当太空人穿越这黑洞视界时，其潮汐效应应该是相当小，虽然也许足以使他稍微感到不舒服。然而，只在太空人穿越之后的很短时间里，这种潮汐效应才继续维持很小。事实上，只要几秒钟的时间它就迅速地达到无限大！不仅这位可怜的太空人的身体会被这一增强的潮汐效应撕开，而且组成他的分子所包含的原子、原子的核，以及最后甚至所有亚原子粒子很快地也难逃厄运！“压榨”正以如此方式施展其终极的淫威。

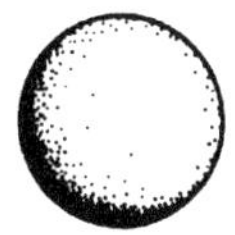
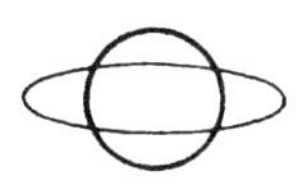

图7.15 随着物体靠近一个球形的引力物体，其潮汐效应按照与物体中心距离成立方反比律的关系增强

不仅是所有物体以这种方式被毁灭，甚至时空本身都面临着它的终点！这种最终灾难称作时空奇点。读者一定会问，我们何以知道这种灾难一定会发生，在何种情况下物体和时空注定要遭此厄运。在任何形成黑洞的情形下，这些是从广义相对论的经典方程引出的结论。奥本海默和斯尼德（1939）原先的黑洞模型呈现了这种行为。然而，许多年来天体物理学家总是抱着幻想，认为奇性行为只是在该模型中假定的特殊对称性的孽障。在现实（非对称）的情况下，坍缩的物体也许会以某种复杂的形式旋开并重新逃到外头去，但是，在进行了更一般的数学论证后，这种希望就破灭了。这些论证的结果被称作奇点定理（参阅*Penrose 1965*，*Hawking and Penrose 1970*）。这些定理断言，在具有合理物质源的广义相对论的经典理论中，引力坍缩情形中的时空奇性是不可避免的。

利用时间方向的反演，我们又类似地发现相应的初始的时空奇性的不可避免性。奇点在任何（适当的）膨胀宇宙中代表大爆炸。此处奇点不代表所有物质和时空最终的毁灭，它代表时空以及物质的创生。在这两种奇点之间也许存在一个准确的时间对称：初始奇点，时空以及物质在该处创生；终极奇点，时空以及物质在该处消灭。在两者之间的确存在着一个重要的相似，但是在我们仔细考察之后，就会发现它们并非准确的时间反演。它们的几何差异对于我们的理解意义重大，因为它们包含热力学第二定律起源的关键！

让我们回到自我牺牲的太空人B的经验上来。他遭遇到了很快就要增强到无限大的潮汐力。由于他是在空虚的空间中旅行，所以经历了体积守恒和畸变效应，后者是我早先表达成**外尔**（见第5章264页，

270页)的时空曲率张量所提供的。时空曲率张量中代表整体的压缩,并称作**里奇**的余下的部分在空虚空间中为零。也可能在某一阶段,B在事实上遭遇到物质,但是甚至在发生这种情形时(毕竟他自身是由物质所构成的),我们仍然普遍地发现**外尔**的测度比**里奇**大得多。我们预料,接近于最终奇点时的曲率完全是由外尔张量所主宰。一般地讲,此张量趋近于无穷大:

外尔$\rightarrow\infty$,

(虽然它会以振荡的形态出现)。这是时空奇点[11]的一般情形。这种行为和高熵的奇点有关联。

然而,大爆炸处的情况与此完全不同。我们早先考虑过的高度对称的弗里德曼-罗伯逊-瓦尔克时空提供了大爆炸的标准模型。**外尔**张量提供的畸变的潮汐效应在这里完全不存在。取而代之的是作用在检验粒子的球面上的对称的向内的加速度(图5.26)。这是**里奇**张量而不是**外尔**张量的效应。在任何FRW模型中,张量方程:

外尔$=0$

总是对的。当我们越来越接近这一初始奇点时,我们发现是**里奇**而不是**外尔**变成无穷大。这就为我们提供了低熵的奇点。

如果我们在一个准确的坍缩的FRW模型中考察大挤压奇点,我们就会发现在挤压处,**外尔**$=0$,而**里奇**趋于无穷大。然而,这是一种非常特殊的情形，我们不会在完全现实的模型中预料到这种现象。在现实模型中必须计入引力成团的效应。随着时间的演化，原先以弥散气体的形式存在的物质将结团成恒星的星系。大量恒星将会由于引力收缩而渐序变成：白矮星、中子星和黑洞，以及在星系的中心可能会有的某些巨大的黑洞。这种成团——尤其是在黑洞的情形下——代表了熵的巨大增加（图7.16）。这初看起来使人困惑不解，成团的态代表高熵，而均匀的态代表低熵。我们记得，在一盒气体的情形，成团（譬如所有气体都处于盒子的一个角落）的态具有低熵，而热平衡均匀的态的熵更高。但是考虑到引力，则这一切都被颠倒过来，这是由于引力场的普遍的吸引性质引起的。随着时间的推移，成团现象变得越来越极端，最终凝聚成许多黑洞。它们的奇点联合成极其复杂的终极的大挤压奇点。终极奇点绝不像坍缩的FRW模型中受**外尔**$=0$限制的理想大挤压。在所有的时间里，随着越来越多的结团发生，存在

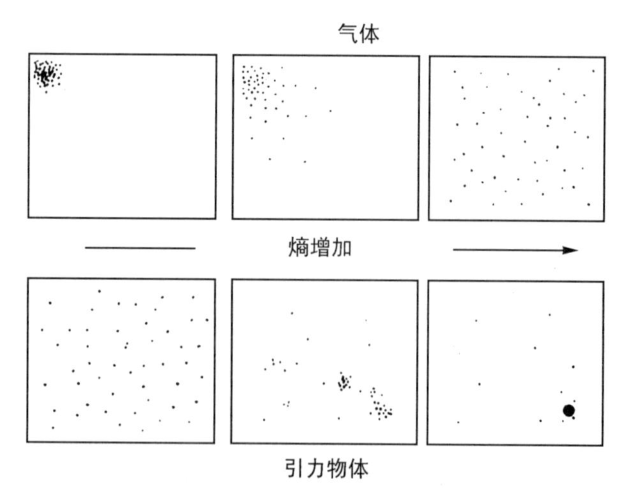

图7.16　对于通常气体，熵增加倾向于使分布更均匀。对于引力物体的系统却是相反的。引力结团引起高熵——最极端的情形是坍缩成一个黑洞

外尔张量变得越来越大的倾向[12]。一般来讲，在所有的终极奇点处**外尔**→∞。图7.17画出了一个代表闭合宇宙和一般描述相一致的整个历史的时空图。

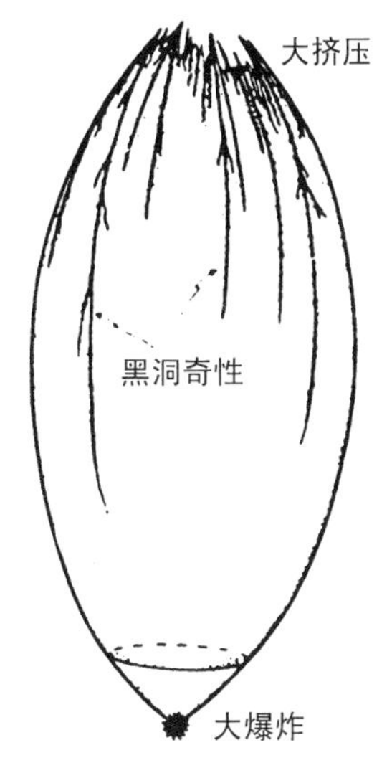

图7.17　一个闭合宇宙的整个历史。这一宇宙是从均匀的低熵的**外尔**=0的大爆炸开始，终结于一个高熵的大挤压。大挤压代表许多黑洞的凝聚，并且此时**外尔**→∞

现在，我们看到一个坍缩的宇宙为何不必具有低熵。大爆炸处的熵的"最低值"为我们提供了第二定律——因此，这不仅仅是大爆炸时刻宇宙"小尺度"的推论！如果我们把上面得到的大挤压图像作时间反演，我们应得到一个具有极其巨大的熵的"大爆炸"，因而不存在第二定律！由于某种原因，宇宙在一种非常特殊（低熵）的态下创生出来，加上的限制有点像在FRW模型中的**外尔**=0。如果没有这种性质的限制，"更可能"的情况是，初始和终结奇性都具有高熵的**外尔**→∞的类型（图7.18）。在这种"可能"宇宙中的确不会有热力学第二定律！

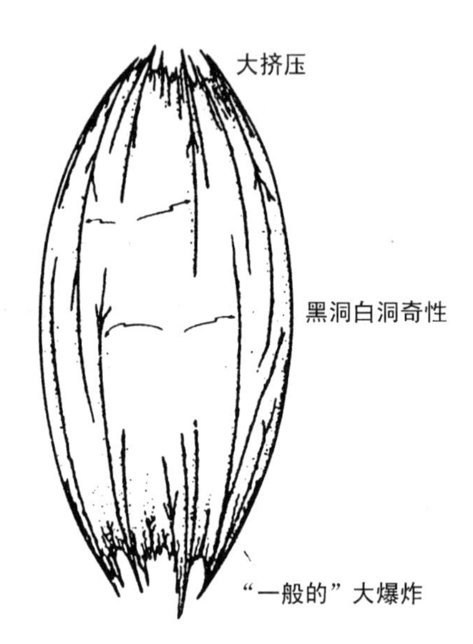

图7.18 如果除去**外尔**=0的限制，则我们也有高熵的大爆炸，在这里**外尔**→∞。这样的宇宙会布满白洞，并不存在热力学第二定律，这一切都和常识严重冲突

大爆炸是何等特殊

让我们试图理解在大爆炸处**外尔**=0的条件下所受到的限制程度。为简单起见（正如上述的讨论），我们假定宇宙是闭合的。为了能得出某些清晰的数字，我们进一步假定在宇宙中质子和中子的总数目，也就是重子数B为：

$$B=10^{80}。$$

除了在观测上B必须至少有这么多以外，（并没有什么选取这一数目的特别理由；有一次爱丁顿断言，他准确地计算出B，其数值和上面的值很接近！似乎再也没有人相信这一特殊的计算，但是这一数值就一直停在10^{80}上。）如果B的数值取得比这更大（或许实际上$B=\infty$，），那么我们就会得到比现在即将得到的异乎寻常之数字更为惊人的结果！

想象一下整个宇宙的相空间（参阅228页）！这一相空间中的每一点代表宇宙启始不同的可能方式。我们可以想象造物主，它把一个针尖点在相空间中的某一点上（图7.19）。针尖的不同位置提供不同的宇宙。而造物主目标所需的精度决定于它所创造的宇宙的熵。由于相空间的巨大体积可让针尖去戳，所以产生一个高熵宇宙是相对“容易”一些。（我们记得熵和有关相空间的体积的对数成正比。）但是，为了使宇宙从低熵态起始——以保证存在热力学第二定律——造物主必须瞄准相空间中极其细微的体积。为了使结果和我们生活其中的宇宙相类似，这一区域应该是多小呢？要回答这个问题，首先必

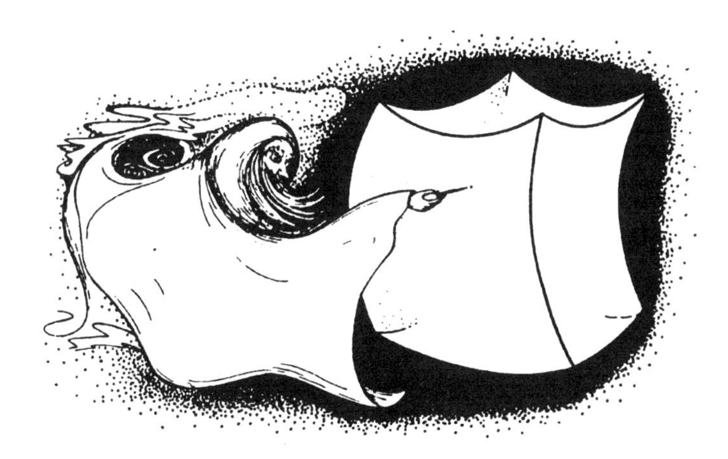

图7.19 为了产生一个和我们生活其中的相类似的宇宙，造物主必须瞄准可能宇宙的相空间中的不可思议的小体积——在所考虑的情形下大约为总体积的$1/10^{10^{123}}$。（针尖和所瞄准的点不是按比例画出的！）

须先提到一个非常出色的公式，由雅科布·柏肯斯坦（1972）和史蒂芬·霍金（1975）所发现计算黑洞的熵的公式。

考虑一个黑洞，并且假定其视界面积为A。柏肯斯坦-霍金黑洞熵公式则为：

$$S_{\mathrm{bh}}=\frac{A}{4}\left(\frac{kc^3}{G\hbar}\right),$$

此处k为玻耳兹曼常数，c为光速，G为牛顿引力常数，$\hbar$为普朗克常数除以2π。此公式的主要部分为$A/4$，括号内的部分只不过是包括了合适的物理常数。这样，黑洞的熵和它的表面积成正比。对于一个球对称的黑洞，此表面积和黑洞质量的平方成正比：

$$A=m^2\times 8\pi(G^2/c^4)。$$

把它和柏肯斯坦-霍金公式合并，我们就看到黑洞的熵和它的质量平方成比例：

$$S_{\mathrm{bh}}=m^2\times 2\pi(kG/\hbar c)。$$

这样，黑洞的单位质量的熵（S_{bh}/m）和它的质量成正比，所以黑洞越大，它就越大。因此，对于给定的质量，或由于爱因斯坦的公式$E=mc^2$而等效的能量，当物质坍缩成一个黑洞时获得最大的熵！而且，当两个黑洞相互并吞而产生一个单独黑洞时得到巨大的熵！诸如在星系中心发现的那些巨大的黑洞能提供极其了不起的熵值——远比在其他类型的物理情形下遇到的熵值大得多。

只需要很少的条件就可断言，当所有质量都集中到一个黑洞中时得到的熵最大。霍金的黑洞热力学分析指出，必须有一非零的温度和黑洞相关联。其中的一个含义便是，并非所有的质量能量都包含在黑洞之中。在最大熵状态下，最大熵是在一个黑洞和“辐射的热库”相平衡时才获得。对任何合理尺度的黑洞，这辐射温度实在非常小。例如，一个太阳质量的黑洞，其温度大约为10^{-7}开，这比迄今为止在任何实验室里所能测量到的最低温度还要低，比星际空间的2.7开温度低得多了。对于更大的黑洞，其霍金温度甚至还要更低！

只有在下面两种情形下霍金温度对于我们的讨论才有意义：(i)也许在我们宇宙中存在称为微黑洞的微小得多的黑洞；或(ii)宇宙不在霍金蒸发时间，也就是黑洞完全蒸发所需的时间之前坍缩。关于(i)，微黑洞只能在适当的混沌大爆炸时产生。实际中这类微黑洞不会大量存在，否则它们的效应应该已被观测到；而且，依我的观点，它们根本就不存在。关于(ii)，对于太阳质量的黑洞，霍金蒸发时间大约为目前宇宙年龄的10^{54}倍。对于更大的黑洞，其时间要长得多。这些效应似乎不会根本改变上述的论断。

为了对黑洞熵的巨大数值有一概念，我们可以考虑原先以为对宇宙熵有最大贡献的2.7开的黑体背景辐射。这种辐射所包含的巨大数量的熵慑服了天体物理学家，它远远超过人们在任何其他过程（例如在太阳中）所遭遇到的通常的熵值。背景的熵大约是每一个重子10^8（此处我选用“自然单位”，这样玻耳兹曼常数为1），（实际上，这表明每个重子在背景辐射中对应于10^8个光子。）所以，如果共有10^{80}个重子，则我们宇宙中的背景辐射应有总熵：

10^{88}。

如果没有黑洞，这一数值的确代表了宇宙的总熵，由于背景辐射中的熵淹没了所有其他通常过程的熵。例如太阳中的每个重子的熵的数量级为1。另一方面，按照黑洞的标准背景辐射的熵是微不足道的。柏肯斯坦-霍金公式告知我们，在太阳质量的黑洞中每一重子的熵大约在10^{20}自然单位左右。这样，要是宇宙全部由太阳质量黑洞所构成，则总数值会比上面给出的大许多，也就是：

10^{100}。

当然，宇宙不是这样构成的，但是这一数值开始告诉我们，当计入引力的无情效应时，背景辐射的熵是如何地“微小”。更现实一点，假定我们的星系不完全由黑洞组成，而主要由通常的恒星组成，在包含10^{11}个通常恒星的星系的核中假如有个1000000（亦即10^6）太阳质量的黑洞（这对我们自己的银河系是合理的）。计算结果指出，现在每个重子的熵实际上比前面巨大的数值还要大，也就是10^{21}。这样，以自然单位给出的总熵为：

10^{101}。

我们可以期待，在非常长的时间后，星系质量的主要部分会被并吞到它们中心的黑洞中去。发生此事之后，每一重子的熵变为10^{31}，其总熵具有极大的数值：

$$10^{111}。$$

然而，我们是在考虑一个闭合的宇宙，这样它将最终坍缩；所以，似乎整个宇宙形成一个黑洞。可以合理地利用柏肯斯坦-霍金公式估计最终大挤压的熵。这就给出了每一重子10^{43}的熵，而整个大挤压的无与伦比巨大的总熵为：

$$10^{123}。$$

这一个数值给出了造物主所能得到的相空间总体积的估计。熵应该表达成最大区域体积的对数。由于10^{123}是该体积的对数，所以其体积按自然单位应为10^{123}的指数，也就是：

$$V=10^{10^{123}}$$

（某些聪明的读者会觉得我应该用数值$e^{10^{123}}$，但是对于这么大的数，e和10在本质上是可互相取代的！）为了给我们提供一个和热力学第二定律以及我们现在所观察的相一致的宇宙，造物主必须瞄准的原先的相空间体积W应为多大呢？我们取下面的两个数值中的任一个根本关系不大：

$$W=10^{10^{101}} \text{或} W=10^{10^{88}},$$

它们分别为星系黑洞或者背景辐射给出的数据，或是在大爆炸处更小得多（事实上更为合适）的实在的数据。不管哪种数值V和W的比率接近于：

$$V/W=10^{10^{123}}。$$

（试试看，$10^{10^{123}}\div10^{10^{101}}=10^{10^{123}-10^{101}}=10^{10^{123}}$，非常接近。）

这就告诉我们造物主要瞄得多准：也就是要准确到$1/10^{10^{123}}$。这是一个异乎寻常的数值。人们甚至不能把这个数以通常十进位的办法完全写下来。它是1后面连续跟10^{123}个0！甚至如果把0写在整个宇宙中每一颗单独的中子和质子上——还可以加上所有其他的粒子——人们发觉还是远远不够写下所需要的这一个数值。使宇宙准确地运作所需要的精度，比制约从一个时刻到另一时刻事物行为的任何超等动力方程（牛顿、麦克斯韦、爱因斯坦的方程）我们已习惯的精度毫不逊色。

但是，为何大爆炸是如此精密地策划的，而大挤压（或黑洞中的奇点）却是预料中完全混沌的呢？这可按照在时空奇点处的时空曲率的**外尔**部分的行为来重述这个问题。我们发现在初始的而不是终结的奇点处存在约束：

外尔 $=0$

（或某种和它非常类似的东西）。似乎正是这个限制造物主选择相空间内这个非常微小的区域。这限制适合于任何原始（而非终结）的时空奇点。我把它称作外尔曲率假设。这样，如果我们要理解第二定律从何而来，似乎就必须理解为何这样的一个时间反对称的假设必须成立[13]。

我们如何才能对第二定律的起因有更深入的理解呢？我们似乎被逼迫到死路上去。我们必须理解为何时空奇点具有它所具有的结构；但是时空奇点是我们物理理解达到极限的区域。有时人们把时空奇点存在所导致的死胡同和另一事件相提并论：那就是20世纪初物理学家研究原子稳定性（参阅289页）所遭遇到的困难。在每种情况下，早已确立的经典理论总是得出“无穷大的”答案，因而经典理论对于这样的使命无能为力。量子理论阻止了原子电磁坍缩的奇异行为，类似的，正是量子理论应在恒星的引力坍缩“无限的”经典时空奇点处得到一个有限的理论。但是这绝不是通常的量子理论。它必须是空间和时间结构本身的量子力学。这样的理论，若存在的话，应称为“量子引力”。量子引力还不存在并非因为物理学家不努力，或者没有专长和天才。许多第一流的科学头脑专心致志于建立这样的理论，可惜未成功。这是我们试图理解时间流逝的方向性时要最后面临的僵局。

读者一定会问，我们经历了什么样的旅途。在我们追求理解为何时间显得只向一个方向而不向另一方向流逝的过程中，我们已经旅行到时间的最终点，在该处空间概念本身都被瓦解了。我们从这一切得到了什么教益呢？我们发现理论还不足够于提供答案。但是，这对我们试图理解精神又有什么用场呢？尽管缺少足够的理论，我相信我们的航程的确给予我们重要的教导。现在我们应该回过头来。我们的归程将比出发更加冒险，但是依我看，没有其他合理的归途！

第 8 章
量子引力的寻求

为什么需要量子引力

我们在前一章所了解的有哪些是和大脑与精神相关的呢?虽然我们瞥见了某些作为我们认知"时间流逝"方向性质的、相互纠缠的基础物理原则,我们似乎迄今并未洞察到为何我们感觉时间流逝或甚至我们为何感觉得出时间。依我看来,这里需要激进得多的观念。虽然我有时强调的地方与众不同,迄今我的陈述并不特别激进。我们已经熟悉了热力学第二定律,我已试图说服读者,大自然以她所选择的特殊形式呈现在我们面前的这一个定律,其起因可以追溯到宇宙的大爆炸起源时无与伦比的几何限制:外尔曲率假设。有些宇宙学家宁愿以某种不同的方式来表达这个初始限制,然而这种对初始奇点的限制无论如何是必需的。我准备从这个假设抽取的推论将比此假设本身更激进。我宣称,量子理论的框架本身需要一个变革!

在对量子力学和广义相对论进行适当的统一,也就是在寻求量子引力时,这个变革会起作用。大多数物理学家相信,量子力学在和广义相对论统一时不需要变革。而且他们争辩道,在与我们大脑相关的尺度下任何量子引力的物理效应必然都是毫无意义的!他们会(非常合情理地）说，虽然这些物理效应在极其微小的尺度下的确重要，这尺度被称为普朗克长度[1]——等于10^{-35}米，比最小的亚原子、粒子的尺度小一万亿亿倍——但在非常大的“寻常”尺度，好比说只有10^{-12}米时，这些效应与所发生的现象没有直接关联，这种尺度下的现象是由对大脑活动很重要的化学或电作用支配着。的确，甚至经典的（也就是非量子的）引力对这些电和化学活动几乎没有影响。如果经典引力都没有效应，为什么对经典理论的微小的“量子修正”居然会产生任何重大的差异呢？况且，由于对量子理论引起的偏差从未被观察到，如下的推断就显得更不合理，即对标准量子理论的任何假想的微小偏差在精神现象中会起任何可以想象得到的作用！

我的论证与此非常不同。我并不这么关心量子力学对时空结构理论（爱因斯坦广义相对论）的效应；而是相反的，也就是爱因斯坦的时空理论在量子力学结构本身的可能的效应。我应强调指出，我现在所提出的是一种非传统的观点。正是在广义相对论对于量子力学的结构具有影响这一点上是非传统的！传统的物理学家总是非常不情愿去相信，量子力学的标准结构应在任何方面被擅改。虽然把量子理论的规则直接应用于爱因斯坦理论的确遭遇到了似乎不可克服的困难，该领域工作者的反应是企图用它作为修正爱因斯坦理论的理由，而不是修正量子理论[1]。我本人的观点几乎是完全相反的。我相信量子理论自身的问题具有基本的特征。我们记得量子力学中两个基本过程$\boldsymbol{U}$和$\boldsymbol{R}$之间的非一致性（$\boldsymbol{U}$服从完全决定性的薛定谔方程——称作幺正演化——而

1. 是这样的一个距离［10^{-35}米$=\sqrt{(\hbar Gc^{-3})}$］，在此尺度下。时空度规本身的“量子起伏”变得这么大，以至于通常光滑的时空连续性的观念不再有效。（量子起伏是海森伯不确定性原理的一个推论——参阅315页。）

R为随机的态矢量减缩，只要被认为进行了一次“观测”，则必须经历这样的一个过程）。依我看来，这种不协调性不能仅仅靠采取适当的量子力学“解释”予以解决（虽然普遍的观点似乎认为这样可以）。它只有在某种激进的新理论的框架中才能被解决，而这两种过程**U**和**R**被认为是对于包容更广的、更精确的单独过程的不同的（而且非常优越的）近似。所以，我的观点是，甚至这不可思议地精密的量子力学理论都必须改变，而其改变的性质的强烈暗示必须来自于爱因斯坦的广义相对论。我甚至还可进一步断言，在实际上正是所寻求的量子引力理论应该包含这一想象中结合**U**/**R**的步骤作为它的基本要素。

另一方面，按照传统的观点，量子引力任何直接的含义都具有更神秘的性质。我提到过，时空结构在不可思议的普朗克长度的极小尺度下会有基本改变。还有人相信（依我看来，这已被确证）量子引力和近年观测到的“基本粒子”的整个家族性质的最终确定在根本上是相关联的。例如，现在不存在任何解释粒子质量为何必须这么大的好理论——而“质量”是和引力概念密切相关的概念。（质量的确是唯一的引力的“源”。）此外，许多人预料（根据1955年瑞典物理学家奥斯卡·克莱因提出的观念）正确的量子引力理论应当可以消除折磨着传统量子场论的无限大（参阅371页）。物理学是一个整体，当我们最终得到真正的量子引力理论时，它肯定应包含我们对大自然普遍定律详细理解的根本部分。

然而，我们距离这样的理解还很遥远。并且所推想的量子引力理论一定和制约大脑行为的现象相距非常远。在解决上一章遭遇到的困难——时空奇点的问题时必需的量子引力（普遍承认的）作用和大脑活动之关联显得特别遥远。这是爱因斯坦经典理论在大爆炸、在黑洞中，以及大挤压所引起的奇点，如果我们的宇宙注定最终要坍缩的话。是的，这个作用似乎是遥远的。然而，我将论断，这里存在一个无从捉摸但却很重要的逻辑联结网络。让我们考察这个联结是什么样子的。

外尔曲率假设的背后是什么

正如我在前面提及的，甚至是传统的观点告诉我们，必须用量子引力来辅助广义相对论的经典理论来解决时空奇点之谜。这样，量子引力就在经典理论得出没有意义的“无穷大”的答案之处，为我们提供了某种条理一贯的物理。我肯定同意这种观点：这的确应是量子引力留下标志的显明之处。然而，理论家们似乎还没有充分地接受如下惊人的事实，即量子引力的标志公然是时间不对称！在大爆炸——也即过去的奇点处——量子引力应该告诉我们，一个像

外尔=0

的条件必须在按照经典的时空几何概念来描述成为有意义的时刻成立。另一方面，在黑洞内部的奇点以及在（可能的）大挤压——未来的奇点——处却并没有这样的限制。我们预料，当靠近这种奇点时外尔张量变成无穷大：

外尔→∞。

依我看来，这非常清楚地表明，我们所寻求的实际的理论应该是时间不对称的！

我们所寻求的量子引力必须为一个时间不对称的理论。

我必须警告读者，尽管从我所陈述的方式来看，这一结论显然是必然的，却没有当作智慧被接受！许多在这领域的工作者对此采取迟疑的态度。其原因似乎在于，没有一种清晰的方法使得传统的，被充分理解的（就目前进行的）量子化步骤能产生一个时间不对称[2]的量子理论，而这些步骤所应用的经典理论（标准的广义相对论或它的某种流行的修正形式）本身是时间对称的。相应地，这样的量子引力家一旦在考虑这些问题时——这是罕见的——就需要往他处寻求大爆炸处的低熵的“解释”。

也许，许多物理学家会争论道，一个像初始外尔曲率的零值的假设是被当作“边界条件”的选取而不是动力学定律，它并不在物理学所能解释的能力之内。他们在实际上是论断，一次“上帝的行动”把边界条件赋予了我们，我们不能企图去理解何以我们被赋予这一种而非那一种边界条件的问题。然而，正如我们已经看到的，这个加在“造物主针尖”的限制条件，其非凡与精确绝不亚于我们现在了解的牛顿、麦克斯韦、爱因斯坦、薛定谔、狄拉克及其他精密而优雅的动力学方程。虽然热力学第二定律似乎具有模糊和统计的特征，但是它是由具有无与伦比的精密的几何限制所产生的。有一种观点认为，人们无望理解作用于大爆炸处的“边界条件”的限制。而科学手段却在理解动力学方程上显得如此有价值。这对我来说似乎是不可理喻的。依照我的思维方式，虽然前者是科学迄今不能适当理解的部分，它正和后者一样同为科学的一部分。

科学史已为我们显示出，把物理的动力学方程（牛顿定律、麦克斯韦方程等）和这些所谓的边界条件——也即为了从这些方程的不适合的解的泥淖中挑出适合的一个解而附加的条件——分开是多么有价值的思想。动力学方程在历史上找到了简单的形式。粒子运动满足简单的定律，但是在宇宙中和我们共存的粒子的实际形态通常不很简单。有时这种形态初看起来简单——诸如行星运动的椭圆轨道，正如开普勒所肯定的那样——但是后来发现。它们的简单性是动力学定律的推论。更深刻的理解总是通过动力学定律才会得到，而如此简单的形态总是更复杂的形态的近似，譬如实际观测到的受扰动的（不完全椭圆的）行星运动。牛顿动力学方程对所有这些都能予以解释。初始条件用以“启动”问题中的系统，而动力学方程从那一时刻开始接手。我们能把动力学行为和宇宙实际内容的形态问题分开是物理科学一个最重要的成就。

我讲过，这种把动力学方程和边界条件的相分离，在历史上具有极大的重要性。进行这种分离的可能性，似乎总是由物理学中出现的特殊类型方程（微分方程）性质的结果。但是我不相信这种分离总是成立。我相信，当我们最后理解实际上制约我们宇宙行为的定律或原则，而不仅仅是我们逐步理解的不可思议的近似，也即构成迄今为止的**超等**理论之时——我们就会发现，这种在动力学方程和边界条件之间的差别将消失殆尽，而代之以仅仅是某种无比美妙的、协调的、广泛的方案。我在讲到这些时当然只是表达非常个人的观点。其他人也许不同意。但是，这正是在我探讨某种量子引力的未知理论的含义时，在我脑袋中模糊地出现的观点。（这个观点还将影响最后一章一些更富于猜测性的思考。）

我们怎样才能探讨一个未知理论的含义呢？事情也许并不如它们初看起来那么毫无希望。关键在于一致性！首先，我要求读者接受我们想象的理论——我把它称之为CQG"正确的量子引力"！——会给外尔曲率假设（WCH）提供一个解释。这表明初始的奇点必须在它的立即的未来受**外尔**$=0$的限制。这个限制应为CQG定律的推论。它必须适用于任何"初始奇点"，而不仅仅适合于我们称之为"大爆炸"的特殊奇点。我并不是讲，在我们的实际宇宙中除了大爆炸外需要有任何其他初始奇点。其关键在于，如果还有，则任何这样的奇点必须受到WCH限制。原则上来说，一个初始奇点是粒子可以从那里出来的地方。这和黑洞奇点的行为刚好相反。黑洞奇点是终极奇点——粒子可能落到里面去。

一种可能和大爆炸不同的初始奇点类型是白洞里的奇点。正如我们在第7章讲到的，白洞是黑洞的时间反演。但是我们知道黑洞里的奇点满足**外尔**$\to\infty$。这样对于白洞，我们也必须有**外尔**$\to\infty$。但是，现在的奇点为一初始奇点，对于初始奇点WCH要求**外尔**$=0$，这样WCH排除了在我们宇宙中白洞发生的可能性！（幸运的是，这不仅仅是基于热力学的要求——因为白洞会严重地违背热力学第二定律——它也和观察不一致！每隔一阵，总有不同的天体物理学家假想白洞的存在用以解释某个现象，但是这样做总是引起比要解决的问题更多的问题。）请注意，我不把大爆炸本身称作"白洞"。一个白洞具有定域的，不满足**外尔**$=0$的初始奇点。但是包容一切的大爆炸，假定它的确被WCH限制，能够满足**外尔**$=0$，因而是允许存在的。

还存在另一种"初始奇性"的可能性：亦即黑洞爆炸的那一点。

譬如讲，黑洞在10^{64}年长的霍金蒸发后消失（参阅436页，还有后面的458页）！关于这个假想（似乎被论证得头头是道的）现象的准确性质有许多猜测。我想，这似乎和WCH不矛盾。这样的一个（定域的）爆发实际上可以是瞬息的并且对称的，我认为和外尔=0的假设没有冲突。无论如何，如果不存在微黑洞（参阅436页），很可能是直到宇宙存在了比现在年龄T长10^{54}倍以后才第一次发生这类爆发！为了估计$10^{54}\times T$究竟多长，想象把T压缩到能被测量的最短的时间——任何不稳定粒子的最微小的衰变时间——则我们现存宇宙的年龄还比在这个尺度上的$10^{54}\times T$小1万亿倍以上！

有些人采用和我不同的看法。他们论证道[3]，CQG不应为时间不对称的。它在实际上允许两类奇点结构，一种需要**外尔**=0，而另一类允许**外尔**→∞。我们宇宙中的刚好是第一类奇点，而我们对时间方向的感觉（由于继而引起的第二定律），把这个奇点放置在我们称之为“过去”而不是“将来”之处。然而，我觉得就这样论证是充分的。它没有解释为何既没有别的**外尔**→∞类型的初始奇点（也没有别的**外尔**=0类型的其他奇点）。依照这种观点，为什么宇宙中并没有缀满着白洞？由于宇宙被假定缀满了黑洞，我们需要解释为何不存在白洞[1]？

关于这一点，人们有时祈求所谓的人存原理（参阅*Barrow and Tipler 1986*）。根据这种论证，我们所观察到的，所居住的特殊宇宙是从所有可能的宇宙中由以下事实挑选出来的，这就是我们（或至少某

---

1. 有人会（正确地）争论道，观测的结果不足以清楚支持我主张的宇宙中存在黑洞而不存在白洞的观点。但我的论证基本上是理论性的。黑洞而不是白洞和热力学第二定律相协调！（当然，人们可以直截了当地假设第二定律以及白洞的不存在；但我们试图更深入探究第二定律的起源。）

种有知觉的动物）需要存在那里实际地对其观察！（我将在第10章再讨论人存原理。）利用这种论证，人们断言，智力生命只能居住在非常特别类型的大爆炸宇宙中，所以诸如WCH应为这个原则的推论。然而，这种论证不可能得到接近于大爆炸的“特殊性”所需的，在第7章得到的数值$10^{10^{123}}$（参阅437页）。通过非常粗略的计算得出，整个太阳系和它所有的居住者可简单地用粒子随机碰撞而更“便宜”得多地产生，也就是说，其“不可能性”（以相空间体积来测量）比$1/10^{10^{60}}$大得多。这就是人存原理能为我们所做的一切。我们仍然极缺所需要的数值。况且，正如前面刚讨论的观点，人存原理不能为不存在白洞提供解释。

态矢量减缩的时间不对称

我们似乎的确得到结论，CQG必须是一种时间不对称的理论，而WCH（或某种类似物）为这个理论的一个推论。从两个时间对称的部分：量子理论和广义相对论，怎么得到一个时间不对称的理论呢？存在一些可达此目的合情合理的技术可能性，但没有一种可能性被充分地探索过（参阅*Ashtekar et al. 1989*）。然而，我希望考察另一途径。我曾经指出，量子理论是“时间对称的”，但是这实在是只适合于该理论的$\boldsymbol{U}$部分（薛定谔方程等）。我在第7章开头讨论物理定律的时间对称性时，故意不理会$\boldsymbol{R}$部分（波函数坍缩）。似乎有一种流行的观点认为，$\boldsymbol{R}$部分也应为时间对称的。产生这种观点的部分原因也许是在把$\boldsymbol{R}$当作和$\boldsymbol{U}$相独立的实际步骤这一点上迟疑不决，这样子$\boldsymbol{U}$的时间对称应意味着$\boldsymbol{R}$也具有时间对称。我想论断道这是不对的：$\boldsymbol{R}$是时间不对称的——至少在我们如果完全把$\boldsymbol{R}$当作物理学家在计算量子力学的概率时所采取的步骤时是这样的。

首先让我提醒读者应用于量子力学中的称为态矢量减缩（**R**）的步骤（回顾图6.23）。我在图8.1中示意地画出了态矢量演化的奇怪方式。大部分时候，其演化是依照幺正演化$\boldsymbol{U}$（薛定谔方程）。但在不同的时刻，当认定进行了“观察”（或“测量”）时，就要采取步骤**R**，这时态矢量$|\Psi\rangle$跃迁到另一个态矢量，例如$|\chi\rangle$，这儿的$|\chi\rangle$是所进行的特别观测O的性质决定的、正交的、两个或更多个不同的可能性$|\chi\rangle$，$|\varphi\rangle$，$|\theta\rangle\cdots$中的一个。现在，从$|\Psi\rangle$跃迁到$|\chi\rangle$的概率由$|\Psi\rangle$长度平方$|\Psi\rangle^2$在$|\Psi\rangle$的希尔伯特空间的$|\chi\rangle$方向投影时减少了的量决定。（在数学上，它和$|\chi\rangle$在$|\Psi\rangle$方向投影时$|\chi|^2$所减小了的量一样。）这一步骤是时间不对称的。因为紧接着进行观察O以后，由O所决定的不同选择如$|\chi\rangle$，$|\varphi\rangle$，$|\theta\rangle\cdots$给定集合，态矢量为其中之一，而在O以前的那一时刻，态矢量为$|\Psi\rangle$，它不必为这些给定的选择之一。然而，这一非对称只是表面的，它可由对态矢量演化采用不同的观点而得到补救。让我们考虑量子力学的时间反演的演化。这个古怪的描述可用图8.2来说明。现在我们的态在O之前而不是之后的瞬息为$|\chi\rangle$，我们在时间往回的方向上直到前一观察O'那个时刻止应用幺正演化。我们假定往回演化的态变成$|\chi'\rangle$（在紧接着观察O'之后的将来）。在正常向前演化的图8.1的描述中，刚在O'的未来我们具有

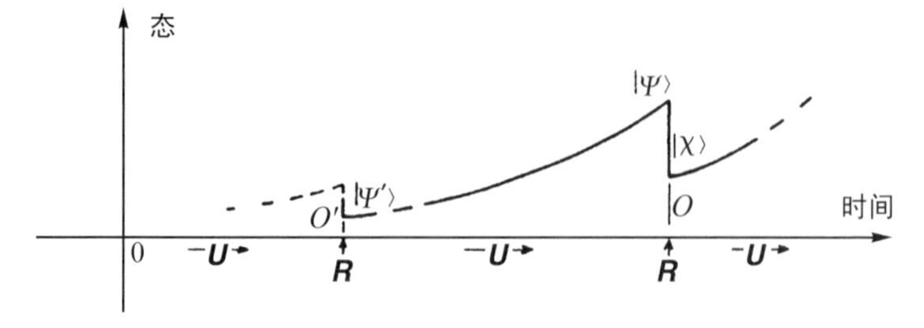

图8.1　态矢量的时间演化：光滑的幺正演化$\boldsymbol{U}$（服从薛定谔方程）为不连续的态矢量减缩$\boldsymbol{R}$所打断

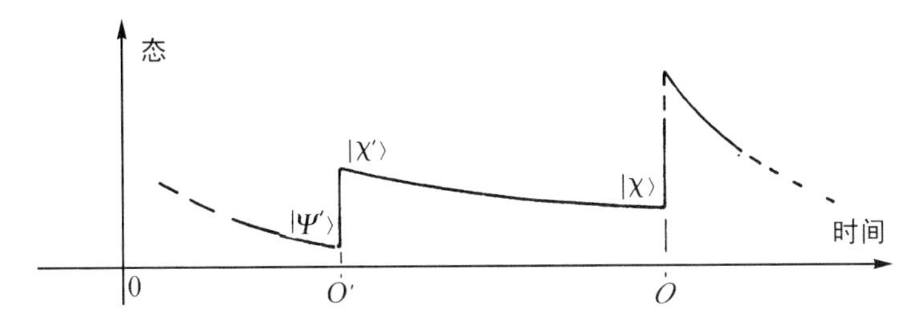

图8.2 态矢量演化的更怪异的图像。此处使用时间反演的描述，联结在O处和O'处观测所计算的概率和图8.1中一样，但该计算值的含义又是什么呢？

其他的某个态$|\Psi'\rangle$（在正常描述中，观察O'的结果$|\Psi'\rangle$向前在O处演化成$|\Psi\rangle$）。现在，在我们反演的描述中，态$|\Psi'\rangle$还起一个作用：它代表在O'之前的那一时刻系统的态。态矢量$|\Psi'\rangle$是实际在O'处观测到的态，这样按照我们反演化的观点，$|\Psi'\rangle$变成在时间反演意义上在O'处观测到的“结果”的态。联结O'处观察和O处观察的结果的量子概率P'的计算由态$I\chi'\rangle$在方向$|\Psi'\rangle$上投影时$|\chi'|^2$减小的量给出（这和$|\Psi'\rangle$投影到$|\chi'\rangle$上时$|\Psi|^2$的减小是一样的）。事实上，这正是我们以前得到的同一个数值，它是$\boldsymbol{U}$运算的基本性质[4]。

这样，甚至在考虑除了通常的幺正演化$\boldsymbol{U}$以外的由态矢量减缩$\boldsymbol{R}$描述的不连续过程后，我们似乎确认了量子理论是时间对称的。然而，情况并非如此。用任一种方式计算，量子概率$\boldsymbol{P}$所描述的是当给定O'处的结果（亦即$|\Psi'\rangle$）时在O处找到结果（亦即$|\chi\rangle$）的概率。这不必与当O处给定结果时在O'找到结果的概率相同。后者[5]正是我们时间反演的量子力学应该得到的。令人奇怪的是，这么多的物理学家都暗中假定这两个概率是一样的。（我自己也因为这个假定感到内疚，参阅*Penrose 1979b*，P584。）然而，这两个概率很可能极其不同。事实上，量子力学只是正确地给出了前者！

让我们在非常简单的特殊情况下考察这一问题。假设我们有一个灯泡L和一个光电管（亦即光子探测器）P。在L和P之间安装有一面半镀银镜子M，它对LP连线倾斜某一角度，譬如45°（图8.3）。假定灯泡以某种随机的方式不时偶尔发射出光子。因为灯泡的构造（人们可用抛物反射镜）使得这些光子总是非常精确地瞄准着P。只要光电管接受到一个光子就记录下这个事件。我们还假定有百分之百的可靠性。还可假设，只要光子发射出，这个事实就在L也以百分之百的可靠性被记录下来。（在这些理想的要求中，没有任何和量子力学原则相冲突之处，虽然使这些达到这等效率也许是困难的。）

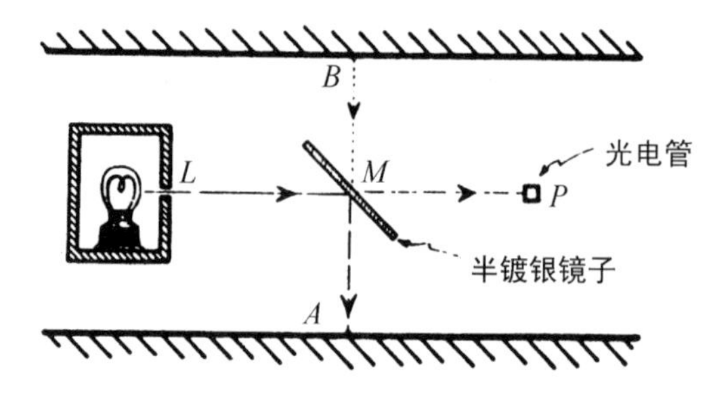

图8.3 一个简单的量子实验中，**R**的时间不可反演。在光源发射一个光子时，光电管检测到一个光子的概率刚好是一半；但是假定光电管检测到一个光子时，光源发射出一个光子的概率肯定不会是一半

半镀银的镜子M刚好把打到它上面的光子的一半反射，并让另一半穿透过去。更准确地讲，我们必须按照量子力学来思考。光子波函数发射到镜子上，并被分成两半。反射波的幅度为$1/\sqrt{2}$，而透射波的幅度也为$1/\sqrt{2}$。在认定“观察”被进行之前，必须认为两部分（在正常的向前时间描述中）“共存”。在进行观察的那一瞬间，这些共存的选择将自己分解成实际的选择——一种或另一种选择各自具有由这些幅度平方得到的概率，即$(1/\sqrt{2})^2=1/2$。当进行观察时，

光子被反射或透射的概率的确都是一半。

让我们看看如何把这些应用于我们实际的实验中去。假定光子发射时L都记录下来。光子波函数在镜子处分解，它到达P的幅度为$1/\sqrt{2}$，这样光电管记录到或没有记录到的概率各为一半。光子波函数的另一半到达实验室墙壁的A点（图8.3），其幅度又是$1/\sqrt{2}$。如果P没有记录到，那么必须认为光子打到墙上的A点去。假定我们放一个光电管在A点上，只要P没有记录到，它就记录到——假定L的确记录了光子的发射——只要P记录到，它就没有记录到。在这种意义上讲，没有必要在A处放置光电管。我们可以推断，只要看L和P就可以知道A处的光电管要做什么。

必须清楚如何进行量子力学的计算。我们提如下的问题：

“假定L记录到，P记录到的概率为多少？”

其答案是，我们注意到光子通过LMP路径的幅度为$1/\sqrt{2}$，通过LMA路径的幅度为$1/\sqrt{2}$。在取平方后我们求得它到达P和A的概率各为$\frac{1}{2}$。所以，我们这问题的量子力学答案为“一半。”这的确是我们实验中得到的答案。

我们可以同样地利用怪异的“时间反演”步骤来得到同一答案。假设我们注意到P有了记录。我们考虑光子的一个时间向后的波函数，在这里假定光子最终到达P。我们沿时间相反方向追踪光子，则光子退回去直到它到达镜子M。波函数在这一点分叉，它的$1/\sqrt{2}$幅度到达电灯泡L，而它的$1/\sqrt{2}$ 幅度受到M的反射达到实验室墙的另一点上，亦即图8.3上的B点。我们在取平方后又得到两种可能性各一半的概率。但是我们必须仔细地留心，这些概率所回答的是什么问题。它们是这两个问题，“假定L记录到，P记录到的概率是多少？”和前面一样，这更怪异的问题是：“假定光子从墙壁的B点射出，P点记录到的概率是多少？”

在某一种意义上，我们可以认为两种答案在实验上都是“正确的”，虽然第二个（从墙上发射）是一种推断，而不是一系列实际的实验结果！然而，这些问题中没有任何一种是我们原先问过时间反演问题。那就是：

“假定P记录到，则L记录到的概率为多少”。

我们注意到，对这个问题正确的实验答案根本不是“一半”，而是“一。”如果光电管的确记录到，则光子肯定是从灯泡而不是实验室墙壁出来！在我们时间反演问题的例子下，量子力学计算给了我们完全错误的答案！

这一事实的含义在于量子力学$\boldsymbol{R}$部分的规则不能适用于这种时间反演的问题中，在一个已知将来态的基础上，如果我们希望计算过去态的概率，并试图采用简单地取量子力学幅度平方模的标准的$\boldsymbol{R}$步骤，则会得到完全错误的答案。这个步骤只有在过去的态的基础上来计算未来态的概率时才可行——它在这里极其有效！基于这些，我认为它很清楚地表明了步骤$\boldsymbol{R}$不能是时间对称的（并且，顺便提及，所以它也不能从时间对称的步骤U中推导出来)。

许多人也许会认为这种与时间对称的矛盾是由于热力学第二定律暗中隐藏在论证之中，引入了由幅度求平方步骤所未描述的附加的时间非对称性。的确，任何能够实行R步骤的物理测量仪器必须牵涉到"热力学的不可逆性"——这样，只要进行测量熵就增加。我认为第二定律很可能以一种非常根本的方式牵扯到测量过程中。而且，使诸如上述（理想化的）量子力学实验，包括全部有关的测量记录整个操作进行时间反演，似乎没有多少物理意义。我不关心一个实验的实际时间反演时人们能进展多远，我只关心这个由取幅度平方模得到正确概率的了不起的量子力学步骤之适用性。这种简单的步骤不需要任何其他关于系统的知识就能应用在未来方向上，这真是令人惊叹。这的确是理论的一部分，人们不能影响这些概率，量子理论概率是完全随机的！然而，如果人们试图把这些步骤在过去的方向应用（亦即进行回溯而不是预见），则就完全错了。不管用多少借口来解释为何幅度平方步骤不能正确地应用于过去方向，但事实总是事实，它不适用。在未来的方向上根本不需要这些借口！正如在实际应用中那样，步骤R就不是时间对称的！

霍金盒子：和外尔曲率假设的一个关联

也许是这样的，不过读者无疑会想它们和WCH或CQG有什么相干呢？是的，第二定律，正如现在那样有效，很可能是步骤R的一个部分。但是，时空奇点或量子引力对这些连续地"时时刻刻"发生的态矢量减缩能有任何觉察得到的作用吗？为了表述这一问题，我想描述一个奇异的“理想实验”，这原先是史蒂芬·霍金提出的，虽然他原先的意图并不包括我在这里的目的。

想象一个极其巨大的密封盒子。其墙壁是完全反射的，并且把一切影响都阻挡住。没有物质，包括任何电磁信号、中微子或其他任何东西能穿过它。任何从外面或里面撞到上面的东西都被反射回去。甚至引力效应也被禁止通过。不存在任何可用于建造这种墙的物质。没人能在实际上进行我就要描述的“实验”。（正如我们将要看到的，也没有人愿意去实现！）但这不是关键。在一个理想实验中人们努力从虚拟的实验中纯粹用头脑进行考虑以揭示一般的原理。技术困难只要对所考虑的一般原则没有影响，则可不予理会。（回忆一下第6章中关于薛定谔猫的讨论。）在我们的情形下，为此实验目的建造墙的困难被认为纯粹是“技术性的”，可以不予理睬。

盒子内装有大量的某种物质。何种物质并非关键。我们只关心它的总质量M，它应是非常大的，以及容纳它的盒子之巨大体积V。我们利用这个造价非常昂贵的盒子以及其无趣的内容做什么呢？这实验是可以想象到的最枯燥的实验。我们将永远不去碰它！

我们所关心的问题是该盒子内容的最终命运。根据热力学第二定律，它的熵要增加到最大值，这时物质达到了“热平衡”。如果此后相对简短地偏离热平衡的“起伏”暂时不出现的话，则不会有什么太多的事要发生。我们假定在这种情形下，M足够大并且V具有相当的值（非常大，但不是过大），使得达到“热平衡”时，部分物质坍缩成一个黑洞，只有一点物质和辐射在环绕着它——构成了一个（非常冷的）所谓的“热库”，黑洞就浸在这一个热库中。为了确定起见，我们可以选取M为太阳系的质量，V为银河系的尺度！则“热库”的温度仅比绝对零度大约高10^{-7}度。

为了更清楚地理解这种平衡和这些起伏的性质，我们回忆一下在第5章和第7章提到的相空间的概念。它和熵的定义关系紧密。图8.4简单地画出了霍金盒子内容的整个相空间$\mathbb{P}$。我们记得，相空间是一个巨大维数的空间，它上面的每一点代表我们考虑的系统全部可能的态——这里系统是盒子的内容。这样，$\mathbb{P}$的每一点记录了盒子中所有粒子的位置和动量以及有关盒子的时空几何所有必需的信息。图8.4中右边的（$\mathbb{P}$的）子区域$\mathbb{B}$代表全部所有盒子里有一黑洞的态（包括所有多于一个黑洞的情形），而左边的区域$\mathbb{A}$代表所有没有黑洞的态。我们设想子区域$\mathbb{A}$和$\mathbb{B}$应按照熵的精确定义所要求的那种“粗粒化”被进一步分割成更小的区域（参阅图7.3，395页），但是这里我们不关心其细节。在这一阶段我们所需要注意的是，这些区域中最大的一个代表了和一个黑洞共存的热平衡，这是$\mathbb{B}$的主要部分，而$\mathbb{A}$的主要部分（小一些）是代表没有黑洞的，呈现热平衡的区域。

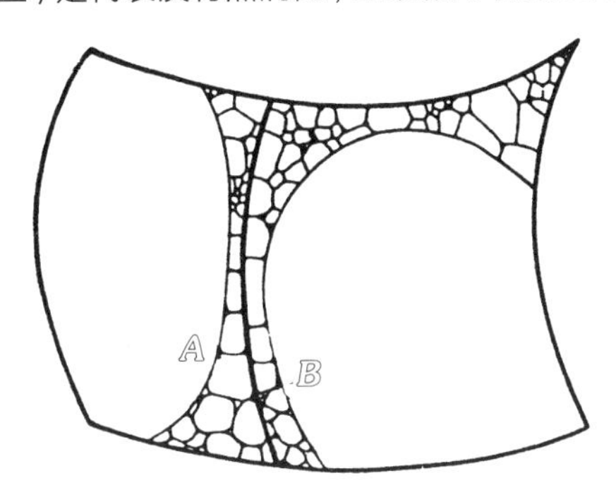

图8.4 霍金盒子的相空间$\mathbb{P}$。区域$\mathbb{A}$相应于盒子中没有黑洞的情形，而区域$\mathbb{B}$相应于盒子中有一个（或多个）黑洞的情形

我们记得，在任何相空间中存在一个箭头（矢量）的场，它代表着物理系统的时间演化（参阅第5章229页以及图5.11）。这样，为了看下一时刻会发生什么，我就简单地跟随着$\mathbb{P}$中的箭头（图8.5）。有些箭头会从区域$\mathbb{A}$穿到区域$\mathbb{B}$去。这种情形发生于物质因引力坍缩而形成黑洞之时。这些箭头是否会从区域$\mathbb{B}$穿回到区域$\mathbb{A}$去呢？是的，这是可能的，正如早先提到过的（参阅第435页，448页），只有当我们考虑了霍金蒸发的现象后才可能。根据严格的广义相对论的经典理论，黑洞只能吞没东西。霍金（1975）在考虑了量子力学的效应后，能够在量子水平上向我们展示出，无论如何黑洞必须依照霍金辐射过程发射出东西来。（这是由于“虚粒子产生”的量子过程而引起的。粒子和反粒子从真空中不断连续地产生出来，通常在其产生后立即相互湮没，不留下任何痕迹。但存在一个黑洞时，在还没来得及湮没时，它就“吞没”了这对粒子中的一个，而它的配偶就会从黑洞逃走。此逃走的粒子构成了霍金辐射。）通常情形下，霍金辐射的确是非常小的。但在热平衡状态时，黑洞在霍金辐射中丧失的能量大小刚好和吞下其他碰巧在黑洞所在处“热库”附近徘徊的“热粒子”所

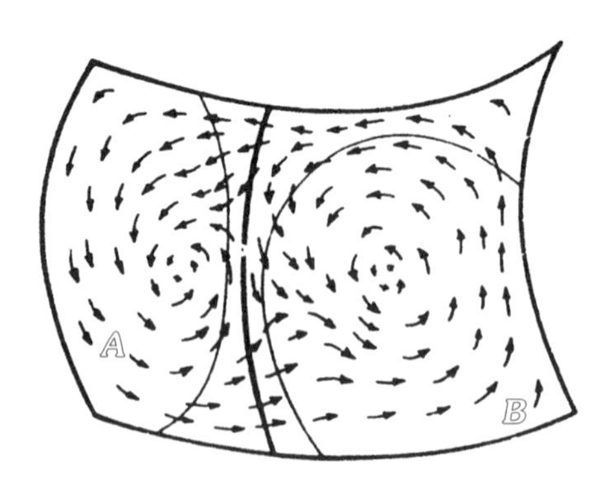

图8.5　霍金盒子内容“哈密顿流”（与图5.11相比较）。从$\mathbb{A}$向$\mathbb{B}$穿过的流线代表黑洞的坍缩；而从$\mathbb{B}$到$\mathbb{A}$的流线表明黑洞因霍金蒸发而消失

获得的能量相平衡。由于“起伏”黑洞或许会非常偶然地辐射得太多或吞下得太少而失去能量。在损失能量时，它损失质量（由于爱因斯坦公式$E=mc^2$），并根据制约霍金辐射的规则，它变得更热一些。当起伏足够大时，非常非常偶然地，黑洞甚至可能进入剧烈变动的状态，它变得越来越热，失去越来越多的能量，变得越来越小，直到最终在一个（假定的）激烈的爆炸中完全消失！这情形的发生（假定在盒子中没有其他的黑洞），就对应于在我们的相空间$\mathbb{P}$中从区域$\mathbb{B}$过渡到$\mathbb{A}$，所以确实存在从$\mathbb{B}$到$\mathbb{A}$的箭头！

在这里我应当评论一下“起伏”是什么含义。回顾一下我们在上一章考虑过的粗粒化的区域。属于一个区域的相空间的点被（客观上）认为相互之间是“不可区分的”。因为随着时间的推进，我们随着箭头进入越来越大的区域，所以熵就增加。最终，相空间的点停留在最大的区域中，也即相应于热平衡（最大熵）。然而，这只到某种程度为止是对的。如果人们等待足够长的时间，相空间的点会最终地跑到一个更小的区域里，而熵会相应地减少。在通常情况下它不会长久（相对而言）待在那种状态，而熵又会很快地上升，它在相空间内又进入更大的区域中。这就是伴随着熵暂时降低的起伏。熵通常不会下落太多。但是一个大的起伏会非常非常偶然地发生，而熵会降低得很多——也许会在某一较长的时间间隔中保持低值。

为了经由霍金辐射过程从区域$\mathbb{B}$到区域$\mathbb{A}$，这种东西是我们所需要的。因为箭头于$\mathbb{B}$和$\mathbb{A}$之间要穿越很小的区域，所以需要非常大的起伏。类似地，当相空间点在$\mathbb{A}$的主要区域时（代表没有黑洞的热平衡），要花很长的时间才能产生引力坍缩，从而该点运动到$\mathbb{B}$去。这里大的起伏又是需要的。(热辐射不容易遭受到引力坍缩!)

究竟从$\mathbb{A}$到$\mathbb{B}$的箭头和从$\mathbb{B}$到$\mathbb{A}$的箭头哪种更多，或者是一样多呢？这对我们来说是个重要的问题。换种方式来提问，在自然中由热粒子的引力坍缩形成黑洞，和由霍金辐射来排除黑洞，哪种过程更“容易”些？或者是同等“困难”？严格地讲，我们并非关心箭头的“多寡”，而是相空间体积的流率。把相空间想象成充满了某种(高维的!)不可压缩的流体。箭头代表流体的流动。回忆在第5章描述过的**刘维尔定理**。刘维尔定理断言，相空间体积被流线维持着，也就是说，相空间流体的确是不可压缩的！刘维尔定理似乎告诉我们，从$\mathbb{A}$到$\mathbb{B}$和从$\mathbb{B}$到$\mathbb{A}$的流量必须**相等**。因为相空间“流体”是不可压缩的，不能在任何一边累积起来。这样看来，从热辐射产生黑洞正如消灭它一样地“困难”!

这的确是霍金自己的结论，虽然他是基于某种不同的考虑而得到这个观点。霍金的主要论点是，所有牵涉到此问题中的基本物理都是**时间对称的**(广义相对论、热力学、量子力学的标准的幺正过程)，所以如果我们把钟往后倒转，我们就应得到和向前走一样的答案。这归结于很简单地把在$\mathbb{P}$中的所有箭头方向反转。从**这个**论证的确得出，从$\mathbb{A}$到$\mathbb{B}$和从$\mathbb{B}$到$\mathbb{A}$应有同样多的箭头，只要区域$\mathbb{B}$的时间反演仍为区域$\mathbb{B}$(而且同样，$\mathbb{A}$的时间反演还是$\mathbb{A}$)。这条件归结为霍金一个鲜明的设想，黑洞与其时间反演，即白洞在物理学上其实是一模一样的！他的推论是，应用时间对称物理，热平衡态必须也是时间对称的。我不想在这里对这种奇异可能性详细讨论。霍金的思想是，在一定程度上量子力学的霍金辐射可被看作经典的物质被黑洞“吞没”的时间反演。虽然他的建议极为天才，但遇到了严重的理论困难，我不相信这能行得通。

这一建议和我这里提出的观念无论如何不能相协调，我论证过，由于外尔曲率假设，黑洞必须存在而白洞是被禁止的！WCH把时间不对称引进讨论，而霍金没有考虑到这一点。必须指出，由于黑洞及其时空奇性的确是关于霍金盒子中发生事件非常重要的一部分，这里一定需要牵涉到制约这些奇点行为的未知物理。霍金认为未知物理必须是时间对称的量子引力理论，而我断言它必须是时间不对称的CQG！我声称，CQG的主要含义之一应是WCH（由此导出热力学第二定律的众所周知形式），所以我们要弄清WCH对我们这个问题的含义。

让我们看看纳入WCH会如何影响讨论P中“不可压缩流体”的流动。黑洞奇点在时空中的效应是吸收并消灭所有撞到上面的物质。对我们现在的目的而言更重要的是，它消灭信息！这一效应在$\mathbb{P}$中是某些流线合并到一起（图8.6）。两种原先不同的态，只要把将它们区别开来的信息消灭后就会变成同一个态。但流线在$\mathbb{P}$中合并到一起，我们就实质上违反了刘维尔定理。我们的“流体”不再是不可压缩的，而是在区域B内被连续地湮没！

我们现在似乎陷入了麻烦。如果“流体”在区域$\mathbb{B}$中连续被消灭，那么从$\mathbb{A}$到$\mathbb{B}$的流线就会比从$\mathbb{B}$到$\mathbb{A}$的更多——这样产生黑洞比消灭黑洞更为“容易”！现在若不是“流体”从区域$\mathbb{A}$流出比流入的更多，则这的确是有意义的。区域$\mathbb{A}$没有黑洞，白洞可能性已被WCH排除

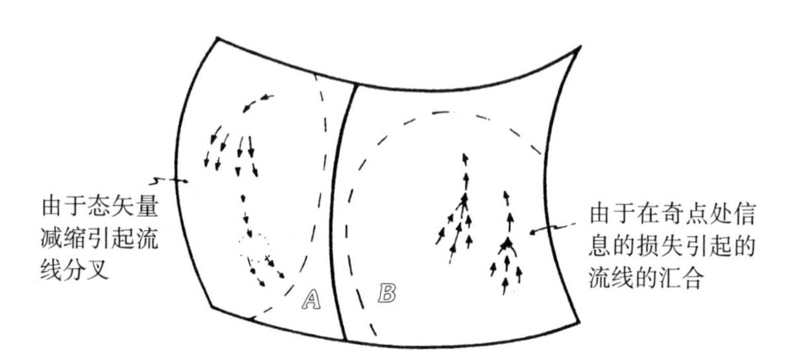

图8.6 在区域$\mathbb{B}$中，由于黑洞奇点处的信息丧失，流线应该合并到一起。这是否被量子过程$\boldsymbol{R}$（尤其是区域$\mathbb{A}$中）流线的产生所平衡呢？

掉——所以刘维尔定理在区域$\mathbb{A}$应该能完美成立！然而，现在我们似乎需要某种在区域$\mathbb{A}$“产生流体”的手段以补充在区域$\mathbb{B}$的损失。哪些机制可以增加流线的数量呢？我们所需要的是同一个态有时能多于一个结果（亦即流线的分叉）。在将来物理系统的演化上，这类不确定性具有量子理论的“味道”——$\boldsymbol{R}$部分。$\boldsymbol{R}$在某一意义上能否是WCH的“硬币的另一面”呢？WCH引起了流线在$\mathbb{B}$内的合并，量子力学步骤$\boldsymbol{R}$使流线分叉。我要宣称，正是量子力学客观的态减缩（$\boldsymbol{R}$）引起流线分叉，并由此准确地补偿了因WCH引起的流线合并（图8.6）！

为了使这样的分叉发生，我们必须让$\boldsymbol{R}$时间不对称，正如我们已经在上述的灯泡、光电管和半镀银镜子实验中看到。在灯泡发射出一个光子后，最终有两个（等概率的）选择：或是该光子打到光电管上并被它记录，或打到墙上的A处而光电管没有记录到。该实验的相空间中，我们有一根代表光子发射的流线，它分叉成两条：一条描述光电管被点燃的情形，而另一条是没有点燃的情形。这是真正的分叉，因为只允许一个输入，而却有两个可能的输出。人们也许必须考虑的另一输入是光子从墙上的B处发射出来，这时就有了两个输入和两个输出。但是，这另一选择由于它和热力学第二定律，也就是在向过去方向演化追溯时被最后表达成WCH的观点，不相协调而被排除掉。

我必须反复说明，我所表达的观点的确不是“传统的”——尽管我一点也不清楚，一位“传统的”物理学家为解决此问题有何高见。（我怀疑他们之中很少人认真地考虑过这些问题！）我当然听到过许多不同的观点。例如，时时总有一些物理学家提议，霍金辐射永远不会使一个黑洞完全消失，而某一很小的“金块”将永存下来。（所以，按照这种观点，从$\mathbb{B}$到$\mathbb{A}$没有流线！）这对我的论证影响很小（而实际上还会加强它）。人们还可假设相空间$\mathbb{P}$体积实质为无限大来逃避我的结论，但是这和有关黑洞熵某些基本思想相左，也和一个封闭（量子）系统之中相空间的性质相左。而我听到的其他在技术上逃避我结论的方法就更不能令人满意了。有一个反对观点显得稍微认真些，即在实际建造霍金盒子时需要太大的理想条件，在假定它可被造出时违背了某些原则。我本人对此并不肯定，但倾向于相信，所需的理想条件的确是可以容忍的！

最后，我承认我掩饰了一个要点。在开始讨论时，假定我们有一经典的相空间——而刘维尔定理适合于经典物理。但是霍金辐射的量子现象必须予以考虑。（量子理论对于$\mathbb{P}$的有限维数以及有限体积是必需的）。正如我们在第6章看到，相空间的量子版本为希尔伯特空间，所以在整个讨论中我们应当使用希尔伯特空间，而不是相空间。在希尔伯特空间中也存在类似的刘维尔定理。这是由时间演化$\boldsymbol{U}$

的“幺正”性质引起的。我的整个论证也许能按照希尔伯特空间，而不是经典相空间来表述，但是很难了解，如何用这种方法来讨论牵涉到黑洞时时空几何的经典现象。我自己的观点是，既非希尔伯特空间也非经典相空间适用于正确的理论。人们必须利用某种迄今尚未发现的处于两者之间的数学空间。根据此观点，我的论证只能认为是处于启发性的水平上，它仅仅是建议性的，而非结论性的。尽管这样，它为WCH和***R***根本上相互连接，并因此为***R***必须是量子引力效应的想法提供有力的实例。

重述我的结论：我提出量子力学的态矢量减缩的确是WCH的另一面。根据这一观点，我们所寻求的“正确量子引力理论”（CQG）两个重要含义为WCH和***R***。WCH的效应为相空间中流线的合并，而***R***的效应刚好是补偿流线的散开。两个过程都和热力学定律紧密相关。

注意，流线的合并完全发生在区域$\mathbb{B}$中，而流线的散开可在$\mathbb{A}$或者$\mathbb{B}$中发生。我们记得$\mathbb{A}$代表黑洞的不存在，所以态矢量减缩的确在黑洞不存在时可以发生。很清楚，为了***R***起作用（正如在我们刚才考虑的光子实验中），不必要在实验室中有一个黑洞。我们在这里只关心在可能发生的事情中一般整体的平衡。按照我所表达的观点，只不过是说，在某一阶段形成黑洞（并因此消灭信息）的可能性必须被量子理论中不决定性所平衡！

态矢量何时减缩

假设在前面论证的基础上，接受态矢量的减缩也许最终为引力现象。**R**和引力的关系能解释得更显明吗？在这观点的基础上，一个态矢量的坍缩实际上应在何时发生呢？

我应首先指出，甚至在量子引力理论的“更传统的”方法中，在合并广义相对论原理和量子理论规则时，存在某种严重的技术困难。这些规则（首先在薛定谔方程的表达式中，动量被重新解释为对位置取微分的方法步骤，参阅369页）根本不能顺应于弯曲时空几何的观点。我本人的观点是只要引进“相当”大的时空曲率，则量子线性叠加的规则就失效。在此处不同态的可能选择的复幅度叠加，正是被实际，也就是实在发生的，可能选择的概率权重所取代。

所谓“相当大的”曲率是何含义呢？我是指引入的曲率测度达到水平大约为一个引力子[6]或更大的尺度。（回忆一下，根据量子理论的规则，电磁场被量子化成单独的称为“光子”的单位。当场被分解成为它单独的频率，频率v的部分只能以整数个光子出现，每一光子具有hv的能量。类似的规则应可适用于引力场。）根据量子理论，一个引力子应是被允许的最小曲率的单位。其想法是，只要到达这个水平，依据**U**过程的线性叠加的通常规则在应用到引力子时就被修正，而某种时间不对称的“非线性不稳定性”就出现。在这一阶段，其中一种选择就脱颖而出，该系统就“跌跌撞撞”地落到这种选择之上，而不再以复数线性叠加不同选择的形式永远存在下去。也许选择的结果是由机遇造成，也许在这后面还有更深刻的东西。但是现在，现实已成为这种或那种选择。**R**步骤就这么得以完成。

请注意，根据这个思想，步骤**R**以一种完全客观的方式自动发生，和任何人为的干涉无关。其想法是，“单引力子”水平必须安宁地处于原子、分子等通常量子理论的线性规则$\boldsymbol{U}$成立的“量子水平”以及我们日常经验的“经典水平”之间。单引力子水平的“尺度”多大呢？应强调的是，这实在不应当是物理上的大小的问题；它更应是质量和能量分布的问题。我们看到只要不牵涉到太多的能量，量子干涉的效应可在大距离上发生。（回忆在322页描述的光子自干涉以及367页克劳泽和阿斯佩的EPR实验。）质量的量子引力的特征尺度为所谓的普朗克质量（大约估计）：

$$m_p = 10^{-5}\text{克。}$$

这似乎比人们希望的大很多，由于质量比这小很多的物体，诸如灰尘，以经典方式行为就能直接感受到。（质量m_p比虱子的质量小些。）然而，我认为单引力子的标准不可以就这么生硬地使用。我试图弄得更显明一些，但就在我写作的现在，关于如何准确使用单引力子的标准，还有许多模糊之处。

首先，让我们考虑一个观察粒子非常直接的方式，也就是利用威尔逊云室。此处有一个小室充满了刚好处于就要凝聚成液滴的蒸汽。当一个快速运动的带电粒子，譬如刚从位于小室外的放射性原子衰变而产生的，进入这个小室时，在它通过蒸汽的路途中，会使近处的某些原子电离（也就是，由于失去电子而带电）。这种离化了的原子成为蒸汽凝聚成小液滴的中心。我们以这种方法得到实验者可直接观察的小液滴的轨迹（图8.7）。

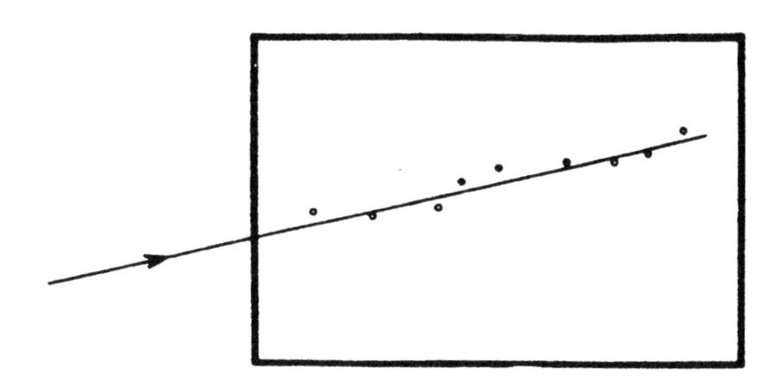

图8.7 一个带电粒子进入威尔逊云室并引起一串液滴的凝聚

现在，如何利用量子力学对此作描述呢？在我们放射性原子衰变的时刻，它发射出一个粒子。但是，该粒子可往许多不同的方向飞离。在这一方向有一幅度，在那一方向又有一幅度，在其他每一方向都有一幅度，所有这些都在量子线性叠加上同时发生。这些叠加的不同选择的总体组成了从衰变原子出发的球面波：被发射出的粒子的波函数。当每一可能的粒子轨道进入云室，它就和一串电离的原子相关联，每一个原子成为蒸汽凝聚的中心。所有这些不同可能的离化原子串也须在量子线性叠加中共存，所以我们现在有大量不同的凝聚水滴串的线性叠加。在某一个阶段，当按照步骤 $\boldsymbol{R}$ 取复幅度加权的平方模后，这个复数的量子线性叠加变成了实在的不同选择的实概率加权集合。这些选择只有一个在经验的物理世界中实现，而这一个特殊选择即被实验者所观测到。我于是根据这一种观点提议，只要不同选择的引力场差别达到一个引力子标准，这一个阶段就发生。

这在什么时候发生呢？根据非常粗略的计算[7]，如果只有一个完全均匀的球滴，则当水滴长大到大约 $1/100\,m_p$ 也就是1克的 $1/10^7$ 时，即达到了单引力子的阶段。在此计算中存有许多不确定性（包括某些原则上的困难），而且为保险起见，值取得稍大一些，但其结果并非完全不合理。人们期望以后将会得到更精密的结果，并能处理整串液滴而不仅仅是一粒液滴。当人们考虑水滴是由大量的小原子组成而非整体均匀的，这事实也许会导致某些重大的差别。另一方面，"单引力子"标准本身在数学上必须变得更加精密。

我已在上面的情况考虑了在一个量子过程（放射性原子衰变）中的实际观察。量子效应被放大到这种程度，此时不同的量子选择产生不同的、直接可观察的不同选择。我的看法是，即使当这种显明的放大不存在时，***R***还可客观地发生。假定一个粒子不进入云室，而是直接进入到一个装满气体（或流体）的大盒子，气体（或流体）密度使得它肯定要么和粒子碰撞，要么扰乱大量的气体原子。让我们仅仅考虑粒子的两种不同选择，将其当成原先复数线性叠加的部分；或者它根本不进入该盒子，或者它会沿着特定的路径进入，且掠飞过并弹开一些气体原子。在第二种情形下，气体原子会以巨大的速度跑开，如果该粒子没有进入，气体原子就不会这样地行为。它会继续碰撞并掠飞过其余的原子。这两个原子中的每一个都以一种前所未有的方式飞走，并很快地引起气体原子的连锁运动。如果原先粒子没有进入盒子，这一切都不会发生（图8.8）。在第二种情形下，不用很长时间，气体中的每一个原子实际上都被这个运动所扰动。

现在让我们想想应该如何用量子力学来描述。最初，在复线性叠加中只需要考虑原先粒子的不同位置——将其当作粒子的波函数部分。但是在很短的时间后，所有气体原子都被涉及，考虑该粒子可能采取的两个途径的复线性叠加，一个途径进入盒子，而另一个途径不

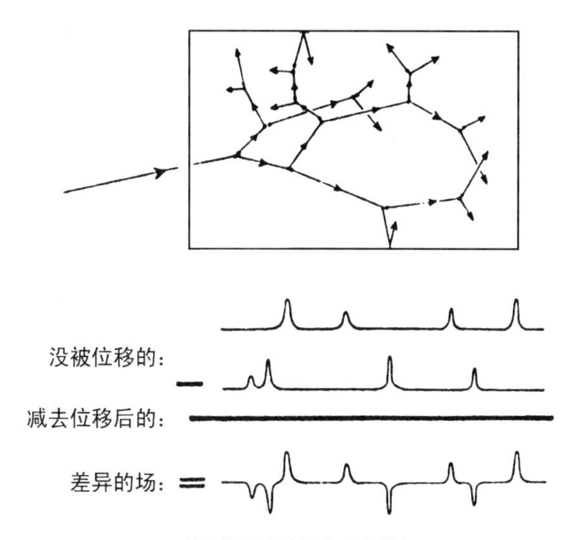

粒子的引力场(极其示意性的)

图8.8 如果一个粒子进入到某种气体的大盒子中,则实际上气体的每一个原子很快就都会受到扰动。粒子进入和粒子没进入的量子线性叠加会牵涉到描写气体粒子的这两种形态引力场的不同时空几何线性叠加。这两种几何的差别什么时候达到单引力子的标准呢?

进入盒子。标准的量子力学坚持,我们要把这种叠加推广到气体中的所有原子:我们必须把两种状态叠加,一种状态下的所有原子都从另一种状态下的位置移动开。现在考虑所有原子总体的引力场的差别。尽管气体的整体分布在叠加的两种状态下实际上是一样的(而且整体引力场也如此),如果我们把一个场减去另一个场,便得到一个(高度振荡的)差场。在现在我所关心的意义上,该差别也许是"重要的"——也就是说这个差场很容易超过单引力子水平。只要达到这水平,态矢量减缩就会发生:在系统的实际状态中,或者是粒子进入,或者没有进入盒子。复线性叠加被归结为统计的加权的不同选择,其中只有一种真正发生。

在前例中，我把云室当作提供量子力学观察的一种方法。依我看来，其他类型的观察（照相底片、火花室等）似乎也可利用“单引力子判据”来处理，正如我在上述的气体盒子情况所用的方法。为了解这一步骤的细节还有许多事要做。

到此为止，这只是一个观念种子，我相信它是对梦寐以求的新理论而言的[8]。我坚信，任何完全满意的方案必须牵涉到时空的某种激进的新观念，也许是某种本质上非定域的描述[9]。这个信念最吸引人的理由来自于EPR类型的实验（参阅358页，367页）。这种实验中，在屋子一个角落的观察（这里指光电管记录）会在另一角落引起态矢量的瞬息减缩。建立一个和相对论精神一致又完全客观的态矢量减缩理论是一个深远的挑战。因为在相对论中，“同时性”不是一个恰当的概念，它依赖于某些观察者的运动。我的意见是，眼下的物理实在的图像，尤其在和时间本性的关系中，将要受到巨大的，也许甚至迄今为止比相对论和量子力学所引起的都要大的冲击。

我们应回到原先的问题上来。所有这一切如何与制约我们大脑行为的物理相关联呢？它和我们的思维以及情感有何关系呢？为了回答这类问题，就必须首先考察我们大脑的实际构造。我在后面将要回到我认为是基本问题上来。当我们有意识地思维或感觉时，会牵涉到何种新的物理行为？

第 9 章
真实头脑和模型头脑

头脑实际上是什么样子的

在我们的脑袋中有一个控制我们动作并使我们了解周围世界的非常了不起的结构。正如阿伦·图灵有一次说过[1]，它和一碗凉粥再相像不过了！非常难以想象，具有如此平淡无奇外观的东西怎么能创造这么多的奇迹。然而，更周密的考察揭示，头脑的结构极其错综复杂（图9.1）。盘旋在顶上的（最像粥样的）巨大部分称为大脑。它很清楚地从中间分成左边和右边两个大脑半球。它的前面和后面不那么

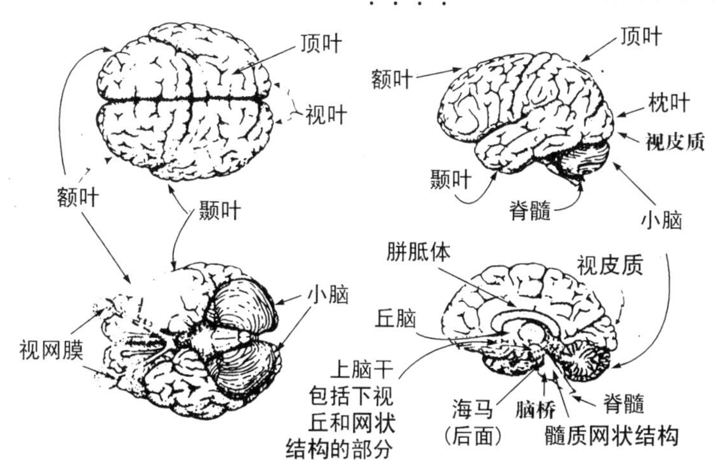

图9.1　人脑：上、边、下、剖视图

清楚地分成了额叶和三片其他的叶：顶叶、颞叶和视叶。再下去，头脑后面小很多而有点像球形——或像两团羊毛球——的部分是小脑。里面深处藏在大脑下面有些奇怪而显得很复杂的不同结构：脑桥和髓质（包括我们以后要关心的网状结构），它们由脑干、丘脑、下视丘、海马、胼胝体和其他许多命名奇怪的古怪构造组成。

人类感到最为骄傲的即是大脑，不仅因为它是人脑中最大的部分，而且作为整体而言，人的大脑在比例上比其他任何动物的都大。（人的小脑也比大多数其他动物的大）。大脑和小脑具有比较薄的灰色物质外表面，以及具有白色物质的更大的内部区域。人们把这些灰色物质的区域分别称为大脑皮质和小脑皮质。灰色物质正是实行不同种类计算任务的地方，而白色物质是由很长的神经纤维所组成，负责从头脑中一个部分传递信号到另一部分。

大脑皮质不同的部位和非常特别的功能相关联。视皮质处于视叶内，在大脑的正后方，它与图像的接收和解释有关。至少对人类而言，大自然会选择这个区域来解释从头部正前方的眼睛传来的信号是很奇怪的！但是，大自然还有比这更古怪的行为。正如大脑的右半球几乎完全关联身体左边，而大脑的左半球关联身体的右半部分。这样，实质上所有的神经在进入或离开大脑时都要从一边穿到另一边。对于视皮质的情形，右边并不和左眼相关，而是和两只眼睛的左边视野相关。类似地，左边的视皮质和两只眼睛的右边视野相关。这表明，从每只眼睛视网膜的右边来的信号必须进入右边的视皮质（记住视网膜上的影像是颠倒的），而从每只眼睛的视网膜左边来的信号必须进入左边的视皮质（图9.2）。这样在右边的视皮质中形成了一个左边视野的一个界限清楚的映射，而在左边视皮质中形成了右边视野的另一个映射。

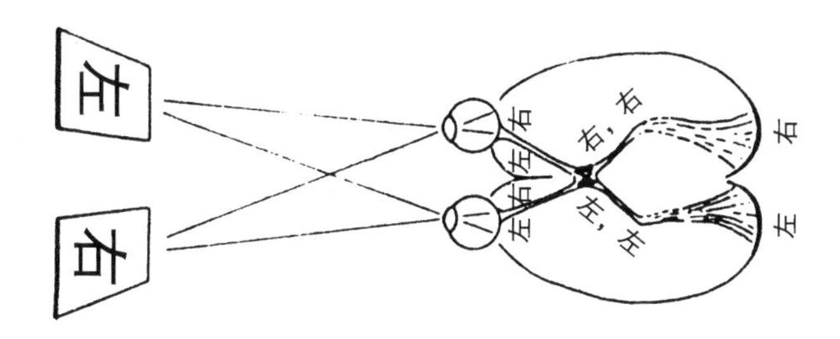

图9.2　两只眼睛的左边视野被映射到右边的视皮质上去，而右边视野被映射到左边的视皮质上去。（下视图；注意视网膜中的像是颠倒的。）

从耳朵来的信号又是以这种古怪方式穿越到大脑的相反一边。右边的听觉皮质（为右边颞颥叶的一部分）主要是处理在左边接收到的声音，而左边的听觉皮质处理从右边来的声音。嗅觉似乎是这个一般规则的例外情形。位于大脑前面的右边嗅觉皮质（位于额叶内——对感觉区域而言，这很特殊）主要是应付来自右鼻孔的气味，而左边的是处理左鼻孔的气味。

触觉和称之为**触觉**皮质的顶叶区域相关。这个区域刚好处于额叶和顶叶分开的地方。在身体表面和触觉皮质的区域之间有一种非常特别的对应。有时按照所谓的“触觉侏儒”的图示法来表示这一种对应，也就是图9.3中沿着触觉皮质躺着的变形人体。右边触觉皮质处理左边的身体，而左边的处理右边的身体。在额叶和顶叶的交界处正**前**方，有一个称为**运动**皮质的**额叶**对应区域。这和激发身体不同部位的**动作**有关，在身体不同的肌肉和运动皮质的不同区域之间又有一个非常特别的对应。我们用一个“运动侏儒”来描绘这一种对应，正如图9.4所

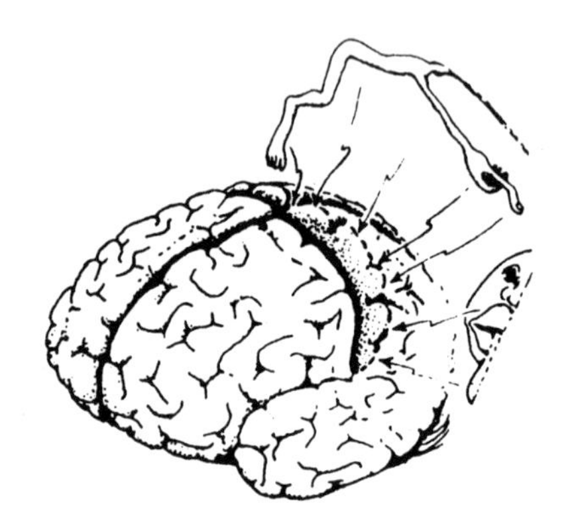

图9.3 “触觉侏儒”图解额叶和顶叶分界后面的大脑部分，它和身体不同部位的触觉有最直接的相关

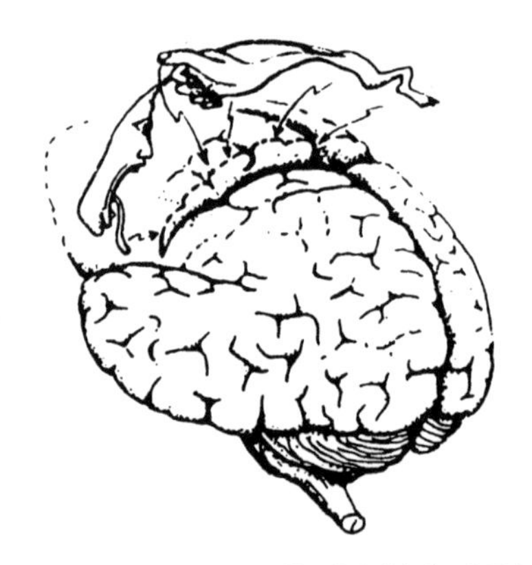

图9.4 “运动侏儒”图解额叶和顶叶分界前面的大脑部分，它最直接激发身体不同部位的动作

表示的那样。右边的运动皮质控制身体的左边，而左边的运动皮质控制右边。

刚才提到的大脑皮质的区域（视觉的、听觉的、嗅觉的、触觉的和运动的）被称作**原发的**，这是由于它们和大脑的输入和输出有最直接的关联。和这些原发区域邻近的是大脑皮质次级区，它处理更微妙更复杂的抽象感觉（图9.5）。从视觉、听觉和触觉皮质接收到的感觉信息在相关的次级区加工，而次级运动区和预想的动作相关，这些动作由原发运动皮质翻译成实际肌肉运动更特定的指令。（由于嗅觉皮质的行为不同，我们又对其所知甚少，所以先不予考虑。）大脑皮质的其余区域称作三级区（或联合皮质）。头脑最抽象最复杂的活动大多在这些三级区进行。在一定程度上，头脑正是在这些区域，连同它们的周围，使不同感觉区域来的信息以非常复杂的方式相互交叉并接受分析，留下记忆，建立外界的图像，构想并评价一般计划以及理解或表达言语。

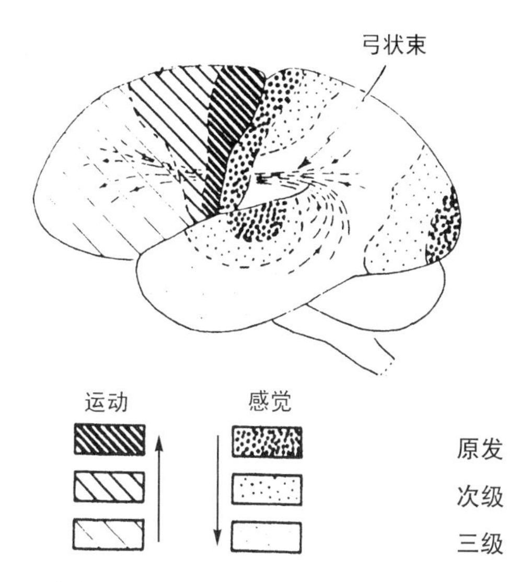

图9.5　大脑作用的大致划分。外部的感觉数据进入原发的感觉区域，在次级和三级感觉区逐步加工到越来越复杂的程度，转移到三级运动区，最后改善成为在原发运动区的特殊的动作指令

言语是特别有趣的，这是由于它通常被认为是人类智慧所特有的能力。很古怪的是（至少在绝大多数用右手的人和大部分用左手的

人)，言语中心主要就在头脑的左边。主要的区域是布洛卡氏区，这是处于额叶的后下部，还有另一区称作韦尼克氏区，它处于颞颥叶的后上部(图9.6)。布洛卡氏区是用来形成句子，而韦尼克氏区是理解语言；损害布洛卡氏区会减少讲话能力，但不影响理解；而损害韦尼克氏区，则讲话仍然流利而没有什么内容。称作弓状纤维束的神经束把这两个区域连接起来。当它受到损坏时，理解力没有受到伤害而且言语仍然流利，但是不能把所理解到的讲出来。

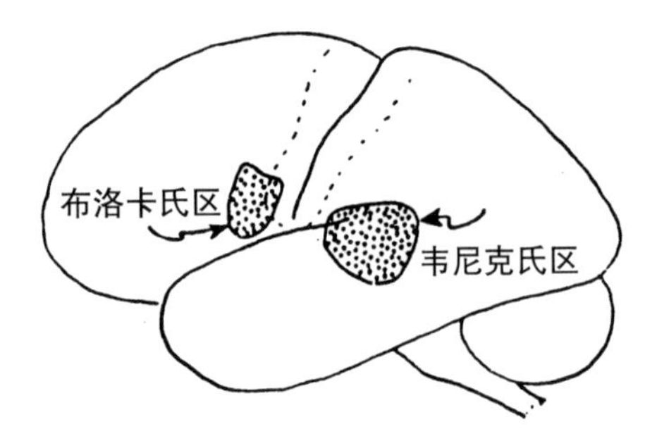

图9.6 通常只在左边：韦尼克氏区和理解语言有关，而布洛卡氏区和表达言语有关

我们现在对大脑的作用有了一个非常粗略的图像。头脑的输入来自于视觉、听觉、味觉和其他的信号，这些信号首先要在大脑的原发部分，主要是后叶片(顶叶、颞叶和枕叶)记录下来。头脑的输出表现于激发身体的动作，主要由大脑额叶的原发部分完成。在它们之间进行了某些加工过程。一般来讲，大脑活动是从后叶的原发部分开始，当分析输入数据时，就进入到次级；然后当这些数据被完全理解时，就进入了后叶的三级部分(也就是语言在韦尼克氏区被理解)。弓状纤维束，也就是上面提及的神经纤维束，但现在是在头脑的两边，把这处理过的信息带到额叶，在额叶的三级区形成一般行动的计划(例

如，在布洛卡氏区形成语言）。这些一般的行动计划在次级运动区被翻译成关于身体运作更明确的概念，并且头脑的活动最后转到原发运动皮质，在那里信号最终被发送到身体不同组的肌肉去（而且经常一下子送到好几组肌肉去）。

呈现在我们面前的似乎是一台超等计算仪器的图像。强人工智能支持者（参阅第1章等）会坚持道，我们在这里有了一台算式电脑的极致范例，实质上就等于是图灵机。该电脑有输入（如同图灵机左边的输入磁带）和输出（如同机器右边的输出磁带），以及在中间实行各种复杂的计算。当然，头脑还能独立进行特殊感觉输入以外的活动。这在人们思维、计算或对过去的回忆沉思时发生。对于强人工智能的支持者而言，这些头脑的活动只不过是进一步的算式活动。只要这种内部活动达到足够复杂的程度，则他们就可以设想引起了“知觉”的现象。

然而，我们不应该太快接受现成的解释。上面所表述大脑活动的一般图像只不过是非常粗糙的图像。首先，甚至连视觉接受也不像我在上面表述得那么一清二楚。人们发现，皮质中有几个不同的（虽然是更小的）区域进行视野的映射，这显然是带有其他不同的目的。（我们视觉的知觉似乎和它们不同。）似乎还有其他辅助的感觉和运动区域分散在大脑皮质（例如，后叶中不同的点可引起眼睛的运动）。

我在上面的描述中，甚至没有提到头脑中大脑以外其他部分的作用。例如，小脑的作用是什么？显然它是负责身体的准确定位和控制，身体动作的时机、平衡和精巧。想象舞蹈家熟练的艺术，职业网球运动员轻松的准确性，赛车手闪电般的控制以及音乐家或画家手的自如动作；再想象羚羊优美的跳跃和猫的躲藏。没有小脑就不可能有这样的准确性，所有动作都会变得笨拙。事情似乎是这样的，当一个人在学习新技巧（例如学走路或学开车）时，刚开始对于每一个动作都要仔细想好，大脑起着控制作用；但是一旦掌握了技巧而成为“第二天性”，小脑就取代了它。而且，人们对这种经验都很熟悉，如果一个人在想已经掌握的技巧中的一个动作，则他的容易控制会暂时失去。在想动作时似乎涉及重新引进大脑的控制，虽然在此以后获得动作的灵活性，但现时熟练和精确的小脑作用却损失了。这种描述无疑过于简单，不过使我们对小脑的作用有些大概的了解[1]。

在我早先描述大脑作用时，没有提到头脑的其他部分是误导的。例如，海马在记录长期（永久）记忆时有着不可或缺的作用。实际的记忆被储存在大脑皮质的某处（也许同时在许多处）。头脑可以用其他方式保持短期的印象；它可保留印象若干分钟甚至几个小时（也许把它们“记在心里”）。但是为了使这种印象在不再受注意时还能被回忆起，就必须以永恒的方式存在那儿，正是这个原因海马非常重要。（损害海马会导致可怕的后果，一旦新的记忆不再引起病人的注意，即不再保留。）胼胝体是左右两个大脑半球相互通信的地方。（我们在后面将会看到把胼胝体切除后的严重后果。）下视丘是快乐、愤怒、害怕、沮丧和渴望的情感所在处，而且它传递情感在精神和身体方面的发泄。在下视丘和大脑不同部分之间存在连续流通的信号。丘脑的作用是重要的加工中心和转换站，它把从外面世界来的许多神经

---

1. 奇怪的是，大脑的“交叉行为”不适于小脑。这样，小脑的右半主要是控制身体的右边，而左半控制身体的左边。

输入传到大脑皮质。网状结构负责头脑整体或不同部位一般状态的警戒或知觉。还有许多神经线路连接这些以及许多其他极其重要的区域。

上面的叙述只提供了头脑一些重要部分的样品。在结束这一节之前，我应该对于头脑的整体组织再讲一些，它的不同部分被分类成三个区域，从脊柱开始往上，按顺序是后脑（或菱脑）、中脑和前脑。人们可以在早期发育的胚胎中找到这三个区域，在脊柱的上端按照这个顺序成为三个肿胀出现。最顶点的那个即是正在发育的前脑，发芽成两个球状的肿胀，一边一个，后来它们变成大脑的两半球。完全发育好的前脑包括头脑许多重要部分，不仅是大脑，还有胼胝体、丘脑、上视丘、海马以及许多其他部分。小脑是后脑的一部分。网状结构在中脑和后脑各有一部分。在进化发展的意义上，前脑是“最新的”，而后脑是“最古老的”。

我这个简要的速写虽然在多方面是不足够的，希望仍能给读者一点人脑像什么样子和一般情形下它做什么的印象。迄今，我几乎还未触及意识的中心问题。让我们在下面讨论这个问题。

意识栖息在何处

有关头脑的状态和意识现象的关系，人们表达了许多不同的观点。对于具有这么明显重要性的现象只有极少的共识。然而，下面这一点是很清楚的，即头脑的所有部分不是同等地牵涉到意识的呈现。例如上面所暗示的，小脑似乎比大脑更可被视为一台“自动机”。仿佛小脑控制的动作几乎是不必思考就自动进行的。人们能够有意识地决定从一处走到另一处，但他不会时时想到为控制运动所必须详细计划的肌肉动作。对无意识的反射行为亦是如此，譬如把自己的手从热火炉上移开的动作，可能根本不是由头脑而是由脊柱上部分传递的。人们至少从这些很容易推理出，意识现象和大脑的作用比和小脑或脊髓的作用更有关系。

另一方面，十分不清楚的是，大脑是否总能发觉自己的活动呢？例如我在上面所描述的，人们在正常行走时，并不意识到自己肌肉和四肢的细节活动。这种活动的控制主要来自于小脑（头脑的其他部分和脊髓予以帮助），大脑的首位运动区域似乎也参与控制。此外，原发感觉区也是一样：例如，人们可能不知道走路的时候在脚底的压力变化，但是触皮质的相应区域仍然继续受到刺激。

杰出的美国–加拿大神经外科医生怀尔德·彭费尔德（大部分人脑运动和感觉区内的精细映射是他在20世纪40—50年代做出的）论断说，一个人的知觉不只和大脑活动相关联。基于对许多有意识的病人进行脑手术的经验，他提出，主要由丘脑和中脑组成被他称为上脑干的区域（参阅*Penfield and Jasper 1947*），在相当意义上应被视为是“意识所在处”，尽管他在心里曾经基本认同网状结构作为“意识所在处”。彭菲尔德断言，上脑干和大脑处于联络状态，只要脑干的这个区域和大脑皮质的适当区域（也就是和任何具体感觉、思维、记忆相关的特别区域）处于直接联络的状态，或者那时候动作被有意识地发觉或唤起，则“意识知觉”或“有意识的意志行为”就会产生。他指出，例如，当他刺激病人引起右臂动作的运动皮质的区域（而且右臂的确会动作），这不会使病人想要运动其右臂。（的确，病人甚至可能伸出其左臂去阻止右臂的动作，正如在彼得·塞勒斯著名的奇爱博士的电影描写中那样！）彭菲尔德指出，动作的欲望也许和丘脑的关系比和大脑皮质的关系更大。他的观点认为意识是上脑干活动的呈现，但是除此以外必须还要有东西被意识。这样，不仅是脑干，而且此时正和上脑干联络的大脑皮质的某些部位都被涉及，它们的活动代表了意识的主体（感觉印象或记忆）或客体（意志行为）。

其他神经生理学家还指出，特别是网状结构可能被认为是意识的“所在处”，如果这样的处所的确存在的话。网状结构毕竟是负责头脑一般的警觉状态（*Moruzzi and Magoun 1949*）。如果它受到损害，其后果就是变成无意识。只要头脑处于清醒的意识状态，那网状结构便是活跃的；如果头脑不处于这种状态，网状结构就不活跃。在网状结构的活动和人们通常认为“意识的”状态之间的确有种清楚的关联。然而，情况由于以下事实变得复杂起来。在梦境里，在当时人们确实晓得自己在做梦的这个意义上讲是“知觉的”。然而，这时在正常情况下网状结构的活跃部分仿佛不处于活跃状态。要把意识这样的荣耀地位归于网状结构的人还要忧虑一件事，用进化的术语讲，它是头脑中非常古老的部分。如果成为有意识的全部所需只是一个活跃的网状结构，那么青蛙、蜥蜴甚至鳕鱼都是有意识的！

我个人认为上面这论断不是很有说服力。我们有何证据说蜥蜴和鳕鱼不具备某种低程度的意识呢？我们有什么权利像一些人那样宣称，人类是我们行星上仅有的被赐予“知觉”的实际能力的居民呢？在地球生物中，难道我们是唯一可能“有意识”的吗？我表示怀疑。虽然青蛙和蜥蜴，特别是鳕鱼，在我凝视着它们时，它们并没使我十分确信“那里有某一个生灵”也在看着我。但是当我看到狗或猫，尤其是动物园的猩猩和猴子在看着我时，我有很深的“意识存在”的印象。我不要求它们像我这样感觉，甚至也不要求它们感觉有多少深度。我不坚持它们在任何强烈意义上是“自我知觉的”（尽管我猜想自我知觉的某一因素能够存在[1]）。我所坚持的是，它们有时候至少有感觉！至于做梦的状态，我自己愿意接受的是，存在某种形式的知觉，但是它被认定为低水平的。如果部分网状结构以某种方式单独负责知觉，那么它们必须是活跃的，即使在做梦状态时其活跃的程度很低。

另一种观点（*O'Keefe 1985*）仿佛认为，海马的行为和意识状态的关系更大。正如我早先评论的，海马对于长久记忆的记录十分重要。有理由可以认为，永久记忆记录和意识相关联。如果真如此，则海马在意识知觉的现象中的确起了主要的作用。

还有人坚持大脑皮质本身负责知觉。由于大脑是人的骄傲（虽然海豚的大脑也一样大！）而且和智力关系最密切相关的心理活动似乎是由大脑执行，那么这里肯定是人的灵魂栖息之所！这正是有些人，譬如强人工智能者观点的结论。如果“知觉”只是算法之复杂性的一个特征，或者说算式的“深度”或“微妙程度”，那么按照强人工智能的观点，由大脑皮质进行的复杂算法使该区域具有显示意识能力的呼声最高。

很多哲学家和心理学家似乎认为，人类意识是和人类语言密切相

1. 一些令人信服的证据表明，至少黑猩猩能够自我知觉，在允许黑猩猩摆弄镜子的实验显示了这一点，参阅*Oakley 1985*，第4章和第5章。

关。因而，正是多亏了我们的语言能力，人类才能得到微妙的思考能力。它正是人性的标志以及我们灵魂的表现。按照这种观点，正是语言把我们和其他动物区别开来，并提供我们剥夺它们自由以及肆意捕杀它们的借口。正是语言允许我们用哲理推究并描述我们所感觉的，这样我们可以使别人信服，我们知悉我们的客观世界和自我。正是从这一种观点出发，我们的语言被当作我们具有意识的关键因素。

现在，我们必须想起我们的语言中心（对绝大多数的人）正好在我们头脑的左边（布洛卡氏和韦尼克氏区）。刚刚表述的观点仿佛意味着，意识只和左边而不和右边大脑皮质相关联！的确，这似乎是很多神经生理学家的看法（特别是约翰·埃克勒斯，1973年），虽然对于我这个门外汉来说，这观点确实非常古怪，我将会解释其理由。

头脑分裂实验

我将提到和这些相关的许多奇异的观察，在这些试验中病人（或动物）的胼胝体完全被割除，使得大脑皮质的两个半球不能互相联络。在人的情况下[2]，切除胼胝体是作为治疗手术来进行的，人们发现这是对受癫痫症之苦特别严重的病人有效的处方。罗杰·斯佩里和他的助手在对这些病人动手术后进行了许多心理学试验。他们是这样进行的，左边和右边的视界受到完全分开的刺激，这样左半球只接受放在右边的视觉信息，而右半球只接受到左边的。如果用铅笔的画片在右边闪动，同时用杯子的画片在左边闪动，则病人会说“那是一枝铅笔”，因为只有铅笔而不是杯子被显然有语言能力的那一半头脑所感知。然而，左手会选一只盘子，而不是一张纸，去和杯子作适当的相配。左手在右半球的控制之下，右半球虽然不能讲话，却能实现某些相当复杂的人类特有的动作。的确有人建议过，认为几何思维（尤其是三维的）还有音乐通常主要是在右半球内进行的，这样就和左边的言语和分析能力相平衡。右边头脑能理解普通的名词或基本句子，并能进行非常简单的算术。

这些头脑分裂实验中最令人吃惊的是，头脑两边仿佛像两个独立的个人那样行为。每一半可分别与实验者联络。由于右半球缺乏口语的能力，它比左半球的联络更为困难，并处于更原始的程度。病人大脑的一半可和另一半以简单的方式联络，例如看着由另一半控制的手臂运动，或者听到指令的声音（像是盘子的碰撞声）。但是，即使是两边之间这么原始的联络也可由仔细控制实验室条件而消除。模糊的情绪仍可由一边传到另一边，然而这可能是由于那些没分开的部位（譬如下视丘）仍然与两边处于联络状态。

人们忍不住会问这样的问题：在我们同一身体里是否居住有两个分别意识的个体呢？这个问题曾是许多争议的主题。有人会坚持说肯定“是”的，而其他人宣称两边都不能成为单独存在的。有人会争论道，对于两边能够有共同的情绪这个事实，可证明只含有一个单体。然而，另一种观点认为，只有左边半球代表了有意识的个体，而右边为一台自动机。认为语言是意识主要部分的人相信这一点。确实，只有左半球能令人信服地对口头问话“你有意识吗？”答复“是的！”而对右半球，正如一条狗、一只猫或一只黑猩猩，会困难得甚至不能解释组成这个问题的词，也不能够正确地口头回答。

然而，这个问题不能就这么轻易地放过。唐纳德 · 威尔逊和他的合作者（*Wilson et al. 1977*；*Gazzaniga*，*LeDoux and Wilson 1977*）在一个更新近而引人注意的实验中考察一位代号“P.S.”的病人。在分裂手术后，只有左半球能讲话，但是两个半球都能理解语言；右半球后来也学会讲话；两个半球很明显地都是有意识的。而且，由于它们有不同的爱好和需求，所以显得有各自的意识。例如，左半球描述说它希望成为制图员，而右半球希望成为赛车手！

我本人根本不相信普遍的断言，认为平常人类语言于思维和意识是必需的。（我将在下一章指出我的一些理由。）所以，我和那些大致相信头脑分裂病人的两半各具有独立意识的人立场相同。P.S. 的例子强烈地暗示，至少在这一种特殊情形下，两半的确都是有意识的。依我的意见，在这一方面P.S. 和其他人的真正差别是他的右边意识能实际使其他人相信它的存在！

如果我们接受P.S. 的确具有两个独立的精神，则就面临着令人惊异的情景。假定，每一分裂头脑的病人在手术之前只具有单独的意识；但在此之后就有了两个意识！这原先单独的意识被某种方式分叉了。我们还记得在第1章32页假想的旅行家，他把自己交给一台远距运送机，忽然醒过来时发现所谓“实在的”自我已到达金星。在那里，他的意识的分叉仿佛会导出佯谬。因为我们会问：“他的意识流‘实际上’是沿着什么途径？”如果你是这旅行家，哪一个被归结成“你”？远距运送机可当成科学幻想而不再予以考虑，但是在P.S. 的情形下，我们的处境非常相似，而这是实在发生的！哪个P.S. 的意识是手术前的P.S. ？无疑许多哲学家会将此问题斥为无稽。这是由于没有决定这个争论的操作方法。每一个半球都在分享施行手术前的意识之记忆，并且无疑两者都会宣称是原来的那个人。这虽令人惊异，但本身并非佯谬。尽管如此，还有一些令人困惑的问题未被解决。

如果两个意识后来又被合并在一起，则困惑就更恶化了。现代技术要把胼胝体单独切断的神经接在一起仿佛是天方夜谭。但是人们可以摹想，在开初时改用一种比实际切除神经纤维更温和的办法。也许这些纤维可被暂时冷冻，或用某种药麻痹。我不知道这类实验是否做过，但是我认为在不太久的将来会变成可行的。可以设想，在胼胝体重新激发后，结果只会有一个意识。想象这一个意识就是你本人！对于你在过去某一时刻曾经有过两个显著不同的各自的“自我”将作何感想呢？

盲视

头脑分裂实验似乎至少指出，“意识”的“栖息处”不必是唯一的。但是还有其他实验暗示，大脑皮质的某些部分比其他部位与意识有更密切的关联。其中一种和盲视现象有关。视皮质某个区域的损害会引起相应视野的盲视。如果一个对象放在那个区域的视野，那个对象就不会被感知。相当于那个视觉区域发生了盲视，然而，一些古怪的发现指出（参阅*Weiskrantz 1987*），事情并非这么简单。一位名叫“D.B.”的病人有些视皮质必须被除去，这使他在视野特定区域内看不见任何东西。然而，当把某物放在这个区域并要D.B.去猜是什么东西时（通常像一个十字形或圆形标志或是以某一角度倾斜的线段），他几乎可百分之一百地猜中！这个“猜测”的准确度甚至使D.B.本人都感到惊讶！他仍然坚持说，自己不能感知放在该区域的任何东西。[1]

由视网膜接受到的影像还在视皮质以外的某些头脑区域加工，一个较不清楚的区域是下部颞叶。D.B. 应该是基于在下部颞叶得到的信息作“猜测”。在刺激这些区域时不能直接有意识地知觉任何东西，但是信息在哪儿，只有从D.B“猜测”的正确性中得以显现。实际上在经过一些训练后，D.B. 能够得到这些区域有限量的实际知觉。

所有这些似乎表明，大脑皮质的某些地方（例如视“皮质”）比其他地方和意识知觉更有关联。但是，其他一些区域经过训练后，显然能进入直接知觉的范畴。

视皮质的信息加工

在如何处理接收到的信息方面，人们对视皮质比头脑中的任何其他部分都理解得更好；人们为了说明这个作用曾提出了不同的模型[3]。事实上，有些视觉信息的处理在到达视皮质之前就在视网膜本身进行。（视网膜实际上被当成头脑的一部分！）一些最先暗示视皮质如何处理信息的实验中有一个为大卫·哈贝尔和托斯滕·韦塞尔赢得1981年的诺贝尔奖。他们能在实验中显示猫的视皮质某些细胞对视野中具有特定斜率的线产生反应。而其他附近的细胞对不同斜率的线产生反应。什么东西具有这个角度通常没有关系。它可以是从亮处到暗处的或从暗处到亮处的边界线，或仅仅是亮的背景中一条黑线。进行考察的特

1. 称作“盲视否认”的情况是某一种对盲视的补充。一个事实上全盲的，但坚持他完全能看东西的病人似乎具有推断周围环境的视觉意识！（见*Churchland 1984*，P143。）

图9.7 你能看到一个放置在另一个三角形上面的，并被一个圆环嵌住的白三角形吗？虽然白三角形的边界没有完全画出来，但是头脑中有些细胞对这些看不见的，却可感知的直线有反应

殊细胞已经把“斜率”这一特征抽象化了。而其他细胞对特定的颜色或对每只眼睛接收到的差别产生感应并由此感知所得到的深度。随着距离原发接受区越来越远，我们发现细胞对我们所看见的东西越来越细微部分敏感。例如，当我们看图9.7时就会发觉一个完全的三角形图像；而在图上并没有画出形成三角形的线，它是由推断而来的。人们实际上发现视皮质（所谓第二位视皮质）中的细胞能记录这些推断出的直线位置！

在20世纪70年代初叶，文献记载宣称[4]，发现猴子视觉皮质有一个细胞，只有当一个脸的像被记录在视网膜时才反应。在这种信息的基础上，人们提出了“祖母细胞假设”。根据这种假设，头脑中存在某种细胞，它只有当头脑主人的祖母进入房间才反应！的确，最近有人发现某种细胞只对特殊的词有反应。也许这正进一步支持祖母细胞假设！

关于头脑中进行的处理过程，肯定有极多尚待研究的地方。对这些高等头脑中心如何实行其功能所知甚少。现在让我们放下这个问题，而转去注意头脑中实际产生这些奇异功能的细胞。

神经信号如何运行

头脑（以及脊柱和视网膜）所有的处理过程都是由称作神经元的多功能体细胞完成的[5]。让我们看看神经元是什么样子。我在图9.8中画出了一个神经元的图。它有一个苞状的主体，或有点像星形，通常比较像萝卜，这主体称为胞体，其中包含有细胞核。一根很长的神经纤维从胞体的一端延伸出来。相对于一个单独的微细胞而言，神经纤维有时的确非常长（以人类而言通常达几厘米），它称作轴突。细胞的输出信号就是沿着轴突这根“导线”传送。从轴突可发芽出许多小的分支，它要分支好几回。在这些形成的神经纤维终端可找到所谓的小突触结。胞体的另一端通常向四面八方往外分支，这就是树状的树突。输入资料正是沿着树突进入胞体。（在树突之间偶然也会出现突触结，叫作树状树突的突触。由于它们导致的复杂性是次要的，我将在讨论中省略。）

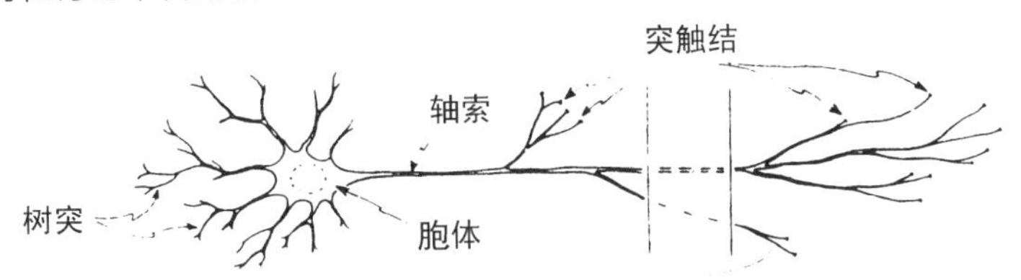

图9.8　一个神经元（通常比所标的要相对地长非常多）。不同类型的神经元在外表细节上的变化非常巨大

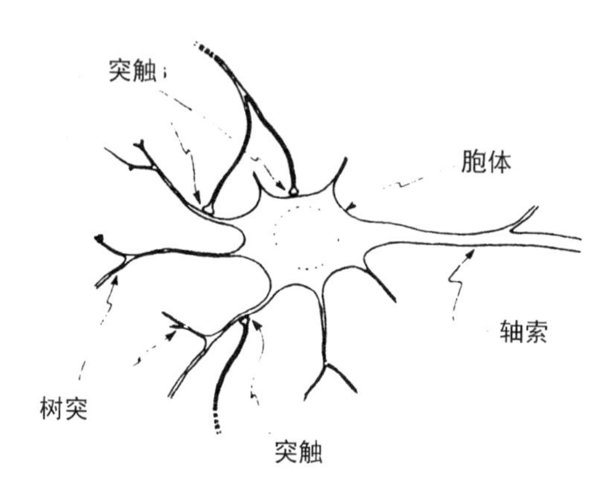

图9.9 突触：一个神经元和另一个神经元之间的结

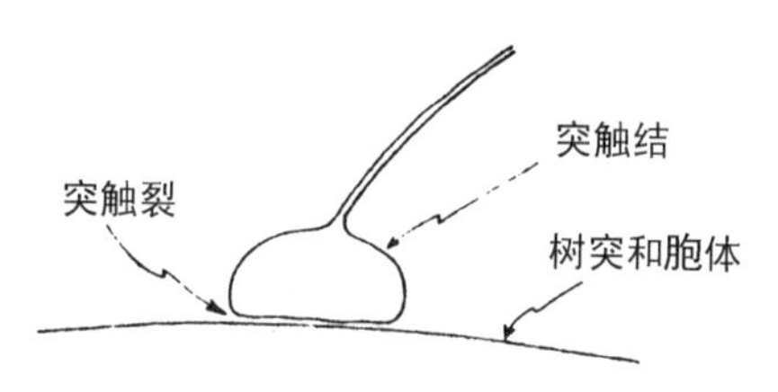

图9.10 突触的放大细节。神经传递物的化学物质流穿越过一个狭窄的缝隙

作为一个自足的单元，神经元用细胞膜把胞体、轴突、突触结、树突和所有一切都包围起来。为了使信号从一个神经元传到另一个，它们必须设法“越过之间的障碍”。这是在叫作突触的交结处完成。一个神经元的突触结附到另一神经元的某一点上，不是在它的胞体本身就是在它的一个树突上（图9.9）。实际上，在突触结和它所附上的胞体或树突之间有一非常窄称为突触裂的缝隙（图9.10）。信号从一个神经元传达到另一个时必须穿越过它。

当信号沿着神经纤维传递并穿过突触裂时采取什么形式呢？是

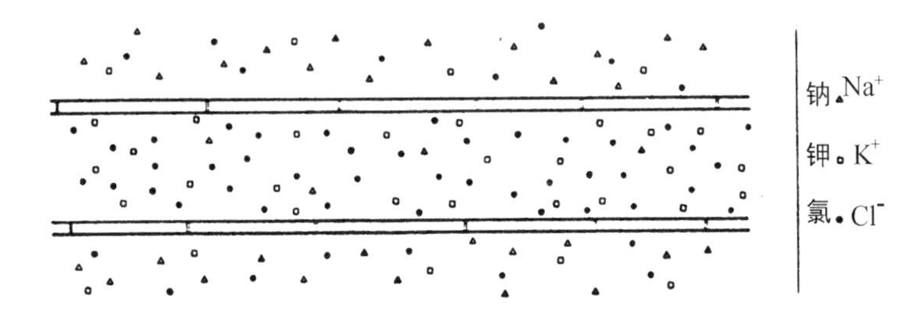

图9.11 神经纤维的图解。在静态下内部的氯离子量超过钠和钾离子的量，所以带负电；而外部刚好相反，所以带正电。内外的钠/钾平衡也不一样，在里面钾多一些，而外头的钠多一些

什么引起下一个神经元去发射信号呢？从我这个局外人看来，大自然实际采取的步骤真是非同寻常——简直使人着迷！人们也许会认为信号只不过像沿着导线的电流，但是它比这要复杂得多。

一根神经纤维基本上是一个圆柱管，装有普通盐（氯化钠）和氯化钾（主要是后者）的混合溶液，这样在管子里有钠、钾和氯离子（图9.11）。在外面也有离子，但是其成分比例不同，外部的钠离子比钾离子多。神经处于静态时，管子内带负电荷（也就是氯离子比钠离子加钾离子的总和还多——我们记得钠离子和钾离子是带正电的，而氯离子是带负电的），而在外部是带正电荷（也就是钠和钾比氯多）。构成圆柱表面的细胞膜有点“漏洞”，所以离子有移动穿越过它并中和电荷差的倾向。为了补充以及维持里面过量负电荷，一个“新陈代

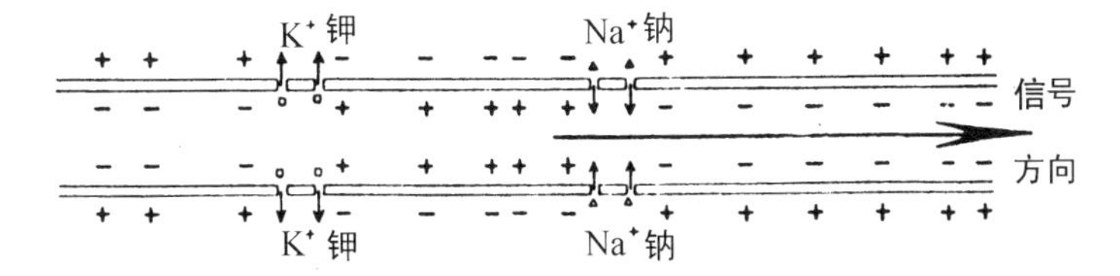

图9.12 一个神经信号是沿着纤维运动的相反带电区域。在它的前头，钠门打开让钠往里流；在它的后头，钾门打开让钾往外流。新陈代谢泵的作用是恢复原状

谢泵”缓慢地把钠离子通过周围的膜向外输送回去。这作用同时可维持内部钾比钠的数量更多，还有另一个新陈代谢泵（稍微小一些）把钾从外头输送到里面去，所以对内部的钾过量有贡献（虽然它的作用和保持电荷不平衡相反）。

一个信号是沿着神经纤维移动的一个区域，其中具有相反的电荷不平衡（也就是现在内部是正的，外部是负的）（图9.12）。想象有人位于神经纤维上这种反向带电区域之前方。当这个区域靠近时，它的电场在细胞膜上打开了称为钠门的小“门”；这允许钠离子从外面往里面流回去（由电力和因浓度差引起的压力，亦即“渗透压”的结合效应）。结果使内部带正电而外部带负电。这些发生过后，构成信号的反转电荷区域即到达我们的位置。它现在促使另外一个小“门”（钾门）打开，这“门”允许钾离子从里面往外面流回去，这样开始恢复内部超量的负电荷。信号现在就通过了！最后，随着信号再次远离而去，泵缓慢而坚决的行为再次把钠离子赶到外面去，而把钾离子赶到里面去。这就恢复了神经纤维的静态，并为下一个信号做好准备。

值得注意的是，信号就是由一个沿着纤维移动的相反带电区域所构成。实际的物质（也就是离子）移动得非常小，只是在细胞膜两边穿进穿出！

这种古怪奇异的机制显然极其有效。不管是脊椎动物还是无脊椎动物都普遍利用它。但是脊椎动物有个更完善的设施，也就是神经纤维由称为髓鞘质的白色脂肪物质绝缘层所包围。（正是髓鞘质层使头脑的“白色物质”呈现其颜色。）这种绝缘使神经信号能不衰减并以高达每秒120米的相当的速度(在“转换站”之间)行进。

当一个信号到达一个突触结时，它会发射出称为神经传导物的化学物质。这种物质从它的一些树突或胞体本身的某一点通过突触裂移动到另外的神经元去。有些神经元具有一种突触结，它会发射出神经传导化学物质，趋向于促进下一个神经元躯体去“激发”，也就是开始一个沿着它的轴突传出去的新信号。这种突触称作兴奋突触。另外有一种倾向于阻碍下一个神经元激发称作抑制突触。在任何时刻要把活跃的兴奋突触这效应全部加起来，并减去活跃的抑制突触的效应，如果净值达到某一临界值，则下一个神经元就会被激发。(兴奋突触引起下一个神经元里外之间预期的正电位差，而抑制突触引起预期的负电位差。这些电位差适当地加在一起。当附在轴突处的电位差达到临界水准时神经元就被激发，使得钾跑出来的速度不至于快到能恢复平衡。)

电脑模型

神经传导的一个重要特点是其(大部分)信号完全是“全有或全无”的现象。信号强度不变化：它要么有要么没有。这使得神经系统的行为具有类似数字电脑的特点。事实上，大量互相联结的神经元其行为与具有导线和逻辑门(下面还要讲到)的数字电脑内部作用有很多相似处。在原则上用电脑模拟特定神经元系统的行为并不困难。有一个问题就自然产生了：这是不是意味着，不管头脑的线路细节是什么样子，总是可以用电脑的功能来模拟？

为了使这个比较更清楚，我应该讲清楚究竟什么是逻辑门。在一台电脑中，我们也有所谓“全有或全无”的情形。导线不是有电流脉冲，就是没有电流脉冲。在有电流脉冲时强度总是相同的。由于每件事都被非常准确地计时，没有脉冲亦是个明确的信号，并会被电脑“注意到”。实际上，在我们使用术语“逻辑门”时，我们隐含用脉冲有和无分别来表示“真”或“伪”。这真伪与实际的真理和谬误毫无关系；只不过借以了解通常用的术语而已。让我们还把“真”（脉冲存在）写为数字“1”，“假”（没有脉冲）写为“0”，而且正如在第4章那样，可以用“&”当作“并且”（这个“陈述”表示两者都是“真”的，也就是两个论断都为1时，其答案为1），“∨”表示“或者”（这“表明”两者之一或两者都为“真”时答案为1，也就是唯有两个论断都为0时答案为0），“⇒”表示“意味着”（也就是$A\Rightarrow B$表示“如果A是真的，那么B是真的”，这和“如果B是伪的，那么A是伪的”等价），“⇔”表示“当且仅当”（两者皆“真”或两者皆“假”），以及“~”表示“非”（如果A为伪则B为真，如果A为真则B为伪）。人们可把这些不同的逻辑运算列成所谓“真值表”：

$$A\&B:\begin{pmatrix}0&0\\0&1\end{pmatrix}\qquad A\vee B:\begin{pmatrix}0&1\\1&1\end{pmatrix}$$

$$A\Rightarrow B:\begin{pmatrix}1&1\\0&1\end{pmatrix}\qquad A\Leftrightarrow B:\begin{pmatrix}1&0\\0&1\end{pmatrix}$$

在每种情形下A标记行数（也就是$A=0$表示第一行，$A=1$表示第二行），类似地B标记列数。例如$A=0$，$B=1$表示每一个表右上方的值，而在第三表上$A\Rightarrow B$得到1。（作为实际逻辑的口头实例：断言“如果我在睡觉，那么我就快乐”，在特殊情形下，即如果我刚好醒着而且快乐，仍然可以是真的，因为两种思想不矛盾。）最后，“非”逻辑门的效应简单地是：

$$\sim 0=1 \text{和} \sim 1=0。$$

这些是逻辑门的基本类型。还有一些其他类型，但是所有那些都可由刚才提到的类型组合而成[6]。

现在，我们可否在原则上用神经元的联结建造一台电脑呢？我将指出，甚至从我们前面刚讨论过的神经元激发的非常原始的考虑而言，这的确是可能的。让我们看看如何在原则上用神经元的联结建造逻辑门。我们需要一些数字编码的新方法，因为信号不存在时不能触发任何东西。让我们（完全随意地）用双脉冲表示1（或“真”），而单脉冲表示0（或“假”），并且采取一个简单的方案，就是激发神经元的临界值总是刚好两个同时发生的兴奋脉冲。很容易建立一个“与”门（也就是“&”）。正如图9.13所示，我们可取两根输入神经纤维作为输出神经元上的仅有一对突触结的终端。（如果两者都是双脉冲，则第一次脉冲和第二次脉冲都达到所需要的2倍脉冲的临界值，如果有一根

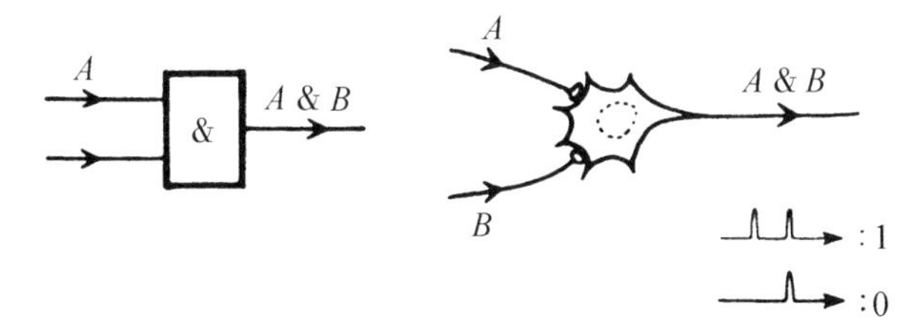

图9.13　一个“与”门。在右边的“神经元模型”中，只有当输入达到单脉冲强度的2倍时，神经元才被激发

只有一次脉冲，则两根中只有一根达到临界值。我假定脉冲被非常仔细地计时，而且是双脉冲的情形，为了确定起见，用这双脉冲中的第一次计时。）建造一个“非”门（也就是“~”）要更复杂一些，图9.14画出了一种办法。输入信号沿着一根分成两个分支的轴突进来。有一分支走迂回的路径，其长度使信号延迟的时间正好等于双脉冲两次脉冲间隔的时间。然后两根轴突又重新分叉，这两根轴突各有一根分支终结于一个抑制神经元上，但是从延迟分支来的又分裂成直接和迂回的路径各一条。在单脉冲输入时，这个神经元的输出是没有，而在双脉冲输入时，（在延迟的时刻）就有一个双脉冲。携带这一输出的轴突分叉成3个分支，所有分支都以抑制突触结终止于最后一个兴奋神经元上。原先分叉的轴突余下的两部分，每一根再分成两根，所有4根分支以兴奋突触结终止于最后这个神经元上。读者也许愿意去检

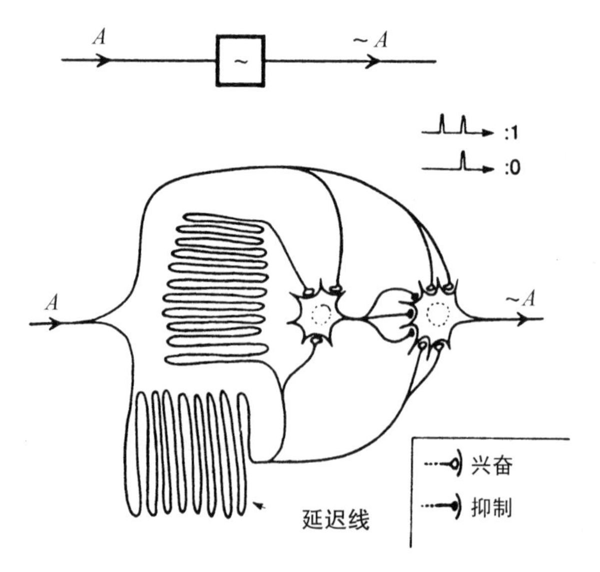

图9.14　一个“非”门。在此“神经元模型”中（至少）双倍强度的输入又是激发神经元所必需的

查，这最后的兴奋神经元是否提供了所必需的“非”输出（也就是如果输入是单脉冲则输出为双脉冲，输入若是双脉冲则输出为单脉冲）。（这一方案仿佛过于复杂，但是我已经尽力而为了！）读者可以自己消遣，为上面其他逻辑门提供直接的“神经元”构造。

当然，这些显明的例子不能认真当作头脑真正详细行为的模型。我只想指出，我在上面给出的神经元激发模型和电子电脑构造之间具有本质上等价的逻辑。容易看出一台电脑可以模拟任何这类神经元相互联结的模型；而上述的详细构造表明以下这个事实，即神经系统反过来可以模拟一台电脑，并因此能像一台（普遍的）图灵机那样行为。虽然在第2章讨论图灵机时并没有用到“逻辑门”[7]，而事实上如果我们要去模拟一台一般的图灵机，需要比逻辑门更多的东西。假定我们允许自己用巨大却有限的神经元储库去近似一台图灵机的无限磁带，这样做并没有牵涉到新的原则问题。这似乎是在论断，头脑和电脑本质上是等价的！

但在我们过于轻率地下这个结论之前，应该考虑神经行为和现代电脑行为之间各种可能有意义的差异。首先，把激发神经描述成全有或全无的现象是有些过于简化。那现象是指沿着轴突移动的单脉冲。但事实上，当一个神经元“激发”时，它发射出一整串距离很近的脉冲。甚至在神经元不激发时，它也发射脉冲，只是以很慢的速率而已。当它激发时，是连续脉冲的频率极大地提高。神经元激发还有随机的一面。同样的刺激不总产生同样的结果。此外，头脑行为并不需要电子电脑电流所需要的那么准确的计时；必须指出，神经元动作的最快速率为每秒一千次，比最快速的电子线路慢很多，大约慢10^{-6}倍。还有，尽管我们现在知道头脑（在诞生时）联结的方式比50年前我们以为的方式更为精密，它不像电子电脑中非常准确的接线，神经元的实际连接仍有很多随机性和重复性。

上面的大部分内容好像是说，在比较头脑和电脑时头脑处于不利地位。但是头脑还有其他有利的因素。逻辑门只有很少的输入输出导线（譬如最多三四根），而神经元可以有大量的突触附在上面。（一个极端的例子，称为浦肯雅细胞的小脑神经元大约有80000个兴奋突触末端。）还有，头脑中神经元的总数甚至超过最大电脑的晶体管总数——头脑中可能有10^{11}个，而电脑中大约“只”有10^9个！当然，电脑中的数目将来很可能增加[8]。而且，头脑细胞数目之大主要来自在小脑中发现的极大数目的小颗粒细胞——大约共有300亿（3×10^{10}）个。如果我们相信仅仅是由于神经元的巨大数目就能使我们得到意识经验，而现代电脑不能具有意识，那么我们必须寻求更多理由来说明为何小脑行为显得完全无意识，而大脑跟意识有关，大脑神经元数目仅是小脑的2倍（大约为7×10^{10}），其密度也更小得多。

头脑可塑性

在大脑行为和电脑行为之间还有其他不同之处。这就是与所谓头脑的可塑性有关。依我看来，其重要性超过迄今所提到的一切。认为大脑只是用导线联结起来固定的神经元组合，在实际上是不成立的。神经元之间的相互连接不像上述电脑模型中那样固定，它会随着时间不断改变。我不是说轴突或树突的位置会改变。大部分复杂的“接线”在人一出生就建立了大致的轮廓。我是指不同神经元的突触结实际发生联络的地方。这些经常发生在叫作树突棘的地方，那是树突上非常微小的突起，和突触结的接触可发生在这里（图9.15）。这里所谓“接触”不表示碰触，而是留下距离刚好大约1/40000毫米的狭缝（突触间隙）。现在按照一定的条件下，这些树突棘能缩小离开并且断开接触。或者它们（或新的）能长出并产生新的接触。这样，如果我们认为头脑中神经元连接实际上构成了一台电脑，那它就是一台能够一直随时变化的电脑！

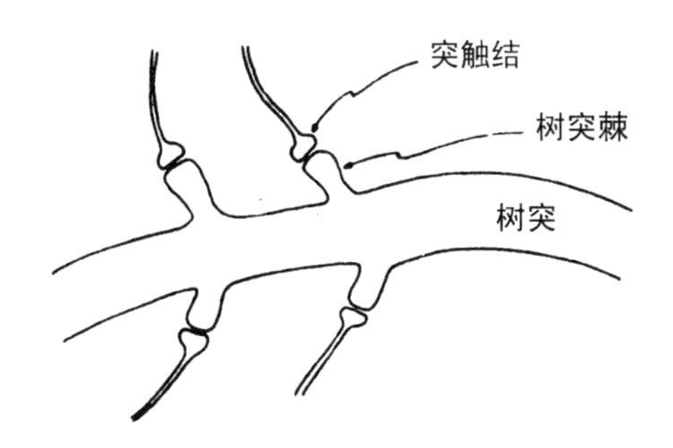

图9.15　突触结和树突棘。树突棘的长大和缩小很容易影响结的效果

根据长效记忆如何记录的主导理论之一，突触连接的这种变化正是提供储存必要信息的方法。如果真如此，那么我们就看到，头脑可塑性不仅是偶发的复杂性，而且是头脑活动的主要特征。

这些连续变化的基础机制是什么呢？这些变化可进行得多快？第二个问题的答案似乎很有争议，但是至少有一学派坚持可在几秒钟内进行这种变化。如果永久记忆的储存归功于这种变化，那是可以预料到的，因为记忆的记录确实是在几秒钟之内的事（参阅*Kandel 1976*）。这对于我们下面的讨论有重大的含意。在下一章我们将回到这个重要的问题上来。

什么是头脑可塑性的基础机制呢？有一种天才理论（归功于*Donald Hebb 1954*）提出，具有如下性质的某些突触（现在称作“赫伯突触”）：每当神经元A激发后跟着神经元B亦激发，在这两个神经元之间的赫伯突触就会被加强，否则就会被减弱。这和赫伯突触本身是否影响到B的激发没有关系。这引起了某种形式的“学习”。基于这种理论，出现了各种试图模拟一个学习/解决问题的活动的数学模型。这些被称为神经网络。这类模型似乎的确具有某些基本的学习能力，但迄今它们离开头脑的实际模型还遥远得很。不管怎么说，控制突触联结变化的机制很可能比已经提及的机制更复杂，这很明显地需要我们去更深入地理解。

与突触结释放神经传递物相关的还有另一方面。这些释放有时根本不发生在突触裂，而是进入一般的细胞之间的液体，也许是为了影响非常远处的其他神经元。许多不同的神经化学物质似乎是以这种方式发射出来。而且有些记忆理论与我在前面指出的不同，这些理论依赖于不同种类可能涉及的化学物质。头脑状态肯定以一般方式受头脑其他部分产生而存在的化学物质（譬如荷尔蒙）的影响。神经化学的整个问题是复杂的，提供涵盖所有有关方面的可靠而精细的电脑模拟将是非常困难的。

并行电脑和意识的“一性”

许多人显然持这种意见，认为发展并行电脑是建立具有人脑功能的机器之关键。我们在下面简略地考虑这种目前流行的观念。并行电脑，与串行电脑相对比，能独立进行非常大数量分开的计算，而这些大体上独立运算的结果，断断续续地合并在一起，对整体计算作出贡献。建造这类型电脑的主要动机来自于模仿神经系统的运行，因为头脑不同部分的确似乎具有进行分开而独立计算的功能（例如，在视皮质处理视觉信息）。

在这里必须说明两点。首先，并行和串行电脑在原则上没有什么不同。事实上两者皆为图灵机（参阅第2章60页）。不同处只在于整个计算的效率或速度。有些类型的计算用并行组织的确更有效率，但并不总是这样。第二点，至少我自己的意见是，并行经典计算不可能掌握我们意识思维的关键。意识思维的一个显著特征是它的“一性”（至少当一个人处于正常心理状态，而且不是“头脑分裂”手术的患者时！），这和同时进行大量独立活动成显明对比。

类似“你怎么能期望我同时想两件事情呢？”的抱怨乃是司空见惯的事。一个人的意识究竟能同时进行许多不同的思考吗？也许有人能同时进行一些思考，但是与其说像是同时、有意识地、独立地实际思考不同的题目，不如说像是在这些题目之间跳来跳去。如果一个人在意识中完全独立地想两件事，甚至哪怕是在短暂的时间里，则就似乎具有两个分开的意识。而对于正常人而言，所能体验到的是一个单独的意识，该意识可以模糊地知悉许多事，但是在任一个时刻只能集中于一件特定的事情。

当然，我们这里所说的“一件事”的含义一点也不清楚。在下一章我们将在庞加莱和莫扎特灵感中遇到一些“单一思想”的非常显著的例子。但是，为了辨识一个人在任何时刻意识到的事情可能非常复杂，我们不必舍近求远。例如，想象一个人决定晚饭要吃什么。这样一个意识思维之中牵涉到大量信息，而且要用相当长的言语才能完全描述清楚。

对我来说，这种意识认知的“一性”似乎和并行电脑图像相去甚远。另一方面，那个图像也许更合适作为头脑无意识行为的模型。不同的独立动作——散步、扣纽扣、呼吸或者甚至讲话可同时多多少少自动地进行，人们不必在意识上感觉到任何动作在进行！

另一方面，我认为在意识的“一性”和量子平行主义之间可以想见具有某种关系。我们记得量子理论中，在量子程度上允许不同选择在线性叠加中共存！这样，一个单独的量子态在原则上可由大量不同的，而且同时发生的活动组成。这就是所谓的量子平行主义。我们很快就要考虑“量子电脑”的理论观念，这样的量子平行主义在原则上可用于同时进行大量的计算。如果意识的“心理状态”在某种形式上和量子态同类，那么思维中某种形式的“一性”或整体性对量子电脑就比对普通并行电脑更为适合。这个观念中有一些方面引人注意，我在下一章再回到这上面来。但是在认真接纳这个思想之前，我们必须提出以下问题，就是量子效应究竟和头脑活动有何相关。

量子力学在头脑活动中有作用吗

上面有关神经活动的讨论全部都是经典的。除了迄今必须提起的一些物理现象，其基础的机制必须包含一部分量子力学的因素以外（例如离子，以及它们的单位电荷、钠和钾门、决定神经信号开关特性确定的化学势、神经传导物的化学作用)。在某些真正量子力学控制的关键处还有更清楚的作用吗？如果上一章结尾的讨论不是无的放矢的话，结论似乎是肯定的。

事实上，至少在一个明显的地方，单量子水平的作用对于神经活动很重要，这就是视网膜。(我们记得视网膜事实上是头脑的一部分！)以蟾蜍做的实验显示，在适当条件下，一颗单独光子打到已适应黑暗的视网膜上就足以触发一个宏观的神经信号(*Baylor*, *Lamb*, *and Yau 1979*)。这也适用于人眼(*Hecht*, *Shlaer*, *and Pirenne 1941*)，但是在此情况下还存在额外的压抑这种弱信号的机制，使得它们不会由于太多的视觉“噪声”而混淆了感觉到的视像。为了能使已适应黑暗的人实际上得知光子的来临，大约需要7颗光子的组合的信号。尽管如此，对单光子敏感的细胞的确存在于人类的视网膜中。

既然在人体中存在单量子就能触发的神经元，寻找人脑主要部分何处能发现这类细胞就是很合理的了，据我所知，对此还未找到证据。所有考察过的细胞类型都有一个临界值，要激发该细胞就得需要大量的量子。然而人们猜测，在头脑的某一深处可望找到对单量子灵敏的细胞。如果证明情形的确如此，则量子力学对头脑活动的意义就非常重大。

即便如此，在这里量子力学还不显得非常有用。这是由于量子只是一种用来激发信号的手段。没有得到量子特有的干涉效应。我们从这些得到的，最多似乎只是确定一个神经元是否会激发，这很难看出对我们有多大用处。

然而，这里牵涉到的问题不是那么简单。让我们重新考虑视网膜。假定从一半镀银的一面镜子反射来一颗光子到达视网膜。它的状态涉及以下状况的复线性叠加：光子打到视网膜细胞和光子没打到视网膜细胞，譬如穿过窗户飞到空中去（参阅图6.17，第323页）。到达它可以打到视网膜的时刻，只要量子理论的线性规则$\boldsymbol{U}$（也就是薛定谔态矢量演化，参阅318页）成立，则我们就能得到有神经信号和没有神经信号的复线性叠加。当它作用到主体的意识上时，两个不同选择中只有一个被感知发生，这时另一个量子步骤$\boldsymbol{R}$（态矢量减缩，参见318页）应该起了作用。（我在此不理会多世界观点，它本身有许多问题！参阅378页。）连同上一章结尾触及的考虑，我们应该问，信号的通过是否扰动了足够的物质，达到那一章的单引力子标准。虽然把光子能量转变成实在信号中的物质运动时，视网膜的放大效应真是令人印象深刻——运动质量的放大也许达到10^{20}倍——但这个质量仍比普朗克质量m_p小许多数量级（譬如大约为10^8）。然而，一个神经信号在它周围产生了可以探测得到变化的电场（一个以神经为轴，沿着神经运动的圆环形电场）。这场会显著地扰动周围环境，单引力子标准在这些环境中可容易地达到。这样，按照我提出的观点，$\boldsymbol{R}$过程在我们感知或没有感知闪光之前早就已经进行过了。由此观之，我们的意识对于态矢量减缩不是必要的！

量子电脑

如果我们猜测在头脑深处对单量子敏感的神经元会有重要的作用，我们就想知道他们会有什么效应。首先我将讨论多伊奇的量子电脑概念（参阅第4章191页），然后看看是否和这里的讨论有相关之处。

正如前面指出的，其基本概念是利用量子平行主义。根据这个原理，两个完全不同的事情应当被认为在量子线性叠加中同时发生。正如光子被半面镀银的镜子反射，同时光子又穿过镜子或者是通过两个缝隙中的每一个。对于量子电脑，这两个叠加的不同情况就是两个不同的计算。我们对两个计算的答案不感兴趣，而是对利用从这对叠加抽取出的部分资料感兴趣。最后，当两个计算都完成时，对这些计算进行适当的“观察”以得到必需的答案[9]。仪器用这种同时进行两个计算的办法来节约时间！迄今这个方法并没获得什么重大好处，这是因为可以想见利用一对分开并行的经典电脑（或一台单独的经典并行电脑）比用量子电脑更直截了当得多。然而，量子电脑可能要到需要非常大量的（也许是无限大的数目）并行计算时才会有真正的好处。我们对个别计算的答案不感兴趣，而对所有结果适当的组合感兴趣。

量子电脑的建造在细节上会涉及量子形式的逻辑门，其输出为应用在输入上某个“幺正运算”的结果。这是***U***作用的一种情形，而电脑所有的运行就是***u***过程进行到最后阶段，直到最后的“观察行为”***R***为止。

根据多伊奇的分析，量子电脑不能用来进行非算法的运算（也就是超越图灵机功能的事）。但是在非常巧妙的设计情形下，在复杂性理论意义来说（参阅184页），它能比标准的图灵机获得更大的速度。对于这么杰出的设想，目前的结果仍有点令人失望，但是这有点言之过早。

这和包含极多数目单量子敏感神经元的头脑的行为会有什么

关系呢？这个类比的主要问题是量子效应在“噪声”中很快就消失了——头脑太“热”不能在足够长的时间内维持量子相干性（就是通常可以用 U 的连续作用有用地描述的行为）。以我的术语，这表明连续达到单引力子的标准，使得 R 作用持续不断地进行，其间穿插着 U 演化。

我们期望量子力学对了解头脑有所帮助，但目前看来希望并不大。也许我们注定只是电脑而已！我个人不这么认为。但是如果我们要找到答案，就必须要更深入地思考。

超越量子理论

我希望能回到这本书的基本论题上来。我们的世界图像是由经典和量子理论的法则所制约的，就现在所理解的这些法则而言，这图像足以描述头脑和精神吗？对我们头脑的“通常”的量子描述一定存在一种困惑，因为“观察”行为被当成解释传统量子理论的要素。是不是只要思维或知觉一旦进入意识，“头脑”就被认为在“自我观察”？量子力学如何顾及这一点并应用到整个头脑，传统理论没有提供我们明确的法则。我曾试图为 R 作用提供一个和意识完全无关的判据（“单引力子判据”），如果类似的判据能发展成完全连贯的理论，那就出现一个用量子描述头脑的方法，比迄今存在的描述都更清楚明白。

然而，我相信不仅在我们试图描述头脑行为时才引起这些基本问题，数字电脑本身的作用必需依赖量子效应。依我的看法，这些效应并没有完全摆脱量子理论根本的困难。这种“重要的”量子依赖性是什么呢？为了理解量子力学在数字电脑中的作用，我们首先必须问，如何使完全经典的物体能像数字电脑那样行为。我们在第5章考虑了弗雷德金-托佛利经典的“台球电脑”（参阅221页）；但是我们还注意到这个理论“仪器”有赖于某种理想化，这种理想化回避了经典系统中固有的不稳定性问题。这个不稳定性问题可在相空间中被描述成随着时间演化的弥散（第235页图5.14），导致经典仪器运作的准确性几乎不可避免地连续损失。能终止这种准确性降级的最终是量子力学，现代电子电脑分立态的存在是必需的（譬如以数字0和1来编码），这使得电脑处于此态或彼态一清二楚。这是电脑操作的“数字”性质的要素。这种分立性最终有赖于量子力学。（我们还记得能级、谱频率、自旋等的量子分立性，参阅第6章。）甚至老的机械计算仪器也依赖于不同零件的坚固性，而坚固性实际上也有赖于量子理论的分立性[10]。

但是，不仅从$\boldsymbol{U}$的作用才能得到量子的分立性。其实，薛定谔方程在防止不想要的弥散和“精度损失”方面比经典物理方程更糟！根据$\boldsymbol{U}$的时间演化，一个单粒子原先空间定位的波函数会散开到越来越广的范围去（参阅320页）。如果不是$\boldsymbol{R}$的作用时时发生的话，更复杂系统有时也遭受到这种不合情理的无定域性（回忆薛定谔猫的例子！）。（例如，原子之分立态具有确定的能量、动量和总角动量。一般“散开”的态是这种分立态的叠加。正是$\boldsymbol{R}$的作用在某阶段使原子实际“成为”这些分立态之一。）

我似乎认为，经典力学还不能解释我们思考的方式。如果没有一些根本改变使$\boldsymbol{R}$成为“实在”过程，连量子力学也不能解释。也许连电脑的数字行为都需要对$\boldsymbol{U}$和$\boldsymbol{R}$之间相互关系有更深入的理解。至少我们知道电脑（由于我们的设计！）的行为是算法的，而且我们不想利用任何物理定律中推定的非算法行为。但是，我坚持头脑及思维的情形是非常不同的。在（意识）思考过程中包含非算法的要素是说得通的。我在下一章将探讨我相信有这种要素的理由，以及猜测究竟是什么了不起的物理效应会构成影响头脑行为的“意识”。

第 10 章
精神物理的寻求

精神是做什么的

在讨论精神－身体问题时，通常有两个不同的问题受到关注："物质物体（头脑）实际上如何引发意识？"以及相反的命题，"意识的意志行为在实际上如何影响（显然由体力驱动的）物质物体的动作？"这些是精神－身体问题被动和主动两方向。我们的"头脑"（毋宁讲"意识"）中显然有种非物质的"东西"，一方面它受物质世界召唤，另一方面又能影响物质世界。然而在这最后一章的初步讨论中，我宁愿考虑有点不同或许却更科学的问题，它和主动及被动的问题都有关系，希冀我们的探索能进一步理解这些根本的古老哲学难题。我的问题是："意识赋予实际拥有它的人们哪些优胜劣汰的好处？"

在以这种方式表达该问题时，涉及几个隐含的假设。首先，有人相信意识实际上是一种可以科学描述的"东西"。这里假定这个"东西"实际上"会做一些事情"，而且其作为对拥有它的生物有助，所以其他没有意识的同等生物行为就不是那么有效。另一方面，人们也许相信，意识只不过是在足够复杂的控制系统中被动的伴随，而它自身实际上并无任何作为。（例如，强人工智能支持者就采取这种观点。）

另外的看法是，在意识现象中或许存在某种神圣或神秘的目的，可能是还未被我们揭示的目的。仅仅按照自然选择的思想去讨论这个现象会完全忽视这个“目的”。我的思考方式有点倾向于这种论证的更科学的形式，即是所谓的人存原理。该原理断言，我们存在其中的宇宙的性质受到如下强烈的限制，即必须存在像我们这样有知觉的生物以便对它进行观察。(在第8章448页已经稍微提到了这个原理，下面还要进一步讨论。)

我将依序讨论这些问题的大部分。但是，我们首先应该注意到，“精神”这个术语在我们提及“精神-身体”问题时也许有点误导。人们经常讲到“无意识的头脑(精神)”。这表明我们认为“精神”和“意识”两个术语不是同义词。也许当我们提到无意识的精神时，我们有个模糊印象认为“后面有人”在幕后活动，但他通常不直接触及我们的感知(也许除在睡梦、幻觉、痴迷或弗洛伊德口误以外)。也许无意识的精神实际上自己有知觉，但是在正常情况下这知觉和平常我们所指头脑中“我们”的那部分完全分离。

这也许不像初看起来那么强词夺理。某些实验指出，甚至病人在全麻醉状态下被动手术时，还存在某种“知觉”。例如，当时进行的谈话会在以后“无意识地”影响病人，以后在催眠下有时能回忆起这些谈话，如同当时实际“体验到”似的。此外，被催眠暗示阻挡于意识外的知觉在进一步催眠之后可以当作好像“体验过的”被回忆起来，但似乎是“处于不同的意识轨道上”(参阅*Oakley and Eames 1985*)。尽管我猜想，赋予无意识精神任何通常的“知觉”是不正确的，我对这些问题一点也不清楚，而且我也不想在这里讨论这些猜测。尽管如此，在意识和无意识的精神之间进行划分，肯定是一个既微妙又复杂的问题，我们以后还要涉及。

让我们尽可能直截了当地讨论，我们所指的“意识”是什么以及我们相信它在什么场合存在。在目前理解的程度上，我认为试图为意识提供一个准确的定义是不明智的。但是，我们可以充分仰仗我们主观印象和直觉常识来解释这个术语的含义，以及何时这种意识的特质会呈现出来。当我自己处于意识状态时，我或多或少是知道的，而且我认为其他人也有相同的经验。我处于有意识时，我似乎必须意识到某种东西，也许是感觉，诸如痛、温暖或者彩色风景、音乐之声；或者我意识到诸如迷惑、沮丧或快乐的感情；或者我可以意识到某些过去经验的回忆；或者理解其他人讲什么或是自己的一个新思想；或者我意识地想发言或采取行动如从座位上站起来。我还可以“后退一步”意识到这些企图，或者自己痛的感觉，或者自己记忆的经验，或者自己获取的理解，或者甚至只是对自己意识的意识。假如我正在做梦的话，在睡觉中也可以具有某种程度的意识；或许当我快醒过来时，我有意识地影响那个梦的发展方向。我预备相信，意识只是程度上的差别，而不是全部无或全部有。我把“意识”这个词和“知觉”基本上当成同义词（虽然“知觉”也许只比我所指的“意识”被动一点），而“精神”和“灵魂”则有更多内涵。目前这两词的定义更加不清楚一些。我们在解释“意识”时就够麻烦的，所以如果我不触及“精神”和“灵魂”更深入的问题的话，希望读者能够原谅！

还有一个问题就是“智慧”这个术语表明什么。毕竟人工智能专家要关心的是智慧，而不是更模糊的“意识”的问题。阿伦·图灵

(1950)在其著名的论文中(参阅第1章第5页)没有这么直接地提到"意识",但是提到了"思维",并且在标题上用"智慧"这个词。依我自己看待事物的方法,智慧的问题属于意识的问题范围内。我相信,如果没有意识相伴随,真正的智慧是不会呈现的。另一方面,如果人工智能专家最终能模拟不存在意识的智慧,则在定义术语"智慧"时应该包括这种模拟智慧才会令人满意。在这情形下我真正关心的不是"智慧"问题。我首先要关心的是"意识"。

当我断言自己相信真正的智慧需要意识时(由于我不相信强人工智能的只要制定一个算法即能召唤起意识的论点),根据我们现在术语的意义,我的意见暗示智慧不能用算法的方法,也就是电脑,正确地模拟智慧。(参见第1章关于图灵机的讨论。)因为我很快就要有力地论证(特别是参看第523页以下三节有关数学思维的讨论),在意识行为中必须有本质的非算法成分。

下面让我们讨论,某种有意识的东西和另一种在其他方面都"等效"而无意识的东西是否有操作上的差异。某些对象中的意识会总是呈现它的存在吗?我想,对这个问题必须回答"是"。然而,因为对动物王国中何者有意识完全缺乏共识,所以我的信念几乎得不到任何赞同。有些人根本不允许非人类动物拥有意识(还有人甚至不允许早于公元前1000年左右的人类拥有意识,参阅*Jaynes 1980*),而另外的人则赋予昆虫、蛆虫甚至岩石意识!至于我自己则怀疑蛆虫或昆虫会有,而岩石肯定不会具备这种品质。但是,一般来讲,我觉得哺乳动物真的具有一些知觉。我们由缺乏共识至少可以推论,没有一般可以接受的呈现意识的标准。不过仍然可能存在一种意识行为的标志,只是还没被普遍承认而已。尽管如此，这也只是标明意识的主动作用。若没有相关活动的对象，很难看出何以直接确定知觉的仅有存在。这是从以下悲惨的事实中得知的。在20世纪40年代，对年幼孩子动手术时用箭毒来进行“麻醉”，而箭毒的实际效用是麻痹肌肉上的运动神经，所以这些不幸的孩子实际经历了在当时外科医生不可能知道的灾难（参阅*Dennett 1978*，P209）。

让我们转向意识可能具有的主动作用。意识有时候的确能够具有操作上辨别得出的主动作用，但必须如此吗？我相信这种说法的原因有点与众不同。首先，利用我们的“常识”，我们经常觉得能直接知觉到他人实际上有意识。那个印象不太可能会错[1]。虽然有时候一个有意识的人（正如受了箭毒的小孩）看起来不明显，但是一个无意识的人更不可能显得有意识！所以必须有一种行为模式作为意识的特征（尽管意识不总证实该特征），而我们可以通过自己的“常识直觉”敏锐地感觉到它。

第二点，考虑到自然选择的无情过程。正如我们在上一章所看到的，意识不能通达至头脑所有的活动。的确，“较老的”小脑中神经元的局部密度极大，小脑似乎进行着意识根本不直接参与的非常复杂的行为。然而大自然已经选择演化像我们这样有知觉的生物，而不愿演化利用完全无意识的控制机制来指示行为的生物。如果意识没有选择的目的，而像小脑这样没有知觉的“自动”头脑似乎也能达到目的时，大自然为何要这么不厌其烦地去演化意识的头脑呢？

---

1. 至少对于现代电脑技术而言（参见第1章关于图灵试验的讨论）。

此外，有一个简单的“底线”原因令人相信意识必须具备某种主动效应，即使这效应不是一种选择优势。否则为什么像我们这样的生物有时候，尤其是在探索此事时，会被“自我”的问题所烦恼呢？（我几乎可以说：“你为何在读这一章？”或者“为什么起先我会有强烈欲望要写这本论题著作”？）很难想象一台毫无意识的自动机会为这类想法而浪费时间。另一方面，由于意识生物似乎有时以这种滑稽的方式行为，因此他们的行为和如果他们没有意识时不同。这样，意识具有某种主动效应！当然，特意给电脑编一道程序使之显得以这种可笑的方式行为是很容易的事（例如，程序指使它到处乱走并咕哝：“啊，亲爱的，什么是生活的意义？为何我在这里？我所感到的这个‘自我’究竟是什么？”）。显然地，当无情的丛林自由竞争早就应该根除这种无用的废物，可是为何物竞天择却偏爱人类这种生物！

对我来说，有一点是很清楚的，即当我们（或许是暂时的）作为哲学家时所热衷的沉思和喃喃自语本身并非由选择而来，而是确实有意识的生物必须背负的“包袱”（从自然选择的观点），并且这生物的意识是经过自然选择而来，不过是由于其他不同而又非常有力的理由。这包袱不太有害，而且很容易背负（即使不很情愿），我猜是因为自然选择不屈不挠的力量所驱使的。也许因为幸运的人类时而享有和平与繁荣，使我们不必总是为求生存而与自然环境（或与邻居）作战，我们才能开始对包袱内的宝藏神迷目眩。一个人正是看到他人用这种奇怪的哲学方式行事，才得以信服他是和除了自己以外确实具有精神的个体打交道。

意识究竟是做什么的

让我们接受这样的观点，即在生物中意识的存在实际上是使该生物具有某种选择优势。其特别优势会是什么呢？我曾听到这样的观点，一个掠捕者把自己当成猎物以猜想它下一步最有可能做什么，对掠捕者而言，知觉是一种优势。把自己想象成为该猎物，就能得到优势胜过它。

这种思想中很可能有一部分真理，但是我对此很难苟同。首先是假定猎物本身方面具有某种预先存在的意识，这样又把自己想象成一台“自动机”根本没有帮助，既然一台自动机按照定义是无意识的，不可能是“活”的东西！无论如何，我可以同样容易想象，一个完全无意识的自动掠捕者可以把它的自动猎物的实际程序作为子程序包含在自身的程序之中。我觉得，把意识牵涉到这种掠捕者–猎物的相互关系中根本没有逻辑上的必要。

当然，很难了解自然选择的随机过程怎么会聪明得将这猎物的程序的完整的复本给予自动机掠捕者。这听起来与其说是自然选择不如说是间谍活动！而部分程序（图灵机的一段磁带或某种与图灵机磁带近似的东西）对于一个掠捕者没有多大的选择优势。拥有整盘磁带或至少拥有整个自足的部分磁带是不太可能的。所以另一种可能性是，以下的观念或许具有一些真理，也就是从掠捕者–猎物这思路可以推论出某些意识的因素，而不仅是一个电脑方程式。但是，这里并没有抓住意识行为和“程序”行为之间实际的差别是什么的要点。

上面提到的观念和人们经常听到的意识观点相关，也就是一个系统如果本身具有某种东西的模型时才会“知觉”到该东西，而当它本身具有它自己的模型时才能“自我知觉”。但是，在一段电脑程序中包含另一段电脑程序的描述（譬如一段子程序）并没赋予第一段程序对第二段的知觉。电脑程序的自我参照也不会导致自我知觉。尽管经常听到这种断言，我的看法是，这类讨论尚未能触及知觉和自我知觉的真正问题。一台录像机对之所录下的风景没有知觉；对着镜子的录像机也不具备自我知觉（图10.1）。

图10.1 对着镜子的录像机在自身中形成自身的模型。这使它具备自我知觉吗？

我想沿着不同的思路进展，我们已经看到，我们头脑中进行的活动不是全部伴随着意识知觉的（尤其小脑的活动似乎是没有意识的）。我们意识思维能做而无意识状态所不能做的事情是什么呢？这问题由于以下事实而变得更加无从捉摸，任何原先需要意识的事显然都可学得会并能无意识地（也许由小脑）执行。可以这么讲，当我们必须形成新的判断以及当预先还没形成习惯时，意识是必需的。想很精确地区别何种精神活动需要意识不是很困难的。也许，正如强人工智能的支持者（以及其他人）所坚持的，我们在“形成新判断”时是在应用某些定义得很好的，却难以了解的“高层次的”算法规则，而我们还未能知道其运作的方式。然而，我认为有些术语，用来区别有意识和无意识精神活动的，至少可作区分非算法和算法的参考：

需要意识的	不需要意识的
“常识”	“自动的”
“真理的判断”	“盲目地跟随规则”
“理解”	“编程序的”
“艺术鉴定”	“算法的”。

这些区别也许不那么一清二楚，尤其是因为许多无意识的因素进入我们意识的判断之内：经验、直觉、偏见甚至我们逻辑的正常运用。但是我要宣称，判断本身是意识行为的呈现。所以我提出，头脑的无意识行为是按照算法过程进展，而意识的行为则完全不同，它以一种不能被任何算法所描述的方式进展。

颇具讽刺意味的是，我在这里提出的观点和我经常听到的其他观点几乎刚好相反。人们经常说，有意识的头脑以一种“理性的”，人们可以理解的方式行为，而无意识是神秘的。从事人工智能的人们经常宣称，只要能理解意识思维的某些方法，人们就能知道如何让电脑照做，而人们对神秘的无意识过程尚没有解决之道。按照我自己的推理，无意识过程尽可以是算法的，但是该算法是极其复杂的，要仔细解开它极为困难。可以合理解释为完全合逻辑的完全有意识的思维，也可以（经常）表达为算法的某物，但是在完全不同的水平上。我们现在不去思考内部的功能（如神经元激发等）而是整个思想的运作。这种思想运作有时具有算法的特性（正如早期的逻辑：由亚里士多德所表达的古代希腊演绎法或者是数学家乔治·布尔的符号逻辑；参阅 *Gardner 1958*），有时它不具有这类特征（正如哥德尔定理以及在第4章所举的例子）。我现在宣称的判断的形成是意识的标志，人工智能专家不知如何用电脑为它编出程序来。

人们有时反对，说这些判断的判据毕竟不是有意识的，为什么我要认为这类判断起因于意识呢？但是，这样问就错过了我想要表达的思想要点。我不是要我们有意识地理解我们如何形成意识印象和判断，这会导致我刚提到那种水平上的混淆。构成我们意识印象的原因是意识无法直接触及的。这些必须用比我们现知的实际思想更深的物理水平来考虑。（我要在下面提出设想！）意识印象本身就是（非算法的）判断。

我们的意识思维似乎应该有非算法的性质，这的确是我们前面章节的基本主题。尤其是从第4章有关哥德尔定理的论证得出的结论指出，意识的沉思至少在数学方面有时能够使人用算法不能做到的方式去确定某个陈述的真理性。（我就要仔细地阐释这个论证。）算法本身的确从未确定真理！要使算法只产生谬误和只产生真理一样容易。为了确定一个算法有效与否，人们需要有外在的洞察（后面还要讲到）。我在这里的论断是，在适当的环境下从错误中判断出真理的能力（或从丑恶中得到美丽），正是意识的标志。

然而，我要讲清楚，我不是指用魔术式的“猜测”。意识对于猜乐透号码（公平进行的）毫无用处！我是指在人们处于意识状态下连续进行的判断。把所有相关的事实、感觉印象、记住的经验都集中在一起，把事物相互衡量，甚至有时形成灵感的判断。原则上，只要得到足够的信息即能作有关的判断，但是由混乱的数据中抽取需要的并形成适当的判断，也许没有清楚的算法的步骤存在，或者虽然存在，但不切实际。也许我们会有这种情形，一旦做出判断，去检查该判断是否准确比当初形成该判断更像算法的过程（或许只是一种更容易的过程）。我猜想在这种情况下，意识本身会成为召来适当判断的方法。

为什么我说判断的非算法形成是意识的标志呢？有部分原因来自于我自己作为数学家的经验。当我的知觉未能充分注意无意识的算法行为时，我就是不信任它们。在进行某些计算时，把算法当作算法通常是没错，但是对研究中的问题这算法是正确的选择吗？一个简单的例子是，人们学会把两个数乘在一起以及把一个数除以另一个数的算术规则（或人们宁愿借助于算法袖珍计算机），但是人们面对这类问题时何以得知应该乘或除这些数呢？为此，人们需要思考并做出意识判断。（我们很快就会看到，为什么这样的判断至少有时候必须是非算法的！）当然，一旦人们做过大量类似问题，这些数该乘还是该除会变成第二天性，而且可以算法地执行——也许由小脑。在那个阶段不再需要知觉，而且足以放心让他的意识精神去琢磨或沉思其他事情——不过人们必须不时检查该算法是否被导入（即使很细微的）歧途。

相同的情形在所有水平的数学思维过程中不断发生。当人们在进行数学过程时通常竭力寻找算法，但是这种努力的过程本身并不是一种算法过程。在某种意义上，一旦找到一个合适的算法，该问题就解决了。此外，用数学来判断某些算法是否精密或合适，需要很多的意识的关注。第4章内描述数学形式系统的讨论也提过类似的情形。人们可从一些公理开始推论出各式各样的数学命题。后者的步骤可以完全是算法的；但是需要一位有意识的数学家去判断这些公理是否合适。在往后第二节讨论中可清楚得知，这些判断必须不是算法的。但在此之前，让我们考虑一种更盛行的有关我们头脑功能及其起因的观点。

算法的自然选择

如果我们假设人类头脑的行为，不管是意识的还是无意识的，只是在执行一种非常复杂的算法，那么我们应该询问这种非常有效的算法从何而来。标准答案当然是“自然选择”。具有头脑的生物在进化时，那些算法比较有效的会有更好的生存倾向，并因此在总体上有更多的后代。由于这些后代从其父母遗传到比较好的算法，因此也比其堂表亲戚带有更有效的算法，所以算法就这样被逐渐改进。由于生物在进化时可能有很多断断续续的现象，所以这种改进不必是稳定的。生物进化可以到达了不起的阶段，就像我们可以（显然地）从人类头脑看到的（比较*Dawkins 1986*）。

甚至根据我自己的观点，由于我想象头脑许多行为的确是算法的，正如读者从上述讨论中所推论出来的，这个图像必须包含某些真理。而且我强烈相信自然选择的威力。但是我看不出自然选择本身如何能演化算法，这种算法能有意识地判断我们似乎拥有的其他算法是否有效。

想象一道平常的电脑程序。它怎么出现的呢？显然不能（直接地）由自然选择而来！要有电脑程序人员构思写出这程序并确认它会执行所预定的步骤。（实际上，大多数复杂的电脑程序都含有错误，通常很小，但常常微妙得除了在非常的情形下不会被发现。这种错误的存在不会严重改变我的论证。）有时一个电脑程序本身可由另一个程序（譬如由“主导”电脑程序）“写出”，但是那个主导程序本身是人类才智和洞察的产物；或者该程序只是从许多其他电脑程序的产物拼凑而成。但是在所有的情形下，程序的有效性和概念本身最终要归功于（至少）一个人类的意识。

当然，人们可以想象情况也许不必如此，只要有足够的时间，电脑程序可能会自动由某种自然选择的过程演化得来。如果人们相信，电脑程序人员的意识行为本身就是算法，那么他实际上应该相信，算法已用这种方法演化至今。然而使我忧虑的是，一个算法有效性的决定本身不是一个算法过程，我们在第2章已经看过这情形。（一台图灵机实际上会不会停，这问题不是用算法能够决定的。）为了决定一个算法实际上行不行，人们需要的是洞察，而不是另一个算法。

尽管如此，人们仍能想象某种自然选择过程可以有效产生近似有效的算法。然而，我个人很难相信这种可能。任何这类选择过程只能作用于算法的输出[1]，而不直接作用于算法行为的基础思想上。这不仅极无效率，而且我相信这肯定行不通。首先，仅从考察其输出是很难确定一个算法究竟是什么。（要构造两个完全不同的简单的图灵机行

---

1. 如果两个算法只是输出一样而实际的计算过程不一样，它们能否被认为是同等的，这又是一个难题。见第2章70页。

为非常容易，使两者的输出磁带到第2^{65536}位都是一样的，这个差异在整个宇宙的历史中永远不会被觉察出来！）此外，一个算法最微小“变化”（譬如一台图灵机在规格上或在它的输入带上轻微的改变）就会使之变成完全无用，很难看出随机的方式如何能产生算法实际的改善。（如果不知道其“意思”的话，甚至故意的改善也是困难的。这一点尤其被如下时常发生的情形所证实。当一道没有说明清楚或者复杂的电脑程序要作一点改变或改正时，而原先的程序人员刚好离开或死去，人们与其试图解开在该程序中暗含的意义和企图，不如将其丢弃后重写可能还容易些！）

也许可以设计更“健全”的方法来详细说明算法，使它避免上述的批评。在某些方面，这正是我自己要说的。这种“健全”的说明是算法的基础观念。但是观念，就我们所知，是需要意识精神来表明的东西。我们回到了意识究竟是什么的问题，什么是它能做而无意识的主体不能做的，自然选择究竟如何聪明，以至于得进化出那个最特异的品质。

自然选择的产物确实惊人。有关人类和其他生物的脑如何作用，我得到的一点认知使我充满了无以言喻的惊奇和赞美之情。单独神经元的作用是非同寻常的，在我们出生之时为了以后需要担负的任务，这些神经元本身以惊人的方式以极大数量的连接组织在一起。不仅是意识本身，而且必须用来支持意识的配件也都是那么令人印象深刻！

如果我们能发现，究竟什么品质可以使一个实体成为有意识的，那么我们就可能为自己建造这样的物体。虽然它们可能不符合我们现在所谓的“机器”之词意。因为这些物体是为了我们目前的任务，也就是为了获得意识而特别设计，所以可想而知，它们比我们更优越得多，它们不必从单独的细胞长大。它们也不必负担它们祖先的“包袱”（头脑或身体内一些老和“无用”的部分，还在我们身上留存全是因为我们远祖演化的“事故”）。人们可以想象，从这些优点看来，这类物体可以获得超越人类的成功，（依我等意见）算法电脑注定只能屈于卑微的地位。

但是，还有更多关于意识的问题。我们的意识也许某方面的确有赖我们的遗传和几十亿年下来的实际进化。我的想法是，进化明显具有“探求”未来的目的，所以它仍有神秘之处，事情至少看起来组织得比仅仅基于瞎碰机会的演化和自然选择要更好。也有可能这种表象完全是骗人的。物理定律作用的方式似乎有种因素使得自然选择的过程比单凭任意定律的过程更有效得多。其导致的“智慧探求”是一个有趣的问题，我将很快回到这问题上来。

数学洞察的非算法性质

正如我早先陈述过的，令人相信意识能够非算法地影响真理判断的大半原因是通过考察哥德尔定理而来的。如果我们在形成数学的判断时能看到意识的作用是非算法的，此时计算和严格证明还构成这么非常重要的因素，则我们肯定会信服，在更一般（非数学）的情形下，这样非算法的因素对于意识也是关键的。

让我们回忆第4章用来建立哥德尔定理以及它与可计算性之间

的关系的论证。这论证指出，不管数学家用什么（足够广泛的）算法去建立数学真理，或是类似真理的东西[1]，不管他采用什么形式系统去提供真理的判据，总有一些数学命题，譬如该系统显明的哥德尔命题$P_k(k)$（参考141页），这些算法不能提出答案。如果该数学家的头脑作用完全是算法的，那么实际用以形成他判断的算法（或形式系统）不能用以应付从他个人算法建立起来的$P_k(k)$命题。尽管如此，我们（在原则上）能看到$P_k(k)$实际上是真的！既然他应该也能看得到这一点，这看来为他提供了一个矛盾。这个也许表明，该数学家根本不用任何算法。

这本质上就是卢卡斯（1961）提出的论断，头脑的作用不能完全是算法的。但是时时有人提出许多相反的论点（例如，*Benacerraf 1967*；*Good 1969*；*Lewis 1969*，*1989*；*Hofstadter 1981*；*Bowie 1982*）。我应该指出，在这里讨论的术语“算法”和“非算法的”是指一台普通电脑所能模拟的任何东西。这当然包括“并行运行”，还有“神经网络”（或是“连接机器”）、“启发”、“学习”（这里总是预设好应该如何学习的固定步骤）以及和环境的相互作用（这可用图灵机的输入磁带模拟）。这些反论中最认真的一个是，为了实际使我们信服$P_k(k)$的真理性，我们应该必须知道该数学家的算法到底是什么，而且必须说服我们，它对取得数学真理的方法有效。如果该数学家在脑中使用一种非常复杂的算法，那么我们就没有机会实际知道这种算法，也就不能实际建立哥德尔命题，更不用说相信它的有效性了。这类反论经常被提出来对抗像我现在要提出的主张，即哥德尔定理指出的，人类的数学判断是非算法的。但是，我自己认为这种反对不能令人信服。此刻我们暂且假定，人类数学家形成其意识判断数学真理的方法的确是算法的。我们将使用哥德尔定理推导出其荒谬性（反证法！）

我们必须首先考虑下列可能性，即不同的数学家使用不等效的算法来决定真理。然而，数学命题的真理性实际上可用抽象的论证决定，这是数学（也许是唯一的学科）最令人印象深刻的特征！假定一个数学论证不含错误，当它完全被理解时，若能使一位数学家信服，就同样能使另一位信服。这也适用于哥德尔型的命题。如果第一位数学家准备接受一个特定形式系统中所有的公理和步骤法则只能给出真的命题，那么他[1]也应该准备接受这系统的哥德尔命题是描述一道真的命题。这对第二位数学家也完全相同。关键在于，建立数学真理的论证是可传递的[2]。

因此，我们不是在谈论盘旋于不同的数学家头脑中各种朦胧的算法。我们是在谈论一个普适的形式系统，它等效于所有不同数学家用来判断真理的算法。永远不可能知道，这个假想的“普适”系统或算法是不是数学家用来决定真理的那一种！因为如果能知道，那我们就能建立起它的哥德尔命题，并且知道那也是数学真理。这样，我们被迫得出结论，数学家实际上用以决定数学真理的算法是如此复杂隐晦，使得我们永远不知道其有效性。

但这违反数学的宗旨！我们数学传统和训练的主旨是不向我们无望理解的法则权威低头。至少在原则上我们必须了解，一个论证的

1. 当然“他”是指“她或他”，见第 5 页的脚注。

每一步都能分解成简单明白的步骤。数学真理不是可怕地复杂而且其正确性超出我们理解能力的教条。它是从如此简单明白的要素建立起来的，而且当我们理解这些要素时，它们的真理性一目了然，并且所有人都会同意。

按照我的想法，在缺乏一个真正的数学证明时，这是我们能期望得到最明白的反证法！其含义应该非常清楚。数学真理不是我们仅仅用算法决定的东西。我相信意识是我们赖以理解数学真理的关键因素。我们必须“看见”数学论证的真理性，它的有效性才能使人信服。这种“看见”正是意识的精髓。每当我们直接知觉到数学真理时，它就应该呈现。当我们使自己相信哥德尔定理有效时，我们不仅“看见”了它，而且在这么做之时，我们揭露了“看见”过程本身的非算法性质。

灵感、洞察和创造性

我应该对偶尔闪现的新洞察（我们称作灵感）作一些评论。这些思想以及想象是神秘地从无意识的精神中来呢，还是在重要意义上是意识本身的产物呢？人们可以引用许多思想家记载的这类经验。作为数学家，我特别关心其他数学家灵感和创见的思想。但是我想象，在数学和其他科学与艺术中有许多共通之处。我介绍读者阅读非常杰出的法国数学家J·阿达马写的一本薄书《数学领域的发明心理学》，这是一本非常优秀的经典名著。他引用了许多著名数学家和其他人描述灵感的经验。其中最著名者是由亨利·庞加莱提供的。庞加莱首先描述他着意寻求他称为弗希函数一段紧张的努力，结果陷入绝境。然后：

……我离开我从前居住的坎城，继续进行矿业学校主办的地质学术考察发现。这次旅行使我忘怀自己的数学研究。一到达康坦斯，我们要登上去别的什么地方的公共汽车。正在我的脚踏上阶梯的那一瞬间，与先前的思路毫不相关地，我忽然得到一个发现：我用来定义弗希函数的变换和非欧几何中的变换完全一样。我没有证实这个思想。我坐在汽车里继续原先开始的交谈，那时没有时间去证实，但是我觉得十分确定。在我回坎城的归程中，我利用空闲之便把它证实了。

这个例子（以及其他许多阿达马引用的例子）的惊人之处在于，庞加莱在一闪念之间得到了这个复杂而高深的思想，那时他的意识思维正专注于完全不同的地方，而且在获得这一思想时还肯定感觉它是正确的，正如后来计算所证明的。应该明白指出，这个思想并不容易用言词解释清楚。如果为了使专家明白这思想，我想他需要做大约一个钟头的学术报告。很明显，就是因为庞加莱先前已经有许多钟头蓄意的意识活动，使他完全熟悉手中问题许多不同的角度，这个思想才能完全成形地进入他的意识。然而，在某种意义上来讲，当庞加莱登上车之时所得到的，是在一瞬间内能被完全理解的“单个”思想。庞加莱确信其思想的真理性更令人惊奇，因此他后来仔细的验证几乎是画蛇添足。

也许我应该试用我自己相仿的经验来做比较。事实上，我想不起来我得到过像庞加莱那样完全从天外而来的妙思异想。（或像其他许多被引用的真正灵感的例子。）对我自己而言，我是必须有意识地思考手中的问题，也许思考得很含糊，但也许脑中正处于低水平的意识。也可能我正进行其他精神相当放松的活动；例如刮胡子即是一个好例子。也许我刚好开始思考搁置了一段时间的问题。认真进行许多小时从容而清醒的活动肯定是必要的，而且有时我要花一段时间才能重新熟悉一个问题。但是，我也有过经验在“瞬间”得到思想，同时强烈感觉到它是正确的。

也许值得提到一个与此相关的特别奇怪的有趣的例子。1964年秋天，我正为黑洞奇性问题感到烦忧。奥本海默和斯尼德在1939年指出，大质量恒星完全球形的坍缩会导致一个处于中心的时空奇点。广义相对论的经典理论在该处失效（见第7章422页、428页）。许多人觉得，如果他们取消完全球对称（不合情理的）的假设，则这种不愉快的结论就可避免。在球形的情况下，所有坍缩的物质都指向一个中心点，或因为这种对称，所以发生了具有无穷大密度的奇点是可以预料得到的。假设没有这样的对称似乎更合理些，物质以更混乱的方式到达中心区域，不会产生无穷大的密度。或许物质甚至会重新旋转出来，产生与奥本海默和斯尼德理想化黑洞完全不同的行为[3]。

由于新近（20世纪60年代初）发现了类星体，人们重新对黑洞问题感兴趣，也因而激发了我的思想。这些遥远天体的物理性质使有些人猜测，它们的中心可能是类似奥本海默-斯尼德黑洞的东西。另一方面，许多人又认为奥本海默-斯尼德球形对称假设也许提供了完全误导的图像。然而，从处理另一个问题的经验我想到也许会有一道待证明的数学定理（根据标准的广义相对论）证明时空奇点是不可避免的，并因此证明黑洞的图像必须成立，只要坍缩达到类似“无归点”的条件。我不知道“无归点”(不用球形对称)有任何数学定义的判据，更别说陈述或证明一个适当的定理了。一位同事(艾佛·罗宾逊)从美国来访；当我们沿街走向我在伦敦比尔克贝克学院的办公室时，正滔滔不绝谈论一个完全不同的论题。我们的交谈在跨越人行道时停止了一瞬间，到了另一边又重新开始。就在这短暂的时刻，我显然得到一个思想，但是因为恢复交谈而把它在我脑中遮盖了！

当天，在我的同事离开之后，我回到自己的办公室。我记得有种古怪又难以解释的兴奋感觉。我开始把整天在我脑袋里发生的所有事情都想过了一遍，试图找出引起这种感觉的原因。在排除了许多不足够充分的原因后，最后想起了我跨过马路时得到的想法。这想法为我头脑中琢磨许久的问题提供解答，并使我一瞬间欣喜万分。这想法显然正是我需要的判据，后来我将之称作“捕获面”。然后，没花很长时间我就得到了寻求中的定理证明概要(*Penrose 1965*)。尽管如此，我花了一段时间才把该证明以完全严格的方式写出，但是我穿越街道时所得到的思想是一个关键。(有时候我怀疑，如果那天我还经历了其他不重要的事，我也许就根本记不得捕获面的思想！)

上面轶事使我想到另外有关灵感洞察的论题，就是我们在形成判断时，美学标准具有重大价值。美学标准对艺术来说是至高无上的。在艺术中美学是门高深的课题，哲学家们奉献终身去研究它。可以说在数学和科学中，美学标准仅是偶然的，而真理标准才是至高无上的。但是在人们考虑灵感和洞察问题时，似乎不可能把两种标准分开。我的印象是，坚信灵感的闪现与其美学品质有很密切的关系是正确的

（我应该加一句，并非百分之百可靠，但至少比纯粹碰运气可靠得多）。看起来漂亮的思想比看起来丑陋的思想对的机会更大得多。这至少是我自己的经验，其他人也表达过类似的感想（参阅*Chandrasekhar 1987*）。例如，*Hadamard 1945*，第31页）中写道：

> ……很显然若没有探索的意愿，任何有意义的发现或发明都不会发生。但是我们在庞加莱的经验中看到了一些别的什么，美感的干涉作为一个不可或缺的探索手段。我们得到了两重结论：
>
> 发明是一种选择。
>
> 这种选择绝对是由科学的美感所控制的。

例如还有狄拉克（1982）毫不掩饰地声称，正是他敏锐的美感使他预知电子的方程式（指的是369页的“狄拉克方程”），而其他人却无法找到。

我自己的思维肯定可以证明美学品质之重要性，不管是指一种“坚信”可具有“灵感”资格的思想，或是当一个人朝期望目标摸索时必须持续进行的一种更“例行”猜测。我曾在别处写过这相关的论题，特别是有关图10.3和4.11描述的非周期性镶嵌。毫无疑问，这些镶嵌中第一个镶嵌的美学品质——不仅是它的视觉外观，还有它迷人的数学性质——给了我一种直觉（可能是在“一瞬间”，但是大约只有60%肯定！），它可以由合适的搭配规则（也就是锯齿式组合）排列出来。我们很快就要再看到这些镶嵌模式（参阅*Penrose 1974*）。

我对这一点是非常清楚的，美学标准的重要性不仅适用于灵感的瞬息判断，而且也适用于我们在数学（或科学）研究中更须经常作的判断。严格的论证通常是最后的步骤！人们在此之前必须作许多猜测，美学信仰对于这些是极重要的，它总是受逻辑论证和已知事实的约束。

我正是把这些判断当成意识思维的标志。我猜想，即使是突然闪现的灵感，很显然也是由无意识的精神现成准备好了的。意识正是裁决者，如果思想不是“听起来不错”的话就会很快地被否决并忘掉。（古怪的是，我实际上的确忘记了我的捕获面，但是这不在我所指的同样水平的忘记。该思想进入意识的时间足够长，因而留下永久的印象。）我是在假定，我所指的“美学”否决是完全禁止没有魅力的思想到达意识的相当永久的层次。

那么在我的观点中，无意识在灵感思维中的作用是什么呢？我承认，这些问题不像我希望的那么清楚。无意识似乎的确在这范围扮演重要的角色，我应该同意一个观点，无意识过程很重要。我还应该同意，无意识的精神绝非仅仅随机地吐出思想来。必须存在一种强有力的选择步骤，使得意识精神只受“有机会的”思想扰动。我提议，这些选择判据（多半是“美学”的）已经被意识迫切的希求所影响（正如数学思想和已经建立的原理不协调时，就会有丑恶感觉伴随而来）。

与此相关的问题是，什么才构成真正的创造性。我觉得它牵涉到两个因素，也就是“提出”和“淘汰”过程。我想，“提出”过程大多是无意识的，而“淘汰”过程大多是有意识的。缺少有效的提出过程，根本就不会有新思想。但若仅有提出过程，则它的价值非常小。人们需要一个形成判断有效过程，使只有具备合理成功机会的思想留存下来。例如在睡觉中非常容易涌现奇思异想，但是很少能在清醒意识的严厉批判下存活下来。（我本人在睡梦状态就从未得到过成功的科学思想，而别人就幸运得多，譬如化学家凯库勒，发现了苯结构。）依我的意见，是意识的淘汰过程（也就是判断）而不是无意识的提出过程作为创造力的问题中心，但是我知道许多人持相反的观点。

在离开这令人相当不满意的状态之前，我应该提到灵感思维的另一个特点，就是它的**全局**特征。上述的庞加莱轶事是个显著的例子，在极短暂的时间内来到他头脑中的思想包含了大量的数学思维。非数学读者也许更能立即接受，（某些）艺术家把他们的创作整体瞬间记在头脑中（虽然毫无疑问一样地难理解）。莫扎特（正如*Hademard 1945*，第16页所引用的）生动地提供了一个使人惊奇的例子尽管现在被认为是假的，仍然很好阐明了他思想的当代观点：

> 当我感觉良好或处于风趣状态时，或者当我在美餐后驾车兜风或散步时，或者在难以入眠的夜晚，思绪犹如潮水般地涌进我的头脑。它们从何而来又如何来呢？我不知道，这与我无关。我把那些喜欢的留在脑中，并且轻轻地哼唱；至少别人曾告诉我，我是这么做的。一旦我得到了主旋律，其他旋律就依照整个乐曲的需要连接进来和主旋律配合，最后每一种乐器的配乐以及所有的旋律片断也参与进来，最后就产生了一部完整的作品。此时灵感在我的灵魂中燃烧。作品渐渐成熟，我不断地扩展它，把它孕育得越来越清晰，直到整个曲子在我的头脑中完成，尽管它

> 可能很长。该乐曲在我的精神中正如一幅美丽的图画或一位英俊的少年在眼前闪现。它并非连续地来临我的头脑中，而是我的想象使我完整地听到了它，然后才完成细节部分。

我觉得这和提出 / 淘汰的方案一致。虽然“提出”无疑是极有选择性的，不过它看来是无意识的（“这与我无关”）；而淘汰是有意识的品味仲裁人（“我把那些喜欢的留在脑中……”）。灵感思维的整体性在莫扎特的引语中特别明显（“它并非连续来临……而是完整地”）。也正如庞加莱的例子一样（“我没有证实这个思想。……那时没有时间去证实”）。此外，我还坚持，一般来说，我们意识思维已经呈现出明显的整体性。我将很快回到这个问题上来。

思维的非言语性

阿达马研究创造性思维令人印象深刻的要点之一，是拒绝接受迄今仍常听到的论题——言语是思维所必需的。引用爱因斯坦致阿达马信中的一段话就能把这问题解释得再好不过了：

> 词语或语言，无论是写的或说的，在我的思维机制中，似乎都不起任何作用。似乎作为思维要素的精神实体是一些能够“自愿”复制与结合的特定符号和一些大致还算清晰的图像……在我的情形中，上面提到的要素有视觉的和肌肉之类型。只有在第二阶段，当所提到的联想活动充分建立起来并能随意复制时，才须费心寻找习惯的词语或其他符号。

杰出的遗传学家佛朗西斯·高尔顿的一段话也值得引用：

> 写作是我的严重缺陷，言语表达的缺陷更严重。我用语言方式来思考比用其他方式更不容易。经常发生这样的事，在经过辛苦的工作后得到完全清楚和满意的结果，但当我试图用语言来表达时，我必须先使自己位于另一个完全不同的智力层面。我必须把自己的想法翻译成和它们不甚配合的语言。因此我在寻求合适的词汇和短语中浪费了大量的时间。我意识到，当突然必须演讲时，经常仅因为言语笨拙而不是因为缺乏清楚认知，使得我的演讲变得非常难懂。这是我生活中的小烦恼。

阿达马自己也写道：

> 我坚持，当我真正进行思考时，词语在我的头脑中根本不存在。我的情形和高尔顿完全一样。甚至在读到或听到一个问题后，从我开始思考的那一时刻起每一个词都消失了；我完全同意叔本华所写的："思想一旦被语言具体化就马上死去"。

因为这些例子和我自身的思维模式非常一致，所以才在这里引用。我几乎所有的数学思维都是按照视觉以及非语言的概念进行的，虽然这种思维经常伴随着愚笨并且几乎无用的言语评论，诸如"这件事跟着那件事，而那件事又跟着另一件事"。（我有时在简单的逻辑推导中会用到语言。）还有，我还经常亲身体验到这些思想家把他们思想翻译成语言时所遭遇到的困难。经常的原因就是找不到言语来表达需要的概念。事实上，我时常利用特别设计的图表来计算（参阅*Penrose and Rindler 1984*，424—434页），这些图表代表某类代数表达式的速记。把这些图表翻译成文字会是非常烦琐的过程，只有在必要向他人仔细解释时才把它当成最后的手段。还有一个相关的观察是，我曾注意到，如在我潜心于数学时，有人忽然要和我交谈，我在几秒钟内几乎不能说话。

我不是说我从来不用语言方式思考，只是我发现语言对数学思维几乎没有用处。其他种类的思维，譬如哲学也许更适合于用言语表达。这大概是为什么许多哲学家抱持一个观点认为，语言是智力或意识思维的根本！毫无疑问，不同的人以不同的方式思考，甚至仅就不同的数学家而言——这是我自己的经验。数学思维的主要倾向可分为解析式和几何式。虽然阿达马用视觉图像而不用言语描述来进行数学思考，但有趣的是他本人认为自己是用解析的方式思考。至于我自己则是非常倾向用几何方式思考。但是，各个不同的数学家的思考倾向的范围非常广阔。

一旦接受大多有意识思维确实具有非言语的特征——依我看来，基于前面一些理由这个结论是不可避免的——那么也许读者不难相信意识思维也具有非算法的成分！

记得在第9章（483页）我提到一个时常表达的观点，只有具有语言能力的那一半头脑（绝大多数人是左半边），可有意识能力。按照上面的讨论，读者应该很清楚为何我发现这种观点完全不能接受，我不知道总体来说，数学家是否倾向利用头脑之一半比另一半更多；但是毫无疑问，真正的数学思维须有高水平的意识。解析思维主要是在左半脑进行的，而几何思维通常归于右半部，所以可以很合理猜测大量有意识的数学活动实际上发生在右半边！

动物意识？

在结束言语化对意识的重要性这个论题之前，我要讨论早先曾简要提起的问题：非人类动物能否有意识。我觉得人们有时依据动物不能言语来推断它们不具备任何可觉察的意识，而且隐含着反对它们具有任何“权利”。读者容易看出，我认为这种论证是站不住脚的。这是因为很多复杂的（例如数学）意识思维不用言语就能进行。还有右半脑有时被认为只有和黑猩猩一样“少”的意识，亦是因为黑猩猩缺少言语能力（参阅*LeDoux 1985*，197页—216页）。

事实上，当允许黑猩猩或大猩猩使用符号语言，而不用正常人类的方式讲话时（它们不能讲话是由于缺少适用的声带），它们是否真正有言语能力引起许多争议（参阅*Blakemore and Greenfield 1987*的各种文章）。不过争议归争议，清楚的是，它们使用这种方法至少在某些基本程度上能互相沟通。依我自己的意见，有些人不承认这方式为“言语”是有点过于吝啬，也许有些人希望借口拒绝让猩猩进入言语俱乐部，因而排除它们进入有意识生物的俱乐部！

先不管语言的问题。有很好的证据显示黑猩猩能有真正的灵感。康拉德·洛伦兹（1972）描述过一只关在房间里的黑猩猩，一根香蕉悬挂在天花板，刚好使猩猩拿不到，并且在房间其他地方放一个盒子：

> 这事使得它烦躁不安，它又回到那里去。然后——没有更佳方式可以描述——它原先阴郁的脸忽然“发亮起来”。现在它的眼光从香蕉移到香蕉正下方的空地，从这里移到盒子那里，又移回空地来，再移到香蕉那里去。下一刻，它欢呼了起来，以极其高昂的情绪翻一个筋斗到了盒子旁边去。它把盒子推到香蕉下面，完全确信自己会成功。所有看到这一幕的人都不会怀疑类人猿体验到真正的“灵光一现”。

注意，正如当庞加莱踏上公共汽车时所经验的那样，黑猩猩在证实它的思想之前就“完全确信成功在握”。我认为这种判断需要意识。如果我是对的，那么这里就有证据显示非人类动物的确有意识。

有关海豚（及鲸鱼）还产生了一个有趣问题。人们会注意到，海豚的大脑和我们的一样大（甚至更大），海豚还能相互传递极其复杂的声音信号。也许它们为了于人类尺度或近似人类尺度的某种有别于“智慧”的目的而需要相当大的大脑。而且，由于它们缺乏适于抓、拿的手，不能建造我们能鉴赏的这种“文明”。虽然为着同一原因，它们不能写书，但或许它们有时像哲学家，沉思生活的意义以及为何它们在“那里”！它们是否有时通过复杂的水底声音信号来传递它们的“知觉”呢？我不晓得有任何研究指出它们是否用头脑特定的一边来“言语”并相互沟通。在和施行于人类的“分裂头脑”手术以及所隐含的“自我”连续性这令人困惑的意义相关联的方面，我们应该提到海豚不是整个头脑同时进入睡眠状态[4]，而是每次只有一半头脑睡着。如果我们能询问它们对意识的连续性有何“感觉”，那将会很有教益！

与柏拉图世界的接触

我提到过，不同的人似有许多不同的思考方式，而且不同的数学家也以不同的方式思考数学。我记得当我将要进大学研习数学时，以为会发现我未来的数学界同行多少会用和我一样的方式思考。以我在学校的经验是，我的同学思考方式似乎和我很不同，这使得我有点受挫。我本来兴奋地以为：“这下我可以找到很容易交流的同道了！有些人的思考方式比我的更有效，有些人差一些，但是所有人的脑波频率都和我一样。”我大错特错了！我相信，我比以前经验到更多的不同的思考模式！我的思考方式比他人较多几何成分而较少解析成分，但是我同事的各种思考模式有许多其他差异。我对于理解一个用言语方式解说的公式总是感到困难，而我许多同事似乎毫无这种困难。

当一位同事想对我解释一段数学时，通常我的经验是，我必须全神贯注地听，但是对一组词和另一组词之间的逻辑关联几乎完全不能理解。然而，在我脑中会形成一种猜测图像代表他所要传达的思想。这个图像完全是按照我自己的方式形成，而且和我同事所理解的脑中图像关系不大。经过这过程之后，我才能回答。令我相当吃惊的是，我的评语通常被接受，而交谈就以这种方式来回进行下去。在交谈结束时可以很清楚地看出，确实进行了一种真正而正面的交流。然而我们各自呢喃的实际句子似乎只有少数时候能被真正理解！在我成为专业数学家（或数学物理学家）之后这些年，我觉得这种现象比我当大学生时更为显著。也许随着我的数学经验增加，使我更容易猜测他人的解释想表明的意义，也可能使我自己解释事物时更能容忍其他的思考模式。但是在本质上并没有什么改变。

我自己经常感到困惑，按照这种奇怪的步骤如何能沟通。现在我想大胆提出一种解释，因为我认为它可能和我曾讨论过的其他问题有很深的关联。关键在于，人们在讨论数学时不只是传递事实。从一个人向另一个人传达一连串（偶然的）事实时，第一个人必须把所有事实仔细说明，而第二个人必须一一吸收进去。但是对于数学而言，事实的内容非常少。数学的陈述必须是真理（否则便是谬误！），即使第一位数学家的陈述仅是探索这样一个必要的真理，假定第二位充分理解前者的陈述，那么正是真理本身被传达给第二位数学家。第二位的脑中图像也许在细节上和第一位的图像不同，他们的言语描述也可以不同，但是相关的数学思想已在他们之间交流了。

若不是有趣或高深的数学真理在一般数学真理中寥若晨星的话，则这类沟通根本不可能。譬如，要传递像4 897 × 512 = 2 507 264这样乏味的陈述，为了传达这精确的陈述时，第二位的确必须要能理解第一位。但是，对于数学中有趣的陈述，即使描述非常不精确，人们经常仍然能够掌握所要传递的概念。

由于数学是精确度最高的学科，这里似乎存在一个佯谬。的确，在书面上为了保证各种陈述既精密又完整，人们必须十分费心。然而，为了传达数学思想（通常利用言语描述），这种精确性有时会先产生抑制作用，而可能需要更模糊的叙述性传递形式。在掌握了观念的实质后再考虑细节。

数学观念如何能用这种方式传递呢？我想只要头脑在感知一个数学观念，它就是和数学观念的柏拉图世界接触。（回想一下，按照柏拉图的观点，数学观念本身是存在的，它存在于柏拉图的理想世界里，只有通过智慧才能接触到，参阅127页，205页。）当有人“看见”了一个数学真理，他的意识突破到这个理念世界中去，并与之直接接触（“通过智慧来接触”）。我描述过这种“看见”与哥德尔定理的关系，而它是数学理解的精髓。正是由于每位数学家都有直接通往真理的道路，他们之间的相互交流才有可能。每一个生物的意识都是通过这个“看见”的过程，来直接感知数学真理。（的确，这种感知的行为时常伴随着“啊，我看到了！”的惊喜！）由于每人都能和柏拉图世界直接接触，他们比人们所预期的更容易进行交流。当进行这种柏拉图接触时，各人在每种情形下所具有的精神图像也许相当不同，但是由于大家直接和同一外部存在的柏拉图世界接触，所以才可能进行交流！

按照这种观点，精神总是能够进行这种直接接触。但是每一次只能进行一点。数学的发现包含接触范围的扩展。由于数学真理必须是真理，在技术的意义上讲，并没有实际的“信息”传递给发现者。所有信息一直存在那里。人们只不过是把东西放在一起并“看见”了答案！这和柏拉图自己的观念非常一致，发现（譬如数学）只不过是一种记忆形式！的确，我就经常感到吃惊，因为记不住某人名字和找不到正确的数学概念之间具有相同点。在每一种情形下，所要寻找的概念在某种意义上已经存在我的脑中，尽管尚未发现的数学观念具有更不平常的语言形式。

为了使这种观察事物的方式有助于数学交流，人们必须想象，有趣高深的数学观念比乏味平凡的思想更有力地存在。这对于下一段猜测性考察具有重大意义。

物理实在的一个观点

意识如何能在物理实在的宇宙中产生，任何有关的观点至少要隐含地解决物理实在本身的问题。

例如，强人工智能的观点认为，“精神”通过一个足够复杂的算法体现找到了自身的存在，而这个算法可由物理世界的某物体来执行。而这些实际的物体究竟是什么并没关系。神经信号、沿着导线的电流、齿轮、滑轮或水管都可做得一样好。算法本身被认为是所有关键之处。但是，对独立于任何特殊的物理体现而“存在”的一个算法，柏拉图的数学观点似乎是必要的。一位强人工智能支持者很难采取不同观点，如“数学观念只存在于精神中”。因为这会导致逻辑循环，为了算法的存在，预先需要精神的存在，而为了精神的存在，则预先需要存在的算法！他们也许企图采取这样的论证，即算法可作为一张纸上的痕迹、一块铁上的磁化方向或一台电脑存储器上的电荷位移而存在。但是，这种物质形态自身实际上不具有算法。为了得到算法，它们需要一个解释，也就是必须能对这些形态解码；这就要依赖写这算法的“语言”。为了理解这语言，预先存在的头脑似乎又是必需的，这样我们又回到了出发之处。那么，我们就接受算法处于柏拉图世界中。根据强人工智能的观点，那个世界正是精神之所在。我们现在就必须面对物理世界和柏拉图世界如何相互关联的问题。依我看来，这正是强人工智能对精神-身体问题的说法！

既然我相信（意识的）精神不是算法实体，我自己的观点与上述不同。但是，当我发现在强人工智能和我自己的观点之间有许多共同点时有些受窘。我曾指出，我相信意识和必要真理的感知有密切关联，并因此得以和柏拉图的数学概念世界直接接触。这不是一个算法的过程，我们并不特别关心也许栖息在那个世界的算法。但是根据这个观点，再一次看到精神-身体问题密切关系着另一个问题：柏拉图世界与具有实在物体的“真实”世界如何相关。

我们在第5章和第6章看到，实际物理世界以惊人方式符合一些非常精密的数学方案（参阅197页的**超等**理论）。人们经常评论这些精密度是何等不寻常（尤其参阅*Wigner 1960*）。我很难相信光靠随机自然选择加以淘汰，使得只有好的思想保存下来，就能产生超等的理论，像有些人企图坚持的。好的思想实在是太好了，用这种随机淘汰后留存的方式根本不可能产生。必须有一种更深入的基本原因使数学和物理之间，也就是柏拉图世界和物理世界之间相符合。

就“柏拉图世界”而言，人们赋予了它某种实在性，可以在某方面和物理世界的实在性相比。另一方面，物理世界本身的实在性显得比发现相对论和量子力学等**超等**理论之前更加模糊了（参阅197页、198页，尤其是367页的评论）。正是这些理论的精确性为实际物理实在提供近乎抽象的数学存在，这难道不是一个佯谬吗？具体的实在怎么会变成抽象和数学的呢？这也许是抽象数学概念如何在柏拉图世界中获得近乎具体实在的硬币的另一面。也许就某种意义来说，这两个世界是同一的？（参阅 *Wigner 1960*；*Penrose 1979a*；*Barrow 1988*；还有 *Atkins 1987*。）

虽然我强烈同情实际上把两个世界视为同等的这种思想，对这问题还有更多讨论余地。正如我在第3章和本章前面提到过，某些数学真理比其他的具有更强烈的（“更深刻的”、“更有趣的”、“更富有成果的”？）的柏拉图实在性。这些也就更强烈等同于物理实在的运行。[复数系统（参阅第3章）就是一个例子，它是量子力学的基本部分，即概率幅。] 利用这种认同性，“精神”如何能揭示出物理世界和柏拉图数学世界之间某种神秘的联结就更容易理解。我们还可回忆在第4章描述过，数学世界中有许多部分，而且有些是最深奥最有趣的部分，有非算法的特性。所以，在我试图详细解释的观点基础上，非算法行为很可能在物理世界中具有非常重要的作用。我设想，这种作用和“精神”的概念本身密不可分。

宿命论和强宿命论

迄今为止我对于“自由意志”的问题讲得很少，自由意志通常被当作精神－身体问题主动部分的基本论题。我的精力集中于设想意识行为的作用本质上有非算法的一面。我们记得，在大多数**超等**理论中存在一种清清楚楚的宿命论。就这种意义来说，如果我们知道系统在任一时刻的态[5]，那么理论的方程式把该系统的态在以后（或以前）

的任何时刻完全地固定死。由于一个系统未来的行为似乎被物理定律所完全决定，因此似乎没有任何“自由意志”的余地。甚至量子力学的***U***部分也具有这种完全决定性的特征。然而“量子跃迁”***R***不是宿命论的，它把完全随机的因素引进时间演化中来。早先，许多人踊跃接受以下可能性，即这里可以是自由意志用武之地，意识的作用对单独系统跃迁的方式也许有某种直接效应。但是，尽管我们希望我们的自由意志有所作为，如果***R***是真正随机的，则它也不会有多大帮助。

虽然我的观点在这方面尚未很明确，不过我认为有些新过程（CQG；参阅第8章）可能超越在***U***和***R***（现在这两者都被认为是它的近似）之间的量子-经典界限，而这个新的过程包含本质上非算法的因素。其中一个含义是，甚至即使未来可以被现在所决定，它也不能从现在计算出来。我在第5章的讨论中试图清楚地把可计算性从决定性中区别出来。我以为CQG是决定性但非计算性的理论很可以说得通[1]。（回忆一下我在第5章220页所描述不可计算的“玩具模型”。）

人们有时采取这样的观点，即使是经典（或***U***——量子）宿命论也不是一个有效的宿命论，因为不能真正充分知道初始状态，使得将来实际上能被计算出来。有时初始条件非常微小的改变会导致最后结果非常大的差异。例如发生在（经典的）宿命性系统中被称作“混沌”的现象——天气预报的不确定性即为其中一例。然而，非常使人难

1. 可以指出，至少有一种量子引力论的方法，该方法涉及不可计算性的因素（*Geroch and Hartle 1986*）。

以置信的是，这种经典的不确定性会允许我们的自由意志（或只是幻象？）。虽然我们不能计算出未来的行为，但是一直从大爆炸开始，未来行为仍然是被决定了的（参阅225页）。

同一个反对意见也用来反对我的建议。从这个观点看，未来世界虽然不是可计算的，但仍然被过去所完全固定，这可以一直回溯到大爆炸。实际上，我并非独断地坚持CQG必须是决定性而非计算性的。我猜想我们寻求的理论会比这些描述更加微妙。我只要求这理论必须本质上包含非算法的因素。

为了结束这一节，我想评论一下人们对宿命论可能坚持采取更极端的观点。这就是我所谓的强宿命论（*Penrose 1987b*）。根据强宿命论，不仅未来的事由过去所决定；根据某种精密的数学方案，宇宙在所有时刻的全部历史都是固定的。因为柏拉图世界是一下子就全部固定好了的，对这宇宙并没有什么“其他可能性”！如果人们倾向于认定柏拉图世界和物理世界相同，这种观点颇具魅力。（我有时怀疑，当爱因斯坦写下“我所真正感兴趣的是，上帝是否能以不同的方式来创造世界；也就是说，必要的逻辑简单性是否为自由选择留下任何余地！”时，不知在他脑中是否有过这种方案。（致恩斯特·斯特劳斯的信；见*Kuznestsov 1977*，P285）。

人们可以把量子力学的多世界观点（参阅第6章378页）当作一个变种的强宿命论。根据这类观点，一个精确的数学方案固定的不是单独的个别宇宙历史，而是固定了所有无数个由它所决定的“可能的”宇宙历史。尽管这个方案（至少对我来说）呈现出令人不满意的性质和一大堆问题与缺陷，我们却不能排除这方案的可能性。

我觉得，如果人们持强宿命论但同时不持多世界观点，则制约宇宙结构的数学方案也许必须是非算法的[6]。原因在于，如果不是这样，人们便可以原则上计算出下一时刻将要发生的事，然后他可以“决定”去做其他完全不同的事，这就会在“自由意志”和这理论的强宿命论性质之间产生显著矛盾。在理论中引进不可计算性就会避开这一矛盾——虽然我必须承认，我对这种解决办法颇感不舒服，而且我还预料，有些更加微妙的、实际的（非算法的！）规则实际在制约这个世界的运行！

人存原理

意识对于整个宇宙有多重要呢？缺少任何有意识的居住者的宇宙能否存在呢？物理定律是不是为了允许意识生命存在而特别设计出来的呢？我们在宇宙的无论空间还是时间中的位置是否有任何特殊的地方？这些就是所谓人存原理所讨论的问题。

该原理有许多形式。（见*Barrow and Tipler 1986*。）这些讨论中最被广泛接受的仅仅是意识（或“智慧”）生命在宇宙时空中的定位。这是弱人存原理。这种论证可以用来解释，现在地球上的条件为何刚好适合于地球上（智慧）生命的存在。如果条件不是刚好，我们不应发现自己现在处在这个地方，而是在别的什么地方，在其他适当的时间。布兰登·卡特和罗伯特·狄克非常有效地利用此原则解决了困惑物理学家许多年的问题。这问题是关于从观察发现的物理常数（引力常数、质子质量、宇宙年龄等）之间保持的各种令人惊讶的数值关系。令人不解的是，有些关系只有在现代地球历史才成立，所以我们刚好生活在这非常特殊的时期（大概几百万年！）。后来卡特和狄克用下列事实来解释：这个时期同被称为主序星（如太阳）的生命周期一致。在其他任何时期，按照同样的论证，四周就不会有智慧生命来测量讨论中的物理常数，所以这种巧合必须成立，因为只有在这巧合成立的特定时刻四周才会有智慧生命！

强人存原理牵涉得更广。在这情形下，我们不仅关心自己在这宇宙中，也关心在无限个可能的宇宙中时空的定位。我们现在可以回答为什么物理常数或一般物理定律要特别设计才能使智慧生命得以存在。其论证是，如果这些常数或定律是不同的，则我们就不应该处于这个特定宇宙中，而应该处于其他宇宙中！依照我的意见，强人存原理有个可疑的特征，好像只要理论家提不出更好的理论去解释观察的事实，就会提出强人存原理（也就是在粒子物理理论中，粒子的质量是没有解释的，人们因而断言，如果它们的数值和被观察到的数值不同，则生命便不可能存在，等等）。另一方面，假定人们小心地使用弱人存原理，我觉得它是无懈可击的。

由于使用人存原理——不管是强的还是弱的——人们可以尝试展示，由于知觉生物，也就是“我们”，必须存在以观察世界的这一事实，意识的存在便是不可避免的，所以人们不必像我以前一样，去假定知觉具有任何选择优势！我的看法是，这个论证技术上是正确的，弱人存原理的论证（至少）能为意识不需自然选择的帮忙而存在提供原因。另一方面，我相信人存论证不是意识演化的真正（或仅有）原因。从其他方向有足够的证据使我信服，意识具备强而有力的选择优势，而且我认为人存论证是不必要的。

镶嵌和准晶体

我现在要从前几节的大胆猜测转而考虑更科学和更“具体”的问题，虽然仍有一点猜测性。这个问题初看起来有点离题。但是它对我们的意义在下一节就会变得明显。

我们回忆在180页图4.12中的镶嵌模式。这些模式令人惊异之处在于，它们“几乎”违反了一个与晶格有关的标准数学定理。该定理叙述道：在结晶模式中只允许二重、三重、四重和六重的旋转对称。所谓结晶模式，我是指具有平移对称点的分立系统。所谓平移对称是说，用一种自身滑动而不转动的方式，使得该模式和自身相重合（就是说移动不会改变该模式）而且因此有周期性的平行四边形（见图4.8）。图10.2绘出了这些允许的旋转对称的镶嵌模式例子。现在图4.12的模式，正如图10.3中那样（它基本上是由179页图4.11的花砖拼在一起产生的镶嵌），却又几乎具有平移对称和几乎具有五重对称。这里“几乎”的意思是：人们可以找到模式（分别为平移和旋转）的运动，并且这模式的自身重合能达到任何预先指定的比百分之百略低的相合性。我们在此没有必要去忧虑它准确的意思。我们在这里所关心的是，如果有一种物质的各原子被安置在这种模式的各顶点，则这物质就显得像晶体，但它会呈现出被禁止的五重对称性！

1984年12月，正在美国华盛顿首都国立标准局与同事共同研究

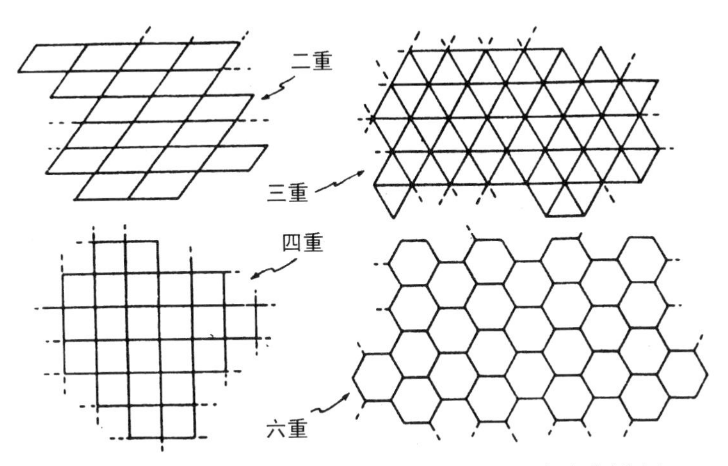

图10.2 具有不同对称的周期性镶嵌（在这里的每一种情形中，把花砖的中心当作对称的中心。）

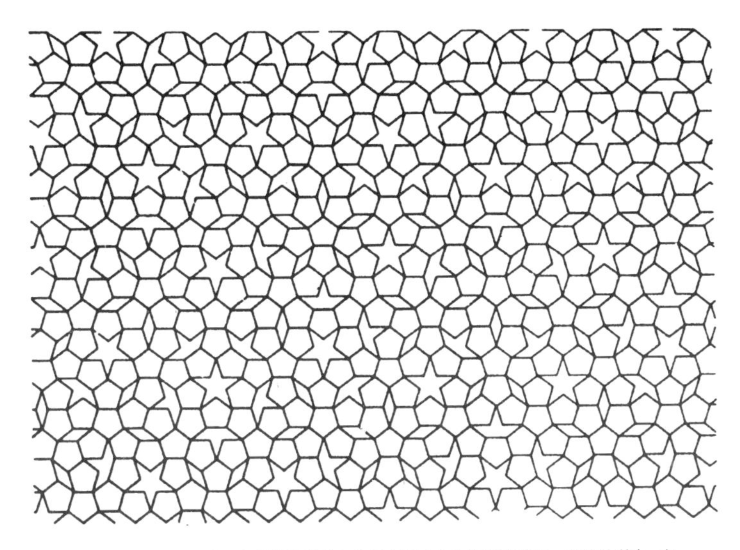

图10.3 一种准周期性镶嵌（基本上是由图4.11中的花砖拼在一起产生的）。它具有晶体学中“不可能的”五重准对称

的以色列物理学家丹尼·谢赫特曼宣布发现了一种铝锰合金的相，它的确像类晶体物质，现在称为准晶体，它具有五重对称。事实上，这种准晶体还具有存在于三维中而不仅是平面上的对称性，这就给出了总共有正二十面体的对称性（*Shechtman et al.1984*）。（类似我的五重平面镶嵌，三维“二十面体”类似物被罗伯特·安曼在1975年发现，见*Gardner 1989*。）谢赫特曼的合金只能形成大约千分之一毫米非常微小的准晶体。但是，后来还发现其他的准晶态物质，尤其是一种铝－锂－铜合金，其二十面体对称单元可长成大约1毫米的尺度，用肉眼都能完全看得到（图10.4）。

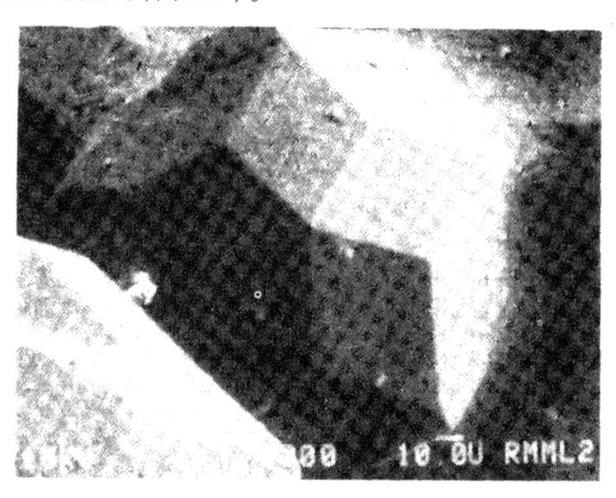

图10.4 这准晶体显然具有不可能的晶体对称性（一种铝－锂－铜合金）（取自盖尔1987）

现在我所描述的准晶体镶嵌模式有一个显著特征，即它们的拼合必须是非局部的。这就是说，在装配该模式时，必须不时考察距离装配点许许多多“原子”之遥的模式状态，以保证把许多小块放在一起时不发生严重的错误。（这也许有点像我在讨论自然选择时，曾提及的“智慧探求”。)这一类特征是当前围绕准晶体结构和成长问题重大争议的一部分。在解决一些突出的问题之前,匆忙作确定的结论显然是不明智的。尽管如此,人们可以猜测,而且我将大胆提出自己的意见。首先,我相信这些准晶态物质的确具有高度组织,而且它们的原子排列和我考察过的镶嵌模式相当接近。其次(我的意见是属于比较尝试性的)这意味着不能按照符合晶体成长的经典图像,依靠每次局部地添加一个原子来合理地完成它们的装配,它们的装配一定有本质上量子力学的非局部性因素[7]。

我描绘这种成长的发生方式是,原子不是单独来到并自己附到连续移动的成长线上去(经典晶体成长)。人们必须考虑附加原子的许多不同排列的量子线性叠加的演化(量子过程$\boldsymbol{U}$)。这的确是量子力学告诉我们必须(几乎总是)发生的!不是只发生一个原子排列;许多不同的原子排列必须在复线性叠加中共存。这些不同的叠加选择中有一些会成长为大很多的团块,而且在某一点,某些不同选择的引力场之间的差别将会达到单引力子的水平(或不管什么适当的水平;见第8章466页)。在这阶段,其中一种排列(或可能仍是一种叠加,不过却是一种缩减了的叠加)会成为“实在”的排列而被挑中(量子过程$\boldsymbol{R}$)。这个叠加形态和更确定的形态减缩会一道以越来越大的尺度继续下去,直到形成相当尺度的准晶体。

正常情况下,当大自然寻求一种晶体排列时,它总是寻求具有最低能量的排列(把背景温度当作零),我在准晶体生长中摹想一种类似情形。差别在于,这种最低能量的状态更难寻找,而且原子“最佳”排列不能只靠一次加上一个原子,然后希望每个单独原子能解决自己的最小化问题就可以了。正相反，我们有一个全局性的问题要解决。解决方法是大量原子必须在同一时刻共同出力。我坚持认为，必须用量子力学方式才能得到这种合作；而进行合作的方式是，在线性叠加中原子的许多不同的组合排列同时一起“试验”（有点像在第9章结尾讨论的量子电脑）。最小化问题合适的解（虽然也许不是最好的）只有在单引力子（或别的适当的）水平达到时才能得到答案，而这只有当物理条件刚好适合时才会发生。

与头脑可塑性的可能关联

现在让我进一步推进这些猜测，并且询问它们是否和头脑的功能有任何关联。就我所见，这种关联最有可能呈现在头脑可塑性的现象中。我们记得头脑不完全像一台普通电脑，而是比较像一台持续不断改变的电脑。这些变化显然是树突棘成长或收缩导致该突触激发或退激发而引起的（见第9章第499页，图9.15）。我大胆猜测，这种成长或收缩可由类似准晶体成长的过程所制约。这样，可能不仅其他可能形态之一被试验，而且大量的复线性叠加形态也被试验。只要这选择的效应被维持在单引力子（或任何别的什么）水平之下，这些形态就能共存（而且按照量子力学的$\boldsymbol{U}$步骤，几乎不变地必然共存）。如果维持在这个水平之下，则可以开始进行同时发生的叠加计算，这和量子电脑的原则非常符合。然而，这些叠合似乎不太可能长期维持，因为神经信号产生的电场仍会严重扰动附近的物质（虽然神经元髓鞘质的鞘有助于电绝缘）。我们猜测，这种计算的叠加实际上至少能维持一段时间，使得在达到单引力子（或别的什么）水平之前可以实际计算出某种有意义的结果。这类计算的成功结果会取代准晶体成长时简单的能量最小化的“目标”。这样，达到这个目标的过程正类似准晶体成功成长的过程！

这些猜测显然有许多模糊和疑虑之处。但是我相信它们之间的类比确实是有道理的。晶体或准晶体的成长受到它附近适当原子和分子浓度的严重影响。人们可以同样摹想，树突棘族的成长或收缩会同样受到周围的神经传递物质浓度的影响（譬如可能受到情绪的影响）。任何原子排列最终化解（或“缩减”）成准晶体的实在性都涉及能量最小化问题的解答。所以我以类似的方式猜测，在头脑中浮现的实在思维又是某问题的解答，但是现在这问题不只是能量最小化而已。它会涉及性质更复杂得多的目标，即有关头脑的计算方面和能力的需求和意图。我猜想，从原本是线性叠加的不同选择中寻找解答和意识思维的作用有密切的关系。这所有都与制约在$\boldsymbol{U}$和$\boldsymbol{R}$界限之间的未知物理有关。我现在宣称，这些未知物理的答案有赖于还未发现的量子引力理论——CQG！

这样的一个物理作用在性质上会是非算法的吗？我们回想一下第4章内描述的一般镶嵌问题。人们可以摹想原子组合问题会具有这种非算法的性质。如果这些问题能用我暗示的手段“解决”，则在我设想的头脑行为类型中的确有非算法因素的可能性。然而由此推理，在CQG中必须有某些非算法的因素。这里显然有许多猜测成分。但是依我看来，按照上面的观点，一定需要具有非算法特征的某些东西。

这类头脑联结的变化能发生多快？这个问题在神经生理学家之间有点争议。但是，由于永久的记忆可在十分之几秒的时间内记录下来，所以有关的改变可在这种时间内实现是不无道理的。为了使我自己的观点有机会成功，这类速度确实必要。

意识的时间延迟

我想接着描述两个对人类实行的实验（在*Harth 1982*的书中所描述的），这些发现对我们这里的考虑具有相当惊人的含义。这些和意识的主动与被动行为所需的时间有关。第一个实验有关意识的主动作用，而第二个是被动作用。合在一起，则含义会更加显著。

第一个实验是H.H.科恩胡伯和他的助手于1976年在德国进行的（*Deeke*，*Grötzinger*，*and Kornhuber 1976*）。一些病人自愿把他们头上某一点的电信号（用人脑电流计，即EEG）记录下来，他们被要求在不同时刻完全出于自己的选择把自己右手的食指突然弯曲。其想法是，EEG的记录可以表示在脑壳内发生的某种精神活动，即参与弯曲手指的实际意识决定。为了从EEG追踪中得到有意义的信号，必须把几个不同的追踪试验平均一下，得到的信号不是很确定。然而，人们发现了一种很令人注意的现象，在手指实际弯曲之前整整一秒钟，或许甚至一秒半，从记录可以看到电位逐步在上升。这似乎表明，意识的决定过程需要超过一秒钟时间才会有行动出现！这种情形可以和另一情形相对照，当反应模式预先设定时，对外界信号产生反应所需的时间要短得多。例如，手指的弯曲不是出于“自由意志”，而是对闪光信号产生反应。在这种情形下，大约为1/5秒的反射时间是正常的，这大约比在科恩胡伯数据中（图10.5）检验的“自愿”行为快5倍左右。

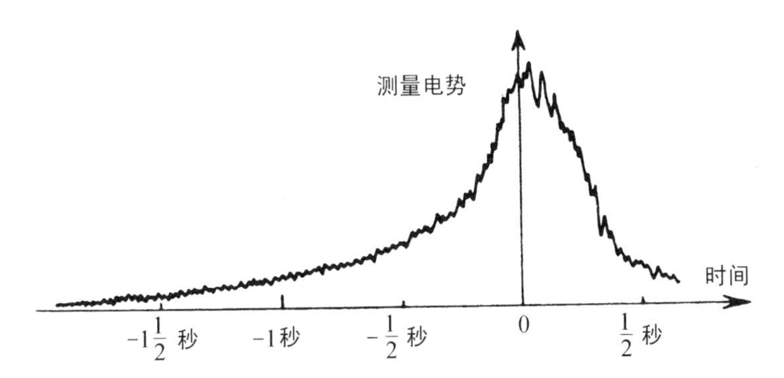

图10.5　科恩胡伯实验。手指弯曲的决定似乎在时间0作出，而预兆的信号（基于许多试验的平均）暗示企图弯曲的“先知”

在第二个实验中，加州大学的本杰明·利贝特和旧金山锡安山神经研究所的贝特拉姆·芬斯坦合作（*Libet et al. 1979*），检测了必须进行脑外科手术的病人（进行手术的原因与该实验无关），并且同意把电极放在他们头脑触觉皮质的点上。李伯特实验的结果是，当刺激作用于这些病人的皮肤时，他们大约需要半秒钟才能知觉到刺激，尽管头脑本身只需要大约1/100秒的时间接收到这个刺激信号，而且头脑能在大约1/10秒内得到预编程序的对这种刺激的“反射”反应（参阅上文和图10.6）。此外，尽管在刺激到达知觉之前有半秒钟的延迟，病人本身会有主观印象，以为在他们知觉到刺激时根本就没有发生过延迟！（利贝特的一些实验涉及丘脑的刺激，参阅478页，其结果类似触觉皮质的刺激。）

我们记得，触觉皮质是大脑中感觉信号进入的区域。所以，在触觉皮质上对应于皮肤某个特殊点的电刺激会使病人觉得犹如某种东西实际上触及皮肤上那一点。然而人们发现，如果该电刺激过于短促（短于半秒钟），则病人根本没有任何感觉。这情形可以用来和直接刺激皮肤上某一点的反应相对照，因为皮肤上一瞬间的接触都能被感觉到。

现在假定皮肤首先被触及，然后在触觉皮质的对应点加上电刺激。病人感觉到了什么？如果电刺激是在接触皮肤之后的1/4秒左右开始，则根本不会感觉到皮肤接触！这种效应被称为往前遮盖。刺激皮质在

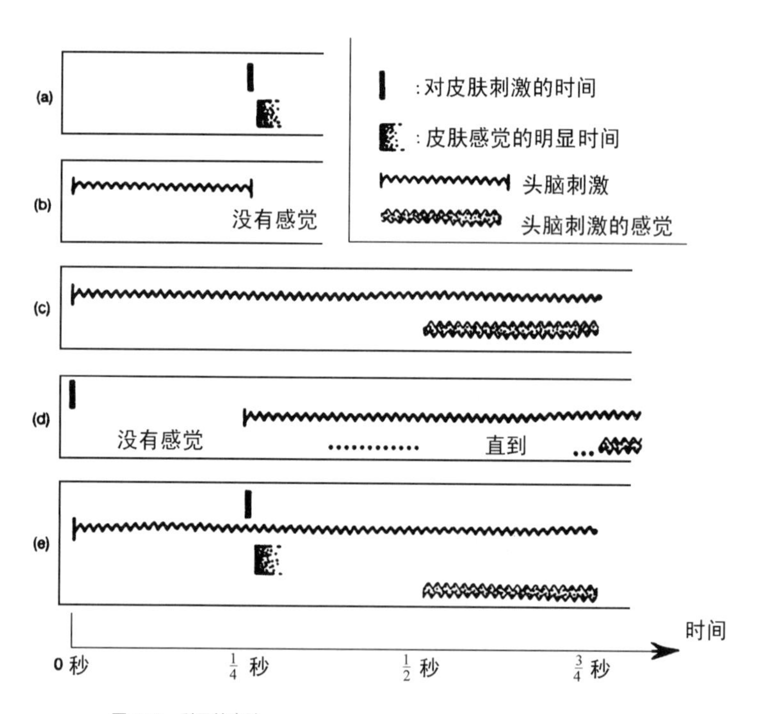

图10.6 利贝特实验

(a)对皮肤的刺激“似乎”大约在该刺激实际时刻被知觉。

(b)比半秒短的皮质刺激未被知觉。

(c)比半秒长的皮质刺激在半秒后被知觉。

(d)这样一个皮质刺激能够“往前遮盖”早先的一个皮肤刺激，这表明皮肤刺激的知觉实际上直到皮质刺激的时刻还没发生。

(e)如果在这种皮质刺激之后很短的时间内加上一个皮肤刺激，则皮肤知觉被“认为属于以前的”，但是皮质知觉并非如此。

某方面用于防止正常皮肤接触的感觉被有意识地感觉到。只要事件发生在知觉感觉之后大约半秒钟之内，它就会被这后面的事件所阻止（“遮盖”）。这作用本身告诉我们，这一种感觉的知觉意识是在产生该感觉的实际事件后大约半秒钟发生！

然而，人们似乎并没“感觉到”知觉延迟了这么长久的时间。赋予这个奇怪发现的意义的一个方法是，想象人所有“知觉”的“时间”实际上是从“实际时间”延迟大约半秒钟，犹如人们内部的钟“错”半秒钟左右。一个人感觉事件发生的时间总是在该事件实际发生的半秒钟之后。这就呈现出一幅协调的感觉印象的图像，虽然存在令人困惑的延迟。

也许在利贝特实验的第二部分可以证实这类性质。他首先对皮质进行电刺激，这个刺激延续比半秒还要长久许多的时间，一面进行刺激并同时接触皮肤，不过要从电刺激开始后半秒之内开始接触。不管是皮质刺激还是皮肤接触都被分别感觉到，而且病人很清楚分辨出两个刺激。当询问哪一个刺激先发生，病人却会说皮肤接触在先，尽管在事实上皮质刺激先开始！这样，病人看来把皮肤接触的知觉在时间上大约往回倒退半秒钟（图10.6）。然而，这似乎不是内部知觉时间的整体“错误”，而仅是在感觉事件时序上更微妙的重新安排。对于皮质刺激，假定在开始刺激后半秒之内被实际知觉到，则似乎不会以这种方式向过去回溯。

我们从上述的第一个实验可以推导出，意识行为在它发挥作用之前需要1秒或1秒半的时间，而根据第二个实验，似乎要在外界事件发生了半秒钟之后才意识到该事件的发生。想象一个人对某个未预料到的外界事件反应时会如何。假设这反应需要瞬间意识思考。根据利贝特的发现，意识作用之前必须花费半秒的时间；而且然后如科恩胡伯的数据所隐含的，必须花费比一秒还多很多的时间，人们“意志”的回应才能生效。从感觉输入直到动作输出的整个过程需要2秒钟左右！把这两个实验放在一起的明显含义是，如果反应是在大约2秒钟之内产生，则意识根本未对外界的事件回应！

时间在意识知觉中的奇怪作用

我们能够完全相信这些实验吗？如果这样的话，我们似乎便被迫接受这个结论：当我们需要用少于1秒或2秒的时间采取行动去修正一个反应时，我们的行为完全像一台“自动机”。比较神经系统中的其他构造，意识无疑是行动迟缓的。我本人注意到这类事件，譬如正在我用手关车门的瞬间，无可奈何地看到在车子里还有一样东西待取出来。而我要停止手动作的意志命令进行得奇慢，以至于来不及阻止关门。但这真需要整整1秒或2秒的时间吗？我觉得不像要用这么长的时间尺度。当然，我对车中物体的知觉，加上我想象的“自由意志”命令去阻止我的手，我的有意识知觉都可以在这两个事件之后才发生。也许意识仅是旁观者，而只不过经验到这出戏的“重演”而已。相似地，从表面上看，根据上面的发现，譬如当一个人在打网球时，不会有时间让意识起任何作用，在打乒乓球时更是如此！无疑这些球类的专家用小脑控制为他们所有的主要反应预先编好极佳的程序。但是，若说意识对于何时应打何种球路没有任何作用，我有点难以同意。无疑必须预测对手将会做什么，而且对于对手可能的每一招都准备好许多预编的程序来反应，但我觉得这不很有效率，而且我难以接受在这期间一点也没涉及意识。这类评论对于日常交谈更为恰当。还有在交谈中，虽然人们有点能预期别人会说什么，但在别人的评论中总是经常发现一些出乎意料的东西，否则交谈就变得完全不必要！在通常的交谈方式中肯定不必花2秒钟那么长的时间去对别人反应。

也许有理由怀疑康胡贝实验足以证明意识"实际"需要1秒半时间来行动。虽然弯曲手指的意图的所有EEG追踪平均早那么许多就出现信号，也许只有某些情形这么早就有弯曲手指的意图，而这个有意识的意图也许实际上没有实现，并且还有其他许多情形意识行为产生时刻距离手指弯曲的时刻要接近得多。（的确，后来一些实验结果导致和科恩胡伯不同的解释，参阅*Libet 1987*，*1989*。尽管如此，我们仍对意识定时的问题深感困惑。）

我们此刻先认为两个实验结论实际上成立。我将做一个与此相关而令人忧心的设想。我认为，当我们考虑意识时对时间使用通常的物理规则，可能实际上犯了极大的错误！的确，时间实际进入我们意识感觉的方式有种非常古怪的性质。我想，若我们试图把意识知觉放进传统时序框架中，则可能需要非常不同的概念。意识毕竟是一种我们知道的现象，根据这种现象时间必须"流逝"！现代物理学处理时间的方式和处理空间[1]没有什么根本的不同，而物理描述的"时间"根本没有真正"流动"；我们只有一个显得静止的固定的"时空"，在时空

1. 在二维时空中这种在时间和空间之间的对称会变得更加显著。二维时空物理的方程式相对空间和时间的交换本质上是对称的。然而，没人会认为在二维物理中空间在"流动"。如果认为在我们知道的物理世界经验中，使时间"实际流动"只是因为在我们时空内恰好空间维数（3）和时间维数（1）之间不对称，那是令人非常难以接受的。

的框架里展开我们宇宙中的事件！然而，根据我们的知觉，时间的确在流动（见第7章）。我的猜想是，这里也有些幻觉，我们知觉的时间不是“真的”完全像我们感觉到的以线性流动方式向前流动（不管这个含义是什么！）。我宣称，我们“表面”感觉到的时序是我们强加在感觉上的，以便理解我们的感觉和外在物理实在的均匀前进的时间之间相关联。

许多人也许在上面论述中找到大量哲学上的“不坚实之处”，他们这种指责无疑是正确的。一个人怎么可能对自己实际感觉的东西“弄错”呢？是的，按照定义，一个人实际知觉正是他直接发觉的东西，所以他不会弄错。尽管如此，我以为我们对于时间进展的知觉确实很可能是错的（虽然我无法充分使用平常语言去描述这信念），而且存在一些支持这些信念的证据（见*Church Land 1984*）。

莫扎特“一瞥”即能捉住整篇“虽然可能会很长”的乐谱就是一个极端的例子（532页）。从莫扎特的描述中，人们必须假想这“一瞥”包含了整个乐曲的精华。然而，用通常的物理术语，这个知觉意识行为的这段实际外在时间，根本无法和表演乐曲所需的时间相比较。人们也许想象，莫扎特的感觉会采用完全不同的形式，也许像视觉景观或像用空间分布的方式一下子写出整篇乐谱一样。但是，即便是音符也需要相当长时间去精读，所以我非常怀疑莫扎特最开始用这种方式来感觉他的乐曲（或者他一定会这么说！）。视觉景观似乎更接近他的描述，但是（就我本人最熟悉的，最常见的数学景象）我极其怀疑会有任何方法可以把音乐直接译成视觉语言。依我看来，更有可能的是，莫扎特“一瞥”的最佳解释必定纯粹是音乐性的，但和聆听（或表演）一段音乐有不同的时间内涵。音乐是由需要一定时间去表演的声音组成，这种时间在莫扎特的实际描述中允许“……我的想象使我听到了它。”

请听J.S. 巴赫的“赋格的艺术”的最后一部四重赋格曲。所有能体会巴赫音乐的人，在这乐曲演奏10分钟，刚进入第三主题音乐休止的时候，没有不被感动的。整个曲子仿佛还在“那里”，但是现在一眨眼工夫就从我们耳边渐渐消隐而去。巴赫在完成这一个作品前死去，而他的乐曲就停在那一点，他没有留下任何只言片语表明他想如何继续。然而，该作品从开头就充满着自信和熟练，不能想象在那时刻他的头脑中没有完全掌握整个曲子的精华。当他尝试种种改善时，他是否需要在脑袋里以正常演奏节拍一次次从头到尾对自己演奏和尝试呢？我不能想象他会如此进行。和莫扎特一样，他必须是把作品及其赋格曲整个孕育出来，以乐章所必需的复杂性和艺术性全部一起涌现出来。然而，音乐的时间品格是它的一种基本要素。如果不在“真实时间”里表演，它还成音乐吗？

小说或历史的孕育也许呈现可互相比较（虽然似乎困惑较少）的问题。在了解某人的一生时，必须思考他一生中不同的事件，好像必须在“真实时间”内重演才能评价这些事件。然而这并不必要。实际上，人的回忆能把以往费时的经验仿佛“压缩”到一瞬间内，并把它几乎“重过”了一遍！

在音乐作曲和数学思考之间或许有一些强烈的相似性。人们也许认为数学证明要通过逻辑过程来获得，每一步都跟着前面那一步。然而，产生新论证概念全不以这种方式进展。在建立数学论证中必须有全局和似乎模糊的概念内容；它和完全理解依序证明所需的时间没有什么关系。

假设我们接受意识的定时与时间进展和外在物理实在的时间不相符，那么我们不就面临着佯谬的危险吗？假定甚至存在关于意识效应的一种模糊的目的论的某种东西，使得未来的印象可能影响过去的行为。是的，这会把我们导向矛盾，正如我们在第5章结尾考虑过的超光速发送信号佯谬的含义一样（参阅273页）。我们已经正确地排除掉这个佯谬。我想提议，正由于我所主张的意识实际所获得的性质，不必要存在佯谬。回顾一下我的设想，在本质上意识“看见”了某些必要的真理；而且它可以代表和柏拉图理想数学观念世界的某种接触。我们记得，柏拉图世界本身是没有时间的。知觉到柏拉图真理不携带有真正的信息，“信息”的技术意义是指信号的传递。因此，即使意识知觉在反时间方向传递也不存在实际冲突！

但是，即使我们接受意识本身和时间这种奇怪的关系，在某种意义上，它代表外在物理世界和没有时间性世界之间的接触，这些怎么可能和物质头脑的生理决定和时序行为相一致呢？如果我们不想扰乱物理定律的正常进行，我们的意识仅仅剩下一个纯粹“观察者”的角色。然而，我论断意识具有主动而且的确有力的作用，并且具有强大选择优势。我相信，这个难题的答案取之于CQG在解决两个量子力学过程 $\boldsymbol{U}$ 和 $\boldsymbol{R}$ 之间的冲突时，CQG的行为必须采用的奇怪方式（参阅447页，464页）。

回忆一下，当我们试使过程$\boldsymbol{R}$和相对论（狭义）相协调时所遇到的时间问题（第6章367页，第8章470页）。按通常的时空条件来描述这个过程似乎没有任何意义。考虑一对粒子的量子态。通常这样一种状态会是一个相关态（也就是说，不具有简单的$|\Psi\rangle|\chi\rangle$形式，这里$|\Psi\rangle$和$|\chi\rangle$各自描述一个粒子，而具有像$|\Psi\rangle|\chi\rangle+|\alpha\rangle|\beta\rangle+\cdots+|\rho\rangle|\sigma\rangle$总和的形式）。那么对其中一个粒子进行观察就会以非局部的方式影响另一个粒子，它不能按照和狭义相对论一致的通常的时空概念来描述（EPR；爱因斯坦-波多尔斯基-罗森效应）。这种非局部效应会隐含涉及我提议过的树突棘成长和收缩的“准晶体”相似性。

我在这里以如下意义来解释“观察”，即把每一个被观察粒子的作用一直放大达到类似CQG的“单引力子”水平。如果应用更“传统”的说法，则“观察”更加模糊。当一个人必须认定自己的头脑一直在“观察头脑自身”时，很难看出他怎么能着手发展头脑行为的量子理论描述！

我本人的想法是，在另一方面，CQG提供了一个态矢量缩减（$\boldsymbol{R}$）不必依赖任何意识思想的客观物理理论。我们还未得到这个理论，但是至少寻求此理论不会受到“意识到底‘是’何物”这一深奥的问题的阻碍！

我想象，一旦真正寻求到CQG，那时就可能依照它来揭示意识的现象。我相信当得到CQG时，该理论的必要性质离开传统时空之描述将比离开上述令人困惑的两粒子EPR现象更远。正如我提议的，如果意识现象依赖这种想象的CQG，则意识本身用我们现在传统的时空来描述将显得非常不协调！

结论：孩子的观点

我在本书中提供了许多议论，试图显示以下观点不能成立：我们的思维基本上和一台非常复杂的电脑的行为一样。这种观点在现代哲学探究中甚有影响。在人们明确假设执行算法本身就能唤起意识知觉时，采用了塞尔“强人工智能”术语。有时以不太明确的方式采用诸如“功能主义”等其他术语。

有些读者可能从一开始即把“强人工智能支持者”当成稻草人！仅靠计算不能唤起快乐或痛楚；它也不能理解诗歌、夜空的美或者声音的魔力；它不能希望、恋爱或沮丧；它也不能具有一个真正自发的目的，这一切难道不是“显而易见”的吗？然而科学似要逼迫我们去接受，我们所有人仅是由非常精细的数学定律巨细无漏制约（甚至最终也许只是随机地）的世界中很小的一部分。控制我们行为的头脑本身似乎也由同样的精密定律所制约的。所呈现的世界图像是：所有这些精确的物理活动，实际上只不过是一个庞大的计算过程（也许是概率的），所以我们的头脑和精神只能按照这种计算来理解。也许当计算复杂得非同寻常时，它们便开始获得我们与“精神”这术语联想在一起的更诗意或更主观的品质。然而，在这样的图像中，非常难免地总有缺少了什么的不愉快感觉。

我在自己的论证中试图支持以下观点，即任何纯粹计算的图像的确缺少了某些要素。然而我同时保持希望，将来通过发展科学和数学，在理解精神方面最终会取得根本的进步。这明显是个难题，但是我已试图指出存在一条真正的出路。可计算性和数学的精确性根本不相同。在精确的柏拉图数学世界中，具有人们要多少即有多少的神秘和美，而大部分神秘和一些概念共处，这些概念属于柏拉图数学世界中较有限制的算法和计算以外的部分。

对我来说，意识是如此重要的现象，我简直不能相信它只不过是从复杂的计算“意外”得来的。宇宙的存在正是由于意识现象才被得知。人们可以争论道，若宇宙被不允许意识存在的定律所制约，就根本不是宇宙。我甚至愿意说，迄今为止所有人们提出的宇宙数学描述都不能达到允许意识存在的这些判据。只有意识现象才能把一个想象的“理论”宇宙变成真正的存在！

我在这些章节中提出的论证也许是过于曲折复杂。我承认有一些是猜测性的。同时我相信，有些是不可避免的，然而，在所有这些技术细节下面隐藏着一个感觉，即意识精神不能像一台电脑那样运行是“显而易见”的，即使真正涉及的精神活动中，有许多的确像电脑一样运行。

这种明显性连小孩都能看出来，虽然那个孩子在他后来的生命中被细心的推理和巧妙的定义选择所威吓，以至变成相信一些明显的问题“不是问题”。有时孩子容易看清楚的事情长大后却变得非常模糊。当“实在世界”的事务开始落到我们的肩膀上来时，我们经常忘记了孩提时代的惊奇印象。儿童们不害怕提那些使我们大人羞于启齿的基本问题：在我们死后每一个人的意识流会发生什么；在我们出生之前又在何处；我们过去曾经是或者将来会变成另外一个人吗；为什么我们会知觉；为什么我们在这里；为什么存在一个我们实际上居住的宇宙？这是些令人困惑的谜题，它随着我们每个人的知性觉醒而来，而且无疑也随着任何最早的生物或其他个体的真正自我知性觉醒而来。

我记得自己在孩提时代曾为许多这类困惑所烦恼。也许我的意识突然和别人的相互交换。假定每一个人都只带有属于他个人的记忆，我怎么能知道这种互换早先不曾发生在我身上？我如何向其他人解释"相互交换"的经验？它真有任何意义吗？也许我只不过不断重复生活在同样的10分钟经验中，每一次都具有完全同样的知觉。也许对我来说，只有现在时刻是"存在的"。也许明天或昨天的"我"实际上是具有独立意识而完全不同的人。也许我实际上活在时间往回走的情况下，我的意识流是朝向过去，因此我的记忆告诉我将要发生什么，而不是已经发生了什么。这样，学校里的不快乐经验实际上在等着我，而我很快就会非常不幸地遭遇到。这个时间倒向和正常经历的时间进展之间的区别是否真正"意味"着什么，使得一个是"错"的，而另一个是"对"的？为了使这些问题在原则上得以解决，必须有一种意识理论。但是，甚至怎么可能开始向本身都不是有意识的实体去解释这类问题的内涵呢……？

注释

第1章

[1] 例如，参阅*Gardner 1958*，*Gregory 1981* 以及所引用的参考文献。

[2] 例如，参阅*Resnikoff and Wells 1984*，181—184页。有关计算奇才的经典总结参阅*Rouse Ball 1892* 以及 *Smith 1983*。

[3] 参阅 *Gregory 1981* 285—287页，*Grey Walter 1953*。

[4] 这个例子引用自 *Delbrück 1986*。

[5] 参阅 *O'Connell 1988* 和*Keene 1988*。参阅列维更多的有关电脑下棋的情形。

[6] 当然，大部分弈棋问题都被设计得使人类很难解决。要去构造一种人类觉得不是极难，而现代解决下棋问题的电脑在1000年内也解不出的下棋问题似乎不太困难。（所需要的是一个每下一着都要筹划非常多步的，但又是相当明显的方案。例如，已经知道一些需要筹划大约200步就绰绰有余的问题！）这提出了一个有趣的挑战。

[7] 为了明确起见，我在本书从头到尾地采用了塞尔的术语“强AI”以表示这一极端观点。术语“功能主义”也被经常地用于表示本质上同样的观点，但也许不总是这么明确。明斯基（1968），福多（1983）以及侯世达（1979）是这类观点的一些倡导者。

[8] 可从 *Searle 1987* 211页找到这种宣称的一个例子。

[9] 道格拉斯·侯世达在对塞尔的复印在《精神》上的原始论文的批评中抱怨道，由于涉及的复杂性，没有一个人可想象把另外的一个人脑的整个描述“内在化”。的确不能！但是就我所见，这不是问题的全部。人们仅仅关心实行目前要体现单个精神事件发生的一段算法的那个部分。这可以是在回答图灵检验问题时某个瞬息的“意识实现”，或者它可以是某种更简单的东西。任何这种“事件”是否都需要一段极其复杂的算法呢？

[10] 参见载于*Hofstadrer and Dennett 1981* 368页和372页的*Searle 1980*的论文。

[11] 有些关于这类事体博学的读者也许会忧虑某种符号差的问题。但是，如果我们在进行交换的同时，使其中的一个电子旋转360°，甚至那个（可争论的）区别也消失了！（参见第6章357页的解释。）

[12] 参见 *Hofstadrer and Dennett 1981* 的导言。

第2章

[1] 我是采用当代通常的术语，它现在把“0”包括在“自然数”之中。

[2] 还有许多把一对，3个等数编码成单独一个数的其他方法。虽然它们对于我们现在的目的不甚方便，数学家却熟知这些方法。例如，公式$\frac{1}{2}[(a+b)^2+3a+b)]$便是用一个单独的自然数来代表一对自然数（$a$，$b$）。试试看！

[3] 我在上面没花工夫去引进某种表示起始一个数（或指令等）的序列的记号。这对于输入没有必要，由于当遭遇到第一个1时事情刚刚开始。然而，对于输出需要某些其他东西，这是由于人们预先为了达到第一个（也就是最左边的）1不知道要沿着输出磁带看多远。尽管在往左看时会遇到0的很长的串，这并不能保证在左边更远处不再有1。人们对此可采用不同的观点。其中一种总是用特殊记号（譬如，在收缩步骤中用6来编码）去起始整个输出。但是为了简单起见，我在自己的描述中将采用不同的观点，也就是总“知道”仪器实际上已遭遇到了多长的“磁带”（例如，人们可以想象它留下了某种痕迹），在原则上不必去检查无限长的磁带，就能肯定整个输出已被查过。

[4] 一种把两盘磁带的信息编码到单独一盘磁带上的方法是插入法。这样，这盘单独磁带上的奇数号码的记号可代表第一盘磁带的记

号，而偶数号码的记号可代表第二盘磁带的记号。可用类似的方案来处理3盘或更多盘磁带。这一过程的“低效率”起因于如下事实，即阅读机必须沿着磁带不断地来回进退，并在上面留下记号以记住在该磁带偶数和奇数部分的什么地方。

[5] 这一过程只是指做过记号的磁带可解释作自然数的方法而言。它并不改变我们特定的图灵机的编号譬如EUC或XN+1。

[6] 如果T_n没有被正确地指定，则U只要在n的二进制表示中到达多于4个1的第一串，就会像n的数已被终止那样继续。它就会把该表示式的余下部分当成m的磁带的部分来读，所以它会继续进行某种毫无意义的计算！如果需要的话，可采用扩展二进制记号来表示n，这种特征就能被清除。我决定不这样做，以免使这台可怜的通用机器U更加复杂！

[7] 我感谢大卫·多伊奇根据以下我得到的u的二进制形式推导出十进制形式。我还感谢他检验u的这个二进制值实际上的确给出了一台通用图灵机！事实上u的二进制值为：

1000000001011101001101000100101010110100011010001010000011010100110100010101001011010000110100010100101011010010011101001010010010111010100011101010100100101011101010100110100010100010101101000001101001000001010110100010011101001010000101011101001000111010010101000010111010010100110100001000011101010000111010100001001001110100010101011010100101011010000011010101001011010010010001101000000001101000000111010100101010101110100001001110100101010101010101110100001010101110100001010001011101000101001101001000010100110100101001001101001000101101010001011101001001010111010010100011101010010100100111010101011000110100101010101110101001000101101010000101101010001001101010101010001011010010101001001011010100100101110101010010101110101001010011010101000011101000100100101011101010100101011101010101000001110101001000001101010101001011101010010 1

01101000100100011101000000011101001010010101010111010010
1001001010111010000010101110100001000111010000010101001 1
10100001010011101000001000101110100010000111010000100101
0011101000100001011010001010010111010001010010110100100 0
0010110100010101001001101000101010101110100100000111010 0
10010101010111010101010011010010001010110100100100101101
00000001011010000010001101000001001011010000000001101001
01000101110100101010001101001010010101101000001001110100
10101001011010010011101010000001010111010100000011010101
00010101011010010101011010100001010111010100100101011101
01000100101101010010000101110100000011101010010001011010
10010100110101010001011101010010100101110101010000010111
01010100000101110100000011101010100001010111010010101011
01010100001011101010001010101110101010010010111010101010
00011101010000000111010010010000110100100100010110101010
10100111010000000001011010010000110101010101001011101001 0
00011010010001010101110100001000111010001000011101000011
0100000001011010000010010111010101001010101101000100010 0
10111010000010011101010100110100000101010110100001000011
1010010000100011101010101010100111010000100100111010001 0
01000011101000010100101101000010100001110101010101010111
01000100100110100010010011010100101001011101000100010101
11010000000111010001000100101110100110100100100001011010
10101001101000101000101110100001101010000100010110101001
1010101001010010110101010011010010010101110100110100100 0
0010110100010101010001110100100001010110100000001001101 00
100010010111010010000110101000000100101110100100101001110
01001010101101001101001001010010110100110100101000001011
01001000000111010100100110101010100001011101001010000101 1
10100101010101110101000100101101001001110100101010001011
1010001001110101000010110100100111010010101010101110100 1
000111010010101010010111010010001110101000001010101110 01
10101000000101101001001110101000000010111010010110101000 00

10101101001010010111010100001001011101000011010100010000
1011010100110101000100010110101010100101110101000101001O
110100010101010111010010000101011010100010111010100100 10
1010111010101001001011101010001110101000111010100100100 1
0111010100011101010010100010111010100010111010100001001 0
1110101000111010001010001011101001010010111010100101010 0
1011101001010101010101101010000101010101101000010011101 0
0001010101010111010101000101011101010100010101110100000 0
1110101010001001011101000000111010101001000101110101000 0
0011010100001011010000001110100100000010111010100011101 0
1001000101011101010011010101010001010110100000110101010 1
0010101011010000000100110101010100100111010100110101010 10
0100101101010011010010010011101000001101010101010010101 1
0101000100110100010100101010111010000011010101010101001 0
1101000100011101000101010101010110100010001110100001010 1
1101000100100001110100110100000000100111010000000100101110
1000100010100111010000000100101110100101010101001011010 00
0101010101110100010010100101110100000100010111010101001 0
1101000100010011101000000100101011101000000101010110100 00
1000111001111010000100000111010000100100111010000001010 01
0111010000001010010110100001000101011101000010001001101 00
0100001110101111010000100100101110100001001001011101000 0
0001010111010000101010001101000100101110100001000001110 1
0000100111010001000000101110101010010110100010000001011101
0000101010101110100000001010101110100010000101011101000 1
0000101011101001000001110101001001001101000000101011101 0
0010001001011101010100001110101001010110100101010100001
1010000001010011010000000111010000001001001110100101101001
0001010010111010101001101000101001001011101010100110100010
1010001011001101010010010111010101001101000101010101011 0
0110101000101010110011010010001010101011101000100011101 0
0100101010101011010010100101000110100100000010111010000 0
1101010100101010101101001010101101001000100010111010001 0

1010110101000001010110100010000011010010001010110100001001110101001010101010111010010110100100100010101100110100
1001001010101110100110100100100101011010010110100100100100101101001011010010010100010110011010010010100101011101
0001010111010010010111001101001001010100101110011010010100010101011101000100011101000010100101101001010001011101
0010100010101101000100111010010100010010111010001001110100101001000101110011010010001000111010001001110100101001
0101011100110100101000001110011010101010101101000000111010010101001010101110100100011101001010100101011100110100001010010011001101010000011010000000111010010101010010101110011010100010000110100000001110100010010101010111010
0010001110101010101010101011010000100111010010001001010111010010101000100110101000000010110100100011101010000101
0111010010000110101000000010110100100011101010010010111010000110101000010101011010100010111010100001010010111010
1000101110101000101010101110011010100010101101000011010100001001010

有进取心的读者可把一台效率高的家庭用电脑，以正文中给出的方法，应用于不同的简单的图灵机号码中，验证上面的号码事实上的确给出了一台通用图灵机的动作行为！

对不同规格的图灵机可使u的值降低一些。例如，我们可以免除STOP，而相反的采取这样的规则，即只要机器在某个其他非0的内态后重新进入内态0时它就停止。这样做没有太多收益（如果有的话）。如果我们允许磁带有比仅仅0和1的更多的记号，则能得到更大的收益。在文献中的确描述过显得非常简洁的通用图灵机。但是，由于它们一般地依赖于图灵机描述的极其复杂的编码，所以这种简洁性是骗人的。

[8]　参阅德夫林（1988）的和这一著名断言相关事体的非技术性讨论。

[9]　我们再次简单地应用前面进行的步骤，当然也能击败这个改善了的算法。然后我们可以用这新的知识去进一步改善我们的算法；

但是我们又可将其击败等。这一迭代步骤所导致的这类考虑将在第4章（参阅第141页）和哥德尔定理联系起来讨论。

第3章

[1] 见*Mandelbrot 1986*。我所选取的特殊的放大序列是取自*Peitgen and Richter 1986*。该书中有许多五彩缤纷的芒德布罗集的图画。进一步的图解可参见*Peitgen and Saupe 1988*。

[2] 尽我所知，要求对任意实数总存在某种确定其n位数是什么的规则的观点是协调的，虽然不是传统的。尽管这样的一个规则可以是无效的，甚至在一预定的形式体系中根本不能定义（见第4章）。我希望它是协调的，因为这正是我最希望坚持的观点。

[3] 关于是谁第一个得到这个集，实际上存在一些争议（见*Brooks and Matelski 1981*，*Mandelbrot 1989*）；但是这一争议本身的存在更加支持了这一集合是被发现而非发明的观点。

第4章

[1] 在考虑其元素又为集合的集合时，我们必须小心地区分该集的元以及该集的元的元。例如，假定S是另一确定的集T的非空子集的集合，而T的元素是一个苹果和一个橘子。T就有“二性”而非“三性”的性质；但是S实际上有“三性”的性质；S的3个元是：一个只包括一个苹果的集合，一个只包括一个橘子的集合以及包括一个苹果和一个橘子的集合——总共有3个集，这就是S的3个元素。类似地，其元素只有空集的集合具有“一性”而非“零性”——它有一个元，也就是空集！空集本身当然只有零个元。

[2] 事实上，哥德尔定理的推理可以用这种方式来表达，使之不依赖于诸如$P_k(k)$的命题“真理”的完全外在的概念。然而，它仍然依赖于某些符号的实在“意义”的解释：尤其是，“$\sim\exists$”的真正

意义是“不存在（自然数）…… 使得 ……”。

[3] 在下面用小写字母代表自然数，而用大写字母代表自然数的有限集合。令$m \to [n, k, r]$表示陈述“如果$X=\{0, 1, \cdots, m\}$，它的k个元素的每一子集都被放到r个盒子里，则存在X的一个“大”的至少包含n个元素的子集Y，使得所有Y的k元素子集都被放到同一盒里去”。这里“大”的意思是Y中的元素数目比作为Y中的元素的最小的自然数还大。考虑如下命题：“对于任意选取的k，r和n，存在一个m_0，使得所有大于m_0的m，陈述$m \to [n, k, r]$总成立。”J. 巴黎斯和L. 哈林顿（1977）指出这一命题等效于算术的标准的（皮阿诺）公理的哥德尔型命题。这一道命题是不能从那些公理证明得到的，但是关于那些公理作了某些“显然正确”的断言，正也就是，在这种情形下，从公理推断出来的命题本身是真的。

[4] 其题目为《基于序数的逻辑系统》，而且有些读者将会熟悉我用在下角标示代表康托尔序数的记号。使用我在上面所描述的步骤得到的逻辑系统的等级由可计算的序数来表征。

存在一些相当自然的和容易陈述的数学定理，如果人们试图用标准算术的（皮阿诺）法则去证明，就需要使用在前面概述的“哥德尔化”步骤。这些定理的数学证明根本就不依赖于任何模糊或可疑的似乎处于正常数学论证的步骤以外那一类推理。参见斯莫林斯基（1983）。

[5] 在第3章111页提及的连续统假设（即$C = \aleph_1$）是我们在这里遇到过的最“极端的”的数学陈述（虽然人们还经常考虑比这更极端得多的陈述）。连续统假设，由于哥德尔本人和保罗-J. 寇恩确立了它实际上和集论的标准公理和步骤法则无关，而变得格外有趣。这样，对连续统假设的看法可用来区分形式主义者和柏拉图主义者。对于一个形式主义者而言，由于用标准的（策梅洛-弗兰克尔）形式系统既不能证明也不能否定连续统假设，所以是“不可判定的”，把它叫作“真”的或“假”的都“没有意义”。然而，对于一个好的柏拉图主义者，连续统假设或是真的或是

假的，但为了确立它就需要某种新的推理形式——实际上甚至超出了对策梅洛-弗兰克尔形式系统使用哥德尔型命题的手段。[科恩（1966）本人提出一种使得连续统假设成为“显然错误”的反思原则！]

[6] 参阅 *Rucker 1984* 的生动而不太专业性的有关论述。

[7] 布劳威尔本人似乎部分地因为对自己的一个拓扑学的“布劳威尔不动点定理”证明的“非构造性”忧虑，而开始沿着这个思路思考的。该定理断言，如果你取一个圆盘——也就是一个圆和它的内部——并且以一种连续的方式运动到它原先定位的区域的内部，那么在圆盘上至少有一叫作不动点的点，它刚好在自己开始的那点结束。人们也许不知该点准确地在何处，或者也许那里有许多这类的点，这个定理只是断言某一这类的点的存在。作为数学的存在定理而言，这实际上是一个相当“构造性的”定理。依赖于所谓的“选择公理”或“佐恩引理”的存在定理具有不同程度的非构造性（参阅 *Cohen 1966*，*Rucher 1984*）。布劳威尔情形的困难和下面相类似：如果 f 为一实变量的实数值的连续函数，该函数既取有负值又取有正值，找到 f 取零值的地方。其通常的步骤是涉及重复地对分 f 改变符号的区划。但是去决定 f 的中间值为正、负或零，在布劳威尔需要的意义上可以不是“构造性的”。

[8] 我们列出集合 $\{v, w, x, \cdots, z\}$，这里按照某种字典方案，v 代表函数 f。我们在每一阶段（递归地）检验看是否有 $f(w, x, \cdots, z)=0$，当仅当在这种情形下，才有命题 $\exists w, x, \cdots, z[f(w, x, \cdots, z)=0]$。

[9] 最近莱奥诺尔·布鲁姆（由于受这本书初版精装本中我的议论所刺激）告诉我，她已能断定芒德布罗集（的补集）在下面注释10的特殊意义下的确是非递归的，正如我在正文中所猜测的那样。

[10] 存在实数的实值函数的可计算性的一种新理论（和传统的自然数

的自然数值函数相反），由布鲁姆、舒布和斯梅尔（1989）提出。我最近才注意到该理论的细节。该理论还适用于复函数，它可能和正文中提出的问题有重要的关系。这一新工作的一些结果赋予芒德布罗集在适当意义下为非递归的猜测以强大的支持。

[11] 这一特殊问题可更正确地被称为“半群的字问题”。还有其他形式的字问题，其法则略为不同，我们在此不予关注。

[12] 汉弗（1974）和迈尔斯（1974）还指出，存在一个单独的（一个巨大数目的花砖）集合，它只能以不可计算的方式来镶嵌平面。

[13] 事实上对于大的n，这一步骤的数目可用一些技巧减少到$n\log n \log\log n$——这当然还在P中。参见克努特（1981）有关此类问题的更多资料。

[14] 更正确地讲，只对是/非类型问题（例如，给定a，b和c，$a\times b=c$为真的吗？）P、NP和NP完全问题的族（参见187页）才被定义，但在正文中的描述对我们的目的已经足够。

[15] 严格地讲，我们需要是/非的模式，诸如：推销员是否有一条距离小于若干的路径呢？（见上面的注释14）。

第5章

[1] 一个显著的事实是，所有确立的和牛顿图像的偏差都以某种基本的方式和光的行为相关。首先，存在麦克斯韦理论中的脱离物体的携带能量的场。其次，正如我们就要看到的，光速在爱因斯坦狭义相对论中起着关键的作用。第三，只有当运动速度和光速可相比较时，爱因斯坦广义相对论和牛顿引力论的微小偏离才变得显著。（太阳引起的光偏折，水星运动，在黑洞中和光相比较的逃逸速度，等等。）第四，首先是在光的行为中观察到量子力学中存在的波粒二象性。最后，还有量子电动力学，它是带电粒子的量子场论。可以合情理地猜测，牛顿本人已经准备接受他的图像

躲藏在光的神秘行为后面的深刻问题。参阅 *Newton 1730*；还可参阅 *Penrose 1987a*）。

[2] 有一个美妙的、很成功的物理理解的实体——亦即卡诺、麦克斯韦、开尔文、玻尔兹曼等的热力学——我在分类时忽略了它。这可能引起某些读者的困惑，但我是故意这么做的。因为某种在第7章会变得更清楚的原因，我本人非常犹豫是否将其归于**超等**理论的范畴中。然而，许多物理学家也许会认为把这么漂亮的根本的观念放到低到仅仅**有用的**范畴是亵渎神物！依我看来，热力学按通常的理解是某种仅适合于平均的东西，而不适合于系统中的每一个别部分——部分的原因是由于它为其他理论的推论——在我这里的意义上不是一个完整的物理理论（这同时适用于作为其数学基础的统计力学的数学框架）。我以此事实作为借口以回避这一问题，把它们一块放到分类之外，正如我们在第7章将会看到的，我宣布在热力学和在前面已经提到的属于**有用的**范畴的大爆炸标准宇宙模型之间存在一种紧密的联系。我相信，在这两组观念之间（现在还缺一部分）的某种联合，在所需的意义上，甚至会被认为属于**超等的**范畴的物理理论。这是我还要在后面论述的内容。

[3] 我的同事们问我应将“扭量理论”归于何类。这是一种观念和技巧的精心集合，我自己曾为此花费了多年心血。就扭量理论作为物理世界的一个不同理论而言，它只能被收到尝试的范畴中。

[4] 然而，伽利略经常用水钟来为其观察定时，见 *Barbour 1989*。

[5] 用牛顿的名字来命名这个模型——的确就“牛顿”力学总体而言——仅仅是一个方便的标志。牛顿本人对于物理世界实际性质的观点似乎不像这么独断，而是更微妙，更难以捉摸［最有力地促进这一“牛顿”模型的人要算R.C.玻斯科维奇（1711—1787）］。

[6] 拉菲尔·索金曾向我指出，存在一种意义，在这种意义上，可用一种和对（譬如讲）牛顿系统所用的不是那么不相似的方式来“计算”此一特殊的玩具模型。我们可摹想一个计算序列C_1，C_2，C_3，…，这些步骤允许将系统的行为计算到越来越后而没有时间的极限，并且不断增加精确性（参阅224页、225页）。在现在情况下，为了达到这个目的，我们可允许将图灵机动作$T_u(m)$进行N步定义为C_N，如果这一动作那时还不停止则“认为”$T_U(m)=\square$。然而，在$T_u(m)=\square$的地方，由引进牵涉到诸如“对所有的$qT(q)$停止”的双重量化的陈述的演化，不难修正我们的玩具模型以战胜这类“计算”。（存在无限多对相差2的素数的未解决问题即为这种陈述的一个例子。）

[7] 正如第4章（575页注释10）提示的，新的布鲁姆-沙布-斯梅尔（1989）理论可提供一种在数学上更能接受的方法来解决其中的一些问题。

[8] 伟大的意大利/法国数学家约瑟夫·L.拉格朗日（1736—1813）比哈密顿早24年左右就知道了哈密顿方程。他虽然和哈密顿观点不一样。更早时期的一个同等重要的发展是力学中欧拉-拉格朗日方程的表达形式。这样牛顿定律可认为是从一个更高的原则，即最小作用量原理（P.L.M.莫培督）推导而来。除了其伟大的理论意义之外，欧拉-拉格朗日方程还提供了具有显著威力和实用价值的计算步骤。

[9] 刘维尔相空间体积只是整族具有不同维数的在哈密顿演化下保持不变的“体积”（称作庞加莱不变量）之一。但是，我的这个断言如此之囊括无遗实在有些过分。我们可以想象一个系统，将其中我们不感兴趣的一些自由度（对某些相空间体积有贡献）“倾倒”到某处去（诸如逃到无限远处的辐射），这样我们感兴趣的部分的相空间就会减小。

[10] 这第二个事实尤其是科学的极大的幸运。因为没有它的话，巨大物体的动力行为就不可理解，而大物体行为几乎不能给精确适用

于粒子本身的定律提供任何暗示。我猜想，牛顿之所以那么强调他的第三定律的原因在于，如果没有它，则从微观到宏观的动力行为的传递就不成立。

另一个对于科学发展生死攸关的“奇迹般的”事实是，平方反比律是仅有使围绕着中心物体的一般轨道具有简单的几何形状的方次律（随距离而减小）。如果定律或力是倒数律的或立方反比律的，开普勒还会有何成就呢？

[11] 我已为各种场选好了单位，以使和麦克斯韦原先表达的方程形式相接近（除了他的电荷在我处为$c^{-2}\rho$以外）。当用其他的单位制时，因子c的分布将会不同。

[12] 事实上，我们具有无限多的x_i和p_i。更复杂之处在于，我们不能只用这些场的值作为坐标，必须引进某种麦克斯韦场的“势”才能纳入哈密顿理论的框架中去。

[13] 也就是说，不是二阶可微的。

[14] 洛伦兹方程告诉我们，由电荷所处的地方的电磁场引起了作用于它上面的力；如果它的质量又是已知的，牛顿第二定律就告诉我们该粒子的加速度。然而，带电粒子经常以近于光速的速度运动，狭义相对论的效应变得很重要，影响了实际上应取的粒子质量数值（见下一节）。正是这种原因使作用在带电粒子上的正确的力定律推迟到狭义相对论的诞生才被发现。

[15] 事实上，自然界中的任何量子粒子，在某种意义上，整个自身都像一台这样的钟。正如第6章要讲到的，任何量子粒子都和一个振动相关，其频率与质量成正比；见292页。现代最精确的钟表（原子钟、核子钟）归根到底是依赖于这个效应。

[16] 也许读者会忧虑，由于旅行者世界线在B处出现了一个“角”，正如图示的，他在事件B处遭受到无限大的加速度。可以用有限的加速度将他的世界线在B处的尖角弄圆滑，这只不过把他所经历

的由整个世界线的闵可夫斯基“长度”所测量的总时间稍微改变一点。

[17] 这些就是M依照爱因斯坦的同时性定义，由从M发出并被问题中的事件反射回到M的光信号判断的事件空间。例如，见*Rindler 1982*。

[18] 这是该形状的初始的对时间的二阶微分（或“加速度”）。形状的改变率（或“速度”）在初始时为零，因为球面在开始时刻是静止的。

[19] 杰出的法国数学家埃利·嘉当（1923）首先对牛顿理论的数学形式重新进行表述——这当然是在爱因斯坦的广义相对论之后。

[20] 在这种意义上的局部的欧几里得性的弯曲空间称作以伟大的波恩哈德·黎曼（1826—1866）命名的黎曼流形。他在高斯的某些更早的有关的两维情形的工作之后，首先研究这类空间。我们在此需对黎曼观念作重大的修正，也即允许几何为局部闵可夫斯基的，而不是欧几里得的。通常将这种空间称为洛伦兹流形（属于所谓的伪黎曼或更不逻辑点的半黎曼流形的一类）。

[21] 或许读者会忧虑，零值何以代表“长度”的最大值！事实上的确如此，只不过在空洞的意义上而言：零长的测地线的特征是，没有任何其他粒子的世界线可将其上面的任何一对点（局部地）连接。

[22] 畸变效应和体积改变的分解事实上不像我所表达的那么明确。里奇张量本身会引起一定量的潮汐畸变。（对于光线而言，这种分解是完全明确的；参阅*Penrose and Rindler 1986*，第7章。）例如可参阅*Penrose and Rindler 1984* 240页和210页关于外尔和里奇张量的精确定义。（德国出生的赫曼·外尔是20世纪一位杰出的数学人物；意大利的格里高里·里奇是一位有巨大影响的几何学家，他在19世纪奠定了张量理论。）

[23] 大卫·希尔伯特在1915年11月发现了实际方程的正确形式，但该理论的物理观念则完全归功于爱因斯坦。

[24] 对于通晓这些东西的读者而言，这些微分方程正是用爱因斯坦方程代入到完整的比安基等式而得到的。

[25] 存在某些（虽然不是非常令人满意的）方法可绕过这个论证，参阅 *Wheeler and Feynman 1945*。

[26] 因为它不是二维的，而是三维的，所以在这里用术语“超面”比“曲面”在技术上更为合适。

[27] 有关这些问题的严格定理一定是非常有用的，并且非常有趣，可惜迄今还没有得到。

[28] 现在这个理论是不可计算的，它的（临时的）毫无用处的答案是无限大。

第6章

[1] 我理所当然地认为，“严肃的”哲学观点应该至少包含足够分量的现实主义。当我得知一些显然严肃的思想家，经常关心量子力学含义的物理学家采取强烈的主观观点，说在“那里”实际根本没有实在的世界时，总是十分吃惊！我尽量采用现实主义观点的事实，并不意味着我不了解某些人经常认真地坚持的这种主观观点，只是因为我认为它们没有意义。参见 *Gardner 1983* 第1章对这种主观主义的强烈而风趣的攻击。

[2] 尤其是J. J. 巴尔末在1885年注意到，氢光谱线的频率具有 $R(n^{-2}-m^{-2})$ 的形式，其中 n 和 m 为正整数（R 为常数）。

[3] 也许我们不应该太轻易地抛弃这种“全场”图像。爱因斯坦本人（正如我们将要看到的）彻底了解量子粒子呈现的分离性，耗费

了最后的三十年去寻求对这一般经典类型的统一理论。但是，正和其他人一样，爱因斯坦的企图没有成功。除了经典场以外需要某些东西用以解释粒子的分离性。

[4] 杰出的美籍匈牙利数学家约翰·冯·诺依曼（1955）在他的经典著作中描述了这两种演化的过程。我把他的“过程1”叫作***R***——“态矢量的减缩”——他的“过程2”叫作***U***——“幺正演化”（这实际上表明概率幅在演化中守恒）。实际上，还有量子态演化***U***的其他（虽然是等效）的描述，人们在这种描述中可以不使用“薛定谔方程”。例如，在“海森伯图像”中，态被描写成根本不演化，而动力学演化被归结为位置/动量坐标意义的连续移动。这些差异在这里对我们不重要，过程***U***的不同描述是完全等效的。

[5] 为了完整起见，我们必须列举出所有需要的代数定律。按照在正文中使用的（狄拉克）记号，它们可写成：

$|\Psi\rangle+|x\rangle=|x\rangle+|\Psi\rangle$,

$(z+\omega)|v\rangle=z|\Psi\rangle+\omega|\Psi\rangle$,

$z(\omega|\Psi\rangle)=(z\omega)|\Psi\rangle$,

$|v\rangle+0=|\Psi\rangle$,

$|\Psi\rangle+(|x\rangle+|\varphi\rangle)=(|\Psi\rangle+|x\rangle)+|\varphi\rangle$,

$z(|\Psi\rangle+|x\rangle)=z|\Psi\rangle+z|x\rangle$,

$1|\Psi\rangle=|\Psi\rangle$,

$0|\Psi\rangle\ 0$，以及$z0=0$。

[6] 存在一种称为两个矢量的标量积（或内积）的重要运算。它可非常简单地用于表达“单位矢量”、“正交性”和“概率幅”概念。（在通常的矢量代数中，标量积为$a\ b\cos\theta$，这里a和b为矢量长度，而θ为它们方向之间的夹角。）希尔伯特空间矢量的标量积给出复数。我们把两个态矢量$|\Psi\rangle$和$|x\rangle$的标量积写作$\langle\Psi|x\rangle$。存在如下代数规则$\langle\Psi(|x\rangle+|\varphi\rangle)=\langle\Psi|x\rangle+\langle\varphi|\varphi\rangle$，$\langle\Psi(q|x\rangle)=q\langle\Psi|x\rangle x$以及$\langle\Psi|x\rangle=\overline{\langle x|\Psi\rangle}$，在这里横道表明复共轭（$z=x+iy$的复共轭为$\bar{z}=x-iy$，$x$和$y$为实数；注意$|z|^2=z\bar{z}$）。态$|\Psi\rangle$和$|x\rangle$

的正交性表为$\langle\Psi|x\rangle=0$。态$|\Psi\rangle$的长度平方为$|\Psi|^2=\langle\Psi|\Psi\rangle$，这样$|\Psi\rangle$归一化成单位矢量的条件为$\langle\Psi|\Psi\rangle=1$。如果一个“测量的行为”使$|\Psi\rangle$跃迁到$|x\rangle$或某种和$|x\rangle$正交的态，则它跃迁到$|x\rangle$的幅度为$\langle x|\Psi\rangle$，此处已假定$|\Psi\rangle$和$|x\rangle$都是归一化的。若还没有归一化的话，从$|\Psi\rangle$到$|x\rangle$的跃迁概率写作$\langle x|\Psi\rangle\langle\Psi|x\rangle/\langle x|x\rangle\langle\Psi|\Psi\rangle$。（见*Dirac 1947*）

[7] 熟悉量子力学算符形式的读者，这一测量（按狄拉克符号）用有界限的厄米算符$|x\rangle\langle x|$来定义。本征值1（对于归一化的$|x\rangle$）为**是**，而本征值0表示**非**。（矢量$\langle x|$，$\langle\Psi|$等属于原先希尔伯特空间的对偶空间。）见*von Neumann 1955*，*Dirac 1947*。

[8] 在我早先对包含单独粒子的量子系统的描述中，有点过于简略。那时候我不管自旋，而假定只按照它的位置来描述态。实际上存在某些称作标量子的粒子，譬如叫作π子（π介子，参阅281页）的粒子或某些原子——其自旋值为零。对于这些粒子（也只有这些粒子）上述只按照位置的描述在实际上是足够的。

[9] 取$|\swarrow\rangle=\bar{z}|\uparrow\rangle-\bar{w}|\downarrow\rangle$，这儿$\bar{z}$和$\bar{w}$是$z$和$w$的复共轭。（注释6）

[10] 有一种标准的实验仪器，称作斯特恩－盖拉赫仪的可以用来测量适当的原子的自旋。原子束被射入并通过一个高度非均匀性的磁场，而场的非均匀性的方向为测量自旋提供了方向。原子束被分裂成两束（对于半自旋的原子而言，若是原子具有更高的自旋，则会分裂成多束）。一束给出原子的自旋答案为**是**，另一束的答案为**非**。可惜的是，由于一种和我们目的无关的技术上的原因，使得该仪器不能用于测量电子的自旋。测量电子必须用一种更间接的方法。（见*Mott and Massey 1965*。）由于种种原因，我宁愿不去特别提及在实际上如何测量电子自旋。

[11] 富有进取心的读者会介意去检验正文中的几何。最容易的办法是把我们的黎曼球面方向调整得使α方向为“向上”，而β方向在由“向上”和“向右”展开的平面上，也就是β方向由在黎曼球面上

的$q=\tan(\theta/2)$表出，然后用$\langle x|\Psi\rangle\langle\Psi|x\rangle/\langle x|x\rangle\langle\Psi|\Psi\rangle$来计算从$|\Psi\rangle$到$|x\rangle$的跃迁概率。参见注释6。

[12] 在数学上我们说，两个粒子的态矢量是第一个粒子的态矢量空间和第二个粒子的态空间的张量积。所以态$|x\rangle|\varphi\rangle$是态$|x\rangle$和态$|\varphi\rangle$的张量积。

[13] 沃尔夫冈·泡利是一位优秀的奥地利物理学家和发展量子力学的杰出人物。1925年，他以假设的形式提出了不相容原理。而对我们现在称作“费米子”的完整的量子力学处理是1926年由极具影响的富有创见的意大利（美国）科学家恩里科·费米和我们已提到过好几次的伟大的保罗·狄拉克发展的。费米子的统计行为按照所谓的“费米-狄拉克统计”，以与可区别粒子的经典统计“玻尔兹曼统计”相比较。玻色子的“玻色-爱因斯坦统计”是由著名的印度物理学家S.N.玻色和阿尔伯特·爱因斯坦于1924年在处理光子时发展的。

[14] 这是一个如此杰出和重要的结果，值得再给出另一种表述。假定在E测量仪中刚好有两个设置，向上[↑]和向右[→]，而P测量仪中有两个设置，向右上方45°[↗]和向右下方45°[↘]。如果E测量仪和P测量仪实际上分别使用设置[→]和[↗]来测量，那么两个测量仪相一致的概率为$\frac{1}{2}(1+\cos 135^\circ)=0.146\cdots\cdots$，比15%稍小一些。用这些设置进行长系列的试验，譬如得到：

E：**是非非是非是是是非是是非非是非非非非是是非……**

P：**非是是非非非是非是非非是是非是是非是非非是……**

“√”“√” “√”

给出刚好低于15%的一致性。我们现在假定P测量不受E设置的影响——使得如果E的设置为[↑]而不是[→]的话，P结果也刚好完全一样——这是由于[↑]和[↗]之间的角度和[→]和[↗]之间的一样，这样在P测量和新的E测量，譬如叫E'的测量之间的一致性就又应该刚好比15%低一点。另一方面，如果E设置和以前一样为[→]，但是P设置为[↘]而不再是[↗]，则E的结果和以前一样，但是在新的P，譬如称作P'的结果和原先

E结果之间的一致性只能刚好比15%低一点。由此推出，如果实际这样设置的话，则在P'测量[↘]和E'测量[↑]之间的一致性不会超过45%（等于15%加15%加15%）。但是在[↘]和[↑]之间的角度为135°而非45°，因此一致性概率应刚好比85%多一些，而不是45%。这是一个矛盾，它表明E测量的选择不能影响P的结果（或反之）的假定是错误的！我感谢大卫·莫明提供的这一个例子。正文中给出的例子引自于他的文章（*Mermin 1985*）。

[15] 更早的结果是弗里德曼和克劳塞（1969）在基于克劳塞、霍尼、希莫尼和霍尔特（1969）提出的思想上得到的。在这些实验中还有一点要提到，由于所用的光子探测器的效率比百分之百要低得多，所以在发射出的光子中只有相对少的部分在实际上被观测到。然而，即使用这些效率较低的探测器，测量结果和量子理论的一致性仍是如此完美，很难想象，何以使用更好的检测器会忽然产生比理论更坏的一致性！

[16] 量子场论似乎为不可计算性提供某种新的视界（参见*Komar 1964*）。

第7章

[1] 一些相对论“纯粹者”宁愿用观察者的光锥，而不用他们的同时空间。然而，这对此结论毫无影响。

[2] 这本书印出后，我发现到那时候两个人都早过世了，只能是他们遥远的后代再回过来“邂逅相遇”。

[3] 在恒星中从轻核子（例如氢核）合并成重核（例如氦核，或最终铁核）的过程会得到熵。同样的，地球上存在的氢中有许多“低熵”，我们总有一天可以利用其中一些，使之在“聚变”核电站中转化成氦。通过这种手段得到熵的可能性只是由于引力已经使得核集中到一起，从而使之离开那些逃逸到浩瀚的空间去的，现在

构成2.7开黑体背景辐射的多得多的光子（参阅410页）。该辐射中包含有比存在于通常恒星中的物质大得多的熵。如果它们完全集中到恒星物质中去，它能用以使大多数这些重核分解为构成它们的粒子！所以在聚变中得到的熵是“暂时的”，引力集中效应的存在才使之成为可能。将来我们会看到，尽管通过核聚变得到的熵和迄今直接通过引力得到的大多数情况相比是非常大——而黑体背景中的熵更巨大得多——这纯粹是局部和暂时的状态。引力的熵源比聚变以及2.7开辐射大到无与伦比的程度（参阅436页）！

[4] 可以把在瑞典的超深的钻井的最近证据解释为对于戈尔德理论的支持。但是，该结论是非常令人争议的，还存在另外的传统解释。

[5] 我在这里假定这是所谓的“第Ⅱ类”的超新星。若是“第Ⅰ类”的超新星，我们就再按照从聚变（参阅注释3）提供的“暂时的”熵获得来考虑。然而，类型Ⅰ超新星不太可能产生大量铀235。

[6] 我将具有零或负曲率的模型称为无限模型。然而，存在将这些模型“卷叠”使之成为空间有限的方法。这种不太可能和实际宇宙相关的考虑，不会太影响讨论，我不在此为之忧虑。

[7] 此信念的实验基础主要来自两类数据。第一，粒子以这种相关的速度相互碰撞的行为、反弹、分裂以及产生新粒子。这可从在地球上不同地点建造的高能粒子加速器，以及从由外空打到地球上的宇宙线的行为得知。其次，我们知道制约粒子相互作用方式的参数在10^{10}年内的改变量甚至小于$1/10^6$（参阅*Barrow 1988*）。这样，非常可能的情形是，从太初火球时代开始，它们根本就没有显著地改变过（或可能根本不变）。

[8] 泡利原理实际上不禁止一个电子和另一个电子待在同一“地方”，但是它禁止它们两个处于同一“态”——态牵涉到电子如何运动和自旋。这在实际论证中有一点微妙。它在第一次提出时引起了许多争议，尤其是来自爱丁顿的。

[9] 英国天文学家约翰·米歇尔早在1784年，以及稍后些拉普拉斯亦独立提出这样的论证。他们的结论是，宇宙中大多数的大质量和集中的物体，正如黑洞那样，也许的确完全看不见。但是他们预言式的论证是利用牛顿理论进行的，因此这些结论充其量只是在某种程度上可争论的。约翰·罗伯特·奥本海默和哈特兰德·斯奈德（1939）首次提出了适当的广义相对论的处理。

[10] 事实上，在一般的非静态黑洞的情形下，视界的准确位置不是某种可由直接测量确定的东西。它部分地依赖于在其将来会落入黑洞的所有物质的知识。

[11] 见*Belinski*，*Khalatnikov and Lifshitz*（1970）和*Penrose*（1979b）的讨论。

[12] 将引力对系统熵的贡献用整个外尔曲率来测度是诱人的，但何种测度才合适仍不清楚。（一般来说，需要具有某种古怪的非局部性质。）幸运的是，这种引力熵的测度对于现在的讨论不必要。

[13] 现在存在一种众所周知的观点，称之为“暴胀模型”。它的目的是为了解释，譬如讲宇宙在大尺度下的均匀性。根据这个观点，宇宙在其极早期遭受到一个巨大的膨胀——其膨胀数量级比大爆炸模型中的“通常”膨胀大得多。其想法是，任何无规性都被这个膨胀所抹平。但是，如果没有某种更巨大的初始限制，例如由外尔曲率假设所提供的限制，暴胀不会发生。它并没有引入时间不对称的因素，用于解释初始和终结奇性之间的不同。并且它是基于不牢固的物理理论——GUT理论——按照第5章的分类法——其状况并不比尝试类更好些。可参阅彭罗斯（*Penrose 1989b*）在本章观念的框架中，对“暴胀”的批评。

第 8 章

[1] 流行的修正包括有:(i)实际上改变爱因斯坦方程**里奇**=**能量**(通过“高阶的拉格朗日量”);(ii)把时空的维数从四维改变成高维(诸如在所谓的“卡鲁查-克莱因类型理论”中);(iii)引入“超对称”(一种从玻色子和费米子的量子行为中借来的思想),结合成一个更广泛的方案,并将其(不是完全逻辑地)应用于时空坐标;(iv)弦理论(目前流行的激进方案),用“弦历史’来取代“世界线——通常和观念(ii)和(iii)相结合。不管它们是多么流行以及表达得多么有力,所有这些设想,按照第5章的分类,肯定应被归于**尝试**类中。

[2] 虽然量子化过程不总能保持经典理论的对称性(参阅*Treiman 1985*, *Ashtekar et al. 1989*),这里所需要的是所有四种通常表为T,PT,CT和CPT,对称的破坏。这似乎(尤其是CPT破坏)是在传统量子方法的能力之外。

[3] 就我所知,霍金目前为这事提供量子引力解释的设想中就隐含了这种观点(*Hawking 1987*, *1988*)。哈特尔和霍金(1983)关于初态量子引力起源的提议也许能给予初始条件**外尔**=0一些理论实质内容。但是(依我的意见),这些观念目前还没有把根本的时间不对称引入进去。

[4] 按照在第6章注释6给出的标量积的运算$\langle\Psi|\chi\rangle$来看这些事件将更加透彻。我们在时间向前的描述中计算概率p为

$$p=|\langle\Psi|\chi\rangle|^2=|\langle\chi|\Psi\rangle|^2,$$

而在时间向后的描述中为

$$p=|\langle\chi'|\Psi\rangle|^2=|\langle\Psi'|\chi'\rangle|^2。$$

从$\langle\Psi'|\chi'\rangle=\langle\Psi|\chi\rangle$得出上面两种结果必须是一样的。$\langle\Psi'|\chi'\rangle=\langle\Psi|\chi\rangle$的本质是说“幺正演化”。

[5] 有些读者也许很难了解,当未来事件已定,要问过去事件的概率能有什么意义!然而,这不是根本的问题。想象描述在时空中的宇宙整个历史。为了求在q发生情况下,p发生的概率,想象考察在所有的q发生的情形下,计算所有这些中伴随有p发生的部分。

这就是所需的概率。q是否发生于比p更晚或更早无关紧要。

[6] 这些必须是所谓的纵向引力子——“虚”引力子，它构成了恒定引力场。不幸的是，想以一种清晰明了和“不变的”数学方式来定义这种东西，有些理论性的问题。

[7] 我自己原先计算这个数值的粗略方法被阿拜·阿斯特卡大大改善。我在这里用他的数值（见*Penrose 1987a*）。然而，他向我强调，在人们似乎必须使用的一些假设中存在大量的任意性，所以在采用所得到的精确质量值时必须相当小心。

[8] 在文献中时时出现其他不同的尝试，企图为态矢量的缩减提供客观理论。最相关的是卡拉里哈奇（1974），卡拉里哈奇、佛伦克尔和路卡克斯（1986），柯玛（1969），珀尔（1985，1988），吉拉尔迪、雷米尼与韦伯（1986）。

[9] 我本人多年来致力于发展称之为“扭量理论”的时空的非定域理论，主要是从其他方向引发的（见*Penrose and Rindler 1986*，*Huggett and Tod 1985*，*Ward and Wells 1990*）。然而，这个理论至少缺乏某些重要的部分，所以不适合于在此进行讨论。

第9章

[1] 在一次英国广播公司的演讲；见*Hodges 1983*，419页。

[2] 第一次这类实验是对猫进行的（参考*Myers and Sperry 1953*）。有关头脑分裂实验的进一步情形，见*Sperry 1966*，*Gazzaniga 1970*，*Mackay 1987*）。

[3] 关于视皮质功能研究的可读文献，见*Hubel 1988*。

[4] 见*Hubel 1988*，221页。更早的实验曾记录到只对一只手的图像有感应的细胞。

[5] 现在已确立的理论认为神经系统由分开的个别细胞(即神经元)组成，它是由伟大的西班牙神经解剖学家拉蒙·卡哈尔在1900年左右大力倡导的。

[6] 事实上，所有的逻辑门都可仅仅由“~”和“&”构成[甚至只要用一个运算~($A\&B$)就够了]。

[7] 事实上，利用逻辑门比利用第2章内详细考察的图灵机更接近于制造电子电脑。那一章强调图灵方式是基于理论上的原因。杰出的匈牙利/美国数学家约翰·冯·诺依曼和阿伦·图灵的研究对实际电脑的发展的贡献可谓旗鼓相当。

[8] 这些比较在许多方面是误导的。电脑中绝大多数晶体管和“记忆”而不是和逻辑运算有关。而且，电脑记忆总是可以从外界在本质上无限地扩展。随着平行运算的增加，比现在正常情形下更多的晶体管可直接涉及逻辑运算。

[9] 在多伊奇的描述中喜欢用量子理论“多世界”观点。但是要紧的是要明白，了解采取什么观点不是主要的。不管人们采用哪一种标准量子力学观点，量子电脑的概念一样合适。

[10] 如果允许“经典”构件为整个齿轮、轴等，则这个评论不适用。我在这里是取通常的(例如，点状或球状的)粒子为构件。

第10章

[1] 我们在第4章153页已经看到，一个形式系统中的证明，检查证明的有效性总是算法的。反过来，任何产生数学真理的算法总能和公理以及平常逻辑(“谓词演算”)的步骤法则相联合，进而为推导数学真理提供一个新的形式系统。

[2] 数学家中的确存在不同的观点，一些读者会被这事实所困扰。回顾一下第4章的讨论。然而，我们不必过于关心它们之间存在的

差别。它们只与非常大集合的神秘问题有关，而我们可以把注意力集中于算术命题（具备有限数目的存在和普遍量词的），这样前面进行的讨论就可以适用。（用于无限集合的反射原理有时可被用于推导算术命题，也许这说得有点过分了一些。）对于甚至宣称不承认存在所谓数学真理而有哥德尔免疫的教条形式主义者根本不予理睬，因为他显然不具备这个讨论中用以预言真理的品质！

数学家当然有时候会犯错误。图灵本人似乎相信，这是哥德尔类型论证反对人类思维为算法的“漏洞”所在。但是依我看来，人类易错不太可能是人类洞察的关键！（而且用算法方式都能非常接近地模拟任意随机物的行为。）

[3] 只有到了很晚，大约1968年（多半由于美国物理学家约翰·A. 惠勒预言性的思想）“黑洞”这术语才被广泛使用。

[4] 我认为，动物需要睡眠，在睡眠中它们有时显得会做梦（经常可以从狗身上注意到这一点），这个事实是它们具有意识的证据。意识因素似乎是做梦和无梦睡眠之间的差别的重要部分。

[5] 在狭义或广义相对论的情形下，“时间”之处应读成“同时性空间”或“类空表面”（258页，275页）

[6] 然而，在空间无限的宇宙有一个例外，由于那样的话，在一个人和他紧邻的环境中会有这一切无数的复本（和多世界的情况相当像）！每一复本的未来行为可以稍有不同，而人们将永远不会完全清楚，他实际上是“在”数学模型中的相互近似的哪一个复本中！

[7] 甚至某些实际晶体的成长也会涉及类似问题，例如在所谓的弗兰克-卡斯帕态中，当基本晶胞涉及几百颗原子时。在另一方面，应该指出，小野田、斯特恩哈特、迪温琴佐和索科拉（1988）提出了一个五重对称准晶体，在理论上“几乎局部的”（虽然仍然不是局部）的生长步骤。

跋

“……感觉像是？嗯……一个最有趣的问题，我的年轻人。嗯……我宁愿自己知道答案，”这位总设计师说道，“让我们来看看我们的朋友对这问题怎么说……真奇怪……呃……超子电脑说它不知道……它甚至不能理解你在做什么！”会堂里的笑浪声终于爆发成大笑。

亚当感到非常难为情。不管他们做出什么，他们都不应当笑啊！

图书在版编目（CIP）数据

皇帝新脑 /（英）罗杰·彭罗斯著；许明贤，吴忠超译．— 长沙：湖南科学技术出版社，2018.1
（2024.10 重印）
（第一推动丛书．综合系列）
ISBN 978-7-5357-9444-4
Ⅰ．①皇… Ⅱ．①罗… ②许… ③吴… Ⅲ．①人工智能—普及读物 Ⅳ．① TP18-49
中国版本图书馆 CIP 数据核字（2017）第 212884 号

HUANGDI XINNAO
皇帝新脑

著者
［英］罗杰·彭罗斯
译者
许明贤 吴忠超
出版人
潘晓山
责任编辑
李永平 吴炜 戴涛 杨波
装帧设计
邵年 李叶 李星霖 赵宛青
出版发行
湖南科学技术出版社
社址
长沙市芙蓉中路一段416号
泊富国际金融中心
网址
http://www.hnstp.com
湖南科学技术出版社
天猫旗舰店网址
http://hnkjcbs.tmall.com

邮购联系
本社直销科 0731-84375808
印刷
长沙超峰印刷有限公司
厂址
宁乡县金州新区泉洲北路 100 号
邮编
410600
版次
2018 年 1 月第 1 版
印次
2024 年 10 月第 9 次印刷
开本
880mm × 1230mm 1/32
印张
19.75
字数
414 千字
书号
ISBN 978-7-5357-9444-4
定价
89.00 元